普通高等教育"十一五"国家级规划教材
21世纪农业部高职高专规划教材

与牛病防治

覃国森　主编
丁洪涛

畜牧兽医类专业用

中国农业出版社

内容简介

本教材是高职高专畜牧兽医类专业主要专业课和必修课的教材，共分10章，内容包括牛的品种与改良、牛的繁殖、牛的饲料与营养需要、奶牛的饲养管理、肉牛的饲养管理、牛场建设与环境控制、牛场经营与管理、牛常见普通病的防治、牛常见寄生虫病和传染病的防制等，每章设有复习思考题，书后有实训指导，便于理论知识的学习和实践技能的训练。编写时注意将养牛生产的相关知识和技能融于一体，突出培养学生职业岗位能力的核心，体现了高等职业技术教育的应用性、实用性、综合性和先进性原则，是一本实施能力体系教学的并具有明显特色的教材。

本教材教学目标明确，结构新颖，图文并茂，内容丰富，重点突出，贴近生产，便于操作，除作为高等职业技术教育的教材外，还可作为基层畜牧兽医人员、专业化养牛技术人员的培训教材或参考书。

主　编　覃国森（广西农业职业技术学院）

　　　　丁洪涛（锦州医学院畜牧兽医学院）

副主编　闫明伟（黑龙江畜牧兽医职业学院）

参　编　（按姓氏笔画排列）

　　　　王云洲（山东畜牧兽医职业学院）

　　　　张申贵（甘肃畜牧工程职业技术学院）

　　　　莫文湛（广西农业职业技术学院）

　　　　彭　措（青海畜牧兽医职业技术学院）

审　稿　赵广永（中国农业大学）

　　　　余克伦（广西大学）

前言

本教材是依据教育部《关于加强高职高专人才培养工作的意见》、《关于加强高职高专教育教材建设的若干意见》和 21 世纪农业部高职高专畜牧兽医专业养牛与牛病防治课程教学大纲编写的，适用于 2～3 年学制的高职高专畜牧兽医类专业。

养牛与牛病防治是高等农业职业院校畜牧兽医类专业的主要必修课程，是以能力为本位整合的一门重要专业课程。在编写时，注意参考了现行的各种养牛生产和牛病防治的教材或专著，并结合目前养牛生产规律和教学规律，力求体现以现代养牛生产为主线、以职业岗位技能培养为核心、以养牛行业技术规范及其岗位职责为标准、以现场教学为重点，将养牛生产的相关知识和技能融于一体，突出理论知识的应用和实践能力的培养，突出高新技术及应用的特点。

本教材目标明确，内容丰富，重点突出，贴近生产，便于学习与操作，文字简练规范，通俗易懂，图文并茂。通过本教材的教与学，能使学生牢固掌握养牛生产所必需的基本理论知识和基本操作技能，并具备解决养牛生产技术问题的能力。

本课程的实施，需要掌握动物解剖生理、动物营养与饲料加工、兽医基础和动物防疫与检疫等课程中的相关知识和技能。

本教材由覃国森和丁洪涛任主编，覃国森编写教材的绪论、第一章的水牛部分，第四章的牛乳部分和第六章及相应的实训；丁洪涛编写第二章和第七章及相应的实训；王云洲编写第一章及相应的实训；张申贵编写第三章和第五章及相应的实训；闫明伟编写第四章其他部分及相应的实训；莫文湛编写第八章和第九章及相应的实训；彭措编写第十章及相应的实训。本书承蒙中国农业大学赵广永教授和广西大学余克伦教授审定，谨表示由衷感谢。

本教材编写过程中参阅了许多专家的著作，得到了许多专家的指导，在此特致以诚挚的谢意。

本教材是实施能力体系教学的初探，由于编者的认识不足和水平所限，书中缺点和错误难免，敬请有关专家和师生批评指正。

编 者

2006 年 5 月

目　录

前言

绪论 ………………………………………… 1
第一章　牛的品种与改良 ………………………… 11
　第一节　牛的品种 ………………………… 11
　　一、乳用品种 ………………………… 11
　　二、肉用品种 ………………………… 13
　　三、兼用品种 ………………………… 18
　　四、中国黄牛 ………………………… 21
　　五、水牛 ………………………………… 23
　　六、瘤牛 ………………………………… 26
　　七、牦牛 ………………………………… 28
　第二节　牛的外貌 ………………………… 29
　　一、牛的外貌特征 ………………… 29
　　二、牛的外貌鉴定 ………………… 32
　　三、牛的体尺测量与体重估测 … 40
　　四、牛牙齿年龄鉴定 ……………… 41
　第三节　牛的选种与选配 ………………… 43
　　一、牛的引种 ………………………… 43
　　二、牛的选种选配 ………………… 44
　第四节　牛的杂交改良 ………………… 48
　　一、黄牛的改良与新品种的形成 … 48
　　二、商品肉牛杂交生产 ……………… 50
　　三、水牛杂交利用与奶水牛的开发 … 51
　复习思考题 ………………………………… 53
第二章　牛的繁殖 ………………………………… 54

第一节　母牛的发情 ································· 54
一、初情期与性成熟 ······························· 54
二、发情周期 ····································· 54
三、发情特点 ····································· 55
四、发情鉴定 ····································· 56
五、影响母牛发情的因素 ··························· 58
六、母牛的异常发情 ······························· 59

第二节　牛的配种时机与人工授精 ····················· 60
一、适时配种时间 ································· 60
二、人工授精 ····································· 62

第三节　母牛的妊娠与分娩 ··························· 62
一、母牛的妊娠 ··································· 62
二、牛的分娩与接产 ······························· 65

第四节　牛的繁殖新技术 ····························· 69
一、母牛的同期发情 ······························· 69
二、胚胎移植技术 ································· 72
三、胚胎分割 ····································· 76
四、性别控制 ····································· 76
五、体外受精 ····································· 77
六、克隆技术 ····································· 78

第五节　牛的繁殖力 ································· 78
一、表示牛群繁殖力的主要指标 ····················· 78
二、提高牛繁殖力的技术措施 ······················· 79

复习思考题 ··· 83

第三章　牛的饲料与营养需要 ························· 84

第一节　牛的消化生理 ······························· 84
一、消化特点 ····································· 84
二、采食特性 ····································· 84

第二节　牛的饲料 ··································· 85
一、牛常用饲料的特性 ····························· 85
二、牛饲料的加工调制与贮藏 ······················· 89
三、牛饲料添加剂 ································· 98

第三节　牛的营养需要与日粮配合 ····················· 101
一、牛的营养需要 ································· 101

二、日粮配合 ··· 107
　复习思考题 ··· 110

第四章　奶牛的饲养管理 ·· 111
　第一节　产奶性能及评定 ·· 111
　　一、影响产奶性能的因素 ··· 111
　　二、产奶性能的评定 ··· 113
　　三、奶牛生产性能测定体系——DHI ··· 117
　第二节　犊牛饲养管理 ··· 122
　　一、犊牛的特点 ··· 122
　　二、哺乳犊牛的培育 ··· 123
　　三、犊牛早期断奶 ·· 128
　　四、断奶至6月龄阶段的饲养 ··· 131
　第三节　育成牛饲养管理 ·· 132
　　一、育成牛的特点 ·· 132
　　二、7月龄至初配育成牛的饲养管理 ··· 132
　　三、初配至头胎产犊母牛的饲养管理 ·· 134
　第四节　成母牛饲养管理 ·· 135
　　一、一般饲养管理技术 ·· 135
　　二、全混合日粮（TMR）饲养技术 ·· 138
　　三、泌乳牛的饲养管理 ·· 139
　　四、干奶牛的饲养管理 ·· 145
　　五、奶牛夏季饲养管理 ·· 147
　第五节　高产奶牛饲养技术 ··· 150
　　一、日粮结构与精粗料比例 ·· 150
　　二、能量与蛋白质饲料的组成 ··· 150
　　三、无机盐的应用 ·· 151
　　四、添加剂在高产奶牛日粮中的应用 ·· 151
　第六节　生鲜牛乳的质量控制 ·· 152
　　一、牛乳的理化特性 ··· 152
　　二、生鲜牛乳质量控制 ·· 156
　　三、生鲜牛乳的处理 ··· 158
　复习思考题 ··· 163

第五章　肉牛的饲养管理 ·· 164
　第一节　牛的产肉性能及评定方法 ·· 164

一、影响产肉性能的因素 ……………………………………… 164
　　二、牛的膘情评定 …………………………………………… 166
　　三、牛产肉性能的评定 ……………………………………… 166
　第二节　肉用牛的饲养管理 …………………………………… 170
　　一、肉用牛的增重规律与补偿生长 ………………………… 170
　　二、肉用犊牛和育成牛的饲养管理 ………………………… 173
　　三、繁殖母牛的饲养管理 …………………………………… 174
　　四、草场的合理利用与牛的放牧饲养 ……………………… 176
　第三节　肉用牛的肥育 ………………………………………… 179
　　一、肥育前的准备工作 ……………………………………… 179
　　二、持续肥育 ………………………………………………… 180
　　三、架子牛肥育 ……………………………………………… 182
　　四、老龄牛肥育 ……………………………………………… 187
　　五、乳用品种小公牛肥育 …………………………………… 188
　　六、小白牛肉与小牛肉生产 ………………………………… 189
　　七、提高肉用牛肥育效果的技术措施 ……………………… 191
　第四节　高档牛肉生产技术 …………………………………… 192
　　一、肥育牛的条件 …………………………………………… 193
　　二、肥育期和出栏体重 ……………………………………… 193
　　三、饲养与饲料 ……………………………………………… 194
　　四、屠宰工艺 ………………………………………………… 194
　　五、胴体嫩化 ………………………………………………… 195
　　六、胴体分割包装 …………………………………………… 195
　第五节　常用饲料在肉牛肥育上的应用 ……………………… 195
　　一、酒糟肥育 ………………………………………………… 195
　　二、青贮料肥育 ……………………………………………… 197
　　三、氨化饲料肥育 …………………………………………… 198
　　四、微贮秸秆肥育 …………………………………………… 198
　　五、甜菜渣肥育 ……………………………………………… 199
　　六、酱油渣肥育 ……………………………………………… 199
　复习思考题 ……………………………………………………… 199
第六章　牛场建设与环境控制 …………………………………… 201
　第一节　牛场建设 ……………………………………………… 201
　　一、场址选择 ………………………………………………… 201

二、规划与布局 …………………………………………………… 202
　　三、养牛小区建设 ………………………………………………… 204
　　四、牛舍建筑与设计 ……………………………………………… 206
　　五、牛场配套设施 ………………………………………………… 216
　第二节　牛场的环境控制 …………………………………………… 217
　　一、牛场的废弃物及清除 ………………………………………… 218
　　二、废弃物的净化与利用 ………………………………………… 220
　复习思考题 …………………………………………………………… 223

第七章　牛场的经营与管理 …………………………………………… 225
　第一节　牛场劳动管理 ……………………………………………… 225
　　一、岗位管理 ……………………………………………………… 225
　　二、劳动定额管理 ………………………………………………… 228
　第二节　牛场生产管理 ……………………………………………… 229
　　一、奶牛场牛群基本结构管理 …………………………………… 229
　　二、生产计划管理 ………………………………………………… 230
　第三节　牛场经济效益评价 ………………………………………… 236
　　一、成本核算 ……………………………………………………… 236
　　二、利润核算 ……………………………………………………… 240
　第四节　牛的产业化经营 …………………………………………… 241
　　一、产业化经营的意义 …………………………………………… 241
　　二、牛产业化经营的模式 ………………………………………… 241
　第五节　计算机技术在养牛生产中的应用 ………………………… 242
　　一、计算机技术在牛繁育中的应用 ……………………………… 242
　　二、计算机技术在日粮配方中的应用 …………………………… 243
　　三、计算机技术在牛场日常管理中的应用 ……………………… 243
　　四、计算机技术在牛群健康计划中的应用 ……………………… 244
　　五、计算机技术在牛场财务管理中的应用 ……………………… 244
　　六、电子商务或 Internet ………………………………………… 244
　复习思考题 …………………………………………………………… 245

第八章　牛常见传染病及其防制 ……………………………………… 246
　第一节　牛场综合防疫 ……………………………………………… 246
　　一、预防措施 ……………………………………………………… 246
　　二、扑灭措施 ……………………………………………………… 247
　第二节　口蹄疫 ……………………………………………………… 249

第三节　恶性卡他热 ………………………………… 252

第四节　牛流行热 …………………………………… 253

第五节　牛病毒性腹泻——黏膜病 ………………… 255

第六节　疯牛病 ……………………………………… 257

第七节　传染性鼻气管炎 …………………………… 258

第八节　白血病 ……………………………………… 259

第九节　布鲁氏菌病 ………………………………… 260

第十节　结核病 ……………………………………… 261

第十一节　副结核病 ………………………………… 263

第十二节　炭疽 ……………………………………… 265

第十三节　巴氏杆菌病 ……………………………… 267

第十四节　破伤风 …………………………………… 269

第十五节　犊牛大肠杆菌病 ………………………… 270

第十六节　牛放线菌病 ……………………………… 271

第十七节　钩端螺旋体病 …………………………… 273

第十八节　附红细胞体病 …………………………… 274

第十九节　恶性水肿 ………………………………… 275

第二十节　气肿疽 …………………………………… 277

第二十一节　传染性角膜结膜炎 …………………… 277

复习思考题 …………………………………………… 278

第九章　牛常见寄生虫病的防制 …………………… 279

第一节　伊氏锥虫病 ………………………………… 279

第二节　梨形虫病（焦虫病、巴贝斯虫病）……… 281

附：泰勒虫病 ………………………………………… 283

第三节　球虫病 ……………………………………… 285

第四节　肝片形吸虫病 ……………………………… 286

第五节　前后盘吸虫病 ……………………………… 288

第六节　日本分体吸虫病 …………………………… 289

第七节　东毕吸虫病 ………………………………… 292

第八节　莫尼茨绦虫病 ……………………………… 292

第九节　牛囊尾蚴病 ………………………………… 293

第十节　消化道线虫病 ……………………………… 294

附：犊新蛔虫病 ……………………………………… 296

第十一节　肺线虫病 ………………………………… 297

第十二节　螨病 ………………………………………………… 298
　　第十三节　蜱病 ………………………………………………… 299
　　第十四节　牛皮蝇蛆病 ………………………………………… 300
　复习思考题 ………………………………………………………… 302
第十章　牛常见普通病的防治 …………………………………… 303
　　第一节　食道阻塞 ……………………………………………… 303
　　第二节　前胃弛缓 ……………………………………………… 305
　　第三节　瘤胃积食 ……………………………………………… 307
　　第四节　瘤胃臌气 ……………………………………………… 309
　　第五节　瓣胃阻塞 ……………………………………………… 311
　　第六节　瘤胃酸中毒 …………………………………………… 312
　　第七节　创伤性网胃炎——心包炎 …………………………… 314
　　第八节　胃肠炎 ………………………………………………… 317
　　第九节　感冒 …………………………………………………… 318
　　第十节　肺炎 …………………………………………………… 320
　　第十一节　中暑 ………………………………………………… 321
　　第十二节　酮病 ………………………………………………… 322
　　第十三节　酒精阳性乳 ………………………………………… 325
　　第十四节　尿素中毒 …………………………………………… 327
　　第十五节　有机磷中毒 ………………………………………… 329
　　第十六节　流产 ………………………………………………… 330
　　第十七节　难产 ………………………………………………… 332
　　　一、母畜异常引起的难产 …………………………………… 332
　　　二、胎儿异常引起的难产 …………………………………… 334
　　第十八节　产后瘫痪 …………………………………………… 335
　　第十九节　胎衣不下 …………………………………………… 338
　　第二十节　产后感染 …………………………………………… 340
　　第二十一节　阴道脱及子宫脱 ………………………………… 341
　　第二十二节　子宫内膜炎及子宫蓄脓症 ……………………… 343
　　第二十三节　卵巢囊肿 ………………………………………… 345
　　第二十四节　持久黄体 ………………………………………… 347
　　第二十五节　乳房炎 …………………………………………… 349
　　第二十六节　蜂窝织炎 ………………………………………… 353
　　第二十七节　结膜炎 …………………………………………… 354

第二十八节　角膜炎 …………………………………… 355
  第二十九节　蹄变形 …………………………………… 356
  第三十节　腐蹄病 ……………………………………… 357
  第三十一节　蹄叶炎 …………………………………… 358
  复习思考题 ……………………………………………… 361

实训指导 …………………………………………………… 362
  实训一　牛的体尺测量与年龄鉴定 …………………… 362
  实训二　高产奶牛的外貌选择（线性评定法）……… 363
  实训三　牛的发情鉴定与输精 ………………………… 365
  实训四　牛的妊娠诊断与接产 ………………………… 368
  实训五　牛的日粮配合与评价 ………………………… 369
  实训六　挤奶技术 ……………………………………… 371
  实训七　犊牛早期断奶方案的制定 …………………… 374
  实训八　奶牛的护蹄与修蹄 …………………………… 375
  实训九　肉牛膘情评定 ………………………………… 376
  实训十　肉牛的屠宰测定及屠体分割 ………………… 377
  实训十一　奶牛场的规划与牛舍建筑设计 …………… 380
  实训十二　牛场生产计划的制定 ……………………… 380
  实训十三　牛场防疫制度和防疫计划的编制 ………… 381
  实训十四　布鲁氏菌病的检疫 ………………………… 384
  实训十五　牛结核病的检疫 …………………………… 386
  实训十六　牛全身性寄生虫检疫技术 ………………… 388
  实训十七　牛酮病的检验 ……………………………… 390
  实训十八　酒精阳性乳的检验 ………………………… 391
  实训十九　隐性乳房炎的检验技术 …………………… 392

参考文献 …………………………………………………… 394

绪 论

一、养牛业在国民经济中的重要意义

牛是一种多用途的家畜，既能使役，又可供肉用和乳用，经济价值很高。世界上畜牧业发达的国家，都十分重视养牛业的发展，它在畜牧业中居于首要地位。

1. 发展养牛业是调整农业产业结构的战略选择 农业产业结构调整的核心问题是发展畜牧业，提高畜牧业产值在农业总产值中的比重。世界上经济发达的国家，一般都采用农牧并举的方针，提高畜牧业商品生产率。从产值结构来说，现代农业国家农业中处于第一位的是牛奶，占总产值的20%左右；第二位的是牛肉，也占20%左右。畜牧业产值在农牧业总产值中所占的比例，一般都在50%以上，其中养牛业占有相当比重。养牛业发达的国家，如德国和美国达到60%以上，挪威、瑞典、芬兰达到80%以上，新西兰、瑞士、丹麦达到90%以上。而我国畜牧业在农牧业总产值中仅占有30.4%（2001年），在畜牧业中又以耗粮型的养猪业为主。2003年全国肉类总量中猪肉占65.69%，牛肉占8.88%，羊4.81%，禽肉20.62%。奶类全国人均仅有8.39kg，而发达国家在320kg以上，世界人均也达81.89kg。可见，无论是同发达国家相比还是同发展中国家相比，现代农业产业结构中效益最高的产业牛奶和牛肉都是中国最落后的产业。

随着奶牛业的发展，必然要利用部分农田种植饲料作物或饲草，使农田只种粮食和经济作物的"二元结构"转变为种植粮食、经济作物和饲料作物或饲草的"三元结构"。如在华北种植相同面积的紫花苜蓿比种植小麦多产4.7倍的干物质、8倍的蛋白质。奶牛养殖户种植作为青贮玉米的效益明显高于作为粮食的玉米。

2. 发展养牛业是走节粮型畜牧业的必由之路 畜牧业产业结构调整的核心是大力发展草食家畜，走节粮型畜牧业道路，而养牛业则是节粮型畜牧业的重要组成部分。我国人口众多,人均资源不足,耕地逐年减少,粮食生产压力很大,饲料短缺的基本国情决定了发展畜牧业必须走节粮养殖的道路,充分发挥草食家畜的生产潜力。牛同其他反刍家畜一样,能够广泛利用75%不能被人类直接利用的农作物秸秆、藤蔓和各种野草及其他农副产品,转变为人类生活所必需的奶、肉等营养食品。1头日产奶10kg的母牛,日喂7~8kg优质干草、10kg青贮料、1kg甜菜干或精料即可满足其营养需要。在饲喂优质干草、青绿多汁饲料或在优良草地放牧的情况下,甚至可以不喂精料。牛还可以利用尿素、碳铵等非蛋白质含氮物合成菌体蛋白,被牛体消化吸收,以补充蛋白质的不足。各种畜禽将饲料中的能量和蛋白质转化为畜产品可食部分的效率,除蛋鸡外,以奶牛为最高,分别为17%和25%;肉牛的饲料转化率最低,分别为3%和4%,分别比奶牛低5.67倍和6.25倍。

3. 发展养牛业是提高国民素质的重要保证 牛奶富含各种营养成分且易被人体消化吸收,是人类最好的营养食品之一。在当今社会经济飞速发展的历史条件下,人们的膳食结构也发生着很大变化,正促进着身体素质的明显提高。一杯牛奶,强壮一个民族。日本实施学生奶计划后,使日本中学生的平均身高超过了中国。我国正在实施学生奶计划,在奶业发达的大、中城市或城镇,有条件的在校学生每人每天供应0.5kg鲜牛奶,以保证蛋白质、钙和能量等营养物质的供应。

4. 发展养牛业是农民增收的重要途径 牛的饲料是以青粗饲料和农副产品为主,奶牛的饲料转化率高,成本低,收益大,可以大大增加农民的经济收入。1头奶牛1年可获利3 000~5 000元,种草养牛的经济效益是传统农业的4~5倍。我国的贫困地区大多为老、少、边、山地区,土地面积大,荒山荒坡多,饲草资源丰富,劳动力充足,环境污染少,如能结合荒山治理,退耕还草,种草养牛,发展绿色食品产业,无疑是一条脱贫致富之路。农民养牛还可充分利用各种农作物秸秆等,变废为宝,增加农民收入。

5. 发展养牛业可实现农村经济可持续发展 退耕还林,林间种草、荒山荒坡栽种优质林草,为以牛为主的草食家畜提供饲料来源,发展现代设施养牛,在为农户带来丰厚收入的同时,提供大量的有机肥料,进而发展高效种植业,实现"林草—草食畜—高效种植业"的良性循环和农村经济的可持续发展。大力发展草业,多种人工牧草,不但可以增加土壤中的有机质,改良土壤结构,提高土壤肥力,而且可以避免水土流失,改善生态环境。西方国家农业、环境问题专家把人工牧草称为"绿色黄金",是通往现代农业的桥梁。发展草食家畜可以在转化农副产品,使农产品增值的同时,把原本放火烧掉的秸秆转变为奶和肉,增加有机肥,减少或不用化肥农药,促进绿色食品发展。

6. 发展养牛业可为加工工业提供原料　传统小农经济条件下饲养的牛主要是作耕作用和自给自足，而现代养牛的目的主要是获得乳、肉等产品，并且90％以上成为商品出售，为加工工业提供丰富的原料。乳品加工业生产出奶粉、炼乳、干酪、奶油、酸奶、冰淇淋等；毛纺工业生产出毛呢、毛线、毛毯、地毯等；皮革工业生产出皮衣、皮鞋、皮沙发、皮箱等；肉品工业生产出香肠、火腿、罐头等；副产品可以加工生产出骨胶、骨粉、血清、血红蛋白、胆红素、肠衣等。养牛业的快速发展带动一系列加工业的发展，形成生产、加工、销售产业化的格局。

7. 发展养牛业可促进对外贸易　我国活牛和牛肉的出口量虽然不大，1998年以来年出口量分别为7万头和5万t左右，但我国加入世界贸易组织后，发达国家的牛肉市场将会向中国开放，同时我国牛肉出口目前还面临非常有利的机遇：一是俄罗斯是我国出口牛肉的最大市场，且牛肉的质量要求又不是很高，我国与俄罗斯相毗邻，因此贸易上有着非常优越的条件；二是多年来欧盟一直是全球最大的牛肉出口基地，但1996年以来，大多数欧盟成员国相继发现疯牛病，牛肉出口受阻，这为我国牛肉的出口提供了机会；三是我国加入世界贸易组织后，国内粮食价格因进口增加而普遍降低，这将为养牛业的发展提供优质、廉价的饲料，从而使我国养牛业成本进一步下降，牛肉在国际市场上更具有价格竞争力。

二、世界养牛业的概况与发展趋势

（一）世界养牛业的概况

2003年，全球牛存栏总数13.67亿头，其中奶牛2.25亿头、水牛1.67亿头。发达国家的牛群以奶牛和肉牛为主，而水牛和役用牛等则主要分布在亚洲、非洲国家。97％左右的水牛分布在亚洲，非洲和欧洲水牛总数分别为355万头和244万头，仅占全球水牛总数的3％左右。从牛的绝对数量看，养牛最多的国家是印度约1.94亿头。按人口平均，新西兰和乌拉圭的牛最多，平均每人约有牛3头。

世界牛群分布的区域差异与各地区自然地理环境、农业生产和经济发展水平、人民的饮食习惯以及社会、文化等因素有关。奶牛和肉牛业发达的地区一般都属于经济比较发达的地区，人们对牛肉、牛奶的需求量和消费量均较高。经济欠发达地区、农业机械化程度普遍不高或受自然地理条件限制的地区主要饲养的是役用牛。牛的生产水平在不同国家和地区间亦有明显的差别。2003 年，全球奶牛平均年产量为 2 236kg，中国为 2 112kg，以色列最高达 10 421kg，韩国 9 053kg，美国 8 431kg，加拿大 7 501kg。2003 年全球生产牛肉 6 100 万 t，平均胴体重达 204kg。牛胴体重超过 300kg 的国家有日本 423kg、以色列 366kg、加拿大 349kg、美国 336kg、德国 308kg、韩国 300kg，中国肉牛的胴体重仅为 137kg。牛群生产水平的这种差异，一方面与经济条件、自然条件有关，另一方面则受到其品种类型和饲养管理的技术水平影响。

（二）世界养牛业的发展趋势

1. 奶牛品种单一化，产奶量不断提高 近 20 年来，荷斯坦牛（即黑白花奶牛）由于其广泛的适应性和无与伦比的高产性能而成为世界奶牛主要品种，在大多数国家，其比例达到 90% 以上，而其他一些奶牛品种（如娟姗牛等）在许多地区所占的比例愈来愈小。经过对品种不断的选育和饲养技术的改进，奶牛的生产水平不断提高。1980 年全世界的奶牛平均单产仅有 1 985kg，其中发展中国家 679kg，发达国家也仅有 3 153kg，而到了 1998 年世界平均单产 2 071kg，其中发展中国家 945kg，发达国家已达到 4 177kg。近 30 年，全球奶牛数量增长了 16.3%，而产奶量增长了 28.9%。发达国家奶牛数量减少，单产提高，美国奶牛头数从 1983 年的 1 112.0 万头减少至 1999 年的 913.6 万头；而平均单产却从 5 709kg 提高到 8 043kg。可见，世界奶牛饲养发展趋势正由数量型向质量型转变。

2. 肉牛品种良种化，产肉性能增强 近 30 年来，大型肉牛品种夏洛来、利木赞、契安尼娜等以产肉量高，耐粗性和抗逆性强的优势正逐渐替代产肉量低、肉中脂肪含量高的海福特、安格斯等小型肉用品种；长期在热带地区饲养的瘤牛品种（如抗旱王、婆罗门牛）也被引入到亚洲或温带国家，作肉牛改良种牛；发展中国家也正在引入优良肉牛品种杂交改良役用牛，以提高产肉量。近 10 年来，各国都注重"向奶牛要肉"，即把乳用品种的淘汰牛、奶公犊用来肥育，奶、肉兼得。欧盟国家所产牛肉的 45%，日本所产牛肉的 55% 都来自奶牛。

3. 水牛杂交改良，由役用向乳、肉、役多用途发展 水牛采用河流型的尼里-拉菲和摩拉水牛与沼泽型水牛（中国水牛）进行杂交改良，向"乳用为主，肉役为辅"的方向发展。实验证明，尼杂二代和三品种杂交水牛泌乳期平均产奶量分别为 2 267.6±774.8kg 和 2 294.6±772.1kg，其乳用性能已达到尼里-拉菲水牛或超过摩拉水牛，而高于沼泽型水牛 1 倍多。

4. 生产规模不断扩大，向集约化、专业化、自动化方向发展 美国工厂化企业生产的牛奶，约占商品奶的95%，牛场数量从20多年前的330多万家减少到200多万家，饲养规模不断扩大。加拿大奶牛场的数量比以前下降31%，而饲养头数却增加34%。养牛小区的出现为集约化、专业化、自动化又提供了一个可行的发展模式。电子计算机及信息系统在养牛业的应用使集约化、专业化、自动化生产成为现实。

5. 高新技术的应用，养牛的效益稳步提高 随着牛的人工授精、胚胎移植等生物工程技术的应用和先进饲养技术及管理技术的应用，奶牛、肉牛和水牛生产水平及经济效益稳步提高，生产潜力得到了进一步发掘。例如，荷兰的自动化奶牛场，利用机器人及电子控制一起监控饲喂和挤奶，实行程序化作业，效益高，牛平均产奶量提高14%。

6. 充分利用杂种优势 没有一个品种具有全部最好的遗传性状，通过杂交，不仅使品种间的优缺点互补，而且可获得杂种优势。实践证明，两品种杂交后代的产肉力比纯种牛提高15%～20%。目前，美国在肉牛的杂交体系上，采取三品种的轮回杂交形式。主要做法是，在采用安格斯牛和海福特牛两个品种的轮回杂交的基础上再利用夏洛来牛或西门塔尔牛进行轮回杂交，其杂交优势可达86%。因此，在美国这种杂交组合被称为最佳杂交组合。

7. 重视养牛业及相关行业对环境的影响和控制，生产健康卫生的牛产品 由于疯牛病的影响，欧洲养牛业遭受了严重打击，世界牛肉贸易量大幅下降。2004年世界主要牛肉出口国家的牛肉出口大约在590万t，比2003年10月的预计减少15%。因此，生产健康卫生的牛产品和注重动物福利日益成为人们关心的问题。畜牧业发达的国家，愈来愈注重养牛业与环境的关系，制定了一系列的环境保护法规，对牛场粪便、废水、气味、牛产品加工部门的废弃物、噪音的控制与处理有严格的要求，以控制养牛业及牛产品加工业对环境的污染。

三、我国养牛业的现状与发展对策

我国饲养的家牛包括黄牛、奶牛、水牛、瘤牛和牦牛等。2003年牛的总存栏量为1.35亿头。其中，黄牛存栏0.99亿头，居各种大家畜数之首；其次是水牛，存栏0.22亿头；奶牛仅有513万头。近20年，我国养牛业的总体特征表现为牛总数稳步增长，牛的生产性能逐步提高。增长速度以奶牛最快，黄牛次之，而水牛数量相对稳定。牛的生产性能的提高主要表现为肉牛（菜牛）的出栏率提高，胴体重逐步增加。奶牛产奶量稳步提高，牛肉和牛奶总产量有较大幅度增加。

（一）黄牛与肉牛

黄牛是牛属（包括黄牛、瘤牛和牦牛）中数量最多、分布最广的一个牛种，包括了常见的黄牛、肉牛、奶牛等，也包括瘤牛及其杂交后代。中国家牛一般通称黄牛，但并不是黄牛的毛色都是黄色的，其实还包括黑、褐和红等毛色。我国"黄牛"与外国"肉牛"两者的区别，只是主要用途上的不同，而逐渐向不同方向培育发展的结果。黄牛是我国传统的役用畜，又是重要的肉食来源，现阶段或相当长时期我国黄牛改良的工作重点将是提高其肉用性能为主导方向。肉牛在中国20多年前的概念是"菜牛"的意思，是老残牛宰杀作为肉食之用。而现在已经由菜牛改造成肉牛，是社会的进步，更是农业的一场革命。2003年我国牛肉产量为570万t，占世界牛肉产量的9.34%，人均牛肉4.47kg。

我国肉牛业发展主要的特点与对策如下：

1. 以黄牛杂交改良为主的肉牛生产方式成为牛肉生产的主要手段 我国黄牛普遍存在体型小、生长发育慢、个体产品率低、群体生产水平低的问题。经过长期实践证明，通过引进优良肉牛品种杂交改良本地黄牛，以提高生产水平和经济效益是最快捷的手段。如朱芳贤等（2004）调查云南省肉牛杂交改良的效果表明，从出生至24月龄云南本地牛平均日增重为2.23kg，西杂牛日增重比本地牛多1.72kg，提高了77%；短杂牛日增重比本地牛平均多1.06kg，提高了48%，安杂牛日增重比本地牛多1.06kg，提高了47%。养一头杂交牛的经济收入比养本地牛高49%~231%。广东湛江选用南德温肉牛改良雷州黄牛，结果南杂一代初生重、6月龄、12月龄、18月龄体重分别比雷州黄牛提高78.57%、79.49%、87.5%和90.8%，饲养一头一岁的杂交牛比饲养一头同龄本地牛可多收入600~1 000元。

2. 肉牛区域化生产优势开始形成 我国肉牛生产每年以20%左右的速度递增的同时，肉牛业地域分布也在不断的发生变化，肉牛生产从牧区向农区的转移已经成为一个不可逆转的趋势。国家农业部出台的《优势农产品区域布局规划（2003—2007年）》有力地促进肉牛产业的发展。肉牛产业带主要是在以黄海、淮海平原为中心的中原肉牛带，2001年河南、山东、河北和安徽4省的肉牛产量占全国的47.2%，其次是东北三省和内蒙古东部的东北肉牛带，肉牛产量占全国的20%。在中国肉牛的主产区，已形成了"以千家万户分散饲养为主，以中小规模肥育场集中肥育为辅"的肉牛饲养模式。据调查，农户个体饲养的效益比较好，每头牛可以有300~500元的利润。在肉牛区域化生产发展的同时，以肉品加工企业为龙头的肉牛产业化体系开始形成，并促进肉牛业的快速发展。

3. 肉牛生产的主要制约因素仍然是肉牛生产水平及牛肉档次低　表现为牛的生产周期长,出栏率低,胴体重小,经济效益不高。其主要原因是肉牛的良种化程度低,饲养管理水平不高,肉牛生产的产业化程度低。结果是优质牛肉所占比重太小,国内大宾馆、饭店及外资餐厅等所需的牛肉,国内无力供应,只好高价进口;一般大众所需的牛肉,也由于肉质老、烹饪费时而食用单调,限制了国人消费。在国际市场上,之所以不能打入西方国家牛肉市场的重要原因之一,也是质量不符合他们的要求,还有卫生检疫方面的一些问题。由此可见,提高牛肉质量是中国肉牛业持续发展的关键。因此,中国肉牛业发展战略需从"资源开发型"向"市场导向型"转变,由"重量轻质"向"重质轻量"转变。

(二) 奶牛

在中国奶牛一般指黑白花奶牛即中国荷斯坦牛。这是我国奶牛的主要品种,占中国奶牛品种的90%以上,分布在全国各地,以东北、华北和京津沪奶牛优势区为主。该优势区占有60%以上的奶牛数量和产奶量,其中又集中在城镇郊区及部分近郊区农村。20世纪80年代后,我国奶牛业快速发展,1982年成立了"中国奶牛协会",推动了奶业的产业化进程。在1978—1998年的20年间,全国奶类总产量增长了7.7倍,年平均递增率为11.6%,其年递增速度与国民经济发展速度基本相一致。2003年奶产量达到了1 084万t。2004年中国成为了世界荷斯坦牛协会成员。奶牛业的发展随着我国改革开放,人民生活水平不断提高,对牛奶和乳制品需求量的大量增加,以及国家政策的大力扶持而快速发展。牛群生产水平在京、津、沪、黑龙江等地及部分沿海城市达到77 000kg以上,上海、北京2002年超过8 000kg,部分规模场超过9 000kg。如北京中川示范牧场平均单产超过了10 000kg,牛群的品种进一步单一化,奶牛的育种工作制度化、规模化,95%以上的奶牛实现了人工授精,奶牛胚胎移植、胚胎分割等新技术在生产上得到推广应用。但是,从总体看,我国奶牛数量还不大,生产水平仍很低,人均消费奶及奶制品与世界平均水平比较有很大差距。

我国奶业发展的主要特点:

1. 乳业市场开发速度加快,乳业企业集团迅速崛起　由消费拉动的乳业市场发展空间非常大,行业发展迅速,形成了一批国内著名品牌。光明乳业、伊利乳业和蒙牛乳业等就是乳业企业集团的代表,被国家授予"中国驰名商标"。随着生产集约化程度的提高,规模经济效益更加显现,市场消费进一步向名牌倾斜，乳业企业集团的发展带动着行业的快速发展。

2. 优势产业区和产业化经营的模式开始形成　奶牛养殖业已是我国农村一个新的经济增长点，成为农民增收的主要途径之一，政府的扶持力度在加大，并采取"公司＋农户"、"订单农业"等方式，走小农户、大基地，小规模、大群体的路子，通过产业化龙头企业，带动优势产业区的发展壮大。奶牛优势产业区主要集中在东北、华北和大中城市郊区。2001年黑龙江牛奶产量192.4万t，占全国总量的17.1%；其次是河北119.3万t、内蒙古109.0万t、山东90.4万t、新疆87.8万t、陕西69.5万t和山西40.4万t。

3. 荷斯坦奶牛养殖区域以北方为主，近年来南方发展的速度加快　由于受多方面的因素制约，奶牛分布区域以北方为主的特点不会有大的改变。其原因一是南方各省由于气候炎热、多雨，奶牛发病率高，成母牛产奶量较低；二是南方饲养奶牛所需精饲料和优质牧（干）草主要从北方购入，饲养成本过高，从而导致南方所饲养黑白花奶牛的鲜奶成本过高；三是乳品加工业生产技术进步，超高温灭菌奶的出现，实现了鲜奶的长期保鲜和远距离运输，以北方为基地的牛奶加工企业，完全可以实现在全国范围内的全年均衡销售，奶牛生产向南转移的必要性自然也日益减小。

4. 胚胎生物技术的应用，加速高产奶牛群体的扩大和品质的进一步提高　新西兰奶牛胚胎繁殖技术在苏州市"生产"出新西兰奶牛胚胎，再通过"借腹生子"生产新西兰胚胎奶牛。广州市风行牛奶股份有限公司与澳大利亚RAB育种有限公司关于引进奶牛胚胎移植技术合作项目，首批已引进100～200头高产优质奶牛胚胎。可见，高新技术的应用，对加快奶牛品质的提高起到了重要作用。

（三）水牛与奶水牛

水牛指的是中国水牛，属于沼泽型水牛，有18个品种（含类群），均以地方命名之。2003年我国有2 225万头水牛，约占全国牛总数17%，其数量次于印度（9 510万头）和巴基斯坦（2 400万头），处于世界水牛饲养量的第三位。水牛是我国特别是南方的重要牛资源，对农牧业生产具有重要作用。水牛主要从事农业生产上劳役耕作，仅在少数地区如广东省潮汕平原、浙江省温州和广西等地的水牛作乳用，使役后淘汰的水牛作肉用，而乳用生产量低，其生产潜力有待开发。奶水牛指从印度引进的摩拉水牛和从巴基斯坦引进的尼里-拉菲水牛及其与中国水牛杂交后代的总称。

20世纪80年代我国开始在农村进行奶水牛推广试点。1996—2002年在欧盟援助下，我国的粤、桂、滇三省（自治区）实施"中国-欧盟水牛开发项目",在水牛育种、杂交改良、乳品加工等方面取得了示范性成效。近年来中国农业科学院水牛研究所利用摩拉、尼里-拉菲和我国水牛杂交育种,培育出适合我国南方地区饲养的三元杂乳肉兼用型水牛,泌乳期平均产奶量达2 500～3 000kg,其水牛胚胎研究也创4项世界第一:即世界最大的试管水牛群;首例完全体外化冻胚试管水牛;第一例试管水牛双犊;首例利用先人工授精后胚胎移植生产的不同品种的水牛双犊。据估计,全国现存奶水牛约2万头,占全国水牛总量的千分之一不到,主要集中在广东、广西、云南、福建等地。从整体上看,我国水牛奶业发展仍然不快的原因:一是认识不足,未能摆上重要位置;二是品种改良步伐不快;我国在1957年和1974年分别从印度和巴基斯坦引进摩拉和尼里-拉菲水牛以来,水牛改良已有40多年,但因多种因素的影响,杂交改良未取得明显进展;三是水牛奶产品批量小,加工、运销成本高,经营者积极性不高;四是服务不配套,加工方式落后。奶水牛饲养成本低,产品质量好,经济效益高,为农村产业结构调整和农民致富开辟了新路。广西南宁等地的实践证明,农民饲养一头奶水牛年可获利3 000～5 000元,不失为农民致富的一个好项目。因此,加快改良南方水牛,发展水牛奶业,培育中国乳肉兼用水牛新类群,促进中国特色的水牛奶业的发展前景广阔。

(四) 瘤牛和牦牛

中国家牛在主体上源于瘤牛和普通牛两大体系。在北方以蒙古牛为普通牛的代表,没有瘤驼,皮肤多底毛,能抗寒。在秦岭以南的长江和珠江流域为中国瘤牛型,也称瘤牛,与东南亚各国的瘤牛为同一类型。在动物分类学上,瘤牛属于牛科、牛亚科、家牛属中独立的一个种,与普通家养黄牛分属不同的种,即是黄牛属中的一个热带生态种,原产于印度、中国南部和阿拉伯热带地区。瘤牛具有大量的垂皮,瘤驼,能抗热耐湿,能耐南方的焦虫病和抗蜱等体外寄生虫和某些疾病的能力,适于粗放饲养,并且在自然放牧条件下具有良好的肉用性能和肉质特性,瘤牛长期与普通黄牛混杂,在黄牛育种中已越来越受到人们的重视。其现状和发展对策已在黄牛中阐述。

牦牛作为一种稀缺的绿色资源,极具开发价值。据调查,全世界现有牦牛1 700多万头,而80%在中国,大都繁衍生息在我国藏区及周围海拔3 000m以上的高寒地区。目前,我国牦牛存栏1 362万头,阿坝藏族羌族自治州牦牛存栏量150.2万头,加上周边辐射地区存栏牦牛660万头,约占全国牦牛总量的48%。牦牛全身都是宝,不仅营养价值较高,而且是半野味。专家测算,如对牦牛皮、毛、肉、骨进行综合开发,可获得5倍的高增值经济效益。

资源的稳定性和不可复制性是牦牛产业的核心优势。牦牛生长的区域是一片难得的净土，生态环境决定了牦牛体内蕴藏着高营养、高功能的有机成分。处理好牦牛产业与生态环境之间的关系是牦牛产业可持续发展的关键。提高牦牛生产水平是一项技术性很强的系统工程，必须采取循序渐进的办法，由小到大，由单一牦牛养殖逐步发展到繁殖、肥育、屠宰加工等系统生产模式，不断扩大经营规模，才能真正做到提高牦牛生产水平和经济效益的目的。

第一章

牛的品种与改良

第一节 牛的品种

现代家牛按照经济用途不同,可分为乳用型牛、肉用型牛、役用型牛和兼用型牛。

一、乳用品种

世界上,专门化奶牛品种不多。就产奶水平而言,荷斯坦牛是目前世界上最好的奶牛品种,数量最多、分布最广。而娟姗牛则以高乳脂率著称于世。

(一)荷斯坦牛

荷斯坦牛原产于荷兰。其风土驯化能力强,现在世界大多数国家均有饲养。经过各国长期的驯化及系统选育,育成了各具特征的荷斯坦牛,并冠以该国的国名,如美国荷斯坦牛、加拿大荷斯坦牛、中国荷斯坦牛等。近一个世纪以来,由于各国对荷斯坦牛选育方向不同,分别育成了以美国、加拿大、以色列等国为代表的乳用型和以荷兰、丹麦、挪威等欧洲国家为代表的乳肉兼用两大类型。

1. 乳用型荷斯坦牛

外貌特征:被毛细短,毛色大部分呈黑白斑块(少量为红白花),界线分明,额部有白星,腹下、四肢下部(腕、跗关节以下)及尾帚为白色。体格高大,结构匀称,皮薄骨细,皮下脂肪少,乳房特别庞大,乳静脉明显,后躯较前躯发达,侧望呈楔形,具有典型的乳用型外貌。成年公牛体重900~1 200kg,体高145cm,体长190cm;成年母牛体重650~750kg,体高135cm,体长170cm;犊牛初生重40~50kg。

生产性能:乳用型荷斯坦牛的产奶量为各奶牛品种之冠。创世界个体最高记录者,是美国一头名叫"Muranda Oscar Lucinda-ET"牛,于 1997 年 365d、2 次挤奶产奶量高达 30 833kg;创终身产奶量最高记录的是美国加利福尼亚州的 1 头奶牛,在泌乳的 4 796d 内共产奶 189 000kg。荷斯坦牛不耐热,高温时产奶量明显下降。

2. 兼用型荷斯坦牛

外貌特征:毛色与乳用型相同,但花片更加整齐美观。体格略小于乳用型,体躯低矮宽深,皮肤柔软而稍厚,尻部方正,四肢短而开张,肢势端正,整个体躯侧望略偏矩形,乳房发育匀称、前伸后展、附着好,多呈方圆形。成年公牛体重 900～1 100kg,母牛 550～700kg。犊牛初生重 35～45kg。

生产性能:兼用型荷斯坦牛的平均产奶量较乳用型低,年产奶量一般为 4 500～6 000kg,乳脂率为 3.9%～4.5%,个体高产者可达 10 000kg 以上。肉用性能较好,经肥育的公牛,500 日龄平均活重为 556kg,屠宰率为 62.8%。

(二)中国荷斯坦牛

1. 原产地及分布 中国荷斯坦牛是利用从不同国家引入的纯种荷斯坦牛经过纯繁或用纯种荷斯坦牛对我国黄牛级进杂交,高代杂种相互横交固定,后代自群繁育,历经 100 多年而培育成的目前我国惟一的专用奶牛品种。农牧渔业部和中国奶牛协会于 1987 年 3 月 4 日对该品种进行了鉴定验收。1992 年,"中国黑白花奶牛"品种更名为"中国荷斯坦牛"。现已遍布全国。

2. 外貌特征 该牛毛色同乳用型(见荷斯坦牛)。由于各地引用的荷斯坦公牛和本地母牛类型不同,以及饲养环境条件的差异,中国荷斯坦牛的体格不够一致。就其体型而言,北方荷斯坦牛体格较大,成年公牛体高 155cm,体长 200cm,胸围 240cm,管围 24.5cm,体重 1 100kg;成年母牛体高 135cm,体长 160cm,胸围 200cm,管围 19.5cm,体重 600kg;南方荷斯坦牛体型偏小,其成年母牛体高 132.3cm,体长 169.7cm,胸围 196cm,体重 585.5kg。

3. 生产性能 据 21 925 头品种登记牛的统计,中国荷斯坦牛 305d 各胎次平均产奶量为 6 359kg,平均乳脂率为 3.56%。其中,第一泌乳期为 5 693kg,乳脂率为 3.57%;第三泌乳期为 6 919kg,乳脂率为 3.57%。在京、津、沪、东北三省、山东、内蒙古、新疆、山西等大中城市附近及重点育种场,其全群年平均产奶量已达 7 000kg 以上。在饲养条件较好、育种水平较高的京、沪等市,个别奶牛达到了国际同类荷斯坦牛的生产水平,奶牛场全群平均产奶量已超过 8 000kg,超过 10 000kg 的奶牛个体不断涌现。

中国荷斯坦牛也具有较好的肉用性能,犊牛阶段日增重为 0.71kg,育成阶段为 0.65kg，18 月龄体重 400kg。未经肥育的淘汰母牛屠宰率为 49.5%～63.5%，净肉率为 40.3%～44.4%。经肥育 24 月龄的公牛屠宰率为 57%，净肉率 43.2%，6、9、12 月龄牛屠宰率分别为 44.2%、56.7%和 54.3%。

中国荷斯坦牛适应性强，饲料利用率高，耐热性差。改良本地黄牛，效果明显。杂种后代体格高大，体型改善，产奶量大幅度提高。

（三）娟姗牛

1. 原产地及分布 娟姗牛属小型乳用品种，原产于英吉利海峡南端的娟姗岛（也称为哲尔济岛）。由于娟姗岛自然环境条件适于养奶牛，加之当地农民的选育和良好的饲养条件，从而育成了性情温驯、体型轻小、乳脂率较高的乳用品种。早在 18 世纪，娟姗牛即以乳脂率高、乳房形状好而闻名。

2. 外貌特征 被毛细短而有光泽，毛色为深浅不同的褐色，以浅褐色为最多。鼻镜及舌为黑色，嘴、眼周围有浅色毛环，尾帚为黑色。娟姗牛体型小，清秀，轮廓清晰。头小而轻，两眼间距宽，眼大而明亮，额部稍凹陷，耳大而薄，鬐甲狭窄，肩直立，胸深宽，背腰平直，腹围大，尻长平宽，尾帚细长，四肢较细，关节明显，蹄小。乳房发育匀称，形状美观，乳静脉粗大而弯曲，后躯较前躯发达，体型呈楔形。

娟姗牛体格小，成年公牛体重为 650～750kg；母牛体重 340～450kg，体高 113.5cm，体长 133cm；犊牛初生重为 23～27kg。

3. 生产性能 娟姗牛的最大特点是乳质浓厚，单位体重产奶量高，乳脂肪球大，易于分离，乳脂黄色，风味好，适于制作黄油，其鲜奶及奶制品备受欢迎。2000 年美国娟姗牛登记平均产奶量为 7 215kg，乳脂率 4.61%，乳蛋白率 3.71%。创个体记录的是美国一头名叫"Greenridge Berretta Accent"的牛，年产奶量达 18 891kg，乳脂率为 4.67%，乳蛋白率为 3.61%。

解放前，我国曾引进娟姗牛，主要饲养于南京等地，年产奶量为 2 500～3 500kg。近年，广东又有少量引入，用于改善牛群的乳脂率和耐热性能。

二、肉用品种

世界上主要的肉牛品种，按体型大小和产肉性能，大致可分为三大类：一是中小型早熟品种，主产于英国。一般成年公牛体重 550～700kg，母牛 400～500kg。成年母牛体高在 127cm 以下为小型，128～136cm 为中型。主要品种有海福特牛、短角牛、安格斯牛等。二是大型品种，主产于欧洲大陆。成年公牛体重 1 000kg 以上，母牛 700kg 以上，成年母牛体高 137cm 以上。代表品种有夏洛来牛、利木赞牛、契安尼娜牛、皮埃蒙特牛等。三是兼用品种,多为乳肉兼用或肉乳兼用,主要品种有西门塔尔牛、丹麦红牛、蒙贝利亚牛等。

(一) 夏洛来牛

1. 原产地及分布 夏洛来牛原产于法国,属大型肉牛品种,目前已成为欧洲大陆最主要的肉牛品种之一。我国于1964年开始从法国引进夏洛来牛,主要分布在内蒙古、黑龙江、河南等地。

2. 外貌特征 被毛为全身白色或乳白色,无杂色毛。体形大,体躯呈圆筒状,腰臀丰满,腿肉圆厚并向后突出,常呈"双肌"现象。

"双肌"现象简介

双肌是肉牛臀部肌肉过度发育的形象称呼,而不是说肌肉是双的或有额外的肌肉,在200年以前就已发现牛的这一现象,夏洛来牛、皮埃蒙特牛、安格斯牛、利木赞牛、短角牛、海福特牛等品种中均有出现,其中以夏洛来牛、皮埃蒙特牛双肌性状的发生率较高。

双肌牛在外观上有以下特点:

①以膝关节为圆心画一圆,双肌牛的臀部外线正好与圆周相吻合,非双肌牛的臀部外线则在圆周以内。双肌牛后躯肌肉特别发达,能看出肌肉之间有明显的凹陷沟痕,行走时肌肉移动明显且后腿向前、向两外侧,尾根突出,尾根附着向前(图1-1)。

②双肌牛沿脊柱两侧和背腰的肌肉很发达,形成"复腰"。腹部上收,体躯较长。

图1-1 双肌牛外貌特征

③肩区肌肉较发达,但不如后躯,肩肌之间有凹陷。颈短较厚,上部呈弓形。生长快,早熟,双肌特性随牛的成熟而变得不明显,公牛的双肌比母牛明显。

双肌牛胴体优点是脂肪沉积较少,肌肉较多。用双肌牛与一般牛配种,后代有1.2%~7.2%为双肌,因不同公牛和母牛品种有较大变化。如母本是乳用品种,后代的肌肉量提高2%~3%;母本是肉用品种或杂种肉用品种,则后代的肌肉量提高14%。双肌公牛与一般母牛配种所产犊牛初生重和生长速度均有所提高。

双肌牛的主要缺点是饲养条件要求比较高,在饲料条件差或无补饲条件的地区不能充分发挥其优势;繁殖力较差,怀孕期延长,难产增多。其含双肌基因的品种如皮埃蒙特牛、夏洛来牛等品种只能适于作终端杂交公牛,应避免级进杂交。实践证明,我国黄牛及其杂种母牛产犊性能较好,与皮埃蒙特公牛终端杂交,难产率也较低。

双肌型牛由于后躯特别发达,胸部很宽厚,其胴体与肌肉较一般的牛相比,胴体稍短,而髋部厚、横径大,胸廓的内腔小而肉板墩厚。

3. 生产性能 夏洛来牛生长发育快，周岁前肥育平均日增重达1.20kg，周岁体重达390kg。牛肉大理石纹丰富，屠宰率67%，净肉率57%。犊牛初生重大，公犊46kg，母犊42kg，难产率高，平均为13.7%，故有"夏洛来，夏洛来，配上下不来"的说法，即提醒人们注意所配母牛的选择，以防止难产。

4. 适应性及改良效果 夏洛来牛适应放牧饲养，耐寒，耐粗饲，对环境适应性强，是我国肉牛杂交的优秀父系之一。夏洛来牛与西门塔尔改良牛的杂交为出口和涉外宾馆提供了大量的合格肉源，杂交公犊强度肥育之下平均日增重可达1.20kg。夏洛来牛在眼肌面积改良上作用最好，臀部肌肉发达，在生产西冷和米龙等高价分割肉块方面具有优势。

（二）利木赞牛

1. 原产地及分布 利木赞牛原产于法国，也是欧洲重要的大型肉牛品种。我国于1974年开始引入，主要分布于山东、河南、黑龙江、内蒙古等地。

2. 外貌特征 毛色为黄红色，但深浅不一，背部毛色较深，四肢内侧、腹下部、眼圈周围、会阴部、口鼻周围及尾帚毛色较浅，多呈草白或黄白色，角白色，蹄红褐色。体型高大，早熟，全身肌肉丰满。

3. 生产性能 利木赞牛肉嫩，脂肪少，是生产小牛肉的主要品种，国际上常用的杂交父本之一。在良好饲养管理条件下，日增重达1.00kg以上，10月龄活重达400kg，12月龄达480kg。屠宰率64%，净肉率52%。利木赞牛犊牛初生重不大，公犊36kg，母犊35kg，难产率不高。

4. 适应性及改良效果 因为利木赞牛毛色非常接近我国黄牛，所以较受欢迎。用于第二或第三次轮回杂交，其后代难产率较低，母犊继续留作母本是比较好的组合。其改良后代后躯变得丰满，体型增大，性成熟提前。

（三）皮埃蒙特牛

1. 原产地及分布 皮埃蒙特牛原产于意大利，是目前正在向世界各国传播的肉牛品种。我国于1986年先后引进公牛细管冻精和冻胚。现种牛主要饲养于北京、山东、河南等地。

2. 外貌特征 被毛灰白色，鼻镜、眼圈、肛门、阴门、耳尖、尾帚等为黑色。犊牛初生时为浅黄色，慢慢变为白色。成年牛体型较大，体躯呈圆桶型，肌肉发达，皮薄，各部位肌肉块明显，呈"双肌"现象，外观似"健美运动员"。

3. 生产性能 皮埃蒙特牛以高屠宰率（70%）、高瘦肉率（82%）、大眼肌面积（可改良夏洛来牛的眼肌面积）以及鲜嫩的肉质和弹性度极高的皮张而著名。优质高档肉比例大，是提供优质西式牛排的种源。犊牛初生重，公犊42kg，母犊40kg，难产率较高。早期增重快，周岁公牛体重达400～430kg。皮埃蒙特牛具有较高产奶能力，280d产奶量为2 000～3 000kg。

4. 适应性及改良效果 现在全国12个省市推广应用，已显示出良好的杂交改良效果。在河南南阳地区用以改良南阳牛，通过244d的肥育，2 000多头皮南杂交后代，创造了18月龄耗料800kg、获重500kg、眼肌面积114.1cm^{2}的国内最佳记录，生长速度达国内肉牛领先水平。

（四）契安尼娜牛

1. 原产地及分布 契安尼娜牛原产于意大利，是目前世界上体型最大的肉牛品种，与瘤牛有血缘关系。该品种近年来输入加拿大、阿根廷、巴西等国家。1986年意大利国家研究委员会向我国赠送契安尼娜公牛冻精500份，开始少量与中国南阳黄牛进行杂交试验。

2. 外貌特征 毛色纯白，尾帚呈黑色。除腹部外，皮肤上均有黑色素。犊牛出生时被毛为深褐色，在60日龄内逐渐变成白色。体躯长，四肢高，体格大，结构良好。

3. 生产性能 早熟，初生至18月龄的幼牛生长速度最快。12月龄体重，公牛480kg，母牛360kg；18月龄体重，公牛690kg，母牛470kg；24月龄体重，公牛850kg，母牛550kg。肉品质好，具有大理石纹状结构，而且细嫩。屠宰率58％，瘦肉率也很高。犊牛初生重较大，公犊47～55kg，母犊42～48kg，但头额窄，难产少。

4. 适应性及改良效果 契安尼娜牛对环境条件的适应性好，繁殖性能好，一次配种受胎率高达85％。抗晒耐热，宜于放牧。

（五）短角牛

1. 原产地及分布 短角牛原产于英国英格兰东北部。约1600年在梯姆斯河流域开始系统选育，1783年前后输往苏格兰和美国等地。1822年开始品种登记，1874年成立品种协会。20世纪初，短角牛已成为闻名的良种肉牛。1950年以后，随着世界奶牛业的发展，一部分短角牛又向乳用方向选育，至今形成了肉用和乳用短角牛两个类型。我国曾多次引入兼用型短角牛，主要饲养在东北、内蒙古、河北等地，并与蒙古牛杂交育成了中国草原红牛。

2. 外貌特征及生产性能

（1）肉用短角牛。

外貌特征：被毛以红色为主，也有白色和红白交杂的沙毛个体，相当数量的个体腹下或乳房部有白斑，深红毛色较受重视。鼻镜粉红色，眼圈色淡。头短，额宽平。角短细，向下稍弯，呈蜡黄或蜡白色，角尖黑。颈部被毛长且卷曲，额顶有丛生的较长被毛。背腰宽且平直，尻部宽广、丰满，体躯长而宽深，具有典型的肉用牛体型。

生产性能：据英国测定，肉用短角牛 200 日龄公犊平均体重 209kg，400 日龄可达 412kg。肥育期日增重可达 1.00kg 以上。母牛泌乳性能好。

（2）兼用短角牛。

美国官方称其为乳用短角牛。

外貌特征：与肉用短角牛相似，但乳用特征明显，乳房发达，体格较大，成年母牛体重 700～800kg，公牛 1 000kg，有些成年公牛体重达 1 500kg。

生产性能：平均产奶量 3 310kg，乳脂率 3.69%～4.0%，高产牛产奶量可达 5 000～10 000kg，甚至更多。

3. 适应性及改良效果 短角牛耐寒，抗病力强，适于放牧饲养。在东北、内蒙古等地改良当地黄牛，体型改善，体格加大，产奶量提高，杂交优势明显。中国草原红牛的培育形成，充分体现了该品种在我国具有良好适应性和利用价值。

（六）海福特牛

1. 原产地及分布 海福特牛原产于英国英格兰西部，是世界上最古老的中型早熟肉牛品种，其培育已有 2 000 多年的历史，现分布于世界各地，尤其是在美国、加拿大、墨西哥、澳大利亚和新西兰饲养较多。我国在解放前就开始引进海福特牛，现分布全国各地。

2. 外貌特征 体躯的毛色为橙黄或黄红色，并具"六白"特征，即头、颈垂、鬐甲、腹下、四肢下部和尾帚为白色，鼻镜粉红。分有角和无角两种，角呈蜡黄色或白色。公牛角向两侧伸展，向下方弯曲，母牛角尖向上挑起。体型宽深，前躯饱满，颈短而厚，垂皮发达，中躯肥满，四肢短，背腰宽平，臀部宽厚，肌肉发达，整个体躯呈圆筒状，皮薄毛细。初生母犊重 32kg。

3. 生产性能 海福特牛早熟，增重快，从出生到 12 月龄的平均日增重达 1.40kg，18 月龄体重 725kg（英国）。据我国黑龙江省资料，海福特牛哺乳期平均日增重，公犊 1.14kg，母犊 0.89kg。7～12 月龄的平均日增重，公牛 0.98kg，母牛 0.85kg。屠宰率一般为 60%～65%，经肥育后，可达 70%。肉质嫩，多汁，大理石纹好。海福特牛年产奶量 1 100～1 800kg，母性较好。

4. 适应性及改良效果 20 世纪 70 年代以来，我国许多省区引入海福特牛改良当地黄牛，一般反映，对南方与北方类型黄牛以及小型中原黄牛的体型

（后躯发育）、体重、生长速度、屠宰率、净肉率、肥育饲料报酬均有较大提高。但是，杂种一代均比当地黄牛行走缓慢，不善攀登，在陡坡山地或植被稀疏的牧场，采食能力不良。

（七）安格斯牛

1. 原产地及分布 安格斯牛为英国古老的中小型肉牛品种。现已是美国、加拿大等国家的主要肉牛品种，现在世界上主要养牛国家都有饲养。我国自1974年开始引入，但现在只在部分区域推广，如山东省滨州地区渤海黑牛的改良。

2. 外貌特征 安格斯牛无角，有红色和黑色两个类型，其中，以黑色安格斯为多。头小而方，额宽，体躯深、圆，腿短，颈短，腰和尻部肌肉丰满，有良好的肉用体型。

3. 生产性能 安格斯牛生长快、早熟、易肥育，在良好的饲养条件下，从出生至周岁可保持1.00kg以上的日增重速度。屠宰率65.0%，净肉率52.0%。安格斯牛体型中等，难产率低。牛初生重，公犊36kg，母犊35kg。

4. 适应性及改良效果 安格斯牛对环境适应性好，耐粗、耐寒，比蒙古牛对严酷气候的耐受力更强。性情温和，易于管理。改良黄牛，后代生长速度明显加快，但对体型改进不明显。

表1-1 世界主要肉牛体尺、体重
（李建国、冀一伦，养牛手册，1997）

品 种	性别	体高(cm)	体斜长(cm)	胸围(cm)	管围(cm)	体重(kg)
夏洛来牛	公	142	180	244	26.5	1 100～1 200
	母	132	165	203	21.0	700～800
利木赞牛	公	140	172	237	25	950～1 200
	母	130	157	192	20	600～800
皮埃蒙特牛	公	140	170	210	22	800
	母	130	146	176	18	500
海福特牛	公	134.4	169.3	211.6	24.1	850～1 100
	母	126.0	152.9	192.2	20.0	600～700
安格斯牛	公	130.8	—	—	—	800～900
	母	122.0	166.0	203.0	18.7	500～600

三、兼用品种

现在世界上比较受欢迎的兼用品种，是指其产肉性能和产奶性能均可与一般的专用肉牛和奶牛相媲美。生产中，母牛作"奶牛"，公牛作"肉牛"。我国引入的主要品种有：

（一）西门塔尔牛

1. 原产地及分布 西门塔尔牛主产于瑞士，德国、奥地利、法国也有分布，是世界著名的大型乳、肉、役兼用品种。我国自 20 世纪初即开始引入。我国于 1981 年成立中国西门塔尔牛育种委员会。经过多年的努力，我国已培育出自己的西门塔尔牛，即"中国西门塔尔牛"。在我国北方各省及长江流域各省区设有原种场。

2. 外貌特征 毛色多为黄白花或淡红白花，头、胸、腹下、尾、四肢及尾帚为白色，皮肤为粉红色。体格高大，成年公牛体重 1 000～1 200kg，体高 142～150cm；成年母牛体重 550～800kg，体高 134～142cm。额与颈上有卷曲毛。四肢强壮，蹄圆厚。乳房发育中等，乳头粗大，乳静脉发育良好。

3. 生产性能 西门塔尔牛的肉用、乳用性能均佳。平均产奶量 4 000kg 以上，乳脂率 4%。初生至 1 周岁平均日增重可达 1.32kg，12～14 月龄活重可达 540kg 以上。较好条件下屠宰率为 55%～60%，肥育后屠宰率可达 65%。犊牛出生重大，公犊为 45kg，母犊为 44kg，难产率较高。中国西门塔尔牛核心群平均产奶量已突破 4 500kg。四川阳坪种牛场 77 号母牛 305d 产奶量达 8 400kg。

4. 适应性及改良效果 西门塔尔牛是至今用于改良我国本地牛范围最广、数量最大，杂交最成功的牛种。西门塔尔改良牛在全国已有 700 多万头，占到我国黄牛改良数的 1/3 以上，并形成了不少地方类群，如在科尔沁草原和辽吉平原，川北的云蒙山区，南疆和北疆不同气候的农牧区，太行山区等都发挥了很好的经济效益，是异地肥育基地架子牛的主要供应区。

西门塔尔牛的杂交后代，体格明显增大，体型改善，肉用性能明显提高。在 2～3 个月的短期肥育中一般具有平均日增重 1.13～1.25kg 的水平，有的由于补偿生长在第一个月达到平均 2.00kg 的速度。16 月龄屠宰时，屠宰率达 55% 以上；20 月龄至强度肥育时，屠宰率达 60%～62%，净肉率为 50%。它的另一个优点是能为下一轮杂交提供很好的母系，后代母牛产奶量成倍提高。

（二）丹麦红牛

1. 原产地及分布 丹麦红牛原产于丹麦。1878 年形成品种。以乳脂率、乳蛋白率高而著称。我国从 1984 年开始引进，饲养于吉林省畜牧兽医研究所和西北农林科技大学等地。

2. 外貌特征 被毛为红或深红色，公牛毛色通常较母牛深。鼻镜浅灰至深褐色，蹄壳黑色，部分牛只乳房或腹部有白斑毛。皮薄而有弹性。体型大，体躯深、长、胸宽，背腰平直，四肢粗壮结实。角短且致密。乳房大，发育匀称。成年公牛体重 1 000～1 300kg，体高 148cm；成年母牛体重 650kg，体高 132cm。犊牛初生重 40kg。

3. 生产性能 该品种具有较好的乳用性能。美国 2000 年 53 819 头母牛的平均产奶量为 7 316kg，乳脂率 4.16%；高产牛群的平均产奶量 9 533kg，乳脂率 4.53%；最高单产 12 669kg，乳脂率 5%。丹麦红牛也具有良好产肉性能。12～16 月龄小公牛，在良好的肥育条件下，平均日增重可达 1.01kg，屠宰率 57%，胴体瘦肉率 65%～72%。

4. 适应性及改良效果 1984 年我国首次引进丹麦红牛 30 头，分别饲养在吉林省畜牧兽医研究所和西北农林科技大学等地。据测定，平均产奶量为 5 400kg，高产个体达 7 000kg 以上，乳脂率 4.21%。用于改良秦川牛，杂种一代平均初生重 30～32kg，母牛头胎平均产奶量 1 750kg，高产个体可达 2 415kg，其乳脂率为 5.01%。

（三）蒙贝利亚牛

1. 原产地及分布 蒙贝利亚牛原产于法国东部。我国部分省份有饲养，用于改良西门塔尔牛与本地黄牛的杂交后代。

2. 外貌特征 被毛具有明显的"胭脂红色花斑"，有色毛主要分布在颈部、尾根与坐骨端，其余部位多为白色。体型高大，成年公牛体重 900～1 100kg，体高 148cm；成年母牛体重 650～750kg，体高 136cm。后躯发达，乳房发育好。犊牛初生重，公牛 46.0kg，母牛 42.4kg。

3. 生产性能 乳房结构好，排乳速度快，适于机械化挤奶。2001 年，法国 374 869 头蒙贝利亚牛平均产奶量 6 110kg，乳脂率 3.88%，乳蛋白 3.24%。

蒙贝利亚牛生长速度快。12 月龄公牛体重为 354.7kg，母牛 255.6kg。18 月龄公牛体重 485.4kg，母牛 339.6kg。24 月龄公牛体重 531.1kg，母牛 416.2kg。以玉米青贮为主的日粮饲养到 14～15 月龄屠宰，日增重可达 1.20～1.35kg。

（四）中国草原红牛

1. 原产地及分布 中国草原红牛为乳肉兼用型品种，主产于中国吉林白城地区、内蒙古赤峰市、锡林郭勒盟南部和河北张家口地区。它是用乳肉兼用型短角牛与蒙古牛级进杂交二、三代后，横交固定、自群繁育而成的一个新品种。1985年8月20日，经农牧渔业部授权吉林省畜牧厅，在内蒙古赤峰市对该品种进行了验收，正式命名为中国草原红牛，并制定了国家标准。

2. 外貌特征 毛色多为深红色，少数牛腹下、乳房部分有白斑，尾帚有白毛。全身肌肉丰满，结构匀称。乳房发育较好。成年公牛体重825.2kg，体高138cm；成年母牛体重482kg，体高119cm。犊牛初生重，公犊31.9kg，母犊30.2kg。

3. 生产性能 泌乳期220d，平均产奶量1 662kg，乳脂率4.02%，最高个体产奶量为4 507kg。产肉性能亦好，肉质良好，纤维细嫩，肌肉呈大理石状。据测定，18月龄的阉牛，经放牧肥育，屠宰率为50.8%，净肉率为41%。短期催肥的屠宰率为58.1%，净肉率为49.5%。

中国草原红牛耐粗饲，适应性强。

四、中国黄牛

《中国牛品种志》载有黄牛品种28个，按地理分布区域和生态条件，将我国黄牛分为中原黄牛、北方黄牛和南方黄牛三大类型。中原黄牛包括分布于中原广大地区的秦川牛、南阳牛、鲁西牛、晋南牛、郏县红牛、渤海黑牛等品种。北方黄牛包括分布于内蒙古、东北、华北和西北的蒙古牛，吉林、辽宁、黑龙江3省的延边牛，辽宁的复州牛和新疆的哈萨克牛。产于东南、西南、华南、华中、台湾以及陕西南部的黄牛均属南方黄牛。

我国黄牛品种，大多具有适应性强、耐粗饲、牛肉风味好等优点，但大都属于役用或役肉兼用体型，体型较小，后躯欠发达，成熟晚、生长速度慢。

（一）蒙古牛

1. 原产地及分布 蒙古牛原产于蒙古高原地区，广泛分布于内蒙古、黑龙江、新疆、河北、山西、陕西、宁夏、甘肃、青海、吉林、辽宁等省、自治区。在内蒙古，主要分布湿润度在27%以上的草原地区。乌珠穆沁牛属蒙古牛的一个优良种群，素以体大、力强、肉多、味美而驰名。

2. 外貌特征 毛色多为黑色或黄色，次为狸色、烟熏色。头短宽、粗重，角长、向上前方弯曲，呈蜡黄或青紫色。体格中等，四肢粗短，乳房发育良好。

3. 生产性能 泌乳力较好，产后100d平均产奶量518.0kg，平均乳脂率5.22%；中等体况阉牛屠宰率53.0%，净肉率44.6%，眼肌面积56.0 cm^2。

终年放牧，在-50～35℃不同季节能常年适应，抓膘能力强，发病率低。

（二）秦川牛

1. 原产地及分布 秦川牛主产于陕西省渭河流域的关中平原，其中以兴平、乾县、礼泉、武功、抚风和杨陵、秦都等地最为著名。

2. 外貌特征 毛色以紫红色最多，其次是红色，也有少数红黄色个体。鼻镜、眼睑及角多为粉红色。角短而钝，多向外下方或向后稍弯。中躯长广，后躯短浅。

3. 生产性能 在中等饲养水平下，18月龄时的平均屠宰率为58.3%，净肉率为50.5%，眼肌面积79.82cm^2；产后100d母牛产奶量715.8kg，乳脂率4.70%。母牛可繁殖到14～15岁，个别可达17～20岁。

（三）南阳牛

1. 原产地及分布 南阳牛主产于河南省南阳盆地、白河及唐河流域广大平原地区。开封和洛阳等地也有少量分布。

2. 外貌特征 毛色有黄、红、草白3种，以深浅不等的黄色为最多，一般牛的面部、腹下和四肢下部毛色较浅。公牛角基较粗，以萝卜头角为主；鬐甲高，肩峰8～9cm。母牛角较细。胸部深度不够，体长不足，后躯发育较差。

3. 生产性能 产肉性能良好，15月龄肥育牛，屠宰率55.6%，净肉率46.6%，眼肌面积73.14 cm^2；泌乳期6～8个月，产奶量600～800kg。已被全国22个省区引入，与当地黄牛的杂种牛适应性、采食性和生长能力均较好。

（四）晋南牛

1. 原产地及分布 晋南牛主产于山西省西南部的运城、临汾地区，其中以万荣、河津和临猗三县数量最多、质量最好。

2. 外貌特征 毛色以枣红为主，鼻镜粉红，顺风角，体大结实，颈短粗，胸宽深，臀端较窄。

3. 生产性能 肉用性能较好，18月龄时屠宰，屠宰率53.9%，净肉率40.3%；经强度肥育后屠宰率59.2%，净肉率51.2%，眼肌面积79.00 cm^2；成年阉牛屠宰率62.6%，净肉率52.9%。

（五）鲁西牛

1. 原产地及分布 鲁西牛主产于山东省西南部的菏泽、济宁地区，其中郓城、鄄城、梁山三县为纯种繁育区。聊城和泰安也有分布。

2. 外貌特征　毛色以黄色为主，多数牛具有"三粉"特征，即眼圈、口轮、腹下与四肢内侧毛色较浅，呈粉色。公牛多平角或龙门角；母牛角形多样，以龙门角居多。体格较大，后躯欠丰满。

3. 生产性能　肉用性能良好，18月龄肥育，公、母牛平均屠宰率为57.2%，净肉率为49.0%，眼肌面积76.65cm^2。肉质良好，大理石纹明显，市场占有率较高。

（六）延边牛

1. 原产地及分布　延边牛又称朝鲜牛，主产于吉林省延边朝鲜族自治州的延吉、和龙、汪清、珲春及毗邻各省，分布于东北三省。

2. 外貌特征　毛色多黄色，鼻镜淡褐带黑斑，被毛长而密。公牛头方额宽，角基粗大，多向外后方伸展成一字形或倒八字角；母牛角细而长，多为龙门角。四肢较高。

3. 生产性能　适于水田作业，善走山路。180d肥育牛平均屠宰率57.7%，净肉率47.2%，眼肌面积71.00cm^2；泌乳期6～7个月，产后100d产奶量500～700kg，乳脂率5.8%～8.6%；耐寒、耐粗，抗病性好，适应能力强。

五、水　　牛

水牛是热带、亚热带地区特有的畜种，主要分布在亚洲地区，约占全球饲养量的97%。水牛具有乳、肉、役多种经济用途，适于水田作业。水牛奶营养丰富，脂肪和非脂固形物、干物质、总能量都高于荷斯坦奶牛牛奶。

亚洲水牛按其外形、习性和用途分成两种类型，即沼泽型水牛和河流型水牛。目前，世界各国大力开展水牛杂交改良工作，出现大量水牛杂交群体，并统一纳入杂交型水牛这一类型，称为杂交型水牛。

（一）沼泽型水牛

沼泽型水牛有泡水和滚泥的自然习性。耐粗饲，耐湿热，抗疾病，适应性强，但体形较小，生产性能偏低，其用途以役用为主。沼泽型水牛一般以产地命名。主要分布在中国、泰国、越南、缅甸、老挝、柬埔寨、马来西亚、菲律宾等地，其代表是中国水牛。

中国水牛资源丰富，数量仅次于印度和巴基斯坦，居世界第三位。全国有18个省市区有水牛分布，饲养量达到100万头以上的有9个省市区，其中以广西水牛头数最多，达437.8万头，占全国水牛总数19.24%，依次是云南、广东、贵州、湖北、四川、湖南、江西和安徽，约占全国水牛总量的88%以上。

沼泽型水牛的主要品种有：

1. 滨湖水牛

（1）原产地及分布。滨湖水牛主产于中国湖南省，分布于湘中、湘东丘陵地带和湘西北部的桃源、慈利等地。

（2）外貌特征。毛稀，毛色有黑色、灰黑色、白色等三种，灰黑色居多，白色最少。多数水牛颈下胸前有两条白带，腹下部自胸至乳房以及四肢内侧的毛色均为灰白色。成年母牛体重平均为485.0kg；成年公牛体重平均为547.8kg，体高为133.7cm。

（3）生产性能。滨湖水牛性情温和，使役能力强。繁殖性能好，母牛终生产犊10~12头，一般15~16岁还有繁殖能力。阉牛平均屠宰率49%，平均净肉率为41%。

2. 德宏水牛

（1）原产地及分布。德宏水牛产于中国云南省德宏州、临沧地区和保山地区。

（2）外貌特征。毛色多为黑色、瓦灰色，占92%~95%，白色占5%~8%。成年母牛体重平均为500kg；成年公牛体重平均为571kg。

（3）生产性能。德宏水牛体格高大，抗病力、役用能力较强。肉用性能良好，阉牛平均屠宰率48%，结缔组织和脂肪较少。

3. 海子水牛

（1）原产地及分布。海子水牛主产于中国江苏省北部沿海诸县，主要分布于盐城地区的大丰、东台、射阳、海滨和南通地区的如东等县的海边地带。

（2）外貌特征。毛色以褐色为最多，黑色次之，白毛很少。成年母牛体重平均为626.3kg，体高132.6cm；成年公牛体重807.2kg，体高154.0cm。

（3）生产性能。海子水牛性情温驯，消化能力强，耐寒，寿命也较长。公牛屠宰率为42.9%，净肉率为32.8%。阉牛屠宰率为50.9%，净肉率为39.9%。

4. 江汉水牛

（1）原产地及分布。江汉水牛产于中国湖北省江汉平原的江陵、石首、公安、监利、洪湖、天门、汉阳、武昌以及武汉市郊等29个县市，共70万头。

（2）外貌特征。江汉水牛皮厚毛粗，毛色以铁青色、青灰色为多，其次为芦毛，白毛甚少；一般眼内角毛灰白色，颚两侧有白毛簇，颈下和胸前有两条白带；四肢下端多呈灰白色。角根较粗，肩峰明显，无垂皮。成年母牛平均体重 519.4kg，体高 127.2cm；成年公牛平均体重 544.6kg，体高 130.3cm。

（3）生产性能。江汉水牛繁殖年龄至 14～15 岁，个别可达 20～25 岁。母牛哺乳期 8～12 个月，哺乳期泌乳量约 800kg，每头日均产奶 3.5kg。肥育效果好，在全放牧饲养条件下饲养 120d，公牛平均日增重为 0.96kg，母牛为 0.52kg。屠宰率为 48.5%，净肉率为 36.9%。

（二）河流型水牛

河流型水牛，原产于江河流域地带，习性喜水。河流型水牛体形大，其用途以乳用为主，也可兼作其他用途。这类水牛主要分布在印度、巴基斯坦、保加利亚、意大利和埃及等国家。我国已经引进了摩拉水牛和尼里-拉菲水牛。

1. 摩拉水牛

（1）原产地及分布。摩拉水牛是世界著名的乳用水牛品种，原产于印度西北部的哈里亚纳邦、旁遮普邦和新德里直辖区。中国于 1957 年开始从印度引进摩拉水牛，数量有逐年上升的趋势。我国南方各省均有饲养，尤其以广西最多。

（2）外貌特征。毛色通常为黑色，尾帚为白色。体质坚实。皮薄而软，富有光泽。公牛头粗重，母牛头较小、清秀。角短而向后向上内弯曲呈螺旋形。公牛颈厚，母牛颈长薄，无垂皮。乳房发达，乳头大小适中，距离宽，乳静脉弯曲明显。我国繁育的摩拉水牛成年公牛体重为 969kg，成年母牛体重为 648kg。

（3）生产性能。平均泌乳期为 251～398d，泌乳期平均产奶量 1 955.3kg。个别好的母牛 305d 泌乳期产奶量达 3 500kg。

摩拉水牛肥育效果也较好。公牛在 19～24 月龄肥育 165d，日增重平均为 0.41kg；屠宰率、净肉率分别为 53.7%、41.9%。

（4）适应性及改良效果。摩拉水牛经过 40 年的繁育，已繁殖了新的后代，在中国南方亚热带气候环境下，具有耐热、耐粗饲、抗病力强、适应性强等特点。该品种在繁殖性能、生长发育、产奶性能和产肉性能方面均与原产地品种相当。但是摩拉水牛性情偏于神经质，对外界刺激反应敏感，应加强调教和培育。进一步对摩拉公牛进行品系选育，培育成中国乳用型摩拉水牛新品系，为中国增添水牛品种资源创造条件。

2. 尼里-拉菲水牛

（1）原产地及分布。尼里-拉菲水牛原产于巴基斯坦一带，也是世界著名的乳用水牛品种。该国人民非常重视水牛的发展，人民爱水牛如命，美称其为"黑色金子"。1974年，巴基斯坦政府赠送给中国政府50头尼里-拉菲水牛，分配给广西、湖北各25头。据1988年不完全统计，尼里-拉菲水牛在中国已发展到209头。

(2) 外貌特征。毛色为黑色，棕色亦常见。成年公牛体重800kg，成年母牛体重600kg。

(3) 生产性能。平均泌乳期为316.8d，泌乳量为2 262.1kg，平均日产奶7.1kg，最高日产量达18.4kg，优秀个体泌乳量可达3 400～3 800kg。泌乳量与巴基斯坦原产地选育的核心牛群平均泌乳量基本相近。

肉用性能，公牛在19～24月龄肥育168d，平均日增重0.43kg；屠宰率、净肉率分别为50.1%、39.3%。其牛肉常量营养成分与摩拉水牛肉相同。

(4) 适应性及改良效果。尼里-拉菲水牛在中国饲养30多年，品种表现出耐粗饲、合群性好、耐热力和抗病力强、适应性强的特点。其体态比原产地水牛更加丰满；该牛性情温驯，可作为乳用或肉用家畜。通过品种改良工作，扩大和选育杂交水牛群，有可能培育成中国乳肉兼用水牛新类群。

(三) 杂交型水牛

杂交型水牛按不同类型和不同杂交方法可分为两种：一种是河流型水牛之间杂交的后代，按培养用途可分为乳用水牛和肉用水牛；一种是河流型水牛与沼泽型水牛杂交的后代。采用河流型的摩拉、尼里－拉菲等水牛与我国沼泽型水牛杂交，期望培育乳用、肉用或兼用型水牛。

六、瘤 牛

瘤牛是热带、亚热带地区的特有牛种，因其鬐甲前端有一肌肉隆起组织似瘤而得名。它是一种沉积脂肪的肌肉组织，是瘤牛的营养库，重量为5～8kg，占体重的2%～3%。

瘤牛与普通牛不同，它的头部狭长，额宽且凸出，耳大，长达22～33cm，下垂倒挂，皮肤松弛，颈垂、脐垂特别发达，皮肤质地紧密而厚，分泌有臭气的皮脂，能驱虱、抗焦虫病，并能将此特性遗传给杂种后代。瘤牛汗腺发达，单位面积的汗腺比普通牛多而且体积大，耐热，耐干旱。

(一) 辛地红牛

1. 原产地及分布 辛地红牛原产于巴基斯坦辛地省。我国于20世纪40～

60 年代曾先后多次引入该品种，饲养在海南、广西、广东、湖南、贵州及云南等地。

2. 外貌特征 毛色以褐色为主，眼圈、鼻镜、尾梢和肢蹄下部多为黑色。此外，毛色尚有黄色、棕黑色和前额、腹部出现零星白斑的个体。角小，向上弯曲。耳大下垂。颈垂和腹垂发达。母牛乳房发育良好，公牛肩峰凸起，瘤峰高达 20cm 左右。

3. 生产性能 成年母牛产奶量 1 560kg，乳脂率 4.9%～5.0%；优良母牛可产奶 4 000kg。在我国广东省湛江地区终年放牧、日补混合精料 1.5～2kg 的条件下，平均泌乳期 270d，泌乳量 1 179kg，最高为 1 990kg。

4. 适应性及改良效果 用辛地红牛与我国南方亚热带地区的本地黄牛杂交，杂种优势明显。杂种一代牛具有耐热、抗蜱、抗血原虫的特点，能够很好地适应热带、亚热带的生态环境和饲养条件。

（二）婆罗门牛

1. 原产地及分布 婆罗门牛是美国引用印度瘤牛育成的肉用瘤牛品种。目前，美国 46 个州均有婆罗门牛分布，此外还出口到墨西哥、巴西、澳大利亚、马来西亚、菲律宾和泰国等 60 多个国家。

2. 外貌特征 被毛粗短略稀，毛色多为深浅不同的银灰色，目前也有少数红、棕、黑色个体。婆罗门牛体格中等偏大型，头部狭长，前额平或稍凸，耳大下垂，皮肤松软，瘤峰及垂皮发达、呈黑色。躯干宽深，全身肌肉发达，四肢较长，骨骼结实，成年公牛体重 800～1 000kg，成年母牛体重 500～650kg，犊牛初生重平均为 31kg。

3. 生产性能 婆罗门牛生长快，6 月龄体重达 170～180kg，从 6 月龄到 2 周岁平均日增重为 0.83kg；出肉率高，经肥育后屠宰率可达 70% 以上，小牛屠宰率为 60%。婆罗门牛杂种优势明显，例如，6 月龄的婆罗福特牛断奶体重达 197kg，比在同等条件下的海福特纯种牛高 13%。婆罗门牛耐热抗寒，抗病力强、寿命长，难产率低，耐粗饲。

4. 适应性及改良效果 1980 年美国前总统尼克松赠送给我国一头婆罗门公牛，饲养在广西畜牧所。据邹霞青等（1987）的报道，福建引用婆罗门牛与闽南黄牛杂交，其杂种一代牛 18 月龄体重比本地牛提高 56.2%，肥育期日增重比本地牛提高 54.1%，屠宰率提高 4.5%。据云南省肉牛和牧草研究中心的资料，在完全放牧的条件下，杂种一代牛的初生重、18 月龄体重和成熟体重分别比本地牛提高 42.10%、28.92% 和 21.91%，尤其是在生长后期，杂种优势高于其他品种与本地牛的杂交种。

七、牦　牛

牦牛比普通牛胸椎多 1~2 个，荐椎多 1 个，肋骨多 1~2 对，胸椎和荐椎大 1~2 倍，胸部发达，体温、呼吸、脉搏等生理指标也比普通牛高。

由于牦牛特殊的生理结构，对缺氧、太阳辐射强烈、低气压、昼夜温差大的高寒草原地区有高度的适应性，具有耐寒、耐粗、耐劳和采食性强的特点，但耐热性差。牦牛是该地区人民衣、食、住、行、用的工具，被誉为"高原之舟"。牦牛为原始品种，具有多种经济用途，无专门化品种，具有产肉、奶、皮、毛、绒的功能，也可作役力。牦牛毛和尾毛是我国传统特产，以白牦牛毛最为珍贵，牦牛绒是新型毛纺原料，具有很高的经济价值。

经过长期选育，我国已形成 10 多个地方优良品种，主要有：

（一）天祝白牦牛

1. 原产地及分布　天祝白牦牛原产于甘肃省天祝藏族自治县，以该县的西大滩、永丰滩和阿沿沟阜原为主要产地。是我国特异而珍贵的地方良种。

2. 外貌特征　全身白色，被毛浓密，额部、腹下和四肢下部毛很长。体格大小适中，成年公牦牛体重 350~400kg，成年母牦牛 210~280kg。

3. 生产性能　成年公牛、阉牛、母牛经秋季放牧肥育后，屠宰率分别为 52%、54.6% 和 52%；净肉率分别为 36.3%、41.4% 和 39.6%。公、母牛和阉牛的平均产绒量分别为 0.4kg、0.8kg 和 0.5kg；平均产毛量（含尾毛）分别为 4.2kg、1.6kg 和 2.0kg。在放牧条件下，年产奶 450~600kg，乳脂率 6.8%。

（二）麦洼牦牛

1. 原产地及分布　麦洼牦牛原产于四川省阿坝藏族自治州红原县的瓦切麦洼及若尔盖县包座一带，分布于阿坝藏族自治州北部的阿坝、松潘、壤塘等县的高寒地区。

2. 外貌特征　毛色以黑为主，其次为黑带白。额毛丛生，侧及尾着生长毛，尾毛帚状。体格较小，成年公牦牛体重 413kg，母牦牛 222kg。

3. 生产性能　终年放牧，成年阉牛屠宰率 55.2%，净肉率 42.8%。成年公牦牛年剪毛 1.43kg，母牦牛 0.35kg。平均产奶量 172~280kg，乳脂率 7.32%~7.58%。

（三）西藏高山牦牛

1. 原产地及分布 西藏高山牦牛产于西藏自治区东部的高山草地南部山区和海拔4 000m以上的高寒湿润草场，大约250万头。

2. 外貌特征 毛色以黑色为主，占60%，头面部白色而身黑者占30%，此外还有灰色、褐色和白色。被毛柔软厚密。体格高大，公母间差异大。成年公牦牛的体重420.6kg，母牦牛242.8 kg。

3. 生产性能 泌乳高峰期为6～8月份，每日挤奶量1.2kg，乳脂率5.82%～7.49%。放牧条件下，阉牛屠宰率55%，净肉率46.8%。公、母、阉牛的产绒量分别为1.76kg、0.45 kg和1.70 kg。

第二节　牛的外貌

一、牛的外貌特征

研究牛的外貌，旨在揭示体质外貌与生产性能和健康程度之间的关系，以便比较容易地选择生产性能强、健康的牛只。不同生产类型的牛，由于长期各组织器官利用强度、选育目的和培育条件不同，体型外貌存在显著差异。为准确判断牛的外貌特征，特列出牛体各部位名称如图1-2。

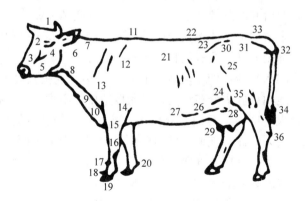

图1-2　牛体各部位名称

1. 枕骨脊　2. 额　3. 鼻梁　4. 颊　5. 下颔　6. 颈　7. 后颈　8. 喉　9. 垂皮　10. 胸部　11. 鬐甲　12. 肩　13. 肩关节　14. 肘　15. 前臂　16. 腕　17. 管　18. 系　19. 蹄　20. 附蹄　21. 肋　22. 背　23. 腰　24. 后肋　25. 股　26. 乳静脉　27. 乳井　28. 乳房　29. 乳头　30. 腰角　31. 荐骨　32. 坐骨结节　33. 尾根　34. 尾帚　35. 膝关节　36. 飞节

(一) 奶牛的外貌特征

奶牛被毛细短而具光泽，皮薄、致密而有弹性。骨骼细致而坚实，关节明显而健壮，筋健分明。肌肉发育适度，皮下脂肪少，血管显露。体态清秀优美。属于细致紧凑体质类型。

奶牛的体型，后躯显著发达，其侧望、俯望、前望的轮廓均趋于三角形或"楔型"。腹围大，乳房发达，构成侧望三角形；鬐甲部肌肉不发达，狭窄，腰角宽，骨盆大，构成俯望三角形；胸部开阔，构成前望三角形。奶牛体型特征如图1-3所示。

局部看，头较小而狭长，表现清秀。额宽，鼻梁狭窄，鼻孔大，口大。眼睛明亮有神。耳

图1-3 奶牛体型特征

薄，其内被毛短、少，血管和神经丰富，反应灵敏。颈狭长而较薄，颈侧多纵行皱纹，垂皮较小。胸部发育良好，肋长，适度扩张，肋骨斜向后方伸展。背腰平直，腹大而深，腹底线从胸后沿浅弧形向后伸延，至肷部下方向上收缩。腹腔容积大，饱满、充实、美观。尾细，毛长，尾帚过飞节。四肢端正，结实。蹄质坚实，两后肢距离较宽。尻长、平、宽，腰角显露。

乳房发达，呈浴盆形。体积大，前部向腹下延伸，超过腰角的前缘向地面所作的垂线，后部则充满于两股间且突出躯干后方。附着良好，要求底部略高于从飞节向前作的水平线。四个乳区发育均匀对称。乳头长度6.5～7cm，呈圆柱形，垂直于地面。乳头分布均匀，松紧度适中，不得漏乳，挤奶时排乳速度快。乳静脉粗大、明显、弯曲、分枝多。乳井（乳静脉在第8～9肋骨下方通过腹壁的孔道）大而深。乳镜（乳房后面沿会阴向上夹于两后肢之间的稀毛区）宽大。悬垂乳房（乳房底部明显低于飞节）、山羊乳房（乳区发育显著不平衡）及乳头形状或数目的异常，均是常见的畸形乳房。

乳房的内部构造，以腺体组织为主构成，占75%～80%，结缔组织和脂肪组织占20%～25%，这种乳房称腺质乳房。挤奶前后体积变化很大。外观，皮薄，被毛稀短，血管显露。手感柔软有弹性。体积大，呈球形，挤奶前后体积变化小，产奶量低，往往是内部构造异常，以结缔组织和脂肪组织为主构成的肉乳房，生产中注意淘汰。

(二)肉牛的外貌特征

肉牛皮薄、柔软有弹性，背毛细短、柔软而有光泽，骨骼细致而结实，肌肉高度丰满，结缔组织发达。属于细致疏松体质类型。

肉牛的体型，前后躯都很发达，四个侧面均呈现"长方形"，整体呈现"长方砖形"或圆桶状。胸宽而深，鬐甲平广，肋骨开张，肌肉丰满，构成前望矩形；鬐甲宽厚，背腰和尻部广阔，构成俯望矩形；颈宽短，胸、尻深厚，背腹线平行，股后平直，构成侧望矩形；尻部平广，两腿深厚，同样也构成后望矩形。整个体躯短、宽、深，由于前后躯的高度发达，中躯显得相对短，以致前、中、后躯的长度趋于中等。肉牛体型特征如图1-4所示。

图1-4 肉牛体型特征

局部看，头宽短、多肉。角细，耳轻。颈短、粗、圆。鬐甲广平、宽厚。肩长、宽而倾斜。胸宽、深，胸骨突于两前肢前方。垂肉高度发育，肋长，向两侧扩张而弯曲大。肋骨的延伸趋于与地面垂直的方向，肋间肌肉充实。背腰宽、平、直。腰短欣小。腹部充实呈圆桶形。尻宽、长、平，腰角不显，肌肉丰满。后躯侧方由腰角经坐骨结节至胫骨上部形成大块的肉三角区。尾细，帚毛长。四肢上部深厚多肉，下部短而结实，肢间间距大。

(三)役牛的外貌特征

役牛皮厚骨粗，肌肉强大而坚实，皮下脂肪不发达。属于粗糙紧凑体质类型。

役牛的体型，前躯比后躯发达，呈"倒梯子形"。役牛体型特征如图1-5所示。

局部看，头大、粗重，额宽。颈粗壮。体躯长、宽、深，鬐甲丰圆，胸围大，腹部充实。尻长、平，宽度适中。四肢骨骼强壮，肌肉和筋健分明。蹄大而圆，蹄质致密、坚实。

图1-5 役牛型体征

二、牛的外貌鉴定

牛的外貌鉴定就是通过肉眼观察、辅之触摸和必要的测量，按照不同生产类型规定的统一评分鉴定标准，对牛体各部位的优缺点一一衡量，分别给予一定的分数，最后算得每头牛的总分，以判断牛的优劣，最后获得总分最高者为最好。

牛的外貌鉴定主要有3种方法：经验型、描述型和线性型。其中，肉牛外貌评定仍以前两种方式为主，而现在奶牛外貌评定多采用线性鉴定方式。

在进行鉴定之前，应先将牛的品种、年龄、产次、产犊日期、泌乳天数、妊娠日期、健康状况、体尺体重、现时的生产性能和饲养情况等项调查清楚。外性鉴定时，牛应在平坦、宽阔、光线充足的地方进行。主要鉴定牛的体型是否与经济类型相符，体质是否结实，各部位是否正常、匀称，整体及各部之间是否协调，品种特征是否明显，肢蹄是否正常、强健。全部观察后，令其走动，看其步伐是否正常、灵活。然后走近牛体对各部位进行详细的审查、判断、打分，进而确定牛的等级。

为保证鉴定的准确性，要求鉴定人员首先要有丰富的实践经验，能准确地把握牛的具体特征与标准的关系。其次要有很高的道德素质修养，坚持原则，客观公正。

（一）肉牛外貌评分

1. 成年肉牛外貌评级标准（表1-2）

表1-2　成年肉牛外貌评级标准

等级	特　等	一　等	二　等	三　等
种公牛	85分以上	80～84	75～79	70～74
种母牛	80分以上	75～79	70～74	65～69

2. 成年肉牛外貌鉴定评分表（表1-3）

表1-3　成年肉牛外貌鉴定评分表

部　位	鉴　定　要　求	评　分	
		公	母
整体结构	品种特征明显，结构匀称，体质结实，肉用牛体型明显。肌肉丰满，皮肤柔软有弹性	25	25
前躯	胸宽深，前胸突出，肩胛宽平，肌肉丰满	15	15

(续)

部 位	鉴 定 要 求	评 分	
		公	母
中躯	肋骨开张,背腰宽而平直,中躯呈圆桶形。公牛腹部不下垂	15	20
后躯	尻部长、平、宽,大腿肌肉突出延伸,母牛乳房发育良好	25	25
肢蹄	四肢端正、间距宽,蹄形正、蹄质坚实,运步正常	20	15
合计		100	100

(二) 奶牛线性外貌评分

奶牛生产机械化、集约化程度的提高,越来越要求奶牛体型"标准化"。奶牛体型线性评定方法,最早是由美国在20世纪80年代提出,现在已被世界上多数国家直接或间接采用。我国从1986年开始引入该项技术,1994年7月由中国奶牛协会育种委员会制定了《中国荷斯坦牛体型线性鉴定实施方案(试行)》,1996年5月对部分性状的评分标准进行了必要调整。

线性评分方式,是在体型性状的生物学变异范围内,全部采用数字对所有性状单个评分,记录所有性状的表现程度。全幅线性刻度分从1~50分,比较细致。与传统的评分方式相比,体型线性评定克服了易受鉴定员实践经验、牛群概况以及主观意志、个人爱好等方面的影响,评定结果更准确、客观。

1. 体型评定程序 体型评定主要是对母牛,也可应用于公牛。母牛在1~4个泌乳期之间,每个泌乳期在泌乳60d和150d时,各评定一次。公牛在2~5岁间,每年各评定一次。中国奶牛协会规定采用50分制,也允许使用9分制。

体型评定工作主要由省(自治区、直辖市)奶牛协会组织实施。根据登记牛所有者的申请,定期派出经过专门培训并获得评定资格的鉴定员,到牛群中开展评定工作。

体型评定数据应由鉴定员按中国奶牛协会要求据实填报,汇总到省(自治区、直辖市)奶牛协会存入计算机内,每年初各省(自治区、直辖市)奶牛协会再将上一年度的有关数据汇总后上报中国奶牛协会。

具体负责体型评定的鉴定员资格确认由各省(自治区、直辖市)奶牛协会及中国奶牛协会承担。各省(自治区、直辖市)奶牛协会可根据需要选培若干省(自治区、直辖市)级体型鉴定员。这些鉴定员均应定期接受再培训,以利统一标准和提高水平。各省（自治区、直辖市）向中国奶牛协会推荐具有一定水平的鉴定员为国家级鉴定员，经中国奶牛协会认可后发给正式证书。

2. 体型评定方法

（1）单个体型性状的识别与判断。奶牛体型线性评定的性状主要有主要性状、次要性状和管理性状3类。现阶段主要注重鉴别评定主要性状，共15个，它们分别是：

体高：极端低的个体（低于130cm）评给1～5分，中等高的个体（140cm）评给25分，极端高的个体（高于150cm）评给45～50分，即140±1cm，线性评分25±2分。通常认为，当代奶牛的最佳体高段为145～150cm。

胸宽（体强度）：极端纤弱窄缩的个体评给1～5分，强健结实度中等的个体评给25分，极强健结实的个体评给45～50分。通常认为，棱角鲜明、偏强健结实的体型是当代奶牛的最佳体型结构。从定等给分看，以线性评分30～40最佳，胸过宽产量低，胸窄的牛不耐久。

体深：极端欠深的个体评给1～5分，体深中等的个体评给25分，极端高深的个体评给45～50分。通常认为，适度体深的体型是当代奶牛的最佳体型结构。

棱角性（乳用性、清秀度）：肉厚、粗糙的个体评给1～5分，轮廓基本鲜明的个体评给25分，轮廓非常鲜明的个体评给45～50分。通常认为，轮廓非常鲜明的体型是当代奶牛的最佳体型结构。评定时，鉴定员可依据第12、13肋骨，即最后两肋的间距衡量开张程度，两指半宽为中等程度，三指宽为较好。

尻角度：水平尻时应评20分，臀角明显高于腰角的个体（逆10°）评给1～5分，腰角略高于臀角的个体（5°）评给25分，腰角明显高于臀角的个体（10°）评给45～50分。通常认为，当代奶牛的最佳尻角度是腰角微高于臀角且两角连线与水平线夹角达5°时最好。

尻宽：尻宽极窄的个体（小于15cm）评给1～5分，尻宽中等的个体（20cm）评给25分，尻宽很大的个体（大于24cm）评给45～50分。通常认为，尻极宽的体型是当代奶牛的最佳体型结构。

后肢侧视：直飞的个体（飞节处向下垂直呈柱状站立，飞角大于155°）评给1～5分，飞节处有适度弯曲的个体（飞角为145°）评给25分，曲飞的个体（飞节处极度弯曲呈镰刀状站立，飞角小于135°）评给45～50分，即飞角为145°时评给25分，每增加1°下降2分，每下降1°增加2分。通常认为，两极端的奶牛均不具有最佳侧视姿势，只有适度弯曲的体型才是当代奶牛的最佳体型结构，且偏直一点的奶牛耐用年数长。后肢一侧伤残时，应看健康的一侧。

蹄角度：极度低蹄角度的个体（25°）评给 1～5 分，中等蹄角度的个体（45°）评给 25 分，极度高蹄角度的个体（>65°）评给 45～50 分，即 45°±1°，线性评给 25±1 分。通常认为，适当的蹄角度（55°）是当代奶牛的最佳体型结构。蹄的内外角度不一致时，应看外侧的角度。评定时以后肢的蹄角度为主。

前房附着：连接附着极度松弛（90°）的个体评给 1～5 分，连接附着中等结实程度（110°）的个体评给 25 分，连接附着充分紧凑（130°）的个体评给 45～50 分，即 110±10°，线性评分 25±5 分。通常认为，连接附着偏于充分紧凑的一些体型是当代奶牛的最佳体型结构。

后房高度：该距离为 20cm 的评 45 分，距离为 25cm 的评 35 分，距离为 30cm 的评 25 分，距离为 35cm 的评 15 分，距离为 40cm 的评 5 分。通常认为，乳汁分泌组织的顶部极高的体型是当代奶牛的最佳体型结构。

后房宽度：后房极窄的个体（小于 7cm）评给 1～5 分，中等宽度的（15cm）评给 25 分，后房极宽的（大于 23cm）45～50 分。通常认为，后房极宽的体型是当代奶牛的最佳体型结构。刚挤完奶时，可依据乳房皱褶多少，加 5～10 分。

悬韧带（乳房悬垂、乳房支持）：中央悬韧带松弛没有房沟的个体评给 1～5 分，中央悬韧带强度中等表现明显、二等分房沟的个体（沟深 3cm）评给 25 分，中央悬韧带呈结实有力且房沟深的个体（沟深 6cm）评给 45～50 分。悬韧带的强度高才能保持乳房的应有高度和乳头的正常分布，减少乳房外伤的机会。通常认为，强度高的悬韧带是当代奶牛的最佳体型。评定时，通常为提高评定速度，可依据后乳房底部悬韧带处的夹角深度进行评定，无角度向下松弛呈圆弧评 1～5 分，呈钝角评 25 分，呈锐角评 45～50 分。

乳房深度：乳房底平面在飞节以下低深的个体（下 5cm）评给 1～5 分，乳房底平面在飞节稍上有适宜深度的个体（上 5cm）评给 25 分，乳房底平面在飞节上仅有极浅深度的个体（15cm 以上）评给 45～50 分，即 5±1cm，线性评分 25±2 分。从容积上考虑，乳房应有一定的深度，但过深时，乳房容易受伤和感染乳房炎。通常认为，各胎只有适宜深度的乳房才是当今奶牛的最佳体型结构，即初产牛应在 30 分以上，而 2～3 胎牛的以大于 25 分，4 胎的大于 20 分为好。对该性状要求严格，房底在飞节上评 20 分，稍低于飞节即给 15 分。

乳头位置：乳头基底部在乳区外侧、乳头离开的个体评给 1～5 分，乳头配置在各乳房中央部位的个体评给 25 分，乳头在乳区内侧分布、乳头靠得近的个体评给 45~50 分。通常认为，乳头分布靠得近的体型是当代奶牛的最佳体型结构。

乳头长度：长度为 9.0cm 的评 45 分，长度为 7.5cm 的评 35 分，长度为 6.0cm 的评 25 分，长度为 4.5cm 的评 15 分，长度为 3.0cm 的评 5 分。通常认为当代奶牛的最佳乳头长度为 6.5~7cm。最佳乳头长度因挤奶方式而有所变化，手工挤奶乳头长度可偏短，而机器挤奶则以 6.5~7cm 为最佳长度。

（2）线性分转换为功能分。单个体型性状的线性分须转换为功能分，才可用来计算特征性状的评分和整体评分。单个体型性状的线性分与功能分的转换关系见表 1-4。

表 1-4　15 个性状线性分与功能分的转换关系

线性分	功能分														
	体高	胸宽	体深	棱角性	尻角度	尻宽	后肢侧视	蹄角度	前房附着	后房高度	后房宽度	悬韧带	乳房深度	乳头位置	乳头长度
1	51	51	51	51	51	51	51	51	51	51	51	51	51	51	51
2	52	52	52	52	52	52	52	52	52	52	52	52	52	52	52
3	54	54	54	53	54	54	53	53	53	54	53	53	53	53	53
4	55	55	55	54	55	55	54	54	54	56	54	54	54	54	54
5	57	57	57	55	57	57	55	55	55	58	55	55	55	55	55
6	58	58	58	56	58	58	56	57	56	59	56	56	56	56	56
7	60	60	60	57	60	60	57	59	57	61	57	57	57	57	57
8	61	61	61	58	61	61	58	61	58	63	58	58	58	58	58
9	63	63	63	59	63	63	59	62	59	64	59	59	59	59	59
10	64	64	64	60	64	64	60	64	60	65	60	60	60	60	60
11	66	65	65	61	65	65	61	66	61	61	61	61	61	61	61
12	67	66	66	62	66	66	62	66	62	62	62	62	62	62	62
13	68	67	67	63	67	67	63	66	63	63	63	63	63	63	63
14	69	68	68	64	69	68	64	67	64	67	64	64	64	64	64
15	70	69	69	65	70	69	65	68	65	68	65	65	65	65	65
16	71	71	70	66	72	70	67	68	66	68	66	66	66	67	66
17	72	72	71	67	74	71	69	69	67	69	67	67	67	69	67
18	73	72	72	68	76	72	71	69	68	69	68	68	68	71	68
19	74	72	72	69	78	73	70	69	69	70	69	69	69	73	69
20	75	73	73	70	80	74	75	71	70	70	70	70	70	75	70
21	76	73	73	72	82	75	78	72	72	71	71	71	71	76	72
22	77	74	74	73	84	76	81	73	73	72	72	72	72	77	74
23	78	74	74	74	86	76	84	74	74	73	73	73	73	78	76
24	79	75	74	76	88	77	87	75	75	74	74	74	74	79	78
25	80	75	75	76	90	78	90	76	76	75	75	75	75	80	80

(续)

线性分	功能分												
	体高	胸宽	体深	棱角性	尻角度	尻宽	后肢侧视	蹄角度	前房附着	后房高度	后房宽度	悬韧带	乳房深度	乳头位置	乳头长度
26	81	76	76	76	88	78	87	77	76	76	76	76	81	83
27	82	77	77	77	86	79	84	79	77	76	77	77	81	85
28	83	78	78	84	80	81	81	78	77	78	78	79	82	88
29	84	79	79	79	82	80	78	83	79	77	79	79	82	82	90
30	85	80	80	80	80	81	75	85	80	78	80	80	85	83	90
31	86	82	81	81	79	82	74	87	81	78	81	81	87	83	89
32	**87**	84	82	82	78	82	73	89	82	79	82	82	89	84	88
33	88	86	83	83	77	83	72	91	83	80	83	83	90	84	87
34	89	88	84	84	76	84	71	93	84	80	84	84	91	85	86
35	90	90	85	85	75	85	70	95	85	81	85	85	92	85	85
36	91	92	86	87	74	86	68	94	86	81	86	86	91	86	84
37	92	94	87	89	73	87	66	93	87	82	87	87	90	86	83
38	93	91	88	91	72	88	64	92	88	83	88	88	89	87	82
39	94	88	89	93	71	89	62	91	90	84	89	89	87	87	81
40	95	85	90	95	70	90	61	90	92	85	90	90	85	87	80
41	96	82	89	93	69	91	60	89	94	86	90	91	82	88	79
42	97	79	88	91	68	93	59	88	95	87	91	92	79	89	78
43	95	78	87	89	67	95	58	87	94	88	91	93	77	89	77
44	93	78	86	87	66	97	57	86	92	89	92	94	76	90	76
45	90	77	85	85	65	95	56	85	90	90	92	95	75	90	75
46	88	77	82	82	62	93	55	84	88	91	93	92	74	87	74
47	86	76	79	79	59	91	54	83	86	92	94	89	73	84	73
48	84	76	77	77	56	90	53	82	84	94	95	86	72	81	72
49	82	75	76	76	53	89	52	81	82	96	96	83	71	78	71
50	80	75	75	75	51	88	51	80	80	97	97	80	70	75	70

(3) 整体评分及特征性状的构成见表1-5。

表1-5 整体评分及特征性状的构成（%）

特征性状	体躯容积 (15)				乳用特征 (15)						一般外貌 (30)						泌乳系统 (40)								整体评分
具体性状	体高	胸宽	体深	尻宽	棱角性	尻角度	尻宽	后肢侧视	蹄角度	体高	胸宽	体深	尻宽	后肢侧视	蹄角度	前房附着	后房高度	后房宽度	悬韧带	乳房深度	乳头位置	乳头长度	
权重	20	30	30	20	60	10	10	10	10	15	10	10	15	10	20	20	20	15	10	15	25	7.5	7.5	100

（4）整体评分中 15 个性状的权重系数见表 1-6。

表 1-6　整体评分中 15 个性状的权重系数（%）

具体性状	体高	胸宽	体深	棱角性	尻角度	尻宽	后肢侧视	蹄角度	前房附着	后房高度	后房宽度	悬韧带	乳房深度	乳头位置	乳头长度	合计
权重	7.5	7.5	7.5	9	6	7.5	7.5	7.5	8	6	4	6	10	3	3	100

（5）母牛的等级评定。根据母牛的整体评分，大多数评分系统将母牛分成 6 个等级，即优（90～100 分）、良（85～89 分）、佳（80～84 分）、好（75～79 分）、中（65～74 分）、差（64 分以下）。该 6 级用英文字母表示分别为 EX、VG、G$^+$、G、F、P。

3. 体型评定的数据处理与公布　应用公畜模型或动物（个体）模型的最佳线性无偏预测法（BLUP）分析体型评定的有关数据。

根据母牛体型评定成绩估计种公牛体型成绩，并按省（自治区、直辖市）公布种公牛的标准化体型性状柱形图。

（三）奶牛体况评分

奶牛体况评分是检查奶牛膘情的简单方法，是评价奶牛饲养管理是否合理，并作为调整饲料、加强饲养管理的依据，是保证牛只健康、增重和增加产奶量的重要措施。

奶牛体况评分，主要根据奶牛尾根外貌进行膘情分级，一般每月评分一次。评分采用 5 分制，即 5＝过肥；4＝肥；3＝良好；2＝中等；1＝差；0＝很差。具体标准见图 1-6 所示。

过肥（5 分）：尾根被脂肪组织淹没，用力压下，触摸不到骨盆。

肥（4 分）：皮下有小片起伏的软脂肪组织，用力压下，可触摸骨盆，但横向触摸不到腰椎。

良好（3 分）：可触摸到所有骨骼，骨骼均有脂肪组织均匀包覆。

中等（2 分）：所有骨骼容易触摸到，尾根周围肌肉凹下，有一些脂肪组织。

差（1 分）：肌肉、尾根及腰椎收缩凹陷，触摸不到脂肪组织，但皮肤仍柔软，并可自由活动。

很差（0 分）：消瘦、皮薄、发紧，皮和骨之间触摸不到皮下组织。

一般认为奶牛产犊时平均膘情应为 3～3.5 级，膘情不足产奶量将会减少。奶牛临产时膘情超过 3～3.5 级易患酮血/脂肪肝综合症，不仅损害了高峰产奶能力，而且容易发生胎衣不下、卵巢囊肿。奶牛膘情低于 1 级时，只有少数奶

第一章 牛的品种与改良

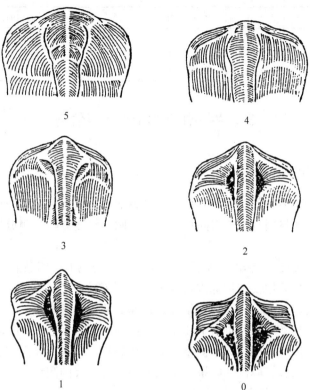

5=过肥；4=肥；3=良好；
2=中等；1=差；0=很差

图 1-6 根据奶牛尾根外貌膘情分级标准

牛能进入发情期，而且受胎率只有 50%，产奶量也同样受到影响。奶牛膘情为 2 级或低于 2 级，是对管理人员亮出的红色警告，管理人员要检查是否由于营养或慢性疾病引起膘情不足。

理想的奶牛体况评分见表 1-7。

表 1-7 理想的奶牛体况评分

（莫放，养牛生产学，2003）

种 类	评定时间	理想的体况评分
成年母牛	干奶期	3.2～3.9
	分娩期（围产期）	3.1～3.9
	泌乳前期	2.6～3.4
	泌乳中期	2.5～3.5
	泌乳后期	2.8～3.8

(续)

种　类	评定时间	理想的体况评分
后备牛	6～13月龄	2.5～3.0
	14～17月龄（配种时）	2.6～3.2
	23～26月龄（分娩时）	3.0～3.9

三、牛的体尺测量与体重估测

（一）体尺测量

为了掌握牛体各部位生长发育状况及各部位之间相对发育的程度，需要进行体尺测量。测量用具主要有测杖、卷尺、圆形触测器等。测量之前须对量具进行校正。

测量时，被测牛要端正站立于宽敞平坦的场地上，四肢直立，头自然前伸，姿势正，然后按要求指标进行测量。每项测量2次，取其平均值，作好记录。测量时读数要准确，操作应细心、迅速，并要注意安全。

测量部位的数目，依测量的目的而定。奶牛常测量的项目是体高、体斜长、胸围、管围和腹围；肉牛测量体高、体直长、胸围、腿围和管围；而役牛测量体高、体斜长、胸围和管围。下面介绍主要体尺的测量方法。

1. 体高　从鬐甲的最高点到地面的距离。

2. 体斜长（简称体长）　从肩端前缘到坐骨端后缘之间的距离，若用以表示体斜长的长度，可用硬尺（杖尺）量取；若用以估测体重，则以软尺紧贴皮肤量取。

3. 体直长　从肩端前缘和坐骨端后缘分别作垂线，两垂线之间的水平距离。

4. 胸深　肩胛软骨后角从鬐甲上端到胸骨下缘的垂直距离。

5. 胸宽　沿肩胛软骨后缘量取最宽处的水平距离。

6. 腰角宽　两腰角外缘之间的距离。

7. 胸围　肩胛骨后缘处体躯垂直周径。

8. 腹围　腹部最粗部位的垂直周径，于饱食后测量。

9. 腿围　后膝关节处的水平周径。

10. 管围　前肢掌骨上1/3处的水平周径（最细处）。

11. 后腿围　从右臀角外缘水平方向（通过尾的内侧）量到左臀角外缘。

12. 坐骨宽　坐骨端处最大宽度。

13. 额大宽　两眼眶最远点之间的距离。

14. **尻长** 腰角前缘至坐骨端后缘的直线距离。

15. **头长** 由枕骨脊至鼻镜间的距离。

（二）体重估测

牛的体重，反映牛的饲养效果，体现牛的发育及健康状况。

牛的体重测定时间不可间隔过久，生长期间最多不超过 2 个月。测定牛体重最准确的方法，是直接在地磅上称重。称重应在早晨饲喂和饮水之前。缺乏地衡时，可用测杖和卷尺测量牛的胸围、体斜长或体直长，用下列公式估算体重。

体重（kg）＝［胸围^2（cm）×体斜长（cm）］÷11 420　（适用于黄牛）

体重（kg）＝［胸围^2（m）×体直长（m）］×100　（适用于肉牛）

体重（kg）＝［胸围^2（m）×体斜长（m）］×87.5　（适用于奶牛和乳肉兼用牛）

体重（kg）＝［胸围^2（m）×体斜长（m）］×80＋50　（适用于水牛）

上面的估测系数可实测后确定。方法是：从同一品种的牛群中选取有代表性的 3～5 头，分别量取估测公式中的有关体尺，实测体重，通过上面的公式换算，求出实际系数，取平均值。这样测得的体重，估测值更准确，误差小。一般估重与实重相差不超过 5%。

四、牛牙齿年龄鉴定

（一）牛的齿式

牛无上门齿和犬齿，上门齿的位置被角质化的切齿板（齿垫）代替，下门齿共 4 对计 8 枚，最中间的一对叫钳齿，也叫第一对门齿。由钳齿向两侧依次为内中间齿、外中间齿和隅齿，又分别叫第二对门齿、第三对门齿和第四对门齿。

臼齿分前臼齿和后臼齿，每侧各有 3 对，共 24 枚，所以永久齿的数目为 32 枚；乳齿没有后臼齿，其他牙齿的数目和永久齿一样，故乳齿的数目是 20 枚。永久齿和乳齿的齿式如表 1 - 8 所示。

表 1 - 8　牛的齿式

名　称		后臼齿	前臼齿	犬齿	门齿	犬齿	前臼齿	后臼齿	合计
永久齿	上颌	3	3	0	0	0	3	3	12
	下颌	3	3	0	8	0	3	3	20
乳齿	上颌	0	3	0	0	0	3	0	6
	下颌	0	3	0	8	0	3	0	14

(二) 乳齿与永久齿的区别

乳齿与永久齿的区别明显。乳门齿小而洁白，有明显的齿颈，齿间有空隙，表面平坦，齿薄而细致。永久门齿的外形比较大而粗壮，齿冠长，几乎没有齿颈，排列整齐，齿间无空隙，齿根呈棕黄色，齿冠微黄。

(三) 鉴定要领

鉴定时，鉴定人员从牛右侧前方慢慢接近牛只。左手托住牛的下颌（一则可以控制牛头高度，便于操作，二则可及时洞察牛的反应，保证鉴定者的安全），右手迅速捏住牛鼻中隔最薄处，并顺势抬起牛头，使其呈水平状态，然后左手四指并拢并略向里倾斜，通过无齿区插入牛的右侧口角，压住牛舌，待牛舌伸到适当位置时，将牛舌抓住，顺手一扭，用拇指尖顶住牛的上额（或轻轻将牛舌拉向口角外边），然后观察牛门齿更换及磨损情况，按标准判定牛的年龄。

不同品种牛的成熟性早晚不同，故相同的年龄，牙齿的换生及磨损形状是不相同的。一般的，早熟肉牛品种比奶牛成熟早半年左右，黄牛又比奶牛晚半年至一年，水牛比黄牛晚一年。当然，影响鉴别准确性的因素还有很多，如环境条件、饲料性质、营养状况、生活习性、牙齿的形状、排列方式等。因此，鉴别时要充分考虑它们的影响，尽力减小鉴定的误差。

(四) 门齿的换生与磨损规律

牛门齿的变化依牛的类型而不同，由于奶牛一般都有记录资料，我国目前尚没有纯种肉牛，所以，下面以黄牛为例说明牙齿的变化与年龄之间的关系（表1-9）。

表1-9 黄牛牙齿的变化与年龄之间的关系
(莫放，养牛生产学，2003)

年　龄	牙齿的变化
出生	具有1～3对乳门齿
0.5～1月龄	乳隅齿生出
1～3月龄	乳门齿磨损不明显
3～4月龄	乳钳齿与内中间齿前缘磨损
5～6月龄	乳外中间齿前缘磨损
6～9月龄	乳隅齿前缘磨损
10～12月龄	乳门齿磨面扩大

(续)

年　　龄	牙齿的变化
13～18月龄	乳钳齿与内中间齿齿冠磨平
18～24月龄	乳外中间齿齿冠磨平
2.5～3岁	永久钳齿生出
3～4岁	永久内中间齿生出
4～5岁	永久外中间齿生出
5～6岁	永久隅齿生出
7岁	门齿齿面齐平，中间齿出现齿线
8岁	全部门齿都出现齿线
9岁	钳齿中部呈珠形圆点
10岁	内中间齿中部呈珠形圆点
11岁	外中间齿中部呈珠形圆点
12～13岁	全部门齿中部呈珠形圆点

四对乳齿全部脱换为永久齿并长齐称"齐口"。13岁以后，门齿继续磨损，齿冠逐渐变短，进而齿磨面间出现缝隙，越来越大，并有松动脱落现象，此时已很难根据牙齿准确判断年龄了。

第三节　牛的选种与选配

一、牛的引种

牛的引种是指将区外（省外或国外）牛的优良品种、品系或类型引入本地，直接推广或作为育种材料。引种既可引入活体，也可引进冻精和胚胎。

任何一个品种都有其特定的分布范围，当一个牛种引入到新的地区，包括气候、温度、湿度、海拔和光照在内的自然条件、饲料及饲养管理方式都不同，因此，引入品种有一个风土驯化和适应的过程。要求引入品种不仅能够生存、繁殖和正常生长发育，并且还能够将其固有的特征和优良的生产性能表现出来。引种的主要原则是：

第一，要根据国民经济发展的要求和育种的需要选择引入品种，并考虑原产地的自然环境条件。大规模引种前可先引入少量个体进行适应性观察，然后再确定是否大规模引种。

第二，要严格进行系谱审查，选择祖先和亲属表现良好的个体，避免引入有亲缘关系的个体；严格选择个体本身，防止引入遗传缺陷病和其他疾病。

第三，严格检疫，按进出口动物检疫法程序进行。到达引入地后要进行严格的隔离观察，确信无任何疫病后，方可用于生产。

第四，加强引入后的饲养管理。为了加强风土驯化，尽量创造一个与原产地相似的微气候环境和饲养条件，并逐渐过渡到引入地的正常状态，使之逐渐适应新的环境条件。对引入品种要加强统一管理，制定统一的育种措施，逐渐扩大种群数量，建立品系，保持和进一步提高其生产性能。

二、牛的选种选配

选种和选配是相互关联和相互促进的两个方面。选种可以增加牛群中高产基因的比例，选配可有意识地组织后代的基因型。

（一）种公牛的选择

选择种公牛，主要依据外貌、系谱、旁系和后裔等几个方面的材料进行选择。

1. 外貌选择 种公牛的外貌，不表现产乳能力，也很难确切反映产肉能力，主要看其体型结构是否匀称，外形及毛色是否符合品种要求，雄性特征是否突出，有没有明显的外貌缺陷（四肢不够健壮结实、肢势不正、背线不平、颈浅薄、狭胸、垂腹、尖尻等），凡是体型结构、局部外貌有明显缺陷的，或者生殖器官畸形（如单睾、隐睾）的，一律不能做种用。种公牛的外貌等级不得低于一级，种子公牛要求特级。

2. 系谱选择 系谱选择是根据系谱中记载的祖先资料，如生产性能、生长发育及其他有关资料，进行分析评定的方法。在审查公牛系谱时，应特别引起重视的是：虽然祖先的代数愈远，对个体的影响愈小，但是不能忽略远祖中的某一成员可能携带隐性有害基因。同时，还要逐代地比较，看其祖先的生产力是否一代胜过一代，注重分析其亲代与祖代。种公牛的父、母必须要求是良种登记牛。若系谱中父系和母系双方出现共同祖先，还应进一步分析其近亲程度。种公牛的系谱必须记录详明，至少三代以上清楚。

凡在系谱中，母亲的生产力大大超过全群的平均数，父亲又经后裔鉴定证明是优良的，或者父亲的姐妹是高产的，这样的系谱应予以高度的注意，选这种系谱的牛作种牛，对后代的影响是可靠的。

在进行系谱选择时，还应考虑到与生产性能有关的饲养管理。因此，研究祖先的生产性能时，最好能结合当时饲养管理条件进行分析。

3. 旁系选择 在选择后备公牛时，除审查本身外貌和系谱外，可分析其半同胞的泌乳性能（肉用种公牛可分析其同胞或半同胞产肉性能的成绩），借以判断从父母接受遗传性的好坏。旁系亲属与公牛的关系越近，它们的各种表型资料对选择的参考价值越大。

应用半同胞资料选择后备公牛的优点是：对后备公牛可进行早期鉴定，比后裔鉴定至少要缩短4年多。对遗传力中等偏低的性状（如产乳量），比根据母亲的表型值选留更为可靠。

4. 后裔测定 种公牛后裔测定，是选择优良种公牛的主要手段和最可靠的方法。

后裔测定的方法，以奶牛为例，根据中国奶牛协会育种专业委员会1992年10月制定的《中国荷斯坦牛种公牛后裔测定规范（试行）》（此规范已由农业部作为法规发布），后裔测定方案可按图1-7进行。

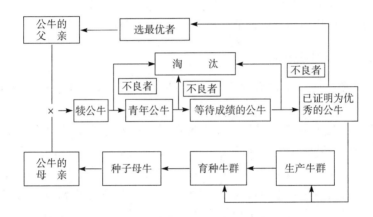

图1-7 种公牛后裔测定方案

规范规定，被测公牛系谱必须三代清楚，并按系谱指数的大小结合公牛本身的条件进行选择，即其初生重在38kg以上，6月龄体重200kg以上，12月龄体重350kg以上；体质健壮，外貌结构匀称，无明显缺陷；经检验无任何疾病；在16～18月龄采精，精液品质符合国家标准要求。

种子母牛所产的公犊，分两个阶段选择，最后选出1/3参加后裔测定；待后裔测定成绩公布后，再从中选出1/3作为继续使用的良种公牛。

参加后裔测定的公牛一般在16～18月龄采精，冷冻1 000头份，并集中在3个月内完成随机配种，应至少配孕母牛100头以上，其女儿的分布必须跨越省界并总共不少于10个牛场，分布场数越多越好。

被测公牛的全部女儿满15～18个月龄进行配种，待其分娩产奶后详细记录生产性能和外貌鉴定成绩。

被测公牛的女儿在完成第一个泌乳期后，应及时汇总资料并公布后裔测定结果。

种公牛后裔测定有多种方法。最早用母女对比法、同期同龄女儿对比法，现在，许多国家采用复合育种值选择公牛。最佳线性无偏预测值（BLUP）法，被认为是目前估测公牛育种值最好的方法。这是20世纪70年代提出的一种公畜育种值的方法。它的基础是一线性混合模型。其优点是估测精确度高，可用线性函数表示。其计算方法和过程复杂。

肉用种公牛的后裔测定，可采用上述乳牛的同期同龄女儿对比法，根据被测公牛的后代与对照公牛同期同龄后代的生长发育性能、肥育性能或屠宰测定成绩进行比较。

役用公牛后裔测定，目前尚无具体规定，也可参照乳牛同期同龄女儿对比法、测定被测公牛与其他公牛后代体尺、体重等平均差值，再用群体该性状的平均数求出该性状的相对育种值，以评价种公牛的优劣。

（二）生产母牛的选择

1. 产乳量　按母牛产乳量高低次序进行排队，将产乳量高的母牛选留，将产乳量低的母牛淘汰。

2. 乳的品质　除乳脂率外，乳中蛋白质含量和非脂固体物含量也是很重要的性状指标。乳脂率的遗传力为0.5～0.6，乳蛋白和非脂固体物的遗传力都为0.45～0.55。由此可见，这些性状的遗传力都较高，通过选择容易见到效果，而且乳脂率与乳蛋白含量之间呈0.5～0.6的中等正相关，与非脂固体物含量之间也呈0.5的中等正相关。这表明，在选择高乳脂率的同时，也相应提高了乳蛋白及非脂固体物的含量。但要考虑到乳脂率与产乳量呈负相关，二者要兼顾，不能顾此失彼。

3. 饲料报酬　饲料报酬较高的乳牛，每产1kg 4%标准乳所需的饲料干物质较少。

4. 排乳速度　排乳速度与整个泌乳期的总产乳量之间呈中等正相关（0.571）。排乳速度快的牛，其泌乳期的总产奶量高。同时，排乳速度快的牛，有利于在挤奶厅集中挤奶，可提高劳动效率。

5. 泌乳均匀性　产乳量高的母牛，在整个泌乳期中泌乳稳定、均匀、下降幅度不大，产乳量能维持在很高的水平。选择泌乳性能稳定、均匀的母牛所生的公牛作种用，在育种上具有重要意义。

（三）核心母牛群选择

建立核心母牛群，主要是为创造、培育良种公、母牛。这是育种工作中一项重要的基本建设,对不断提高种牛质量,加速牛群改良有极为重要的作用。

20世纪70年代以来,胚胎移植技术获得了巨大成功,并广泛应用于养牛业。组建核心母牛群,选择其中最优秀的个体作为超数排卵的供体母牛,与选出的最优秀的公牛配种,取得胚胎并经性别鉴定和分割后,植入受体母牛子宫中发育成长至分娩。从得到的后代全同胞的公犊牛选留一头饲养,其余淘汰。母犊养至15~16个月龄时进行配种,这样到2.5岁时已应有90d的产奶记录,将这些母牛的生产性能即产奶量、乳成分、饲料采食量、排乳速度、抗病力和体型外貌等性状按家系进行比较,根据生产性能的好坏决定是否将它们全同胞中所留的公牛淘汰。这些母牛再使用最佳公牛配种,通过胚胎移植生产第三世代。数个世代后,核心牛群选出的公牛、母牛的平均育种值将优于商品牛群的牛只,甚至可优于提供精液配种的原公牛。这样选择出的优秀公牛就可以为其他牛群提供优良精液了。

核心母牛群种子母牛的选择标准是:群体中产奶量和乳脂率最高的5%头胎牛或成年产奶量在9 000kg以上、乳脂率在3.6%以上、外貌评分在80分以上的母牛。

(四)冻精选择及系谱资料

公牛冻精系谱资料与质量,具体由种牛站负责。这是关系到牛的繁殖率与繁殖后代质量的关键因素。

公牛冻精主要有两种形式:颗粒和细管。现阶段主要采用细管冻精,因为细管冻精制作设备昂贵,不容易有假,质量更可靠。其表面有种牛的资料,包括种公牛品种、个体号、冻精日期、生产单位等,利于选种选配。冻精质量参照国家标准执行。

牛的系谱资料,应全面、系统,充分体现个体的各项性状,反应其生产性能和生产潜力。

不同品种公牛的系谱资料,内容和方法略有区别。荷斯坦种公牛的资料包括:其父、母、祖父以及与它们性能的一致性;其后裔测定成绩,主要有产乳性能,包括产乳量、乳脂率、乳蛋白浓度、排乳速度、乳中细菌含量与体细胞数;奶牛体型外貌,包括乳房、骨盆的结构、乳区均匀度;奶牛的繁殖性能,包括繁殖率、分娩难易度、利用年限。其中,牛的体型外貌由专家评估。同时,综合以上性状成绩,计算出奶牛乳用育种值和复合育种值,确定该公牛的种用价值。

美国、法国、英国等发达国家的育种公司,会通过月报、季报、年报的形式定期向社会发布种牛的上述信息及种牛的排名。

（五）选配方案及其实施

选配的方法有个体选配和群体选配之分。个体选配就是每头母牛按照自己的特点与最合适的优秀种公牛进行交配；群体选配是根据母牛群的特点选择多头公牛，以其中的一头为主、其他为辅的选配方式。在选配和制定选配计划时，应遵循以下基本原则：

第一，要根据育种目标综合考虑，加强优良特性，克服缺点。

第二，尽量选择亲和力好的公母牛进行交配，应注意公牛以往的选配结果和母牛同胞及半同胞姐妹的选配效果。

第三，公牛的遗传素质要高于母牛，有相同缺点或相反缺点的公母牛不能选配。

第四，慎重采用近交，但也不绝对回避。

第五，搞好品质选配，根据具体情况选用同质选配或异质选配。

为将选配方案制定好，首先必须了解和搜集整个牛群的基本情况，如品种、种群和个体历史情况、亲缘关系与系谱结构，生产性能上应巩固和发展的优点及必须改进的缺点等，同时应分析牛群中每头母牛以往的繁殖效果及特性，以便选出亲和力最好的组合进行交配。要尽量避免不必要的近交与不良的选配组合。

选配方案一经确定，必须严格执行，一般不应变动。但在下一代出现不良表现或公牛的精液品质变劣、公牛死亡等特殊情况下，可作必要的调整。表1-10是牛的选配计划表的一般式样，供参考。

表1-10 牛的选配计划表

母 牛				公 牛				亲缘关系	选配目的	备注
牛号	品种	等级	特点	牛号	品种	等级	特点			

第四节　牛的杂交改良

我国黄牛和水牛虽然具有适应性强、耐粗饲等优点，但乳、肉性能都不高。牛的改良须采用本品种选育提高和杂交改良相结合的方法，并因牛因地制宜。

一、黄牛的改良与新品种的形成

我国早在20世纪30年代就开始，但有组织、有计划、大规模地开发这项工作是在20世纪70年代末，先后引进乳用荷斯坦牛、乳肉兼用西门塔尔牛及肉用的夏洛来牛、利木赞牛等十多个品种公牛改良我国黄牛。主要采用的杂交方式是：

1. 导入杂交 当一个品种已具有多方面的优良性状，其性能已基本符合育种要求，只是在某一方面还存在个别缺点，并且用本品种选育的方法又不能使缺点得以纠正时，就可利用具有这些方面优点的另一品种公牛与之交配，以纠正其缺点，使品种特性更加完善，这种方法称作导入杂交。

中国良种黄牛在传统上普遍存在尻部尖斜、股部肌肉欠充实、乳房发育较差等缺陷。为了迅速改进这些缺陷，进一步提高其产肉性能，各品种育种组织根据各自的具体情况和育种方向，引用适当的国外品种对本品种进行导入杂交，如秦川牛、南阳牛、鲁西牛、晋南牛、延边牛等，为提高其生产性能，导入利木赞牛、夏洛来牛、丹麦红牛、短角牛等的血液，吸收其某些优点，改进了体型结构，提高了产肉性能。为了提高中国草原红牛的产奶性能，1985年内蒙古赤峰地区开始导入丹麦红牛血液，其一代杂种犊牛尻部宽长而平直，原有局部缺点得到明显改进，且产奶量（初产）提高33.54%。

在安徽、河北、湖北、甘肃等省，还利用国内地方品种秦川牛、南阳牛等改良当地黄牛，也普遍加大了体型，增强了挽力，提高了产肉性能，黄牛的低产种质发生了根本变化。

2. 级进杂交 是用高产品种改造低产品种的最常用方法，即利用高产品种的公牛与低产品种的母牛一代一代地交配（杂种后代都与同一品种的不同个体公牛交配）。这种方式杂交一代可得到最大的改良。随着级进代数的增加，杂种优势逐代减弱并趋于回归。因此，级进杂交并非代数越高越好。实践证明，级进至3~4代较好。级进三代并加以固定可育成品种。

级进杂交在我国很早就用来改良黄牛。我国的草原红牛就是以短角牛为父本、蒙古牛为母本，级进杂交至第三代后横交固定的结果。不少地区的奶牛是利用荷斯坦牛对本地区黄牛实行级进杂交发展起来的。通常一代杂种的产奶量能达到纯种奶牛产量的一半以上，三代以上有时产奶量由于杂种优势而超过纯种牛。各地黄牛用荷斯坦公牛级进后，除牛奶含脂率有逐步下降的趋势外，其产奶量一般随着杂交代数的增加而不断提高，但其耐粗性、适应性可能有所下降，所以一般认为，级进到三四代，即外血含量为75%~87.5%为宜。中国荷斯坦牛就是在级进杂交高代牛群的基础上繁衍而来的。利用乳用型荷斯坦公牛对本地牛实行级进杂交，级进到三四代后，经鉴定符合中国荷斯坦牛标准的便可晋级升为良种牛，不符合标准的继续级进杂交。

3. 育成杂交 是用2~3个以上的品种来培育新品种的一种方法。这种方法可使亲本的优良性状结合在后代身上，并产生原来品种所没有的优良品质。育成杂交可采取各种形式，在杂种后代符合育种要求时，就选择其中的优秀公母牛进行自群繁育，横交固定而育成新的品种。育成杂交在某种程度上有其灵活性，例如在后代杂种牛表现不理想时，就可根据它们的特征、特性与自然条件来决定下一步应采取何种育种方式。

在我国，第一个乳肉兼用品种三河牛，就是由分布于呼伦贝尔草原的蒙古牛和许多外来品种经过半个多世纪的杂交选育而成。中国草原红牛和新疆褐牛也是采用育成杂交的方法，分别引用乳肉兼用型的短角牛和瑞士褐牛及含有瑞士褐牛基因的阿拉托乌牛对本地黄牛进行长期改良，级进至3或3代以上横交固定，经长期选育而成的。

二、商品肉牛杂交生产

目前，我国尚无专门化肉牛品种，牛肉生产以杂交改良牛为主。

肉牛杂交生产中母系和父系的基本要求是：母系必须有终身稳定的高受孕力；以每头母牛计算的低饲养成本和低土地占用成本，一般要求体型较小的个体；性成熟早而不易难产；良好的泌乳性能；适应粗放和不良的条件；体质结实，长寿；高饲料报酬；鲜嫩的肉质；较好的屠宰性状等。父系必须具有快速的生长能力；改进眼肌面积的高强度优势；高屠宰率和高瘦肉率；硕大的体型；体早熟等。

肉牛杂交体系建设的原则：在引入品种改良本地黄牛的基础上继续组织杂交优势；用对配套系母系的要求选择具备有理想母性的母牛，用对配套系父系的要求选择具有理想长势和胴体特征的公牛，利用其互辅性，保持杂交优势的持续利用；组装或结合两个或两个以上品种的优势开展肉牛配套系生产，在可能的情况下形成新的地方类群；杂种母牛本身具有杂种优势，应当很好的利用，杂种公牛中也往往有很好的优秀个体，可走北美的杂种公牛作种用之路，逐渐形成综合杂交或合成系的做法。

我国商品肉牛杂交生产的主要方式有：

1. 经济杂交 是以生产性能较低的母牛与引入品种的公牛进行杂交，其杂种一代公牛全部直接用来肥育而不作种用。其目的是为了利用杂交一代的杂种优势。如夏洛来牛、利木赞牛、西门塔尔牛等与本地牛杂交后代的肥育。

实验表明，杂交牛较我国黄牛的体重、后躯发育、净肉率、眼肌面积等均有不同程度的改良作用。据报道，夏洛来牛与蒙古牛、延边牛、辽宁复州牛及山西太行山区中原牛的杂交一代，12月龄体重分别比本地同龄牛提高77.6%、

19.9%、27.1%和81.4%，体现出明显的杂交优势。

2. 轮回杂交 是用两个或两个以上品种的公母牛之间不断地轮流杂交，使逐代都能保持一定的杂种优势。杂种后代的公牛全部用于生产，母牛用另一品种的公牛杂交繁殖。两品种轮回杂交如图1-8所示。

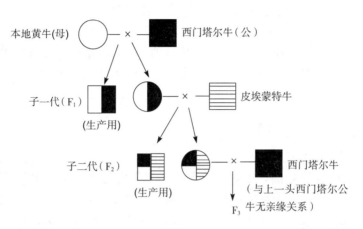

图1-8 两品种轮回杂交示意

据报道，两品种和三品种轮回杂交可分别使犊牛活重平均增加15%和19%。

3. "终端"公牛杂交 "终端"公牛杂交用于肉牛生产，涉及3个品种。即用B品种的公牛与A品种的母牛配种，所生杂一代母牛（BA）再用C品种公牛配种，所生杂二代（ABC）无论雌雄全部肥育出售。这种停止于第三个品种公牛的杂交就称为"终端"公牛杂交体系。这种杂交体系能使各品种的优点相互补充而获得较高的生产性能。

4. 轮回—"终端"公牛杂交 这种方式是轮回杂交和"终端"公牛杂交体系的结合，即在两品种或三品种轮回杂交的后代母牛中保留45%继续轮回杂交，以作为更新母牛之需；另55%的母牛用生长快、肉质优良的品种之公牛（"终端"公牛）配种，以期获得饲料利用率高、生产性能更好的后代。据报道，两品种和三品种轮回的"终端"公牛杂交体系可分别使犊牛平均体重增加21%和24%。

三、水牛杂交利用与奶水牛的开发

（一）水牛的杂交利用

当今世界水牛发展的趋势是由"役用为主，乳肉为辅"转向"乳用为主，肉役为辅"。而我国水牛生产则是由单一役用向乳、肉、役多用途发展。

中国水牛属于沼泽型水牛,通过引进河流型乳用水牛,通过级进杂交或育成杂交方法,利用杂种优势,提高泌乳性能,期望培育出"中国乳肉兼用水牛"新品种(新类群)。以乳用性能方向发展,提供高浓度的水牛乳和传统乳制品,期望培育成"中国沼泽型乳用水牛"新品种。

摩拉水牛和尼里-拉菲水牛引进中国饲养已有多年历史,对当地自然环境的适应性强,具备了新物种生存的遗传基础,可采取水牛育种与生物技术工程相结合等先进技术和管理措施,加速培育"中国摩拉水牛"和"中国尼里-拉菲水牛"新品种的进程。

(二)奶水牛业的开发

1. 开发奶水牛业的必要性

(1)水牛乳质量高,香味浓。水牛乳的干物质达 21%,乳脂率为 9%~11%,因此水牛乳的干物质和营养成分高于其他动物乳,并可加工成高质量的酸乳、乳卷、酥油、软(硬)乳酪和黄油,深受消费者的喜爱。随着中国人口的增长和人们生活水平的提高,牛乳的需求量大幅度增加,只靠黄牛乳是难以满足的,加速乳用水牛资源开发是解决中国乳类来源的有效途径之一。如埃及水牛乳占全国总产奶量的 65%,印度 55%的牛乳来源于水牛。

(2)水牛瘦肉多,脂肪少。沼泽型水牛进行幼龄肥育后可以获得优质高档牛肉。用 30 月龄左右的公水牛的胴体与 36 月龄左右的黄牛的胴体作比较,水牛的胴体重量、屠宰率、收缩率和修整率与黄牛差别不大,其肉的蛋白质、色素含量较高,而脂肪含量比其他牛肉低。根据菲律宾用安格斯牛、海福特牛、弗里生牛和沼泽型水牛进行对比试验,经过用高精料日粮饲喂 3~7 个月,水牛比其他参试牛的胴体瘦肉多,脂肪少。澳大利亚用 4 个肉牛品种幼牛与 20 头幼龄沼泽型水牛同时进行 3~7 个月的肥育,水牛肉嫩度、多汁性、适口性等肉质性状与肉牛无显著差别。

2. 开发奶水牛业的主要措施

(1)提高奶水牛业发展的思想认识。研究证明,水牛可以由役用转向乳用、肉用等,而且杂交水牛泌乳量也已达到河流型乳用水牛的泌乳水平。"耕牛变成奶牛"要变成人们的共识。

(2)解决奶水牛业发展的瓶颈和关键技术。中国水牛是沼泽型水牛,需要引用河流型乳用水牛进行杂交改良,才能够发展乳业,这是我国水牛乳业发展的"瓶颈"。全国水牛主产区可繁殖母水牛约 890 万头,按每年每省市杂交改良 10 万头计算,需要 9 年时间。因此,水牛杂交改良数量和速度是奶水牛业发展的关键所在。

奶水牛业发展的关键技术有：提高水牛繁殖力；水牛胚胎生物技术工程的研究；水牛营养需要以及粗饲料配制和开发利用；水牛乳肉品质监控系统及其深加工研制；建立健全水牛繁育体系等。

（3）加强奶水牛业发展的政策扶持和资金筹措。

（4）健全奶水牛业的生产体系。

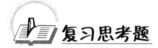

复习思考题

1. 我国引入的主要乳用、肉用、兼用牛品种有哪些？他们各有什么特点？改良我国黄牛的效果如何？
2. 我国黄牛主要品种有哪些？发展方向是什么？如何改良？
3. 不同用途牛的外貌各有哪些特点？如何进行牛的外貌评定？
4. 如何估测牛的体重？
5. 如何根据牙齿进行牛的年龄鉴定？
6. 种公牛、生产母牛、核心母牛群应如何选择？

第二章

牛 的 繁 殖

第一节 母牛的发情

一、初情期与性成熟

1. 初情期 初情期指的是母牛第一次发情和排卵的时期。母牛的初情期一般在6~12月龄。

2. 性成熟 当母牛有完整的发情表现，可排出能受精的卵子，形成了有规律的发情周期，具备了繁殖能力，叫做性成熟。母黄牛的性成熟是8~15月龄；母水牛为15~20月龄；荷斯坦牛为6~13月龄，平均8~10月龄。

二、发情周期

母牛出现初情期后，如果没有配种或配种后没有受胎，则每间隔一定时期便出现下一次发情，一年四季，周而复始，循环往复。母牛从一次发情开始到下次发情开始，或者从一次发情结束到下次发情结束所间隔的时间称为发情周期。生产中一般把观察到有发情征状的当天作为零天，奶牛和黄牛的发情周期一般为18~24d，平均21d；母水牛一般为18~30d，最长可达90d，短的仅为7d。根据母牛发情周期的生理变化特点，可将发情周期分为发情前期、发情期、发情后期和休情期。

1. 发情前期 发情前期的母牛几乎无外部发情征状，卵巢上功能黄体已经退化，卵泡已开始发育，子宫腺体稍有生长，有少量阴道分泌物出现，生殖器官开始充血，持续时间4~7d，处于发情周期的第16~21天。

2. 发情期 发情期是指发情开始至卵泡成熟排卵为止这段时间，是发情的主要阶段，有明显的外部发情征状，又叫发情持续期。可分为发情初期、发情盛期、发情末期三个阶段。一般母牛的发情持续期为6~36h，平均18h；母水牛 10~130h。发情持续期的长短往往受气候条件的影响，温暖季节黄牛的发情持续时间为 24~36h，寒冷或炎热季节往往只有几小时或十几小时。发情周期长的，其持续时间也较长；反之则较短。此期处于发情周期的第 1~2 天。

3. 发情后期　发情后期是发情后的恢复时期，此期卵子已经排出，开始形成黄体，无发情表现。发情后期的持续时间为 1~2d，处于发情周期的第 3~4 天。

4. 休情期　休情期是母牛发情结束后的相对生理静止期。早期卵巢的黄体逐渐发育完全，后期又逐渐萎缩，卵泡逐渐发育，是下一个发情周期的过渡阶段。母牛休情期的持续时间为 6~14d，处于发情周期的第 5~15 天。

如果已妊娠，周期黄体转为妊娠黄体，直到妊娠结束前不再出现发情。

三、发情特点

1. 发情持续时间短　家畜发情持续时间的长短与垂体前叶分泌的性激素比例有关。母牛垂体前叶分泌的促卵泡素（FSH）是家畜中最低的，这种激素具有促进卵子发育和刺激发情的作用。而垂体前叶分泌的促黄体素（LH）又是家畜中最高的，这种激素具有促进卵子成熟和排卵的作用，所以母牛发情持续时间短而排卵快，容易错过配种机会。

2. 排卵在交配欲结束后　大多数母牛排卵在交配欲结束后的 4~16h，水牛是 3~30h，此为母牛独特之处。这与母牛性中枢对雌激素的反应有关，当血液中含有少量雌激素时则性中枢兴奋，而含有大量雌激素时则抑制。在母牛发情开始时，卵泡中只产生少量雌激素，性中枢兴奋，出现交配欲，当卵泡继续发育接近成熟时，产生大量雌激素，性中枢反而受抑制，交配欲消失，但卵泡仍在继续发育，最后在 LH 素的协同下排卵。所以，母牛的排卵是在交配欲结束后完成的。

3. 安静发情出现率高　在进入发情期的母牛中，有不少的母牛卵巢上虽然有成熟卵泡，也能正常排卵受胎，但其外部的发情表现却很微弱，观察不到，常常被漏配，这种发情被称之为安静发情。母牛的安静发情出现率较其他家畜高。这是因为垂体中产生的 FSH 和 LH 素与发情活动有密切关系，牛的FSH 分泌量显著低于 LH 素，因此，虽然能够正常排卵，但发情表现常常不明显，安静发情出现的就多。

4. 子宫颈开口程度小　母牛发情期子宫颈开张的程度与马、驴、猪等家畜相比要小。这是由母牛子宫颈的解剖结构特点所决定的。母牛的子宫颈肌肉层特别发达，子宫颈管道很细窄，而且由黏膜构成了 2~3 圈横的朝向子宫颈外口的大皱褶，这就使得子宫颈管道变得更加细而弯曲，就是在母牛发情期间，子宫颈开张的程度也不显著。这种特点也为人工授精时，插入输精器带来了困难。因此，在输精操作中，应注意避开子宫颈管中的环状皱褶，以使输精器通过子宫颈，将精液注射到子宫体部位。

5. 发情结束后生殖道排血 母牛发情结束后，由于雌二醇在血液中的含量急剧降低，于是子宫黏膜，特别是子宫阜之间的黏膜上皮中的微血管出现淤血，血管壁变脆而破裂，血液流入子宫腔，进入子宫颈、阴道内，当血液量多时，就会从阴门排出于体外。育成牛出现排血者达80%~90%，而经产牛只有50%~60%。母牛生殖道排血的时间大多出现在发情结束后1~4d，其中以第二天为最多，约占全部排血母牛的70%以上。排血时间一般延续1.5~2d，个别的母牛可达3d。正常出血量为20~30mL，血色正常。假如出血较多，且呈暗红色或紫色，则是患子宫内膜炎的征兆。

实践证明，母牛输精后出现排血并不影响受胎。但是，一旦出现有生殖道排血现象，大多表明已经排卵，如果此时才开始输精，则不易受胎。同时，在排血期输精，血液也会对精子产生凝集作用，影响受胎。

6. 产后第一次发情时间晚 据3132头奶牛资料统计，产后第一次发情时间大多在32~61d，较其他家畜相对晚些。这是因为母牛的胎儿胎盘与母体胎盘之间的连接比马、驴、猪等家畜紧密，产后生殖器官受损严重，恢复较慢，使发情时间推后。营养状况差的牛，产后第一次发情时间会更晚一些。因此，在生产中要注意观察产后第一次发情的时间，及时配种，以免拖配。

四、发情鉴定

母牛在发情持续期内，会表现出一系列的发情征状。如何根据这些征状来进行准确的发情鉴定，是能否全配全准的关键。

1. 外部观察法 观察项目及鉴定标准见表2-1。

表2-1 母牛发情期各阶段的外部表现

观察项目	发情期各阶段		
	初 期	盛 期	末 期
爬跨表现	常有其他牛尾随，但拒绝爬跨，时常尾随、爬跨其他牛	接受爬跨，被爬跨时站立不动，后肢叉开并举尾（少数怀孕初期或中期的母牛也有被爬不动的，但无其他发情表现），时常像公牛一样爱嗅其他母牛的阴户，且跃跃欲试地想爬上去	逃避爬跨，但有时仍爬跨其他牛。在背部、臀部有被爬过的印迹，背毛蓬乱，有时被口水、鼻液黏结，在臀部有泥土痕迹，说明接受过爬跨

(续)

观察项目		发情期各阶段		
		初　期	盛　期	末　期
外阴部变化		阴户充血、微肿。阴道流出的黏液透明，少而薄，不呈牵丝状	阴户肿胀。阴道黏液半透明，多而浓稠，呈牵丝状，在尾巴处粘连，如同透明的玻璃棒	阴户肿胀开始减退，稍有皱纹。阴道黏液混浊，呈乳黄色，少而厚，牵丝状稍差
精神变化		精神不安，敏感，人接近时站起，左顾右盼，常站立不卧，喜欢急急忙忙地走动。喜欢鸣叫，尤以初产母牛为甚	交配欲强烈，拴系的母牛表现两耳竖立，不时转动倾听，配种员走过时回头观望，手拨动尾根时无抗力，食欲减退，产奶量下降	母牛逐渐转入平静
持续时间（h）	黄牛	3～8	5～15	5～10
	水牛	12～24	8～12	8～12

2. 阴道检查法　不发情的母牛，阴道黏膜苍白，较干燥，插入开膣器时有干涩之感；子宫颈口紧闭，呈菊花瓣状。发情时，阴道黏膜由于充血而潮红，表面光滑湿润，有黏液积存在阴道内，开膣器易插入；子宫颈口充血松弛、半开张，颈口处有大量黏液附着。

3. 试情法　将切断输精管或切除阴茎的公牛混于母牛群中，公牛会紧紧跟随或爬跨发情母牛，据此来检出发情母牛，效果较好。为便于观察，可将一个半圆形的不锈钢打印装置固定在皮带上，像驾具一样，牢牢戴在公牛腭部，当公牛爬跨发情母牛时，即将黏稠的墨汁印在发情母牛的身上。这种装置叫下腭球样打印装置，此法对发情牛的检出率较高，并且不用到运动场或牧场上观察，减轻了劳动强度。但由于需养试情公牛，增加了饲养费用，故舍饲牛场难以施行。

4. 直肠检查法　将手与臂部伸入直肠内，隔直肠壁触摸卵巢上卵泡发育、成熟与排卵情况，以此来判定发情程度，确定配种适期。这种方法准确率较高，但不易掌握。

检查卵巢时有下列两种情况：

（1）正常。母牛发情时卵巢正常的是两侧一大一小。育成母牛的卵巢，大的如拇指大，小的如食指大。成年母牛的卵巢，大的如鸽卵大，小的如拇指大。一般卵巢为右大左小，多数在右侧卵巢的卵泡发育。发情前期卵泡小，直径为 0.5～0.75cm，卵泡在卵巢表面突出，但不明显，膜厚而硬。发情中期卵泡变大，直径可达 1～1.5cm，多呈圆形，较明显突出于卵巢表面，泡膜薄，紧张而光滑。发情末期卵泡明显突出于卵巢表面，水泡感明显，泡膜薄而柔软，有一触即破的感觉。发情结束后，卵子已经排出，泡液流失，泡壁变为松软皮样，触之感觉有一小凹陷。排卵后 6~8h，黄体开始形成，刚形成的黄体直径为 0.6~0.8cm，触之软肉感。完全成熟的黄体直径为 2~2.5cm，稍硬而有弹性，突出卵巢表面。

（2）不正常。母牛发情时卵巢不正常有两种情况。一是两侧卵巢一般大，或接近一般大。例如，育成母牛，两侧卵巢都不大，质地正常，扁平，无卵泡和黄体，属卵巢机能不全症；成年母牛，两侧卵巢均较大，质地正常，表面光滑，无卵泡，有时一侧有黄体残迹，是患有子宫内膜炎的症状。这两种牛虽然有发情表现，但不排卵。二是两侧卵巢虽然一大一小，而大侧卵巢如鸡蛋或更大，质地变软，表面光滑，无卵泡和黄体，是卵巢囊肿的症状。总之，在母牛发情时，其卵巢体积大如鸡蛋或缩小变硬的都是病态。

五、影响母牛发情的因素

母牛发情周期的长短以及发情征状的明显程度受品种、自然因素（如光照、温度）、饲养管理水平及个体差异等因素的影响较大。

1. 品种　不同品种或不同经济类型的牛，初情期的早晚及发情的表现不同。一般情况下，大型品种初情年龄晚于小型品种。如乳用小型品种娟姗牛初情年龄为 8 月龄，而更赛牛和荷斯坦牛为 11 月龄。肉用品种初情期的年龄往往比乳用品种迟，而水牛初情期更迟，一般为 13~18 月龄。牦牛的初情期平均为 24 月龄。

2. 自然因素　由于自然地理因素的作用，不同的牛种或品种经过长期的自然和人工选择，形成了各自的发情特征，虽然这种特征随着饲养方式的改变已经发生了很大的变化，但自然的影响有时还能看出来。例如，黄牛在 5~7 月份发情相对较多，而水牛多数集中在 8~11 月份发情。在发情持续期上，温暖季节较长；炎热的夏季，除卵巢黄体正常地分泌孕酮外，还从母牛的肾上腺皮质部分泌孕酮，导致发情持续期较短；严寒的冬季也较短。温暖的南方比寒冷的北方初情期出现得早。这种地理位置差别的影响，与阳光和气温的变化有关，通过控制这些因素的变化，能够在一定程度上影响其发情特征。

3. 营养水平　营养水平是影响家畜初情期和发情表现非常重要的因素。一般情况下，良好的饲养水平可以增加牛的生长速度，牛的性成熟早，发情表现也明显。草原放牧饲养的母牛，当饲料不足时，发情持续期也比农区饲养的母牛短。

饲料中的某些生物活性物质对牛的发情也有直接影响。如豆科牧草（如三叶草）等类植物中存在的具有雌激素活性的生物碱，对母牛具有催情作用。长期采食三叶草后，母牛流产率增高，处女牛乳房及乳头发达。我国传统上在早春季节利用某些植物给动物催情，即是利用植物雌激素的例证。

4. 生产水平和管理方式 母牛的发情表现与生产性能有关，高产奶牛的发情表现一般没有低产奶牛明显。这是由于高产奶牛产奶代谢功能旺盛，一定程度上抑制了与发情有关的生殖内分泌作用所致。肉用牛的性表现往往没有乳用牛明显。过度肥胖的牛，发情特征往往不明显。因此，在生产上，应避免牛的营养水平过高。母牛产后恢复发情的时间间隔与牛饲养管理措施有关。例如，高产奶牛较低产奶牛约延长 9d 才能出现发情；每天挤奶或哺乳次数越多，产后发情越迟；营养差、体质弱的母牛，产后发情也晚。

六、母牛的异常发情

母牛发情受许多因素的影响，一旦某些因素使母牛发情越出正常规律，就叫做异常发情。母牛的异常发情有以下几种：

1. 假发情 母牛的假发情有两种情况：一种是有的母牛在妊娠 5 个月左右，突然有性欲表现，特别是接受爬跨，但进行阴道检查时，子宫颈外口表现收缩或半收缩，无发情黏液。直肠检查时能摸到胎儿，有人把这种现象叫"妊娠过半"。另一种是母牛虽具备各种发情的外部表现，但卵巢内无发育的卵泡，最后也不能排卵，常出现在卵巢机能不全的育成母牛和患有子宫内膜炎的母牛身上。

2. 持续发情 本来母牛发情持续期很短，但有的母牛却连续 2～3d 发情不止。主要原因有以下两种：

（1）卵巢囊肿。是由于不排卵的卵泡继续增生、肿大而造成的。由于卵泡不断发育，分泌过多的雌激素，所以母牛发情延长。

（2）卵泡交替发育。开始在一侧卵巢有卵泡发育产生雌激素，使母牛发情；但不久另一侧卵巢又有卵泡开始发育，虽然前一卵泡发育中断，但后一卵泡继续发育，这样它们交替产生雌激素而使母牛发情延长。

3. 不发情 就是既无发情表现，又无排卵事实。母牛常因营养不良、卵巢疾病、子宫疾病，乃至全身疾病而不发情。处于泌乳盛期的高产奶牛或使役过重的役用牛往往也不发情。

第二节 牛的配种时机与人工授精

一、适时配种时间

（一）初配年龄与体重

公、母牛的初配年龄主要依据品种、个体的生长发育状况来确定。早熟品种，公牛15~18月龄，母牛14~18月龄参加配种；中熟品种，公牛18~20月龄，母牛18~22月龄配种；晚熟品种，公牛20~24月龄，母牛22~24月龄配种。初配时的体重应达到成年体重的70%。如年龄已到，体重达不到，则初配年龄应适当推迟；相反，亦可适当提前。总的原则，必须保证达到配种体重。中国荷斯坦母牛在14~16月龄，体重达350kg配种；海福特母牛在18~20月龄、体重达500kg时配种；短角母牛在18~20月龄配种；利木赞母牛21月龄配种；西门塔尔母牛18~24月龄配种；夏洛来母牛17~20月龄可参加配种，但由于该牛难产率高，其原产地法国要求达27月龄、体重达500kg以上配种，以降低难产率；本地黄牛母牛24月龄，公牛30月龄配种；母水牛30月龄配种。

（二）发情配种时机

俗话说："若使母牛配得准，发情火候要拿稳。"母牛发情后，什么时间配种是提高受胎率的关键。

1. 确定发情母牛配种时机的理论依据

（1）排卵时间。母牛的排卵均发生在发情转入末期后。奶牛一般在发情盛期结束后（即交配欲结束后）5~15h排卵，大多数母牛排卵发生在夜间，如我国黄牛在夜间排卵的比例高达70%以上。

（2）卵子的运行。母牛接近排卵时，输卵管伞充分开放，并紧贴于卵巢的表面，接纳排出的卵子。被输卵管接纳的卵子，借助输卵管管壁纤毛摆动和肌肉活动，以及该部管腔较大的特点，很快进入输卵管壶腹的下端。在这里和已经运行到此处的精子相遇，完成受精过程。

（3）卵子保持受精能力的时间。牛的卵子通过输卵管的时间大约需要4d，但通过输卵管壶腹部的速度较快，一般仅6~12h。卵子运行超过输卵管壶腹部位后就会逐渐衰老，而且卵子外表逐渐附着输卵管分泌的一种酸性蛋白质膜，能防止精子穿入卵子，使卵子丧失受精能力。所以，卵子保持最佳受精能力的时间为6~12h。卵子在输卵管内可以存活12~24h或更长些，排卵时间较长的卵子虽然仍有受精的可能，但往往由这种卵子受精所形成的胚胎多发生早期胚胎死亡。

（4）精子到达受精部位的时间。精子进入母牛生殖道后，仅需15min左右就能到达输卵管的壶腹部。精子虽能在较短的时间到达受精部位，但到达的精子数一般只有几百个。因此公牛精液品质的优劣和母牛生殖道的生理状态对受精率有极大的影响。

（5）精子在母牛生殖道内保持受精能力的时间。精子在母牛生殖道内的存活时间是15～56h，保持受精能力的时间是24～48h，平均30h。牛的精子必须在母牛的生殖道内完成获能后，才具有受精能力。牛精子的获能时间是3～5h，主要是精子顶体性质的变化，以使精子在穿过卵子透明带时，顶体可以脱去。

2. 发情配种时机的确定 根据排卵时间、精子与卵子的运行速度、精子与卵子在受精部位相遇的时间、精子与卵子在母牛生殖道内保持受精能力的时间等进行推算，一般适宜的配种时机应在母牛发情转入末期后不久（4h左右）或排卵前6h左右为宜，即在发情开始后的15～24h。

实践表明，如母牛上午被爬不动，下午已不接受爬跨，表现安静，阴道黏液变黏稠、量少、呈乳黄色、牵缕性较强（但较中期差），用拇指和食指拉7～8次不断，阴道黏膜由粉红色逐渐变成苍白色，直检时卵泡突出于卵巢表面，卵泡增大，卵泡直径在1.5cm以上，泡壁薄、紧张、波动感明显，有一触即破的感觉，此时配种最合适。

为提高受胎率，可以在每次发情期内输精2次。通常在性欲结束时进行第一次输精，间隔8～12h再进行第二次输精。然而，在实际生产中，准确掌握母牛性欲结束的时间是比较困难的，而性欲高潮却容易观察。因此，可根据母牛接受爬跨情况来判定适宜的配种时间。以黄牛为例，上午接受爬跨，应下午配种，次日晨视具体情况再复配一次；下午接受爬跨，次日晨配种，下午可再配一次。水牛一般是发现接受爬跨，隔日再配种。但应该注意的是，输精不要超过2次，这样不仅不会提高受胎率，反而还有下降的趋势，并且由于增加了母牛生殖道的感染次数，子宫内膜炎发病率提高。

对于年老体弱的母牛或在炎热的夏季，牛的发情持续期往往较短，排卵较早，配种时间应适当提前。有经验的人常说："老配早，少配晚，不老不少配中间"就是这个道理。

炎热的夏季，要尽量避免在上午或下午气温较高的时候配种，应安排在夜晚或清晨配。气温过高，影响受胎。据日本报道，牛在气温32℃以上时受胎率便开始降低，而达到39℃以上时则难以受胎。

（三）产后配种时间

母牛产犊后子宫恢复及体质恢复需20～30d，产后40～110d出现第一次发情。营养状况好的，产后第一次发情来得早；反之则迟。为保证母牛年产一犊，产后出现第一次发情就应及时配种。由于牛的情期受胎率较低，只有50%左右（配种技术较好的会高些），即每受胎一次，平均要配两个情期，个别的母牛需配多次才能受孕，加之母牛产后第1~3个情期排卵较规律，以后会因排卵不规律而大大影响受胎率。因此，产后尽早配种不仅能增加产犊数，提高母牛的繁殖利用率，还能提高情期受胎率。

二、人工授精

随着我国养牛业的发展，特别是黄牛改良工作的迅速开展，应用冷冻精液配种在牛场、乡村也日益普及，获得了良好的经济效益。

（一）人工授精的优点

人工授精能提高优良公牛的利用率，一头种公牛在自然交配时，一次只能配一头母牛，一年配几十头，而实行人工授精一年可配6 000~12 000头母牛；既能保证精液品质又可以做到适时输精，增加母牛受孕机会，提高受胎率，加快牛的繁殖及改良速度；能扩大优良种公牛的配种头数，减少种公牛饲养数量，降低饲养管理费用。

（二）输精方法

1. 阴道开膣器法 左手持开膣器将母牛阴道打开，右手持输精器插入子宫颈口内附近，将精液注入。这种方法受胎率低，已很少应用。

2. 直肠把握法 将一只手伸入直肠，握住子宫颈，另一只手持输精器，将输精器插入子宫颈深部输精。这是目前普遍所采用的方法，其受胎率明显高于阴道开膣器法，但较难掌握。

第三节 母牛的妊娠与分娩

一、母牛的妊娠

（一）妊娠期间母牛的生理变化

母牛妊娠后，其内分泌、生殖系统以及行为等方面会发生明显变化，以保持母体和胎儿之间的生理平衡，维持正常的妊娠过程。

1. 内分泌变化　母牛妊娠后,黄体继续存在而不退化,以最大的体积存在于整个妊娠期并分泌孕酮。但此阶段,卵巢黄体不是孕酮的惟一来源,胎盘组织和肾上腺也能分泌孕酮,使整个妊娠期间血液孕酮维持较高水平,尤其到妊娠9个月时分泌明显增加。因此,在整个妊娠期,由于孕酮的作用,垂体分泌促性腺激素的机能逐渐下降,从而抑制了牛的发情,发情停止。

2. 生殖器官的变化　妊娠期间,随胚胎的发育,子宫的容积和重量不断增加,子宫壁变薄,子宫腺体增长、弯曲。子宫括约肌收缩、紧张,子宫颈分泌的化学物质发生变化,分泌的黏液稠度增加,形成子宫颈栓,使子宫颈口呈封闭状态,而具有防止外物侵入子宫伤害胎儿的功能;子宫韧带中平滑肌及结缔组织亦增生变厚;由于重量增加,使子宫下垂,子宫韧带伸长;子宫动脉变粗,血流量增加。此外,阴道黏膜变得苍白,黏膜上覆盖有从子宫颈分泌出来的浓稠黏液。阴唇收缩,阴门紧闭,直到临分娩前因水肿而变得柔软。

3. 牛体的变化　初次妊娠的青年母牛,除了胎儿的发育引起母牛变化外,其本身在妊娠期仍能正常生长。经产母牛妊娠后,主要表现为新陈代谢旺盛,食欲增加,消化能力提高,使母牛的营养状况改善,体重增加,毛色光润。母牛妊娠后,血液循环系统加强,脉搏、血流量增加,尤其供给子宫的血流量明显增加。初产母牛到妊娠4~5个月后,乳房逐渐增大,7~8个月后膨大更加明显,并能挤出牵缕状的黏性分泌物(未妊娠牛是水样物)。经产牛从妊娠五个月开始,泌乳量显著下降,脉搏、呼吸频数也明显增加。妊娠6~7个月时,用听诊器可以听到胎儿的心跳(母牛的心跳75~85次/min,而胎儿的心跳为113~150次/min),此时也可在腹壁触到或看到胎动。

(二)妊娠期和预产期的推算

妊娠日期的计算是由最后一次配种日期到胎儿出生为止。母牛的妊娠期一般为280(270~285)d。母水牛的妊娠期,据广西壮族自治区畜牧研究所统计,467头水牛妊娠期平均为313.4(284~365)d。母牦牛的妊娠期平均为255(226~289)d。

为了做好分娩前准备工作,必须较准确地计算出母牛的预产期。最简便的方法是按"月减3,日加6"(按280d计算,配种的月份减去3,配种的日期加上6)来推算。如配种月份在1、2、3不够减时,需借1年(加12个月)再减;若配种日期加6后,得数超过这个月的实际天数,则应减去这个月的天数,余数移到下月计算,把这个月再加1。

例1　2号牛2005年6月28日配种受胎,预计其产犊日期为:

月数:6-3=3(月)

日数：28+6＝34（日），减去 3 月的 31d，即 34－31＝3（日），再把月份加上去，即 3+1＝4（月）。

结论：该牛可在 2006 年 4 月 3 日产犊。

例 2　5 号牛 2005 年 2 月 27 日配种受胎，预计其产犊日期为：

月数：2+12－3＝11（月）

日数：27+6＝33（日），减去 11 月份的 30d，即 33－30＝3（日），再把月份加上去，即 11+1＝12（月）。

结论：该牛可在 2005 年 12 月 3 日产犊。

水牛预产期的推算方法："月减 2，日加 9"（按妊娠期为 313～315d 算）。

（三）妊娠诊断

搞好妊娠诊断是提高繁殖率的重要措施，尤其是早期妊娠诊断更为重要，更有意义。早期妊娠诊断是指在配种后 20～30d 的妊娠检查，有多种检查方法，下面介绍生产中常用的几种方法。

1. 阴道检查法　在配种后的 30d 检查。妊娠的牛插入开膣器时有明显阻力，感觉发涩；阴道黏膜苍白，表面干燥，无光泽；阴道黏液浓稠，呈白色；子宫颈口偏向一侧，不开口，被灰暗呈胶状的黏液所封闭。

2. 激素诊断法　在配种后 20d，用乙烯雌酚 10mL，一次肌内注射。第二天观察，根据母牛的外部表现，判断妊娠与否。

已经妊娠的母牛，无发情表现，或只有轻微的发情表现。没有妊娠的母牛，正常情况下配种后 21d 就应该发情了，此时又因注入乙烯雌酚的作用下，会有明显的发情表现。

3. 巩膜血管诊断法　在配种后 20d 即可检查。将牛保定，观察牛的左眼巩膜时，站在牛左侧前方，用右手握住牛左角，用力向后推，同时左手拇指和食指（或用鼻钳子）捏住牛鼻中隔，或用左手托着牛下颌前缘，用力向左上方搬，在左右手的配合下，迫使牛头部向左上方抬起，顺势使其露出左侧眼巩膜和血管，进行观察判断。用同样的方法再观察右侧眼球。注意不要硬扒眼皮，否则会造成眼球充血发红，影响判断。

妊娠的母牛，在一侧或两侧眼球瞳孔正上方的巩膜表面，有 1～2 条（个别有 3 条）呈直线状态（少数也有弯曲）的纵向血管，颜色深红，轮廓清晰，略凸起，比正常血管粗得多。这种现象可维持到分娩后 1 周。

没有妊娠的，血管细而不明显。

4. 孕酮水平测定法　根据妊娠后血中及奶中孕酮含量明显增高的现象，用放射免疫和酮免疫法测定孕酮的含量，判断母牛是否妊娠。由于收集奶样比采血方便，目前测定奶中孕酮含量的较多。试验表明，在配种后 23～24d 取的牛奶样品，若孕酮含量高于 5ng/mL 为妊娠，而低于此值者为未孕。本测定法表示没有怀孕的阴性诊断的可靠性为 100%，而阳性诊断的可靠性只有 85%，因此，建议再进行直肠检查予以证实。

5. 超声波诊断法 是利用超声波的物理特性和不同组织结构的声学特性相结合的物理学妊娠诊断方法。目前，国内外研制的超声波诊断仪有很多种。国内试制的有两种：一种是用探头通过直肠探测母牛子宫动脉的妊娠脉搏，由信号显示装置发出的不同的声音信号，来判断妊娠与否。另一种用探头自阴道伸入，显示的方法有声音、符号、文字等形式。重复测定的结果表示，妊娠 30d 内探测子宫动脉反应，40d 以上探测胎儿心音，可达到较高的准确率。但有时也会因子宫炎症、发情所引起的类似反应干扰测定结果而出现误诊。

在有条件的大型奶牛场也可采用较精密的 B 型超声波诊断仪。其探头放置在右侧乳房上方的腹壁上，探头方向应朝向妊娠子宫角。通过显示屏可清楚地观察胎泡的位置、大小，并且可以定位照相。通过探头的方向和位置的移动，可见到胎儿各部的轮廓，心脏的位置及跳动情况，可以判断单胎或双胎等。

在具体操作时探头接触的部位应剪毛，并在探头上涂以接触剂（凡士林或石蜡油）。

6. 直肠检查法 通过触摸卵巢与子宫角的变化来判断的。配种 30d 后即可检查。

妊娠 30d 的表现：排卵侧卵巢体积增大到原来的一倍，像核桃大甚至鸡蛋大，且很硬；另一侧卵巢无变化。两个子宫角一大一小，孕角粗大、松软，触摸时不收缩或收缩力微弱；空角较硬而有弹性，弯曲明显。

妊娠 60d 的表现：两个子宫角的大小相差非常明显，妊娠侧子宫角较空角大 1～2 倍。触诊孕角壁薄而软，波动明显。

妊娠 90d 的表现：角间沟消失，孕角大如人头，内有明显波动，子宫、卵巢已沉入腹腔。偶尔可摸到胎儿。

直肠检查作为早期妊娠诊断是很准确的一种方法，但较难掌握，需要有一定的经验。

二、牛的分娩与接产

（一）临产征状

随着胎儿的逐渐成熟和产期的临近，母牛在临产前会发生一系列的生理变化，根据这些变化，可以估计分娩的时刻，以便做好接产准备。

1. 乳房膨大 产前约半个月乳房开始膨大，一般妊娠母牛产前几天便可从前两个乳头挤出黏稠、淡黄如蜂蜜状的液体，当能挤出乳白色的初乳时，分娩可在1~2d内发生。

2. 外阴部肿胀 妊娠后期即能发现，阴唇逐渐肿胀、柔软、皱褶平展，封闭子宫颈口的黏液塞溶化，在分娩前1~2d呈透明的索状物从阴户流出，垂于阴门外。

3. 骨盆韧带松弛 妊娠末期，由于骨盆腔血管内血流量增多，静脉淤血，毛细血管壁扩张，血液的液体部分渗出管壁，浸润周围组织，因此骨盆部韧带软化，臀部有塌陷现象。在分娩前1d，骨盆韧带已充分软化，使骨盆腔在分娩时能稍增大，尾根两侧明显塌陷，这是临产的主要征状。

4. 子宫颈开始扩张 母牛开始发生阵缩，时起时卧，频频排粪尿，头不时向腹部回顾，感到不安，说明就要分娩。

（二）临产前的胎向、胎位、胎势

分娩时胎儿的姿势、方向和位置正常与否，是决定能否顺利产出的关键。

1. 胎向 表示胎儿的方向，也就是胎儿脊柱与母体脊柱的关系。胎向有三种：

纵向：胎儿脊柱与母体脊柱相平行。纵向又分为正生和倒生，正生是胎儿的前肢和头部先进入产道；倒生是胎儿的后肢和尾部先进入产道。纵向是分娩时正常的方向。

横向：胎儿的脊柱与母体脊柱呈水平垂直，背部向着产道或腹部向着产道，属不正常胎向。

竖向：胎儿脊柱与母体脊柱呈上下垂直。胎儿头部向上或向下，背部或腹部向着产道，属不正常胎向。

2. 胎位 表示胎儿在母体内的位置关系，也就是胎儿的背部和母体背部的相互关系。胎位可分为三种：

上位：胎儿的背部向着母体的荐骨。是正常的胎位。

下位：胎儿的背部向着母体的下腹壁。分娩时，这种胎位是不正常的。

侧位：胎儿的背部向着母体一侧的腹壁，如向着左侧腹壁是左侧位，向着右侧腹壁是右侧位。这种胎位假如斜度不大，还算是正常的。

3. 胎势 表示胎儿的姿势，一般可分为伸展或弯曲的姿势。

4. 分娩前和分娩时胎儿在子宫内的状态 分娩前胎儿在子宫内的胎向是纵向；胎势是四肢和头部弯曲在一起，也有一部分胎儿的头颈或前肢呈伸展或半伸展姿势；胎位多数是上位或侧位。分娩时，由于子宫的收缩和胎儿的挣扎，胎儿的胎位会由侧位或下位改变为上位并呈伸展胎势，胎向没有变化，仍为纵向。

（三）分娩过程

1. 开口期 子宫肌开始出现阵缩，阵缩时将胎儿和胎水推入子宫颈，迫使子宫颈口完全开张，与阴道之间的界限完全消失，这一时期为开口期。本期只有阵缩而无腹压。开口期平均为6h（1~12h）。

2. 胎儿产出期 子宫肌发生更加频繁有力的阵缩，同时腹肌和膈肌也发生强烈收缩，腹内压显著升高，使胎儿从子宫内经产道排出。产出期一般为1~4h，产双胎时，两胎间隔1~2h。

3. 胎衣排出期 胎儿产出后，母牛暂时安静下来，间歇片刻，子宫肌又重新开始收缩，收缩的间歇期较长，力量减弱，同时伴有努责，直到胎衣完全排出为止。此期为4~6h，最多不超过12h，否则可视为胎衣不下。

（四）接产

1. 牛体消毒 用0.1%~0.2%的高锰酸钾溶液洗净牛的外阴部、肛门、尾根及后臀部，并擦干。

2. 判断胎向、胎位及胎势 当胎膜露于阴门时，助产者把指甲剪短磨光，将手臂用2%来苏儿溶液消毒、涂上润滑剂（或肥皂水）后伸入产道，隔着胎膜触摸胎儿，判断胎向、胎位、胎势是否正常。如果正常，就不需要助产，可让其自然产出。否则就应顺势将胎儿推回子宫矫正，这时矫正比较容易。

正生时，胎儿两前肢夹头先露；倒生时，两后肢先露。正生和倒生均属正常现象。母牛以正生为多，双胎时多为一个正生，一个倒生。

3. 自然产出 临产时，阴门处可见到羊膜囊外露，这时母牛多卧下。注意要让牛向左侧卧，以免胎儿受瘤胃压迫而难以产出。随着囊内液体的增多，压力加大，加之胎儿前蹄的顶撞，羊膜会自行破裂，羊水流出。羊水流出时，最好用桶接住，产后喂给母牛3~4kg，可以预防胎衣不下。与此同时，母牛阵痛努责加剧，胎儿的两前肢伸出，随后是头、躯干和后肢产出。这是正常的顺产，助产者只要稍加帮助即可。

4. 助产 如果胎儿头部已露出阴门外，而羊膜却没有破裂，此时应立即撕破羊膜，使胎儿鼻子露出来，以防憋死。如果羊膜还在阴门内，不要过早地扯破，否则羊水流出过早，不利胎儿产出。

当羊水流出，而胎儿仍未产出，母牛阵缩及努责又减弱时，应进行助产。

助产的方法是：用助产绳系住胎儿两前肢系部，由助手拉住绳子，助产者将手臂消毒并涂上润滑剂后，伸入产道，大拇指插入胎儿口角，捏住下颌，乘母牛努责时同助手一起向外拉，用力方向应与荐椎平行。当胎儿头部通过阴门时，要用双手按压阴唇及会阴部，以防撑破。胎头拉出后，拉的动作要缓慢，以防发生子宫外翻或阴道脱出。当胎儿腹部通过阴门时，要用手捂住胎儿脐带根部，防止脐带断在脐孔内。

如果是倒生，当两后肢产出时，应迅速拉出胎儿。否则会因胎儿胸部在骨盆内停留过久，导致脐带受压，将胎儿憋死。

5. 难产处理 牛骨盆较其他家畜狭窄，易发生难产。尤其用大型肉牛与小型本地母牛杂交，犊牛初生重可增大80%～100%，难产现象更为严重。

牛的难产可分为产力性难产、产道性难产和胎儿性难产三种，情形各不相同。

产力性难产包括破水过早及阵缩、努责微弱；产道性难产包括子宫颈狭窄、阴道及阴门狭窄等；胎儿性难产包括胎儿过大、胎势不正、胎位不正、胎向不正等。上述三种难产，以胎儿性难产最多见，约占难产的75%。

一旦出现难产，首先要判断是属于哪一类，然后判断胎儿死活。判断方法是：正生时将手指伸入胎儿口腔轻拉舌头，或按压眼球，或牵拉前肢，倒生时将手指伸入肛门，或牵拉后肢。如果有反应，说明胎儿尚活。如胎儿已死亡，助产时不必顾忌胎儿的损伤。

为了便于推回矫正或拉出胎儿，应向产道内灌注大量润滑剂，如肥皂水或油类等。灌入后，趁母牛不努责时将胎儿推进子宫内进行矫正。经矫正后，再顺其努责将胎儿轻轻拉出。正如群众所说："灌入油，推进去，矫正好，拉出来。"注意不可粗暴硬拉。严重难产者往往需要器械手术。

6. 胎衣的检查与处理 母牛产后，经一段时间的间歇，会再度努责，说明胎衣就要排出，这时要注意观察。胎衣一般都是翻着排出，这是因为母牛努责时是由子宫角尖端开始收缩，故此处胎盘首先脱落，形成套叠，逐渐向外翻出来。由于牛的母子胎盘粘连较紧密，导致胎衣不易脱落，产后4～6h才能将胎衣排出。如果胎衣滞留24h（夏季12h）以上，应进行手术剥离。胎衣排出后应检查是否完整，以避免部分滞留。排出后的胎衣应及时取走，以防母牛吞食，造成消化不良。注意不要在外露的胎衣上挂砖块等重物，以免引起子宫外露或脱出。

（五）初生犊牛及产后母牛的护理

1. 初生犊牛护理 犊牛出生后，要立即用干毛巾或干草将口、鼻部黏液擦净，以利呼吸。若假死（不呼吸，但心脏仍在跳动），应立即将犊牛后肢拎起，倒出咽喉部羊水，做人工呼吸，也可用棉球蘸上碘酒（或酒精）滴入鼻腔或用干草刺入鼻腔来刺激呼吸。

人工呼吸的做法是：将犊牛仰卧，使之前低后高，握住前肢，牵动身躯，反复前后伸屈，并用手拍打胸部两侧，促使犊牛迅速恢复呼吸。

母牛产犊后有舔食犊牛身上黏液的习惯。如天气温暖，应尽量让母牛舔干，以增强母子亲合，并有助于母牛胎衣的排出；若天气寒冷，则应尽快用干草或抹布擦干犊牛全身，以免体躯受凉，招致感冒。

多数犊牛生下来脐带就自行扯断了。如果未断，可在距腹部约10cm处用手拉断或用剪刀剪断。断脐后，应在断端用5%碘酒溶液充分消毒，一般不需结扎，以利于干燥愈合。

处理好脐带后，接着要剥去软蹄，进行称重、编号、登记。当犊牛能够站立时，就应哺喂初乳。

2. 产后母牛护理　母牛产后十分疲劳，全身虚弱，异常口渴，除让其很好休息外，应喂给母牛温热、足量的麸皮盐水汤（或粥汤：麸皮1.5~2kg，盐100~150g，另加适量红糖），以暖腹、充饥、增腹压。

母牛产后要排出恶露（血液、胎水、子宫分泌物等），要注意观察恶露正常与否。第一天排出的恶露呈血样，以后逐渐变成淡黄色，最后变为无色透明黏液，直至停止排出。母牛的恶露多在产后10~15d排完。若恶露呈灰褐色，气味恶臭，并且持续二十多天不止，说明有炎症，应及时诊治。

第四节　牛的繁殖新技术

一、母牛的同期发情

同期发情又称同步发情或控情技术，是对一群母牛施用某些激素或其他药物来改变它们自然发情周期的进程，调整到相同的阶段，使分散发情变为集中发情。通过同期发情能有计划地集中安排牛群的配种和产犊，便于人工授精的开展，减少了因分散输精所造成的人力和物力的浪费，提高工作效率；此外，同期发情可以使供体母牛和受体母牛的生殖器官处于相同的生理状态，为胚胎移植创造条件。

（一）同期发情的机理

母牛的发情周期根据卵巢的形态和机能大体可分为卵泡期和黄体期两个阶

段。卵泡期是在周期性黄体退化继而使血液中孕酮水平显著下降之后，卵巢中的卵泡迅速生长发育、成熟，最后排卵的时期。而在黄体期内，由于在黄体分泌的孕酮的作用下，卵泡的发育成熟受到抑制，但在未受精的情况下，黄体维持一定的时间（一般是十余天）之后即行退化，随后出现另一个卵泡期。由此可见，黄体期的结束是卵泡期到来的前提条件，相对高的孕酮水平，可抑制发情，一旦孕酮的水平降到很低，卵泡便开始迅速生长发育。卵泡期和黄体期的更替和反复出现构成了母牛发情周期的循环。

同期发情就是基于上述原理，通过激素或其类似物的处理，有意识地干预母牛的发情过程，使母牛发情周期的进程调整到相同阶段，达到发情同期化。

（二）同期发情的途径

1. 延长黄体期 即给一群母牛同时施用孕激素，抑制卵泡的生长发育和发情，使之处于人为的黄体期。在人为黄体期，黄体发生退化，外源孕激素代替了内源激素（黄体分泌的孕酮）。经过一定时期后同时停药，使卵巢机能同时恢复正常，随之同时出现卵泡发育，达到同期发情。

2. 缩短黄体期 即应用前列腺素 $F_{2\alpha}$ 加速黄体退化，使卵巢提前摆脱内源孕激素的控制，卵泡开始发育，从而实现母牛发情同期化。

上述两种途径施用的激素虽然性质各异，作用相反，但其目的是一致的，都是对黄体功能起调节作用，结果使黄体期延长或缩短，使母牛体内孕激素水平（内源的或外源的）迅速下降，最后达到发情同期化。

（三）同期发情的激素

目前常用的同期发情激素，根据其性质大体可分为 3 类：①抑制卵泡发育的制剂，包括孕酮、甲孕酮、甲地孕酮、氯地孕酮、氟孕酮、18-甲基炔诺酮、16-次甲基甲地孕酮等；②促进黄体退化的制剂，指前列腺素 $F_{2\alpha}$ 及其类似物；③促进卵泡发育、排卵的制剂，包括孕马血清促性腺激素（PMSG）、人绒毛膜促性腺激素（HCG）、FSH、LH、促性腺激素释放激素（GnRH）。前两类是在两种不同情况下（两种途径）分别使用，第三类是为了使母牛发情有较好的准确性和同期性，是配合前两类使用的激素。

（四）同期发情的方法

目前，同期发情较常用的方法是：首先通过阴道栓塞、埋植或口服等方式施用孕激素类制剂，然后肌内注射 PMSG；或采用 PG 子宫注入或肌内注射。

1. 孕激素阴道栓塞法 此法的优点是药效能持续地发挥作用，投药简单，缺点是容易发生药塞脱落。具体的作法为：将一块清洁柔软的泡沫塑料或海绵泡沫切成直径均10cm、厚2cm的圆饼形，拴上细线，线的一端引至阴门以外，以便处理结束时取出。经严格消毒后，浸吸一定量溶于植物油中的孕激素，以长柄钳塞入母牛阴道内深部子宫颈口处，使药液不断被阴道黏膜所吸收，一般放置9~12d取出，在取塞的当天肌内注射PMSG 800~1 000 IU，用药后2~4d内多数母牛出现发情症状。但第一次发情配种的受胎率很低，至第二次自然发情时，受胎率明显提高。

参考剂量：甲孕酮120~200mg；18-甲基炔诺酮100~150mg；甲地孕酮150~200mg；氯地孕酮60~100mg；氟孕酮180~240mg；孕酮450~1 000mg。

2. 孕激素口服法 这种方法用药量大、费时，很少采用。其具体做法为：每日将一定量的孕激素（剂量通常为阴道栓药量的1/5~1/8），均匀拌入精料或水中投喂，连续12~14d，最后一次口服的当天，肌内注射PMSG 1 000~1 200IU。

3. 孕激素埋植法 目前较常用的方法是18-甲基炔诺酮埋植法。其方法为：将20mg 18-甲基炔诺酮装入直径为2mm、长15~18mm的细塑料管中，管壁周围烫刺20个小孔，也可吸附于硅橡胶棒中，或制成专用的埋植复合物。利用特定的套管针或埋植器将药物埋于奶牛耳皮下，经12d取出。埋植时，同时皮下注射3~5IU雌二醇，取管时肌内注射PMSG 1 000IU，取出后2~4d母牛出现发情。

4. 前列腺素（PG）处理法 将前列腺素$F_{2\alpha}$或其类似物于母牛发情的第5~18d（通过直肠检查确定有功能性黄体存在），在子宫颈内注射3~5mg，或肌内注射10~20mg。子宫注射，用药量较少，效果明显，但注入技术难度较大；肌内注射虽操作容易，但用药量需要适当增加，否则效果较差。用PG处理后，黄体溶解退化，多数母牛在2~5d出现发情。为增加发情征状，可在注射前列腺素$F_{2\alpha}$ 24h后，加注乙烯雌酚。

用PG处理后，可能有部分母牛没有反应，对于这些母牛可采用两次处理法，即在第一次处理后间隔11~13d进行第二次处理，第二次处理时，所有处理母牛均处于黄体期，从而在第二次处理后的2~5d内所有能正常发情的母牛都出现发情。由于二次处理增加了用药量和操作次数，因此，一般牛场对第一次处理有反应的牛即行配种，无反应者再作第二次处理。此外，与孕激素处理一样，在前列腺素$F_{2\alpha}$处理的同时，如能配合使用孕马血清或在输精时注射GnRH，可提高发情率和受胎率。

由于PG有溶黄体作用，已怀孕母牛注射后会发生流产，故使用PG处理时，必须检查确认为空怀。

(五) 同期发情的输精时间

对母牛用药物处理结束后,要密切观察发情表现,若发情时间集中可不作发情检查而进行定时输精。定时输精一般是在孕激素处理结束后的第二、第三或第三、第四天各输精1次;PG处理,则在第三、第四或第四、第五两天各输精1次,也可在最适宜时间定时输精1次。第一次发情期受胎率一般为30%~40%,第二次发情期受胎率基本趋于正常。

同期发情的效果与两个方面的因素有关。一方面与所用激素的种类、质量及投药方式有关;另一方面也决定于母牛的体况、繁殖机能及季节。据报道,有周期性发情的母牛,同期发情处理后的发情率和受胎率高于无发情周期的乏情牛;空怀牛的效果又优于哺乳母牛。

二、胚胎移植技术

胚胎移植又称受精卵移植或"借腹怀胎"。是将一头良种母牛的早期胚胎取出,移植到另一头生理状态相同的母牛体内,使之继续发育成为新个体的技术。提供胚胎的个体称为"供体",接受胚胎的个体称为"受体",通常选优良的母牛作为供体。

胚胎移植最早是1890年英国剑桥大学Walter Heape首获兔子移植成功,20世纪30年代移植绵羊获得成功,1951年美国Willett等第一头胚胎移植牛诞生,1975年成立国际胚胎移植学会,1975年,牛的冷冻胚胎移植成功,1976年牛的非手术胚胎移植成功。1977年,牛的胚胎移植开始进入商业化应用,1978年仅北美移植后妊娠的牛即达1万头,此后北美每年约有20万头胚胎移植犊牛出生。1990年,美国荷斯坦牛核心母牛群的27.5%以及44%的优秀种公牛来自胚胎移植的后代。据统计,目前全世界年产胚胎移植牛超过35万头。

我国牛胚胎移植技术起步较晚,1978年手术胚胎移植奶牛诞生,1980年非手术法移植成功,1982年冷冻胚胎移植成功。目前,我国牛胚胎移植技术较为成熟,并已开始商品化。

胚胎移植的基本过程包括:供体和受体的选择、供体和受体的发情同期化、供体母牛的超数排卵和输精,胚胎的采集、检出、鉴定、保存和移植等。

(一) 供体、受体母牛的选择

供体母牛要求繁殖机能正常,体况良好。一般情况下应避免使用年龄过小或过老的母牛,这样的牛超排效果不好,胚胎质量差。年龄一般在15月龄至

10 岁之内，膘情适中，经鉴定遗传性状优秀的个体。产后 6～9 周不宜做超排处理。一般同一头牛在一个泌乳期内不宜做 2 次以上的超排，否则会影响超排效果及受精率。

在供体母牛选择后，要对其发情周期进行确定。因为发情周期与超数排卵处理程序的安排及其结果有很大的关系。周期正常者，有利于超排处理的安排否则易导致超排处理的失败。运输和饲养管理条件的改变，可使发情周期的规律发生改变。因此，供体牛在经过适应期饲养后，至少要观察两个正常发情周期，才可以做超排。超排处理后应休息 1～2 个周期，才可再次超排。供体母牛过肥或过瘦均影响超排效果。因此要合理饲养供体母牛。

受体母牛必须是无生殖器官疾病的适繁个体，抗病能力、哺乳能力强、健康无病，体格标准符合该品种要求。需要注意的是，受体与供体发情不同步或发情周期与正常平均值差异过大的个体不能做受体。

（二）发情同期化

鲜胚移植时，供、受体母牛发情要同步，数量比例要适当（一般为 1：5～8）。为了使供体和受体母牛发情同步，通常可采用 PG 或其类似物和孕酮处理，使供体和受体母牛在发情时间上相同或相近（前后不超过 1d）。在大型牛场，牛只多，选择概率大，也可直接从牛群中挑选同期自然发情的母牛作为受体。若使用冷冻胚胎，可随时挑选与胚胎日龄相同的发情母牛进行移植。

（三）供体超数排卵

超排处理的供体牛，卵巢上发育的卵泡数要比非超排处理的多 10 倍左右。超排处理的最佳时间是在卵巢出现多数有腔卵泡，但必须是在优势卵泡出现之前，既发情前 5d 左右。如果牛的正常发情周期为 21d，那么进行超排处理的最佳时间应在发情周期的第 15d。

用于牛超排处理的常用药物有 PMSG、FSH、前列腺素 $F_{2\alpha}$ 等。前列腺素 $F_{2\alpha}$ 是配合激素使用的，目的是提高超排效果。

1. PMSG 法 一次性皮下或肌内注射 PMSG 2 000～3 000IU，同时结合注射前列腺素 $F_{2\alpha}$（如果使用 15-甲基前列腺素 $F_{2\alpha}$，应该于超排处理的第 3 天下午用 1.2mg，再于第 4 天早晨用 0.6mg；若用氯前列烯醇 2d 的用量分别为 2.4mg 和 1.2mg）。

2. 促性腺激素法 由于促性腺激素半衰期短，一般需多次注射。如用 FSH，总量需 30～40mg，每天 2 次，首日剂量为每次 5～6mg，以后递减，连续注射 3～5d。

（四）供体牛的输精

供体牛发情后应结合卵泡发育及排卵情况，适当增加输精次数，定时输精2～3次，每次间隔8～12h。

（五）采集胚胎

胚胎的收集是利用冲洗液将胚胎从供体的生殖道中冲洗出来，收集在器皿中。胚胎的收集有手术法与非手术法两种。目前，牛的胚胎移植通常采用非手术法。

牛排出的卵在输卵管壶腹部受精后，在反复卵裂的同时，经过输卵管峡部、子宫输卵管结合部，约5d后运行至子宫角前端。超数排卵处理时，由于卵子发育过程和在输卵管内运行速度的差异，受精卵到达子宫角前端的时间也有较大的差别，但在发情周期的第6～8天，约90%以上的受精卵运行至子宫内。因此，用非手术法回收胚胎的最适宜时间一般在人工授精后的第7天，这时胚胎正处于桑葚至囊胚期。

采集胚胎前应绝饮、绝食24h，以减少腹压和瘤胃的压力，使用2%的普鲁卡因或利多卡因5mL，进行第一、二尾椎间隙硬膜外腔麻醉。利用双通式或三通式导管冲卵器多次向子宫角注入冲卵液，冲卵液的总量一般为500mL，装入输液瓶中，每次放出30～60mL，反复冲洗，并收集到积胚杯内。冲洗完一个子宫角后再用同一种方法冲洗另外一个。冲洗完毕后，向子宫内注入抗生素，如青霉素（100万IU）和链霉素（1g）。

冲卵液有多种，目前常用的有杜氏磷酸缓冲液（PBS液）、布林斯特（BMOC-3）。冲洗液中需加入0.4%的牛血清白蛋白或1%～10%的犊牛血清。

（六）胚胎检查

收集到的冲卵液集中在长形玻璃筒内，于25℃室温或37℃恒温箱内，静置10～30min，待胚胎下沉后，移去上层液，剩余沉淀液分在若干培养皿内，在20倍左右的解剖显微镜下寻找胚胎，然后在较大倍数（50～100倍）下仔细观察胚胎发育情况。正常发育的胚胎一般形态整齐，卵裂球清晰，外膜完整，分布均匀，发育程度与胚胎日龄一致。

（七）胚胎保存

1. 常温保存 在25～26℃的条件下，新鲜胚胎在PBS液中可以短期保存

4～5h。

2. 低温保存 是指在 0～6℃ 区域内保存胚胎的方法。保存液多用 PBS 液。注意在对胚胎降温的时候速度不要太快，以免影响胚胎发育，以 10℃/min 为宜。低温保存可以使胚胎存活 2～3d。

3. 胚胎冷冻保存与解冻 冷冻保存就是将奶牛的早期胚胎采用特殊的保存剂和降温措施进行冷冻，使其能在 −196℃ 的液氮中长期保存。其一般操作方法为：

（1）冷冻保护液。PBS 中添加二甲基亚砜（DMSO）或甘油或乙二醇等冷冻保护剂；亦可用 80% 磷酸盐溶液和 20% 犊牛血清。目前有资料报道，用乙二醇取代甘油作为冷冻保护剂，受胎率更高。保护剂的建议添加方法为：1.0～1.5mol/L 的 DMSO 或 1.0～4.0mol/L 甘油＋1.5mol/L 乙二醇（或丙二醇）。

（2）装管和标记。将胚胎与冷冻保护液装入 0.25mL 细管中，并在细管外标记供体牛号、胚胎数量、等级、冷冻日期等。

（3）冷冻和诱发结晶（植冰）。将装入细管的胚胎放入冷冻仪中，在 0℃ 平衡 10min，以 1℃/min 的速度降至 −6～−7℃，在此温度下诱发结晶，并平衡 10min。再以每分钟 0.3～0.5℃ 的速度降温至 −35～−38℃ 后，投入液氮保存。

（4）解冻和脱除冷冻保护剂。从液氮中取出装胚胎的细管，立即投入 37℃ 水浴中解冻，并脱除冷冻保护剂，镜检胚胎活力正常后，移植到受体子宫中。

（八）牛胚胎非手术移植

胚胎的移植方法现多采用非手术法，其方法与人工授精方法基本相似，即采用直肠把握法，用凯苏枪移植胚胎。移植前，将胚胎吸入 0.25mL 细管中。为了防止胚胎损失，先吸入少量液体，再吸入少量空气，然后再将含有胚胎的少量液体吸入，然后再吸一点空气，随后再吸一些液体，最后在移植管尖端保留一段空隙。该法即所谓"五段法"，优点是不易丢失和损伤胚胎。最后操作者通过直肠把握受体母牛的子宫颈，按细管精液输精相类似的方法，将胚胎移植入黄体侧子宫角。

胚胎移植给受体后，要加强护理，移植后不要频繁地进行直肠检查，以防流产。牛胚胎的早期死亡率高，且主要发生在 27d 以前，故应在移植 2 个月后，视受体牛的发情情况进行直肠检查以判断是否怀孕。

目前，每处理 1 头供体牛，获可用胚 5～6 枚，鲜胚移植后的妊娠率可达

60%～65%，冻胚为 45%～55%。

三、胚胎分割

胚胎分割是借助于显微外科手术的方法，将早期胚胎像切土豆片似的切开，即将一枚胚胎分割为二，甚至分割为四或八，这样每一部分又可形成一个新的胚胎。这是因为在胚胎的 8 细胞期前（桑葚胚期，即受精 7d 左右），胚胎内的每一个细胞都有形成一个新胚胎的能力。切割后的胚胎，经体外培养和移植后，以获取同卵双生或多生。目前，分割技术已由必须使用昂贵的显微操作仪发展到可以用刮胡子刀和玻璃切割针在显微镜下操作。

胚胎分割的方式有两种：一种是将晚期桑葚胚分割为二、三、四等份，将每一份（一团细胞）放进一个空的透明袋中，然后发育成一个整胚；另一种方法是将 2 细胞或 4 细胞阶段的胚胎分割后，分别放入空的透明带内，各自发育成一个整体。

胚胎分割有助于提高牛的繁殖力。目前，在牛上已获得了同卵三生的成果。经分割后的胚胎给受体移植的成功率达 50%以上。

四、性别控制

性别控制对于奶牛业来说，具有极其重要的经济意义。多生母犊，不仅减少怀公犊的生产成本，而且可以迅速扩大奶牛群的生产规模。

牛的性别控制主要采用两大技术，一是精子的分离，另一种方法是胚胎性别鉴定。

（一）X、Y 精子分离

X、Y 精子分离的主要依据是 X 和 Y 不同的物理特性（体积、密度、电荷、运动性）和化学特性（DNA 含量、表面雄性特异性抗原）。方法有物理分离法（沉降法、电泳法、密度梯度离心法、层流分离法等）、免疫分离法（直接分离法、免疫亲和柱层析法、免疫磁力法）和流式细胞仪分离法。前两种方法虽然有成功的报道，但分离的效率很低，重复性较差。流式细胞仪分离法重复性好，效率高，是研究进展较快且有发展前景的分离方法。

（二）胚胎性别鉴定

经胚胎性别鉴定可以将已知性别的胚胎移植给受体，生出所需性别的犊牛。胚胎性别鉴定的研究已有几十年的历史，前期的研究主要是采用细胞学方法和免疫学法，20世纪80年代末随着DNA体外重组技术的发展，目前的研究大多采用分子生物学的方法。

细胞学方法是指取出胚胎内的一些细胞，通过体外培养，来观察X、Y染色体。10~12日龄的牛胚胎性别鉴定可靠性可达70%左右。但这种方法取出胚胎细胞时会损伤胚胎，而且操作时间长，很难在生产中推广。

免疫学法是用特异抗体来测定雄性胚胎细胞表面上的Hg抗原（一种组织相溶性抗原）。由于这种抗原的分子性质目前尚无定论，因而结果不稳定，准确率也不高。

分子生物学方法有雄性特异性DNA探针法和聚合酶反应法（PCR）2种。前者将胚胎Y染色体上的特异DNA片段标记成探针，做鉴别工具。此法十分准确，但检测时间长，需30h左右，在生产上尚未推广。后者用雄性特异性片段DNA序列两端合成的引物，以胚胎DNA序列为膜板，在TaqDNA聚合酶的存在下进行合成，扩增靶序列到10^6~10^{10}倍以上。扩增产物经电泳，观察是否出现雄性带，此法准确率在95%以上。由于PCR技术具有敏感、特异、准确、快速等特点，目前已成为胚胎性别鉴定最有前途的一种方法。

五、体外受精

体外受精又叫试管胎儿，就是使精子和卵子在母体外实现受精而形成胚胎。形成的胚胎可以在适当的时机移入母牛子宫内发育，直至分娩。1982年美国成功地产下了世界上第一头体外受精犊牛，从此人们开始热衷于这方面的研究。目前，该项技术已比较成熟。

采用体外受精，可以极大地提高公母牛的繁殖潜力，避免由于输卵管不通所造成牛的不孕。同时，体外受精卵还是胚胎的核移植、基因导入及胚胎性别鉴定等技术研究的素材。因此，体外受精对牛的胚胎生产、品种改良及提高生产力均有重要意义。

体外受精技术的主要操作程序包括精子的采集、精子的获能、卵子的采集和卵子的成熟、受精、受精卵培养和移植等。受精的成功与否，主要在于精子的获能和卵子的成熟这两个环节。

目前，体外受精的卵母细胞体外培养成熟率达90%，受精率达70%~85%，囊胚率25%~35%；体外受精冷冻胚胎的妊娠率为30%~40%；活体采卵的采集率为60%~70%，可用卵母细胞可达90%以上，体外受精后的细胞分裂率为40%~50%，发育成可用胚胎近20%。加拿大、澳大利亚、新西兰等国，已大量利用屠宰场取的卵巢，进行商业化生产体外受精胚胎，获得了良好的收益。

六、克隆技术

"克隆"是英文"clone"的音译，在音译名出现以前呈有一个意译名——无性繁殖，是指由一个动物不经过有性生殖的方式而直接获得与亲本具有遗传同质性后代的过程。自然界中普遍存在着克隆现象，如不用种子，将老树的嫩枝经插条变成幼树苗就是克隆。动物克隆主要包括同卵双生、胚胎分割以及细胞核移植等。同卵双生的自然发生率极低，胚胎分割在前文已经介绍，其实人们通常把细胞核移植称为动物克隆技术。细胞核移植是指通过显微操作、电融合等一系列的特殊的人工手段，将供体细胞（早期胚胎细胞、体细胞和干细胞）植入受体细胞（去核受精卵母细胞和未受精的成熟卵母细胞）中，构成一个重组胚胎的过程。

由于动物克隆具有能使遗传性状优秀的个体大量增殖，加快动物育种进展等优点，其技术得到了迅速发展和广泛利用。牛的胚胎克隆最早获得成功的是Prathen于1987年获得2头核移植牛犊，成功率为1%；Bondiolil等1990年用16~64细胞胚胎作核供体，获得了8头来自同一核供体胚胎表现型的犊牛，移植成功率为20%。我国克隆牛于1995年首获成功。此项技术目前虽然尚处在试验阶段，但有广阔的发展前景。

第五节　牛的繁殖力

一、表示牛群繁殖力的主要指标

1. 受配率　反映牛群生殖能力和繁殖工作管理水平。要求在90%以上。

$$受配率 = \frac{全年受配母牛数}{年内适龄母牛数} \times 100\%$$

2. 年受胎率　亦称总受胎率，反映牛群配种工作水平和母牛的繁殖机能。要求在90%以上。

$$年受胎率 = \frac{全年受胎母牛数}{全年配种母牛数} \times 100\%$$

3. 情期受胎率　反映配种的技术水平。要求在55%以上。

4. 产犊率

$$全年情期受胎率 = \frac{全年受胎母牛数}{全年总配种情期数} \times 100\%$$

产犊率与受胎率的区别，主要表现在产犊率是以出生的犊牛数为计算依据，而受胎率是以配种后受胎的母牛数为计算依据。如果妊娠期胚胎死亡率为零，则产犊率与受胎率相等。

$$产犊率 = \frac{全年产犊数}{全年配种母牛数} \times 100\%$$

5. 犊牛成活率 反映犊牛的培育水平。统计时，犊牛按 6 月龄计算。生产上应该达到 95% 以上。

$$全年犊牛成活率 = \frac{全年六月龄母犊成活数}{全年产活母犊数} \times 100\%$$

6. 繁殖率 反映牛群的增殖效率。统计时，足月（280d）死胎计算在出生的犊牛头数内。

$$牛繁殖率 = \frac{全年产犊数（包括足月死胎）}{年初可繁殖母牛总数} \times 100\%$$

7. 产犊指数 又叫产犊间隔，指牛群两次产犊所间隔的时间。反映牛群的配种技术及牛群饲养管理水平。一般为 12.5～13 个月，要求不超过 13 个月。

二、提高牛繁殖力的技术措施

（一）改善饲养管理，实行科学养牛

科学的饲养管理对牛的发情、配种、受胎及犊牛成活起决定性作用。

能量不足会推迟后备牛的性成熟和适配年龄；延迟产后发情，严重时会出现发情周期停止，或有发情周期但不表现发情征状；对于妊娠的母牛，能量不足会造成胎儿早期死亡或流产、分娩无力、生出弱犊等。而能量过高又会使奶牛肥胖，使生殖道周围脂肪沉积过多，卵巢周围脂肪浸润，阻碍卵泡发育，甚至阻塞或压迫输卵管，影响受精。

蛋白质不足会导致生殖器官发育受阻和机能紊乱，后备母牛发情推迟，成年母牛发情失常，出现死胎、流产。而蛋白质水平过高，会使尿素或氨的水平升高，推迟产后发情。

矿物质中，磷对奶牛的繁殖力影响最大。缺磷会推迟性成熟，性周期停止，影响成年母牛的受胎率，还会出现死胎、弱胎等。缺钙会造成母牛胎衣不下，影响产后怀孕。每头成年母牛需日补磷 10～12g（一般日补 50～70g 的磷

酸氢钙即可），钙、磷比例以 2∶1 为好。此外，一些微量元素，如硒、钼、铜、镁、碘、钴、锰等对奶牛的繁殖和健康都有一定的影响，不可忽视。如硒的缺乏，除了胎衣不下发病率升高之外，牛群患子宫内膜炎、卵巢囊肿、不发情以及胚胎死亡的发病率也上升。

在维生素中，对繁殖影响最大的是维生素 A。维生素 A 缺乏会导致母牛不孕、流产、死胎、弱胎，或产出瞎眼的犊牛。避免维生素缺乏的最好方法是补饲青饲料或直接补充维生素添加剂。据资料报道，通过青饲或放牧条件下比在舍饲（即无青饲又不补充维生素添加剂）的条件下受胎率高 17.5 个百分点。

对初情期的牛，更应注意蛋白质、维生素和矿物营养的供应，以满足其性机能和机体发育的需要。但需提醒的是，过高的营养水平，常可导致公牛性欲及母牛发情的异常。

运动和日光浴对增强牛的体质、提高繁殖机能有着密切的关系。牛舍内的通风排水不良、过度潮湿、空气污浊、含氨量超过 0.02mg/L，夏季闷热，冬季酷冷，这样的恶劣环境，容易危害牛的健康，一部分敏感的个体，很快便停止发情。因此，改善卫生管理条件也很重要。

（二）搞好发情鉴定，适时输精

牛发情的持续时间短，并且接受爬跨的时间多在 18 时至翌日 6 时，特别集中在晚上 20 时到凌晨 3 时之间，因此不易观察。为尽可能提高发情母牛的检出率，每天早、中、晚要进行定时观察，具体时间可安排在早晨 7 时、中午 13 时、晚上 23 时，每次观察时间不少于 30min。按上述时间安排观察母牛发情，一般发情检出率可达 90% 以上。同时，应采用直肠检查法进行发情鉴定，以便准确判断卵泡发育程度，适时输精，提高受胎率。实践证明，凡是受胎率较高的输精站，发情鉴定均以直肠检查为主。但应注意的是，要避免频繁直检，以减少触摸时对子宫和卵巢的刺激。目前许多输精站所采取的是两次直检、两次输精的办法，效果较好。其具体做法是：母牛到站后立即直检，根据卵泡发育程度确定两次输精时间，待第二次输精结束后 8h 再直检一次，以确定是否排卵。

值得注意的是，奶牛产后一旦发情，要适时配种，不可拖配。据研究，奶牛产后 20d 内发情的配种受胎率最低，60d 左右最高，80~100d 以后也较低。因此，最好在产后第 1~2 个情期将牛配准，以免久配不孕。

（三）养好种公牛，保证精液质量

优质精液对于保证母牛受胎起着重要作用。尤其冷冻精液人工授精的推广，对公牛精液品质的要求就更高了。生产中所出现的精子活率低、畸形率高、死精等异常现象，主要是种公牛的饲养管理不当所致。因此，必须要养好种公牛，为种公牛提供优质蛋白质、维生素营养。在缺乏青饲料季节，应注意维生素的补充。还要注意运动，以保持牛旺盛的活力和健康的体质，也有利于预防牛蹄病。

要注意合理使用种公牛。种公牛一般在18月龄开始采精。近年来，为了尽早取得种公牛的后裔测定结果，在12~14月龄就开始采精，但用于生产必须要达到18月龄。从18月龄开始采精可以每10d或15d采1次，以后逐渐增加到每周2次。成年种公牛在春冬两季可以每周采精3~4次，每次射精1次，或每周采2次，每次射精2次。夏季一般每周只采1次。采精通常在饲喂后2~3h进行，以每日早、晚为好。

要把握住采精、稀释、冻精、解冻、用精等环节的操作规程，以确保冻精质量。

实践证明，使用细管冻精比颗粒冻精可提高受胎率5~10个百分点。原因是细管容积小，管壁薄，精液冻结均匀，在快速解冻时升温一致，从而保证了精液的质量，解冻后精子的活率、存活时间明显高于颗粒冻精。

(四) 重视早期妊娠检查，狠抓复配

母牛配种后的18~20d应进行第一次妊娠检查。如确定没有妊娠，要查出配不上的原因，采取相应的措施，及时补配。

另外，母牛妊娠后，还可能会产生胚胎早期死亡的现象。这种现象多发生在受胎后的16~40d之间。所以，即使第一次检查受胎，隔20~30d仍需再进行第二次检查。

(五) 加强疾病防治，培育健康牛群

1. 克服繁殖障碍性疾病 生产中由于繁殖障碍性疾病导致不孕的现象较为普遍，值得重视。如不发情、持续发情（又叫常发情或慕雄狂）、先天性不育（如宫颈狭窄或位置不正、阴道狭窄、两性畸形、异卵双胎母犊、种间杂交的后代、幼稚病）、子宫内膜炎及卵巢疾患等。要注意预防和治疗这些疾病。对于先天性不育，除幼稚病外，多数是属于永久性的，应该及早地从牛群中淘汰。异性双胎中90%以上母犊先天不孕，应及早淘汰。

对患传染性疾病如布鲁氏菌病牛或滴虫病牛，应严格执行传染病的防疫和检疫规定，按规定及时处理。对疑因传染病引起的难孕牛或流产牛，应尽快地查明原因，采取相应措施，以减少传染病的蔓延。对于子宫或卵巢炎症等一类

非传染性疾病，应根据发病的原因，从管理、激素治疗等方面着手，做好综合防治工作。

2. 应用激素或药物治疗生殖疾病　配种前后，给母牛施用某些激素或药物，可有效地改变子宫内环境，促进排卵，治疗疾病，提高受胎率。生产中常用的方法有：

（1）注射苯甲酸雌二醇。对产后45d仍不发情的母牛，每头注射苯甲酸雌二醇10mg，注射后2～5d便有95%以上的母牛发情，配种后受胎率达95%以上。与未注射苯甲酸雌二醇，待其自然发情相比，空怀时间减少，受胎率提高，效果很好。

（2）注射黄体酮。母牛在输精后第10天肌内注射黄体酮60mg，可提高情期受胎率10～20个百分点。

（3）子宫灌注抗生素。在母牛输精前或输精后8h，用5%葡萄糖或生理盐水200mL，加青霉素160万IU，链霉素200万IU，加温至30℃左右，灌入子宫。或在配种前8～12h子宫注射硫酸新斯的明10mg、青霉素80万IU及生理盐水30～50mL的混合液。这样处理后可以明显的提高受胎率。

（4）盐水冲洗子宫。母牛输精前1h用37～38℃1%盐水1 000～1 500mL冲洗子宫，冲出污物或一些分泌物，以创造一个精子适宜的内环境，对提高受胎率十分有利。

（六）做好防流保胎工作，提高产犊率

造成母牛流产的生理因素主要有三方面：一是胎儿在妊娠中途死亡；二是子宫突然发生异常收缩；三是母体内生殖激素（助孕素）发生紊乱，失去保胎能力。导致上述三种流产的原因有：①疾病的原因。如母牛患布鲁氏菌病、胎儿弧菌病、毛滴虫病和钩端螺旋体等传染性疾病。此外如子宫畸形、羊水增多症、胎盘坏死以及心、肝、肺、肾和胃肠道疾病等。②营养不足。由于草料不足，营养不平衡，母牛体质瘦弱，迅速掉膘而引起。③饲料中毒。如甘薯黑斑病中毒，高粱苗中毒，饲喂发霉腐败饲料中毒。④冷的刺激。由于饲喂冰冻饲料、霜草，饮冷水或冰碴水，或使役后急饮冷水，均可引起母牛子宫突然异常收缩，造成流产。⑤使役过重和使役不当。如使役过重，时间过长，打冷鞭，拐急弯，上下陡坡，走滑道等。⑥管理不当。如牛舍过挤、互相冲撞、角斗、摔倒、滑倒、突然受惊、牛舍潮湿阴暗、粗鲁地进行直肠检查或阴道检查及孕牛误配等。

群众中对孕牛防流保胎有"六不"的经验：

"一不混"：不和其他牛混牧、混养，以防挤撞、顶架或乱配而引起流产；

"二不打"：不打冷鞭，不打头部、腹部；

"三不吃"：不吃霜、冻、霉烂的草料；

"四不饮"：清晨不饮冷水，出汗不饮，冰水不饮，饿肚不饮；

"五不赶"：吃饱饮足后不赶，重役不赶，坏天气不赶，路滑不赶，快到家时不急赶；

"六不用"：配后、产前、产后、过饱、过饥、有病时不用。

奶牛场的怀孕母牛都有固定槽位，比较安全。但也应注意挤奶后不要把孕牛与其他牛同时放行，一般在其他牛放走后再放孕牛，以免抢道而挤伤。肉用品种的怀孕母牛舍要比肥育牛舍宽敞，以防挤、压、相互顶撞。

（七）利用高新科技，提高优良母牛的繁殖力

利用超数排卵、一卵双胎、性别控制及胚胎的移植、冷冻、切割技术等，可以极大地提高优良母牛的繁殖力，具有广阔的发展空间。我国在这些领域中主要处于研究和试验阶段，生产上应用的还很少。

复习思考题

1. 结合生产实践及实习体会，谈谈掌握母牛发情特点的实践意义。
2. 要求现场技术员及饲养工都应掌握的发情鉴定方法是哪种？鉴定标准如何？
3. 怎样确定母牛发情时适宜的配种时机？
4. 根据实习体会，谈谈用直肠把握法给牛输精应注意哪些问题？
5. 简述母牛早期妊娠诊断的定义及意义，分析各种诊断方法的优缺点，根据生产实践，你觉得哪种方法最好？为什么？
6. 生产上经常采用什么方法进行同期发情？
7. 怎样选择供胚胎移植的供体和受体母牛？
8. 简述牛胚胎检查、胚胎保存及胚胎非手术移植要点。
9. 表示牛繁殖力的主要指标有哪些？怎样计算？

第 三 章

牛的饲料与营养需要

第一节 牛的消化生理

一、消化特点

牛是反刍动物,胃分四室:瘤胃、网胃、瓣胃和皱胃,只有皱胃能分泌胃液,又称真胃。由于反刍动物消化器官的特殊构造,草料进入口腔稍加咀嚼就经食道进入瘤胃,在瘤胃内浸泡、软化、混合发酵。之后经过反刍仔细咀嚼再咽入瘤胃、网胃中进一步发酵,从而产生挥发性脂肪酸,被瘤胃和网胃壁吸收进入血液。剩余食糜经皱胃进行消化吸收,进入小肠,经继续消化吸收进入血液,最后随粪便排出体外。因此,牛具有两个特殊的消化特点。

1. 瘤胃消化 牛消化道长,容积大,成年牛胃容量平均为193L。其中瘤胃容量约占4个胃总容量的80%。瘤胃虽然不分泌消化液,但它却有强大的肌肉环和多种微生物的活动,使牛能大量利用粗纤维饲料,利用非蛋白氮合成牛体蛋白质,从而使瘤胃成为牛体内一个庞大的、高度自动化的饲料发酵罐。因此,牛的第一个特殊的消化特点是:瘤胃具有大量贮积、加工和发酵食物的特殊功能。

2. 反刍 牛采食粗糙,仅混以大量唾液形成食团进入瘤胃,使食物搅拌发酵,通过反刍才能得以消化。反刍包括逆呕、再咀嚼、再混唾液和再吞咽四个过程。正常情况下牛采食后 0.5～1h 后开始反刍,每昼夜反刍 6～8 次,每次 40～50min,每昼夜分泌唾液 100～200L。因此,牛的第二个特殊的消化特点是:通过反刍,调节瘤胃的消化代谢。

二、采食特性

牛的唇不灵活,不利于采食饲料,但牛的舌长、坚强、灵活,舌面粗糙,适于卷食草料,并被下腭门齿和上腭齿垫切断而进入口腔。同时,由于牛的特殊消化方式,采食的草料进入瘤胃后形成的食团又定期地经过反刍回到口腔,经二次咀嚼后再行咽下,方可消化。而且牛的消化道长,容积大。因此,牛的采食特点是:进食草料速度快而咀嚼不细,每顿进食量大,采食后有卧槽反刍(倒嚼)的习惯,且反刍时间长。在适宜温度下自由采食时间一般为每昼夜6～7h,气温高于30℃,白天的采食时间就会减少,因此炎夏要注意早晨和晚上饲喂。牛的采食量按干物质计算,一般为自身体重的2%～3%,个别高产奶牛可高达4%。

根据上述特点,在牛的实际饲养中,首先应满足其大量采食的需要,给以饱食的饲料量。饲料应以粗料为主,适当搭配精料,做到适口性强、多样化和相对稳定。安排生产时应给予充分的休息时间(要求每天使役时间不要超过12h)和安静舒适的环境,以保证牛正常反刍(牛反刍时不能惊扰,否则反刍会立刻停止)。要加强草料卫生管理,喂前过筛,防止牛吃进铁钉、玻璃碴等异物,造成胃和心包膜的创伤,同时注意误食毒草。另外,饲料类型不可骤变,应逐渐转换,以利牛体健康。

第二节 牛的饲料

一、牛常用饲料的特性

牛常用的饲料种类很多,特性各异。按照生产上的习惯和牛的利用特性,常归结为粗饲料、矿物质饲料、维生素饲料与非蛋白氮饲料。

(一)主要粗饲料的特性

粗饲料是粗纤维含量高(超过20%)、体积大、营养价值较低的一类饲料。主要包括秸秆、秕壳和干草等。

1. 玉米秸 玉米秸营养价值是禾本科秸秆中最高的。刚收获的玉米秸,营养价值较高,但随着贮存期加长,营养物质损失较大。一般玉米秸粗蛋白质含量为5%～5.8%,粗纤维含量为25%左右,牛对其消化率为65%左右,钙少磷多。

为了保存玉米秸的营养含量,最好的办法是收获果穗后立即青贮。目前已培育出收获果穗后玉米秸全株保持绿色的新品种,很适合制作青贮。

2. 麦秸 包括小麦秸、大麦秸、燕麦秸等。其中燕麦秸营养价值最好,大麦秸次之,小麦秸最差(春小麦比冬小麦好),但其数量较多。总体来看,麦秸粗纤维含量高，消化率低，适口性差，是质量较差的饲料。这类饲料喂牛时应经氨化或碱化等适当处理，否则，对牛没有多大营养价值。

3. 稻草 稻草是我国南方地区主要的粗饲料来源，营养价值低于玉米秸而高于小麦秸。粗蛋白含量为2.6%～3.6%，粗纤维21%～30%；钙多磷少，但总体含量很低。牛对其消化率为50%。经氨化和碱化后可显著提高粗蛋白质含量和消化率。

4. 豆秸 指豆科秸秆。普遍质地坚硬，木质素含量高，但与禾本科秸秆相比，粗蛋白质含量较高。豆科秸秆中，花生秸营养价值最好，其次是豌豆秸，大豆秸最差。由于豆秸质地坚硬，消化率低，应粉碎后饲喂，以便被牛较好利用。

5. 秕壳 农作物籽实脱壳后的副产品。营养价值除稻壳和花生壳外，略高于同一作物秸秆。其中豆荚含粗蛋白质5%～10%，无氮浸出物42%～50%，粗纤维33%～40%，饲用价值较好，适于喂牛。谷类皮壳营养价值低于豆荚。棉籽壳含粗蛋白质4.0%～4.3%，粗纤维41%～50%，无氮浸出物34%～43%，虽含有棉酚，但对肥育牛影响不大，喂时搭配其他青绿块根饲料效果较好。

6. 禾本科牧草 禾本科牧草种类很多，包括天然草地牧草与人工栽培牧草，最常用的是羊草、鸡脚草、无芒雀麦、披碱草、象草、苏丹草等。禾本科牧草除青刈外，还可制成青干草和青贮饲料，作为各类牛常年的基本饲料。

7. 豆科牧草 豆科牧草种类比禾本科少，所含粗蛋白质和矿物质比禾本科草高。干物质中粗蛋白质可达20%以上，可溶性碳水化合物低于禾本科牧草。主要有苜蓿、三叶草、草木樨、紫云英、毛苕子、沙打旺等。其中苜蓿有"牧草之王"的美称，产量高，适口性好，营养价值很高，富含多种氨基酸齐全的优质蛋白质，丰富的维生素和钙等。草木樨也具有很高的营养价值，但含有香豆素，有不良气味，适口性差，若在保存中发生霉变，香豆素受霉菌作用转变为双香豆素，在体内与维生素K发生拮抗作用。

有些豆科牧草多含有皂素，在牛瘤胃中能产生大量泡沫，易使牛发生瘤胃臌胀，所以不能喂量太多，最好先喂一些干草或秸秆，再喂苜蓿等豆科饲料。

（二）主要精饲料的特性

精饲料是指可消化营养物质含量高，体积小，粗纤维含量少，用于补充牛基本饲料中能量和蛋白质不足的一类饲料。

1. 玉米 玉米被称为"饲料之王"，是牛最主要的能量饲料。含产奶净能8.66MJ/kg，肉牛综合净能8.06MJ/kg；粗蛋白质含量较低，约8.6%左右，且品质不佳,但过瘤胃值高;钙、磷均少且比例不适。由于粗纤维含量极少,有机物的消化率达90%。

2. 大麦 粗蛋白含量为12%左右,且品质较好;产奶净能约8.20 MJ/kg,肉牛综合净能7.19MJ/kg;脂溶性维生素含量偏低,不含胡萝卜素;粗纤维含量5%左右,有机物消化率85%。

3. 高粱 含产奶净能7.74MJ/kg,肉牛综合净能6.98MJ/kg;粗蛋白质含量略高于玉米,为8.7%。有机物消化率55.8%。因含单宁,适口性差,而且喂牛易引起便秘,一般用量应不超过日粮的20%,与玉米配合使用可使效果增强。

4. 燕麦 含产奶净能7.66MJ/kg,肉牛综合净能6.96MJ/kg;粗蛋白质11.6%,品质优于玉米;粗纤维9%左右;脂溶性维生素和矿物质较少。总营养价值低于玉米。

5. 麦麸 数量最多的是小麦麸,其营养价值因出粉率的高低而变化。一般含产奶净能6.53MJ/kg,肉牛综合净能5.86MJ/kg;粗蛋白质14.4%;粗纤维含量较高。质地膨松,适口性好,具有轻泻作用。母牛产后日粮加入麸皮,可调养消化机能。

大麦麸在能量,粗蛋白质和粗纤维上均优于小麦麸。

6. 米糠 为去壳稻粒制成精米时分离出的副产品。米糠的有效营养变化较大,随含壳量的增加而降低。米糠脂肪含量高,易在微生物及酶的作用下发生酸败,引起牛的腹泻。一般米糠含产奶净能8.20MJ/kg,肉牛综合净能7.22MJ/kg;粗蛋白质12.1%。

7. 豆饼和豆粕 豆饼和豆粕是牛最常用的蛋白质补充饲料,营养价值很高,粗蛋白质含量达40%~47%,且品质较好,特别是赖氨酸含量很高,可达2.5%~2.8%;产奶净能和肉牛综合净能在7.0~8.5MJ/kg之间。含钙量0.32%~0.4%,磷0.5%~0.75%。适口性好,营养成分较全面,对各类牛均有良好的生产效果,特别是与玉米搭配对瘤胃中微生物合成蛋白质及小肠中消化吸收效果显著。缺点是蛋氨酸含量低。

8. 棉籽饼 营养价值随棉籽脱壳程度和制油方法不同而差异很大。平均粗蛋白质含量约33%,赖氨酸缺乏,但蛋氨酸和色氨酸都高于豆饼,含钙少,缺乏维生素A、维生素D。棉籽饼含有毒物质棉酚,喂前应先脱毒,并控制喂量。奶牛一般不超过精料的15%,短期肥育的架子牛可加大喂量。

9. 菜籽饼 粗蛋白质含量为36%,钙、磷含量高,分别为0.8%和1.2%。菜籽饼含有毒成分芥子苷,适口性差,虽然牛对其毒性耐受能力较强,但喂时亦应脱毒,并控制喂量,犊牛和孕牛不宜饲喂,其他牛每头每天可喂

1kg，并与其他饼粕搭配使用。

此外，亚麻饼（粕）、葵花饼（粕）、花生饼（粕）都可作为牛蛋白质补充料。粉渣、酱渣、豆腐渣、酒糟等均是牛的好饲料，特别是肥育肉牛，效果十分显著。

（三）矿物质和维生素

1. 矿物质饲料 矿物质饲料是为牛补充钙、磷、氯、钠等元素的饲料，可直接用食盐、石粉、碳酸钙、磷酸氢钙等含上述元素的物质饲喂。微量元素以添加剂的形式补充。

食盐主要成分是氯化钠，用以补充饲料中氯和钠不足，并可提高饲料适口性，增加食欲。喂量一般占风干日粮的 0.5%～1%，过多会引起中毒。放牧牛可制成盐砖舔食。

石粉、贝壳粉、碳酸钙均是补充钙的廉价矿物质饲料，含钙分别为 38%、33%和 40%。磷酸氢钙、磷酸二氢钙、磷酸钙是常用的无机磷源饲料，含钙分别为 23%、20%和 39%，含磷分别为 20%、21%和 20%。

2. 维生素饲料 是为牛提供各种维生素的饲料，一般由工业合成。牛的瘤胃微生物可合成维生素 K 和 B 族维生素，肝、肾可合成维生素 C，除犊牛和产奶牛外，不需额外添加。喂牛主要需补充维生素 A、维生素 D、维生素 E。此外，青绿饲料、酵母、胡萝卜等因富含维生素，通常也可作为补充维生素的饲料使用。

（四）非蛋白氮饲料

尿素等非蛋白氮化合物虽然不是蛋白质，却能为牛瘤胃微生物蛋白质的合成提供氮源，进而满足牛对蛋白质的需要。因而在牛日粮中合理添加非蛋白氮可以节省紧缺昂贵的蛋白质饲料资源，又可降低饲养成本，提高经济效益。

1. 尿素 来源广，价格低，含氮量高。1kg 尿素相当于 6.5kg 豆粕，可使生长牛增重 2kg。日粮蛋白质水平低于 10%时使用效果较好，用量为日粮精料量的 1%，或每 100kg 体重 20～30g。但尿素在瘤胃分解速度很快，超过微生物利用速度，饲喂不当或过量会造成中毒。所以在饲喂时应注意：①不能在饥饿状态下饲喂；②不能将尿素溶解在水中直接饲喂，饲喂尿素前后 2h 内不可饮水；③严禁与含脲酶高的饲料如生大豆、生豆饼、豆料牧草等混喂；④犊牛不能喂；⑤一旦饲喂，中间不能间断；⑥喂前必须与混合饲料混合均匀。若同时添加矿物元素硫（N∶S=7.5～15∶1）效果更佳。

2. 磷酸脲 又称尿素磷酸盐，是一种有氨基结构的磷酸复合盐。含氮量

17.7％，磷19.6％，特点是在瘤胃中释放和传递速度慢，而不致引起氨中毒。饲喂量一般按每100kg体重18～20g。磷酸脲易溶于水，溶液呈酸性，能使青贮饲料pH很快达到4.2～4.4，同时具有防腐杀菌作用，可作为青贮料添加剂使用。

3. 缩二脲 又称双缩脲，含氮量34.7％。在瘤胃中释氨缓慢，与碳水化合物代谢的速度较匹配，适合瘤胃微生物的繁殖，适口性也优于尿素。可代替日粮总蛋白质含量的30％，但价格较贵。

4. 异丁叉双脲 是比较安全的非蛋白氨饲料，含氮量32.2％，1kg相当于5kg豆饼。一般用量为精料量的1％～1.5％，不仅可提高增重速度，还可抑制瘤胃甲烷产生，提高饲料利用率。

5. 其他非蛋白氮饲料 为了提高尿素的利用率，将尿素制成糊化淀粉尿素，糖蜜尿素舔砖、包被尿素等，应用效果明显。此外，氨、羟甲基脲、脂肪酸脲、硫酸铵、磷酸铵、氯化铵等化合物也可作为牛非蛋白氮来源。

二、牛饲料的加工调制与贮藏

（一）精饲料的加工调制

精饲料虽然适口性好，但比较坚实，加工调制可便于牛咀嚼和反刍，并为合理和均匀搭配饲料提供方便，还可提高养分的消化利用率。

1. 粉碎与压扁 粉碎是最常用的加工方法，牛精饲料粉碎粒度不可过细，直径以1～2mm为宜。

压扁是将谷物饲料用蒸气加热至120℃左右，再用特制压片机压成1mm厚的薄片，迅速干燥。由于压扁饲料中的淀粉经加热糊化，喂牛消化率明显提高。

2. 浸泡 将谷物或饼类饲料放于缸内，每100kg饲料加150kg水浸泡，使饲料软化，容易消化。含有单宁、棉酚等物质的饲料浸泡后毒素和异味减轻，可提高适口性。浸泡时间应根据季节和饲料种类而异，防止饲料变质。

3. 热处理 热处理可降低饲料蛋白质的降解率，但过度加热也会降低蛋白质的消化率，还会造成氨基酸、维生素的损失。使用YG-Q型多功能糊化机进行豆粕糊化处理，使蛋白质降解率显著下降，方法简单易行。

4. 蛋白质饲料的化学处理

（1）甲醛处理。甲醛可与蛋白质分子的氨基、羟基、硫氢基发生烷基化反应而变性，避免被瘤胃微生物降解。方法是将饼粕粉碎，过筛2.5mm，然后按每 100kg 粗蛋白质用 36％甲醛 0.6～0.7g 加水 20 倍稀释后喷雾，拌匀密封 24h 后风干即可。

（2）锌处理。锌盐可沉淀部分蛋白质，从而降低饲料蛋白质在瘤胃的降解。方法是将硫酸锌溶解于水，比例为豆粕：水：硫酸锌＝1∶2∶0.03，拌匀后放置 2～3h，50～60℃烘干。

5. 饼类的脱毒处理 棉籽饼、菜籽饼等饼类饲料含有毒素，喂前应脱毒处理。

棉籽饼脱毒的方法有硫酸亚铁水溶液浸泡法：将 1.25kg 工业用硫酸亚铁溶于 125kg 水，浸泡 50kg 粉碎的棉籽饼，搅拌数次，经 24h 即可饲喂。

菜籽饼脱毒方法主要有土埋法：在干燥地方挖 $2m^3$ 的坑，铺草席，将粉碎的菜籽饼按 1∶1 加水浸泡后，填入坑内，用土覆盖，60d 后即可饲用。

（二）干草的制作

生长的牧草含水量 70％～80％，而能贮藏的干草，一般北方地区含水量为 17％以下，南方地区为 14％以下。制作干草的目的在于获得容易贮藏并能尽量保持原来牧草的营养价值和具有较高消化率及适口性的优质饲草。

目前，调制干草的方法基本分为两种，一种是自然干燥法，一种是人工干燥法。调制的方法不同，养分损失差别很大。

1. 自然干燥 牧草收割后，虽与根部脱离了联系，但植物体内细胞还未立即死亡，它们仍然进行着呼吸和蒸腾作用，使营养物质损失 5％～10％。细胞死亡后，在各种酶的作用下，植物体内继续进行着氧化分解作用，直到水分降至 18％左右时，细胞内各种酶的作用才停止。此外，日光照射使胡萝卜素氧化破坏，若遭雨淋，可溶性矿物质、糖、氨基酸等会发生流失，使营养物质进一步损失。为减少营养损失，牧草收割后先就地铺成薄层，在太阳下暴晒，尽量在短时间内将水分降至 40％～50％，使植物细胞尽快停止呼吸。然后用搂草机搂成松散的草垄继续干燥 4～5h，含水量约为 38％左右时（叶子开始脱落前）集成 0.5～1m 高的小草堆（以减少暴晒面积），继续干燥 1.5～2d，水分降至 14％～17％（用手成束紧握时，发出沙沙响声和破裂声，草束反复折曲时易断，搓揉的草束能迅速、完全地散开，叶片干而卷曲）即可贮藏。

试验证明，牧草干燥过程中叶子开始脱落的时间，禾本科是叶子含水 22％～23％，豆科在叶子含水 26％～28％，而此时植物整株含水量为 35％～40％，为了避免和减少叶子脱落损失，搂草和集草时应保持整株含水量 35％～40％。

2. 人工干燥 有常温鼓风干燥、低温干燥和高温快速干燥等多种。

(1) 常温鼓风干燥。刈割后的牧草在田间晒至水分为 40%～50% 时，再放置于设有通风道的干草棚内，用鼓风机进行常温吹风干燥，使水分降至 14%～17% 即可。

(2) 低温干燥。采用加热的空气，将青草水分烘干。干燥温度如为 50～70℃，需 5～6h，如为 120～150℃，经 5～30min 完成干燥。将未经切短的青草置于浅箱或传送带上，送入干燥室（炉）干燥。所用热源多为固体燃料。浅箱或干燥机每日可生产干草 2 000～3 000kg，传送带式干燥机生产量为 200～300kg/h。

(3) 高温快速干燥。将牧草切成 20～30mm 碎段，放入烘干机中，通过高温空气，使之迅速干燥，然后把草段制成草粉或草块等。干燥时间长短取决于干燥机性能，在数秒钟到数分钟内使牧草含水量从 80%～90% 降至 10%～12%。虽然有的烘干机内热空气温度可达 1 100℃，但牧草的温度一般不超过 30～35℃，所以养分可保存 90% 以上，消化率并不降低，几乎与青草一样。

（三）青贮饲料的加工与质量标准

1. 青贮的原理及基本条件 在密封缺氧环境中附着在青贮原料上的乳酸菌大量繁殖，从而将饲料中的可溶性糖和淀粉变成乳酸。当乳酸积累到一定程度后，便抑制腐败菌的生长，使饲料不会发霉变质，从而将其营养特性长时间保存下来。

青贮成败的关键是能否创造条件，保证乳酸菌的迅速繁殖。乳酸菌大量繁殖必须具备以下几个条件：

(1) 适量的含糖量。这是乳酸菌作用的主要养分来源，青贮原料中含糖量不宜少于 1.0%～1.5%。用含碳水化合物较多的玉米秸、高粱秸和禾本科牧草等青绿多汁类饲料做青贮原料比较好，而用含蛋白质较多、碳水化合物较少的豆科牧草等青贮时，需添加 5%～10% 的富含碳水化合物的饲料，以保证青贮饲料的品质。

(2) 适宜的水分。一般青贮原料含水量应在 65%～75%，原料粗老时需加水使水分含量提高至 75%～78%。

(3) 缺氧环境。青贮时必须创造适宜乳酸菌活动的厌氧条件，抑制腐败菌的活动。

(4) 适宜的温度。一般以 19～37℃ 为宜。踏紧压实的青贮饲料发酵过程中温度最高不会超过 38℃。

(5) 青贮设备。青贮窖、青贮塔、青贮壕及塑料袋等。

2. 青贮方法 青贮工序包括切碎、装填、压实、密封和管护等。

（1）切碎。切碎有利于排除原料间隙中的空气，创造厌氧环境，提高青贮饲料品质。各类牧草及叶菜类等原料，切成 2~3cm；玉米和向日葵等粗茎植物，切成 0.5~2cm；一些柔软幼嫩的植物也可不切碎。原料的含水量越低，应切得越短；反之，则可切得长一些。

（2）装填。青贮原料应边切边装填。在装填之前，要对已经用过的青贮设施清理干净。一旦开始装填，就要求迅速进行，以避免原料腐败变质。一般说来，一个青贮设施，要在 2~5d 内装满。装填时间越短越好。

装填前，可在青贮窖或青贮壕底，铺一层 10~15cm 厚的切短秸秆或软草，以便吸收青贮汁液。窖壁四周铺一层塑料薄膜，以加强密封性，避免漏气和渗水。

原料装入圆形青贮设备时，要一层一层地装匀铺平。装入青贮壕时，可酌情分段按顺序装填。

（3）压实。装填原料的同时，如为青贮壕，必须用履带式拖拉机或用人力层层压实，尤其要注意窖或壕的边缘和四角。在拖拉机漏压或压不到的地方，一定要上人踩实。压得越实越易造成厌氧环境，越有利于乳酸菌活动和繁殖。

（4）密封。原料装填完毕，应立即密封和覆盖，以隔绝空气与原料的接触，防止雨水进入。应根据窖的大小、劳动力和机械装备等具体情况，尽量做到边装窖、边踩实，及时封窖。一般应将原料装至高出窖面 0.6m 左右，在原料的上面盖一层 10~20cm 切短的秸秆或牧草，盖上塑料薄膜后，再盖上 30~50cm 的土，踩踏成馒头型或屋脊型。拖延封窖，会使青贮原料营养损失增加，降低青贮饲料的品质。

（5）管护。密封后，需经常检查。发现裂缝、漏气要及时盖土压实，杜绝透气并防止雨水渗入，并在四周约 1m 处挖排水沟。在我国南方多雨地区，应在青贮窖或壕上搭棚。最好能在青贮窖、青贮壕或青贮堆周围设置围栏，以防牲畜践踏，踩破覆盖物。

3. 青贮饲料的质量标准 农业部已于 1996 年颁布了青贮饲料质量评定标准（试行）。见表 3-1。

4. 青贮饲料的取用及管理 封窖 20~30d 后即可取用。青贮窖一经开启，就必须每天连续取用，用多少取多少，取用后及时用草席或塑料薄膜覆盖。如中途停喂，间隔时间又较长，则需按原来封窖方法，将青贮窖盖好封严，并保证不透气、不漏水。青贮饲料表层变质时，应及时取出废弃，以免引起牛中毒或其他疾病。

表 3-1 青贮饲料质量评定标准

(1) 青贮紫云英、青贮苜蓿

项目	pH	水分	气味	色泽	质地
总配分	25	20	25	20	10
优等	3.6 (25) 3.7 (23) 3.8 (21) 3.9 (20) 4.0 (18)	70% (20) 71% (19) 72% (18) 73% (17) 74% (16) 75% (14)	酸香味 舒适感 (18~25)	亮黄色 (14~20)	松散软弱 不黏手 (8~10)
良好	4.1 (17) 4.2 (14) 4.3 (10)	76% (13) 77% (12) 78% (11) 79% (10) 80% (8)	酸臭味 酒酸味 (9~17)	金黄色 (8~13)	(中间) (4~7)
一般	4.4 (8) 4.5 (7) 4.6 (6) 4.7 (5) 4.8 (3) 4.9 (1)	81% (7) 82% (6) 83% (5) 84% (3) 85% (1)	刺鼻酸味 不舒适感 (1~8)	淡黄褐色 (1~7)	略带黏性 (1~3)
劣等	5.0以上 (0)	86%以上 (0)	腐败味 霉烂味(0)	暗褐色(0)	腐烂发黏结块(0)

(2) 青贮红薯藤

项目	pH	水分	气味	色泽	质地
总分配	25	20	25	20	10
优等	3.4 (25) 3.5 (23) 3.6 (21) 3.7 (20) 3.8 (18)	70% (20) 71% (19) 72% (18) 73% (17) 74% (16) 75% (14)	干酸味 舒适感 (18~25)	棕褐色 (14~20)	松散软弱 不黏手 (8~10)
良好	3.9 (17) 4.0 (14) 4.1 (10)	76% (13) 77% (12) 78% (11) 79% (10) 80% (8)	淡酸味 (9~17)	(中间) (8~13)	(中间) (4~7)
一般	4.2 (8) 4.3 (7) 4.4 (5) 4.5 (4) 4.6 (3) 4.7 (1)	81% (7) 82% (6) 83% (5) 84% (3) 85% (1)	刺鼻 酒酸味 (1~8)	暗褐色 (1~7)	略带黏性 (1~3)
劣等	4.8以上 (0)	86%以上 (0)	腐败味 霉烂味(0)	黑褐色(0)	腐烂发黏结块(0)

(3) 青贮玉米秸

项目	pH	水分	气味	色泽	质地
总配分	25	20	25	20	10
优等	3.4 (25) 3.5 (23) 3.6 (21) 3.7 (20) 3.8 (18)	70% (20) 71% (19) 72% (18) 73% (17) 74% (16) 75% (14)	甘酸味 舒适感 (18~25)	亮黄 (14~20)	松散软弱 不黏手 (8~10)
良好	3.9 (17) 4.0 (14) 4.1 (10)	76% (13) 77% (12) 78% (11) 79% (10) 80% (8)	淡酸味 (9~17)	褐黄色 (8~13)	(中间) (4~7)
一般	4.2 (8) 4.3 (7) 4.4 (5) 4.5 (4)	81% (7) 82% (6) 83% (5) 84% (3)	刺鼻 酒酸味	(中间) (1~7)	略带黏性 (1~3)

(续)

项目	pH	水分	气味	色泽	质地
一般	4.6（3） 4.7（1）	85%（1）	（1～8）		
劣等	4.8以上（0）	86%以上（0）	腐败味 霉烂味（0）	黑褐色（0）	发黏结块（0）

注：①pH用广泛试纸测定；②括号内数值表示得分数。

(4) 各种青贮饲料的评定得分与等级划分

等级	优等	良好	一般	劣质
得分	100～75	75～51	50～26	25以下

(四) 秸秆饲料的氨化与质量标准

1. 氨化处理的方法

(1) 埋置式氨化法。采用壕、池、窖等为氨化设备。氨化时，清除土壕或土窖中的泥土和积水，并在土壕、土窖的底部和四周铺放塑料膜。按秸秆重3%～5%的尿素溶解于水（100kg秸秆用水30kg）或用25%的氨水（按秸秆重的12%），均匀地喷洒到切碎的秸秆上，然后边装填边压实，尽量排除靠近四壁秸秆中的空气，装满后迅速

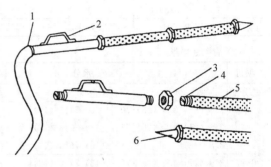

图3-1 注氨管
1. 胶管 2. 手把 3. 连接螺母
4. 螺口 5. 喷射孔 6. 尖端

密封，并随时检查，发现漏气处，及时予以修补。亦可将秸秆边洒水（秸秆重15%～20%）边装窖，然后在窖的中间部位插入注氨管（图3-1），在距窖底1m处按秸秆重3%通入液态氨。通完后关闭阀门，拉出注氨管，封口，最后用土覆盖。

(2) 堆垛氨化法。选择高燥场地，清除石块等锐物，铺放一块旧塑料膜，再铺上新塑料膜。塑料膜厚度为0.15～0.2mm，大小视秸秆堆大小而定。将含水15%～20%的秸秆打成15～20kg重的捆码到塑料膜上，垛底四周的塑料膜应留出一定宽度，然后在垛顶用塑料膜覆盖下垂，使上下两块塑料膜四周重叠、卷边，并用重物压住或用塑料胶带密封。用氨枪将液氨在离地0.5m处加入秸秆垛中（用量同上），加完氨后，取出氨枪，立即用胶布密封注氨孔。

(3) 袋装氨化法。氨化用塑料袋为双层，长2.5m，宽1.5m。秸秆装袋时，注意防止扎破塑料袋。注入氨的方法可采用氨枪注氨水或液氨加入法，加

氨完毕，扎紧袋口，放置在安全地点。存放期间，要经常检查，嗅到袋口处有氨味时，应重新扎紧，发现塑料袋破漏，要及时用胶带封住。

2. 氨化饲料的取用与保存

（1）秸秆氨化到期后（氨水和液氨处理夏天1周，春秋2~4周，冬天4~8周，尿素处理延长1周）就可开窖或开垛。取用时打开一部分晾晒一两天放走剩余的氨，即可饲喂，喂完后再打开一部分晾晒再喂，直到喂完。

（2）在垛、窖或其他容器中氨化秸秆，只要不漏氨，就可保存很长时间。但需经常检查，防止鼠害、人畜践踏、风吹雨打，使塑料膜损坏。

3. 氨化秸秆的等级标准　氨化秸秆的等级标准见表3-2。

表3-2　氨化秸秆的品质评定标准

等级	色泽	气味	质地
优等	褐黄	糊香	松散柔软
良好	黄褐	糊香	较柔软
一般	黄褐或褐黑	无糊香或微臭	轻度黏性
劣质	灰白或褐黑	刺鼻臭味	黏结成块

（五）秸秆饲料的微贮

秸秆饲料的微贮是利用有益微生物的发酵分解功能，采用生物发酵技术，在各类农作物秸秆中加入纤维分解菌、酵母菌、有机酸发酵菌等高效复合微生物后，在厌氧环境中，通过微生物的发酵分解作用使大量纤维素、木质素转化为糖类，糖类又经酵母菌、有机酸发酵菌转化为乳酸和脂肪酸的一种饲料调制方法。经过微贮的秸秆饲料，带有酸香味，适口性好，容易消化，且含有较高的菌体蛋白和生物消化酶类，是一种前景良好的饲料调制方法。

1. 微贮方法

（1）微贮饲料制作前的准备。包括建窖与秸秆的预处理，窖与青贮窖、氨化池相同。具体大小要视微贮饲料的用量和原料多少而定（每立方米可容微贮饲料300~500kg）。旧窖在使用前要清扫干净。秸秆必须清洁、无污染、无霉烂，铡短（5cm以下）。

（2）秸秆微贮的制作步骤。

①菌种复活。按微贮秸秆量的需要将市售发酵秸秆活干菌（每袋3g）倒入200~250mL 1%的白糖水中，充分溶解，然后在常温下放置1~2h，使菌种复活为菌剂。

②配制菌液。将复活好的菌剂倒入充分溶解的0.8%~1.0%的食盐水中搅匀（青玉米秸不加盐）。盐水及菌液量计算见表3-3。

表3-3 食盐水和菌液量计算表

秸秆种类	秸秆重（kg）	活干菌用量（g）	食盐用量（kg）	水用量（kg）	贮料含水率（%）
麦、稻草	1 000	3	9~12	1 200~1 400	60~65
干玉米秸	1 000	3	6~8	800~1 000	60~65
青玉米秸	1 000	1.5	—	适量	60~65

③秸秆入窖。先在窖底铺放一层塑料薄膜，再将铡短的秸秆铺一层（20~25cm厚），均匀喷洒一次菌液，如此装一层喷一层踩一层，连续作业直至装出窖口40cm再封窖。在制作过程中要随时检查贮料的含水量，以用手握贮料手上水分明显为适合。

④封窖。充分踩实后每平方米再撒250g食盐，用塑料膜盖严，并覆上30~50cm厚的土层到不漏气为止。在旁边挖好排水沟。

2. 开窖饲喂 封窖后30~35d即可开窖饲喂。优质的干秸秆微贮饲料呈金黄色，青秸秆微贮饲料呈橄榄色，具有酒香味或果香味，手感质地松散湿润。如成墨绿色，具有腐臭味、发霉味，触之发黏，或者黏在一块则属劣质，不能喂牛。圆形窖每天取一层，长方形窖从一端开窖上下垂直逐段取用，每次取完料后用塑料布将窖口封严，防止污染霉变。

（六）饲料的贮藏

1. 青干草的贮藏 干草贮藏管理不当，不仅干草的营养物质要遭受很大损失，甚至发生草垛漏水霉烂、发热、引起火灾等严重事故。

（1）露天堆垛贮藏。垛址应选择地势平坦干燥，排水良好的地方，同时要求离牛舍不宜太远。垛底用石块、木头、树枝或秸秆等垫起铺平，高出地面30~40cm，四周挖排水沟。垛的形式一般采用长方形或圆形。干草数量多时用长方形垛，这种垛形暴露面积小，养分损失较轻。草垛方向应与当地冬季主风向平行，垛底宽3.5~4.5m，垛肩宽4.0~5.0m，顶高6.0~6.5m，长度视贮草量而定，但不宜少于8m。堆垛时由两端往里一层层地堆积，分层踩实，每层厚30~60cm。堆至肩高时，使全垛取平，然后向里收缩，最后堆积成45°倾斜的屋脊形草顶，最后用草帘或麦秸覆盖顶部，用草绳或泥土封压坚固。圆垛一般底部直径3.0~4.5m，肩部直径3.5~5.0m，高6.0~6.5m。堆垛时从四周开始，把边缘先堆齐，然后往里面填充，务使中间高出四周，逐层压实踩紧，封顶。垛成后把四周乱草耙平梳齐，便于雨水下流。无论哪种形式，其外形均应由下向上逐渐扩大，顶部又逐渐收缩成圆形，形成下狭，中大，上圆的形状。

（2）草棚堆垛。雨水多或有条件的地方可建造具有防雨雪的顶棚和防潮底垫的简易干草棚。存放干草时应使顶棚与干草保持一定距离，以便通风散热。

（3）草捆贮藏。有常规的小方草捆和圆形草捆。用压捆机压成30~50kg的草捆，草捆的密度350~400kg/m³。也有每捆重15~25kg，密度100~180kg/m³的小草捆。压捆后可长久保存绿色和良好气味，不易吸水，存贮损失小。用于压捆的干草水分含量不得超过17%。

（4）干草块贮藏。专门机械制作，草块截面约30mm×30mm，长50~70mm，密度为700~900kg/m³，散装容量410~520kg/m³。干草块便于运输和贮藏，牛能完全采食，浪费少，有利于提高进食量、增重和饲料转化率，但制作成本高。

（5）草颗粒。将干草粉碎后用颗粒饲料压制机加工成直径为10~14mm，密度为900~1 300kg/m³，散装容量650~700 kg/m³的草颗粒，体积小，便于运输、贮藏和机械化饲喂。

2. 酒糟的贮藏 酒糟含水量高，极易酸败变质，若晾晒干燥贮存，会使65%左右的养分损失。为减少养分损失，达到常年使用的目的，常用以下几种方法贮藏。贮藏原理与制作青贮一样。要求含水量65%左右，温度10~20℃。

（1）缸式贮存法。把新鲜的酒糟置于清洁的缸或大水泥管中，层层踩实，然后用塑料薄膜封严。

（2）窖式贮存法。使用青贮窖，窖底和四壁放一层干草或草袋、草席，把酒糟逐层放入，层层压实，装满后盖上塑料薄膜，再盖30cm厚的土，踩实。

（3）堆式封闭法。把酒糟堆成圆堆，层层踩实堆贮，盖上5cm厚的杂草、草袋或塑料薄膜，再抹上一层7cm厚草泥封严。

3. 精料的贮藏 精料一般应贮存于料仓中。料仓应建在干燥、通风，排水良好的地方，具有防淋、防火、防潮、防鼠雀的条件。

料仓要求通风良好或内设通风换气装置，防潮性好，避免大气湿度变化造成反潮；要便于消毒、杀虫，要有密封防鼠门。贮存饲料前打扫干净，关闭门窗、风道，用磷化氢或溴甲烷熏蒸后，即可贮料。用于散装的料仓，其墙角应为圆弧形，以便于取料，不同种类的饲料用墙隔开。

袋装保存精料时，在仓库底部铺设木制或金属制垫货架，使饲料与地面有15~20cm的空隙，在垫货架码放饲料。料垛与墙间隔空隙不少于15cm，垛与垛之间留有风道以利通风，对直仓门留1.2~1.5m走道，便于运料和质量监控。不同原料分开码垛，标明品种、入库日期。

精料贮存时，应注意以下几个问题。

(1) 原料含水量。不同精料原料贮存时对含水量要求不同（表3-4），水分大会使饲料霉菌、仓虫等繁殖。常温下含水量15%以上时，易发霉。含水量为13.5%以上时仓虫及各种害虫都会随水分含量增加而加速繁殖。

表3-4 不同饲料安全贮存的含水量（%）

饲料种类	含水量	饲料种类	含水量
玉米	≤12.5	燕麦	≤13.0
稻谷	≤13.5	米糠	≤12.0
高粱	≤13.0	麸皮	≤13.0
大麦	≤12.5	饼类	8.0～11.0

(2) 温度和湿度。温度和湿度两者直接影响饲料含水量的多少，从而影响贮存期长短。温度高低还会影响霉菌生长繁殖。在适宜湿度下温度低于10℃时，霉菌生长缓慢；高于30℃则将造成相当危害。不同温度和含水量的精料安全贮存期见表3-5。

表3-5 不同条件下饲料安全贮存期（d）

温度	水分含量（%）				
	14	15.5	17	18.5	20
10	256	128	64	32	16
15	128	64	32	16	8
21	64	32	16	8	4
27	32	16	8	4	2
32	16	8	4	2	1
38	8	4	2	1	0

原料水分超过12%时，还可使用丙酸及丙酸盐类、乙氧基喹啉、二丁基羟基甲苯等添加剂进行防霉抗氧化。

三、牛饲料添加剂

牛的饲料添加剂是指在日粮中加入的各种少量或微量成分，其作用是完善饲料的营养性，提高饲料利用率，促进牛的生产性能，维持牛体健康及改善产品品质等。在生产中使用添加剂，必须按中华人民共和国农业部已批准使用的饲料添加剂品种目录以及饲料和饲料添加剂管理条例执行。

（一）营养类添加剂

这类添加剂用于补充和平衡牛必需的营养，可以维持基本生理功能。

1. 维生素添加剂 用于补充饲料维生素的不足，保证牛正常生产和健康。一般奶牛和成年肉牛必须添加的有：维生素 A、维生素 D、维生素 E，高产奶牛还应添加烟酸（产前 2 周到产后 16 周，6～12g/d）、过瘤胃保护胆碱（30g/d）。犊牛需要添加各种维生素。

2. 矿物质添加剂 主要是用于满足牛对矿物元素的需要。除常量元素外，肉牛常需补充铁、铜、锰、锌、碘、硒、钴等 7 种微量元素，奶牛还需要镍和铬。一般常以添加剂预混料或复合营养舔块的形式添加。使用时要考虑各种微量元素之间存在的拮抗和协同关系。为了预防奶牛产乳热，提高产奶量，产前 3 周到产犊使用阴离子盐（氯化铵、硫酸铵、硫酸铝、硫酸镁、氯化钙等）在生产中应给予足够重视，建议添加量 200g/d。

3. 氨基酸添加剂 牛瘤胃微生物能合成必需氨基酸，成年牛正常情况下不需添加，但犊牛饲料中应供给必需氨基酸。奶牛和快速生长的肉牛在饲料中添加过瘤胃保护氨基酸对提高生产性能效果显著。最重要的是蛋氨酸，如蛋氨酸锌（蛋氨酸和锌的螯合物）及蛋氨酸羟基类似物，都可降低微生物的降解，起到过瘤胃保护作用。

4. 脂肪酸钙 是一种过瘤胃保护性脂肪，在瘤胃中不溶解，只有在真胃和小肠中才能水解，提高了脂肪酸的利用率，是一种新兴的牛能量补充剂。

（二）饲料药物添加剂

牛饲养中使用的主要有莫能菌素钠、杆菌肽锌、硫酸黏杆菌素、盐霉素、黄霉素等。

莫能菌素钠又称瘤胃素，可改变瘤胃革兰氏阳性菌和阴性菌比例而改变瘤胃发酵产物，提高牛的增重和饲料转化效率。用于肉牛和育成期奶牛，添加量每头每天 200～300mg。

杆菌肽锌可抑制病原菌细胞壁形成，影响其蛋白合成功能，从而杀灭病原菌；能使肠壁变薄，从而有利于营养吸收；有利于生长和改善饲料效率，对虚弱犊牛作用更为明显。3 月龄内犊牛每吨饲料添加 10～100g，3～6 月龄犊牛每吨饲料添加 4～40g。

硫酸黏杆菌素可促进生长和饲料利用率，对沙门氏菌、大肠杆菌等引起的菌痢具有良好的防治作用，但大量使用可导致肾中毒。使用量每吨饲料不超过 20g，不能与土霉素、喹乙醇同时使用。

盐霉素钠对大多数革兰氏阳性菌有较强的抑制作用，具有抗球虫作用。一般使用量每吨饲料 10～30g。

黄霉素可干扰细胞壁结构物质肽聚糖的生物合成而抑制细菌繁殖，不仅可防治疾病，还可降低肠壁厚度，减轻肠壁重量，从而促进营养物质在肠道吸收，促进牛生长，提高饲料利用率。肉牛用量为每头 30～50mg/d。

（三）脲酶抑制剂

脲酶抑制剂主要有乙酰氧肟酸、氢醌、苯醌、磷酸钠等，能够调控瘤胃微生物脲酶活性，从而控制瘤胃中氨的释放速度，提高尿素的利用率，增加蛋白质的合成量。

（四）缓冲剂

缓冲剂是一类能增强溶液酸碱缓冲能力的化学物质。比较理想的首选碳酸氢钠（小苏打），其次是氧化镁。缓冲剂能调节瘤胃 pH，有益于消化纤维的细菌生长，提高有机物消化率和细菌蛋白质合成，并能增加进食量，减轻热应激。小苏打一般用量为精料的 1%～1.5%（每周逐渐增加），氧化镁用量为精料量的 0.75%～1%。奶牛和高精料肥育的肉牛使用效果十分明显。

（五）生物活性剂

生物活性剂主要有酶制剂、酵母培养物、活菌制剂、寡肽等。

酶制剂具有促进饲料的消化吸收、提高饲料利用率和生产水平的作用，牛用的酶制剂产品主要是复合酶制剂。

酵母培养物主要作用是稳定瘤胃 pH，刺激瘤胃纤维素消化，提高挥发性脂肪酸的产量和改变其比例，使瘤胃乳酸浓度下降，干物质进食量提高。肥育肉牛饲料中添加，可增加瘤胃微生物蛋白质产量，提高增重速度和饲料利用率。奶牛产前 2 周到产后 8 周每头每天添加 10～120g，可显著提高产奶量。

活菌制剂是一类能够维持肠道微生物区系平衡的活的微生物制剂。主要有芽孢杆菌、双歧杆菌、链球菌、乳酸杆菌、拟杆菌、消化球菌等，作用是补充有益菌群，保持消化道微生物区系平衡，稳定瘤胃 pH，增加丙酸产量，提高养分消化率并通过提高免疫机能来增加抗应激能力，提高奶牛产奶量和肉牛增重。建议每天每头添加 10～50g。

寡肽主要由赖氨酸等 3～7 个氨基酸组成。可刺激各种激素如催乳素、糖皮质激素等的合成和释放，从而促进牛生长和提高产奶量。奶牛每 7d 皮下注射 4mL。

（六）中草药添加剂

中草药含有很多微量养分和免疫因子，具有低毒、无残留、无副作用、资源丰富的特点。为生产高效、安全无公害牛肉产品，研究开发中草药添加剂以代替激素、抗生素和化学合成类药物前景广阔。使用中草药添加剂可使牛得到充分休息，减少活动消耗，促进营养物质代谢和合成，提高增重，改善肉的品质。但中草药价格昂贵，使用时应注意投入产出比。

（七）其他添加剂

其他添加剂如异构酸，丙二醇等。异构酸包括异丁酸、异戊酸和2-甲基丁酸，为瘤胃纤维素分解菌生长所必需。瘤胃发酵产生的异构酸可能不足，所以在日粮中添加异构酸能提高瘤胃中包括纤维分解菌在内的微生物数量，改善氮沉积量，提高纤维消化率。产奶牛每天每头添加50～80g，可显著提高产奶量和乳脂率。

丙二醇作为添加剂可以在肝脏中转化为葡萄糖，防止酮血症发生和脂肪肝形成。在奶牛产犊前1周至产后2周使用，每天0.25～0.5kg。

第三节　牛的营养需要与日粮配合

一、牛的营养需要

（一）干物质采食量

1. 奶牛干物质采食量　奶牛干物质采食量受体重、标准乳产量及日粮精粗料比例、气候等因素的影响。按照我国奶牛饲养标准（2001年），不同精料比例的干物质采食量计算方法如下：

偏精料型日粮（精粗比约为60∶40）为：

$$干物质采食量（kg）=0.062W^{0.75}+0.40Y$$

偏粗料型日粮（精粗比约为45∶55）为：

$$干物质采食量（kg）=0.062W^{0.75}+0.45Y$$

式中　W——奶牛体重（kg）；

Y——4%标准乳重量（kg）。

生产实践中，还可用以下简易公式估算：

干物质采食量（kg/d）=$1.8W+0.3Y$

生长母牛的干物质参考给量（kg）=奶牛能量单位×0.45

2. 肉牛干物质采食量　肉牛干物质采食量受体重、增重、饲料能量浓度、日粮类型、饲料加工、饲养方式和气候等因素的影响，根据国内饲养试验结果，参考计算公式如下：

生长肥育牛：

$$干物质采食量（kg）=0.062W^{0.75}+（1.5296+0.00371\times W）\times \Delta W$$

妊娠后期母牛：

$$干物质采食量（kg）=0.062W^{0.75}+（0.790+0.005587\times 妊娠天数）$$

式中　W——体重（kg）；

　　　ΔW——日增重（kg）。

（二）能量需要

1. 能量体系　我国牛的能量需要和饲料的能量价值采用净能体系。奶牛将产奶、维持、生长、妊娠所需的能量统一用产奶净能表示（饲料能量转化为牛奶的能量）。为了在生产实践中应用方便，奶牛饲养标准中采用了"奶牛能量单位"用相当于1kg含脂4%的标准乳能量，即3.138MJ 产奶净能作为一个"奶牛能量单位（NND）"。肉牛将维持和增重净能相加合并为综合净能，并以用"肉牛能量单位"表示能量价值。用 1kg 中等玉米所含的综合净能值 8.08MJ 为一个"肉牛能量单位"（RND）。

2. 奶牛能量需要　根据奶牛的生产特点，分为成年牛维持需要、产奶需要、妊娠需要和生长牛生长需要。

（1）舍饲成年母牛维持需要。成年母牛的维持产奶净能需要可按 $356W^{0.75}$ 计算。由于第一和第二泌乳期奶牛生长发育尚未停止，故应在维持需要的基础上分别再加 20% 和 10%。

低温条件下，体热损失明显增加，在 18℃ 基础上，平均每下降 1℃ 产热量增加 2.5kJ（$W^{0.75}$ 24h），因此在低温条件下应提高维持的能量需要。如维持需要在 5℃ 时为 $389W^{0.75}$，0℃ 时为 $402W^{0.75}$，－5℃ 时为 $414W^{0.75}$，－10℃ 时为 $427W^{0.75}$，－15℃ 时为 $439W^{0.75}$。

（2）产奶需要。产奶的能量需要，主要取决于产奶量和乳脂率。可按下式推算：

$$乳含有的能量（kJ/kg）=1433.65+415.30\times 乳脂率$$

按该式计算每千克含脂率 4% 标准乳脂率平均为 3094.85kJ，与 3138kJ 仅差 43.15kJ，为使用方便，仍按一个奶牛能量单位计算。

荷斯坦牛产犊后 60d 内（产奶高峰期以前）当食欲恢复后，采用引导饲养，给量应稍高于需要量。

（3）妊娠后期的能量需要。牛妊娠的能量利用效率很低，每兆焦的妊娠沉积能量约需 20.38MJ 产奶净能,所以,妊娠 6、7、8、9 月时,应在每天维持基础上增加 4.184、7.113、12.552 和 20.920MJ 的产奶净能。如未干奶,还应增加产奶需要。

(4) 生长牛和种公牛的能量需要。生长牛的能量需要为维持需要加增重的能量沉积。

$$生长母牛维持需要(MJ)=0.531W^{0.67}\times 1.1$$

生长公牛的维持需要量可按生长母牛的 90% 计算。

$$增重的能量沉积(MJ)=\Delta W(1.5+0.004\ 5W)\times 4.184\div(1-0.30\Delta W)$$

3. 肉牛能量需要 包括生长肥育牛、生长母牛、妊娠母牛和哺乳母牛的能量需要。

(1) 生长肥育牛能量需要。包括维持净能和增重净能,两者相加再乘系数便为综合净能(因不同体重下的日增重综合净能需要不同,故需校正)。

$$维持净能(kJ)=322W^{0.75}。$$

此净能值适合于中等温度、舍饲、有轻微活动和无应激环境条件下使用,当气温低于 12℃ 时,每降低 1℃,维持能量需增加 1%。

$$增重净能(kJ)=\Delta W(2\ 092+25.1W)\div(1-0.3\Delta W)$$

生长母牛的增重净能需要在上式基础上增加 10%。

不同体重和日增重的肉牛综合净能需要的校正系数见表 3-6。

表 3-6 不同体重和日增重的肉牛综合净能需要校正系数

体重 (kg)	日 增 重 (kg)											
	0	0.3	0.4	0.5	0.6	0.7	0.8	0.9	1.0	1.1	1.2	1.3
150	0.850	0.960	0.965	0.970	0.975	0.978	0.988	1.000	1.020	1.040	1.060	1.080
225	0.864	0.974	0.979	0.984	0.989	0.992	1.002	1.014	1.034	1.054	1.074	1.094
250	0.877	0.987	0.992	0.997	1.002	1.005	1.015	1.027	1.047	1.067	1.087	1.107
275	0.891	1.001	1.006	1.011	1.016	1.019	1.029	1.041	1.061	1.081	1.101	1.121
300	0.904	1.014	1.019	1.024	1.029	1.032	1.042	1.054	1.074	1.094	1.114	1.134
325	0.910	1.02	1.025	1.030	1.035	1.038	1.048	1.060	1.080	1.100	1.120	1.140
350	0.915	1.025	1.030	1.035	1.040	1.043	1.053	1.065	1.085	1.105	1.125	1.145
375	0.921	1.031	1.036	1.041	1.046	1.049	1.059	1.071	1.091	1.111	1.131	1.151
400	0.927	1.037	1.042	1.047	1.052	1.055	1.065	1.077	1.097	1.117	1.137	1.157
425	0.930	1.040	1.045	1.050	1.055	1.058	1.068	1.080	1.100	1.120	1.140	1.160
450	0.932	1.042	1.047	1.052	1.057	1.060	1.070	1.082	1.102	1.122	1.142	1.162
475	0.935	1.045	1.050	1.055	1.060	1.063	1.073	1.085	1.105	1.125	1.145	1.165
500	0.937	1.047	1.052	1.057	1.062	1.065	1.075	1.087	1.107	1.127	1.147	1.167

(2) 妊娠母牛的能量需要。妊娠母牛能量需要等于胎儿维持需要加母牛的维持需要（$0.322W^{0.75}$）再乘以 0.82 即为综合净能需要。

胎儿的维持需要等于不同妊娠天数不同体重母牛的胎儿日增重乘以不同妊娠天数每千克胎儿增重的维持需要。即：

$[(0.00879t-0.85454)\times(0.1439+0.0003558W)]\times(0.197769t-11.761122)$

式中　t——妊娠天数；

　　　W——母牛体重（kg）。

妊娠母牛的综合净能需要（MJ）=（$0.322W^{0.75}$+胎儿维持需要）×0.82

(3) 哺乳母牛能量需要。哺乳母牛能量需要除维持需要外还要增加泌乳需要。泌乳需要按每千克 4% 乳脂率的乳含 3.138MJ 计算。二者之和经校正后即为综合净能需要。

哺乳母牛综合净能需要=（维持净能+泌乳净能）×0.82

（三）蛋白质需要

1. 蛋白质体系　我国牛的营养一直使用粗蛋白质体系，随着对反刍动物蛋白质营养研究的不断深入，发现传统的粗蛋白质或可消化粗蛋白质体系不能完全反映反刍动物蛋白质消化代谢的实质，而不易准确的指导饲养实践。所以农业部重点科研项目"反刍家畜小肠蛋白质营养新体系"和国家自然科学基金重点研究项目"反刍动物能量转化规律及营养调控"等对牛的小肠蛋白质营养新体系进行了系统研究，提出了小肠可消化蛋白质体系。

这里用可消化粗蛋白质和小肠可消化蛋白质两种体系描述牛对蛋白质的需要。

2. 奶牛蛋白质的需要量

(1) 维持的蛋白质需要。维持的可消化粗蛋白质需要量为 $3.0g\times W^{0.75}$，200kg 以下用 $2.3g\times W^{0.75}$；小肠可消化蛋白质的需要量为 $2.5g\times W^{0.75}$，200kg 以下用 $2.2g\times W^{0.75}$。

(2) 产奶的蛋白质需要。国内奶牛氮平衡试验表明，可消化粗蛋白质用于奶蛋白的平均效率为 0.6，小肠可消化粗蛋白的效率为 0.7，所以：

产奶的可消化蛋白质需要量=牛奶的蛋白质量÷0.6

产奶的小肠可消化粗蛋白质需要量=牛奶的蛋白质量÷0.7

(3) 生长牛的蛋白质需要。生长牛的蛋白质需要量取决于体蛋白质的沉积量

增重的蛋白质沉积（g/d）＝ΔW（170.22－0.173 1W＋0.000 178W^2）×
（1.12－0.125 8ΔW）

生长牛日粮可消化粗蛋白质用于体蛋白质沉积的利用效率为55%，但幼龄时效率较高，体重40～60kg可用70%，70～90kg可用65%；生长牛日粮小肠可消化粗蛋白的利用效率为60%。

生长牛可消化粗蛋白质需要量（g）
＝维持的可消化粗蛋白质需要量＋增重的可消化粗蛋白质沉积÷0.55

生长牛小肠可消化粗蛋白质需要量（g）
＝维持的小肠可消化粗蛋白质需要量＋增重的蛋白质沉积÷0.6

（4）妊娠的蛋白质需要。妊娠的蛋白质需要按妊娠各阶段子宫和胎儿所沉积的蛋白质量进行计算。可消化粗蛋白质用于妊娠的效率按65%计算；小肠可消化粗蛋白质的效率按75%计算。则妊娠的蛋白质需要量在维持的基础上，可消化粗蛋白质给量为：妊娠6、7、8、9月时分别为50g、84g、132g、194g；小肠可消化粗蛋白质给量分别为43g、73g、115g、169g。

3. 肉牛蛋白质的需要量

（1）生长肥育牛粗蛋白质需要量。按维持需要加增重需要计算。维持的粗蛋白质需要量为5.5g×$W^{0.75}$，小肠可消化粗蛋白质需要量为3.3g×$W^{0.75}$。

增重的蛋白质沉积量（g/d）＝ΔW（168.07－0.168 69W＋0.000 163 3W^2）×
（1.12－0.123 3ΔW）

增重的粗蛋白质需要量＝增重的蛋白质沉积量÷0.34

增重的小肠可消化粗蛋白质需要量＝增重的蛋白质沉积量÷0.6

（2）妊娠后期母牛粗蛋白质需要量。按维持需要加生产需要计算。维持的粗蛋白质需要量为4.6g×$W^{0.75}$，妊娠6、7、8、9个月时，在维持基础上分别增加77g、145g、225g、403g。实际的胚胎、子宫所沉积的蛋白质数量除以0.75即得所需的小肠可消化蛋白质数量。

（3）哺乳母牛的粗蛋白质需要量。维持的粗蛋白质需要为4.6g×$W^{0.75}$，产奶需要按每千克4%乳脂率乳所需粗蛋白质85g计。乳中蛋白质含量除以0.7即得泌乳所需要的小肠可消化蛋白质数量。

（四）矿物质需要

牛对矿物质的需要包括钙、磷、氯、钠等常量元素和铁、铜、锌等微量元素。矿物质供应不足，会导致牛体衰弱、生产受阻、食欲减退、饲料利用率降低、繁殖机能紊乱及骨骼病变。但若超过安全用量，也会造成危害，甚至中毒。

微量元素使用时以添加剂预混料的形式加入日粮。这里主要提出钙、磷和食盐用量。

1. 钙、磷需要量 根据国内平衡试验和饲养试验，奶牛维持需要按每100kg 体重给 6g 钙和 4.5g 磷；每千克标准乳给 4.5g 钙和 3g 磷可满足需要，钙、磷比以 2∶1 到 1.3∶1 为宜。肉牛钙、磷需要量可按下式计算。

钙需要量（g/d）＝（0.015 4W＋0.071×增重的蛋白质＋1.23×产奶量＋
　　　　　　　　0.013 7×胎儿生长）÷0.5

磷需要量（g/d）＝（0.028W＋0.039×增重的蛋白质＋0.95×产奶量＋
　　　　　　　　0.007 6×胎儿生长）÷0.85

2. 食盐需要量 奶牛维持按每 100kg 体重给 3g，每产 1kg 标准乳给 1.2g；肉牛给量应占日粮干物质的 0.15%～0.3%。喂青贮时比干草需要量多，喂高粗料日粮比高精料日粮多，喂青绿多汁饲料比喂枯老饲料时多。

(五) 维生素需要

牛容易缺乏的维生素主要是维生素 A、维生素 D、维生素 E，其他维生素成年牛瘤胃微生物可以合成。但犊牛需用添加剂方式补充。

1. 维生素 A 饲养实践中，多以胡萝卜素的形式添加。中产奶牛 1 个 NND 给 23mg，高产奶牛 25mg，怀孕母牛 25～30mg；肉牛生长肥育期每千克饲料干物质 5.5mg（维生素 A 2 200IU），妊娠母牛 7.0mg（维生素 A 2 800IU），泌乳母牛 9.75mg（维生素 A 3 800IU）。

2. 维生素 D 中产奶牛每天需 1 万～1.5 万 IU，高产奶牛 2 万 IU；肉牛每千克饲料干物质 275IU，犊牛、生长牛和成年母牛每 100kg 体重 660IU。

3. 维生素 E 实际饲养中，维生素 E 不易单独缺乏，往往伴随微量元素硒同时缺乏。正常情况下的需要量为犊牛每千克饲料干物质 25IU，成年牛 15～16IU。

(六) 水的需要

水是极易被忽视但对维持牛生命和生产来说又是极其重要的营养物质。缺水使牛生产力下降，健康受损，生长牛生长滞缓。轻度缺水往往不易发现，但常在不知不觉中造成很大经济损失。

肉牛每天需水 26～66L；奶牛每日需水 38～110L；每产 1kg 乳需水 3L；每采食 1kg 干物质需水 3～4L。实践中最好的方法是给牛提供充足饮水，让其自由饮用。

二、日粮配合

(一) 日粮配合的依据

牛的日粮配合主要依据首先是饲喂对象的基本情况，包括年龄、品种、体重、泌乳阶段、肥育阶段、肥育目的等；其次是营养需要和当地饲料资源、价格以及适口性、实用性、安全性等。同时要确定好精、粗料的比例。

配合日粮的基本原则是：

1. 选择适宜的饲养标准　根据牛的不同生理和生产阶段选择适宜的饲养标准，并根据实际生产条件和环境做必要的调整。

2. 本着经济性原则，就地取材选用原料　选择资源充足，价格低廉的原料，充分利用当地农副产品，以降低饲料成本。

3. 饲料种类多样化　根据牛消化生理特点，合理选用多种原料进行搭配，精料应不少于3～5种，粗料不少于2～3种，以发挥营养物质的互补作用，提高日粮营养价值和利用率。所选饲料应新鲜、无污染、对产品质量无影响。饲料种类应保持相对稳定。

4. 饲料组成要符合牛的生理特点　以粗饲料为主，搭配适量精料，粗纤维含量应占干物质17%～20%，并要有一定体积和干物质含量，符合牛的采食能力，既能吃得下，又能吃得饱并满足营养需要。

5. 正确使用饲料添加剂　根据牛营养需要，选用中华人民共和国农业部允许使用的添加剂，尽量避免使用抗生素，禁止使用激素类添加剂。脂肪类、氨基酸类和维生素添加剂使用时要注意保护。

(二) 配方设计的基本步骤

1. 手工配合日粮的方法步骤　常用的方法有试差法和对角线法。

(1) 试差法。试差法是目前养牛户最常用的一种饲料配方设计方法。此法简单易学，不需特殊的计算工具，因而使用较为广泛。其步骤如下：

①查牛的饲养标准，根据体重、生产阶段等确定日粮营养含量。

②确定日粮组成原料，并查出营养成分和单价。

③确定粗饲料用量并计算营养含量。

④用精料补充粗饲料的营养不足。

⑤平衡日粮蛋白质。

⑥按照需要补充矿物质饲料。

⑦微量元素和维生素的添加一般按照商品介绍进行补充。

（2）对角线法。此法简单易学，一般在饲料种类不多，考虑的营养指标少的情况下采用。例如，为体重350kg，预期日增重1.2kg的舍饲生长肥育牛配合日粮，其方法如下：

①查肉牛的饲养标准，得出营养需要量列于表3-7。

表3-7 体重350kg，预期日增重1.2kg的肉牛营养需要

干物质（kg）	肉牛能量单位（个/kg）	粗蛋白（g）	钙（g）	磷（g）
8.14	6.47	889	38	20

②拟用原料及营养成分列表3-8。

表3-8 饲料养分含量（干物质基础）

饲料名称	干物质（%）	肉牛能量单位（个/kg）	粗蛋白质（%）	钙（%）	磷（%）
玉米青贮	22.7	0.54	7.0	0.44	0.26
玉米	88.4	1.13	9.7	0.09	0.24
麸皮	88.6	0.82	16.3	0.20	0.88
棉饼	89.6	0.92	36.3	0.30	0.90
磷酸氢钙	—	—	—	23.00	16.00
石粉	—	—	—	38.00	—

③确定精、粗料用量及比例。确定日粮中精、粗料各占50%，则玉米青贮应供给的干物质量为8.41×50%=4.2（kg），然后求出青贮玉米所提供的养分和尚缺的养分量（表3-9）。

表3-9 粗饲料提供的养分量及尚缺的养分量

项目	干物质（kg）	肉牛能量单位（个/kg）	粗蛋白质（g）	钙（g）	磷（g）
需要量	8.41	6.47	889	38.00	20.00
4.2kg玉米青贮干物质提供	4.20	2.27	294	18.48	10.92
尚差	4.21	4.20	595	19.52	9.08

④计算各种精料原料和拟配混合精料粗蛋白质与肉牛能量单位之比。

玉米＝97÷1.13＝85.84　　　　麸皮＝163÷0.82＝198.78

棉饼＝363÷0.92＝394.57　　　拟配混合精料＝595÷4.20＝141.67

⑤计算各种精料用量。先将各精料按蛋白能量比分两类，一类高于拟配混合料，另一类低于拟配混合料，然后一高一低两两搭配成组。低者居中，高者分居上下，与拟配混合料画出对角线，用大减小算出该饲料在混合料中应占能量比例数及各精料用量。

玉米：310.01÷421.67×4.20÷1.13＝2.73（kg）

麸皮：55.83÷421.67×4.20÷0.82＝0.68（kg）

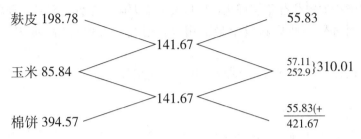

棉饼：55.83÷421.67×4.20÷0.92＝0.60（kg）

⑥验算精料混合料养分含量（表3-10）。

表3-10 精料混合料养分含量

饲料	用量（kg）	干物质（kg）	肉牛能量单位（个/kg）	粗蛋白质（g）	钙（g）	磷（g）
玉米	2.73	2.41	3.08	264.81	2.46	6.55
麸皮	0.68	0.60	0.56	110.84	1.36	5.98
棉饼	0.60	0.54	0.55	217.80	1.80	5.40
合计	4.01	3.55	4.19	593.50	7.62	17.93
与标准比	—	－0.66	－0.01	－1.50	－11.90	＋8.85

由表3-10可以看出，肉牛能量单位和粗蛋白质含量与要求基本一致，干物质尚差0.66kg，饲养实践中可适当增加青贮玉米喂量。磷满足需要，钙缺11.9g，可用石粉补足。石粉用量11.9÷0.38＝31.32g，混合精料另加1%食盐，约合0.04kg。

⑦列出日粮配方与精料混合料的百分比组成（表3-11）。

表3-11 肥育牛日粮组成

项　目	青贮玉米	玉米	麸皮	棉饼	石粉	食盐
干物质态（kg）	4.2	2.73	0.68	0.60	0.031	0.04
饲喂态（kg）	18.5	3.09	0.77	0.67	0.031	0.04
精料组成（%）	—	67.16	16.74	14.56	0.67	0.87

在实际生产中青贮玉米喂量再加10%的安全系数，即每头每天的饲喂量应为20.35kg。精料混合料每头每天饲喂量为4.6kg。

2. 计算机优化法配合日粮的方法 目前，在养牛生产中已较为普遍地应用计算机技术，为制定科学、高效、低成本的饲料配方提供了方便。计算机优选配方技术可采用多种饲料原料，同时考虑多项营养指标，设计出营养成分合理，价格低的饲料配方，工作简化，效率高。

有关饲料配方的软件很多，各具特点，应根据使用说明进行操作。但应注意，最低成本未必是最佳配方，如计算机运行中倾向选择廉价原料而不用高价原料，但廉价原料往往不够理想，所以有时需要附加条件，对某些原料限定最高用量，而对另一些原料设定最低用量。通过"人机对话"解决某些技术问题。

由于设计饲料配方的优选原理相同，优选配方的方法和步骤差别不大，一般步骤为：

（1）确定饲料种类。

（2）确定营养指标。对于有上下限（只有上限或下限）约束的指标，可将其纳入约束计算，其他非主要指标可纳入非约束计算，以保证主要指标的满足和平衡。

（3）查饲料营养成分表，确定所输入饲料的营养含量值。

（4）确定饲料使用范围。根据牛对饲料的消化特点、适口性和饲料价格、营养价值、有无毒素及牛的生理阶段、生产性能等规定某些饲料的使用量。但应注意，限定因素不要太多，否则会出现无解的现象。

（5）查实饲料原料的价格。

（6）将以上各步骤数据逐一输入计算机内。

（7）运行配方计算程序，求解。

（8）审查计算机打印出的配方，对不理想的约束条件或限制用量等结果予以修正，从而得到一个营养平衡、价格低廉的日粮配方。

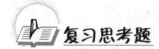
复习思考题

1. 牛的主要粗饲料和精饲料有何特性？
2. 怎样制作青干草？如何保藏？
3. 怎样进行青贮饲料的加工？如何评定质量？
4. 牛常用的饲料添加剂有哪些？应用时注意些什么？
5. 牛需要哪些营养物质？如何确定需要量？
6. 配合牛的日粮应注意些什么？如何设计配方？

第四章

奶牛的饲养管理

第一节 产奶性能及评定

牛的产奶性能主要是指产奶量和乳脂率而言。产奶性能评定是奶牛饲养管理工作的基础，也是提高牛群质量的主要依据。

一、影响产奶性能的因素

1. 品种与个体 不同品种的奶牛，因遗传基础的差异，在产奶量和奶的品质上表现各不相同。荷斯坦牛的产奶量较高，但乳脂率低；娟姗牛的乳脂率虽高，而产奶量低。在奶的品质组成上，不同品种奶牛的成分有所差异，主要差别为脂肪、蛋白质、矿物质和乳糖等含量不同。乳中脂肪的含量，与奶牛的产奶量呈负相关，即产奶量高的品种，乳脂率一般较低。

即使同一品种内，不同个体间的产奶性能也存在差异，甚至不亚于品种间的差别。中国荷斯坦牛群内，高产的产奶量可达 10 000 kg 以上，而低产的不足 4 000kg，乳脂率也不相同。个体间的差异是选育的基础。

2. 年龄与胎次 在奶牛生产实践中，胎次与年龄有相关性。随年龄、胎次增加，产奶量也逐渐增加，产奶量一般以 4～6 胎次为最高，然后逐渐下降。这一规律也受品种成熟早晚和饲养条件影响，早熟品种奶牛的泌乳高峰来得早，但下降得也早，良好的饲养管理可以减缓这一下降速度。一般来说，初产奶牛的产奶量仅有壮龄时的 60%～70%，8～9 胎次的产奶量为壮龄时的 70%～80%。

3. 体型大小 一般体型大，消化器官和乳房容积就大，采食量也大，产奶量较高。据统计，在一定限度下，荷斯坦牛每增加 100kg 体重，提高产奶量 1 000kg。根据国内外经验，荷斯坦牛体重以 650～700kg 较为适宜。过大的体重，并不一定产奶就多，而且，维持代谢需要也多，经济不一定合算。国外研究认为后备牛的体高对初次产奶量的影响大于体重。目前，Hoffman（1997）认为荷斯坦后备母牛产前的最佳体高为138～140cm。

4. 初配年龄与产犊间隔 奶牛正常的初配年龄应是出生后14～16个月龄，体重达到350kg以上。过早不仅影响本胎次的产奶量，不利于母牛的发育，易造成难产，而且影响其终生产奶量；过晚则缩短终生胎次，减少了产犊总头数及终生产奶量。

理想的产犊间隔是365d，即305d泌乳期，60d干乳期。如果产后80d配种未妊娠，产犊间隔就要超过1年。产犊间隔超过380d，牛群产奶量降低，繁殖率也会降低。

5. 挤奶技术和挤奶次数 挤奶技术和挤奶次数与产奶量、乳脂率有密切关系。

（1）挤奶技术。挤奶是奶牛饲养中的一项很重要的技术工作，正确熟练掌握挤奶技术，能够充分发挥奶牛的产奶性能，防止乳房炎的发生。不论手工挤奶，还是机械挤奶，在挤奶之前，都要按摩乳房和擦洗乳房。按摩乳房是提高奶牛产奶能力，保证乳房正常泌乳的重要环节，因为排乳是在神经系统和内分泌系统共同作用下完成的泌乳反射过程。挤奶前按摩乳房，引起血管反射性扩张，进入乳房的血流量加大，使乳房迅速膨胀，内压增高，乳头管肌肉放松，产生排乳。这一过程可维持5～7min。按摩乳房可使乳腺泡中70%～90%的奶进入乳池。据试验比较，按摩乳房可提高泌乳量10%～20%，乳脂率增加0.2%～0.4%。因此挤奶前按摩和擦洗乳房，尽快地在排乳过程内挤净乳汁，对提高产奶量和获得高质量的牛奶是十分必要的，而且对牛体与乳房健康也有利。

（2）挤奶次数。乳房中的奶是在两次挤奶之间形成的。乳房内压较小甚至排空时，对奶的形成有利。故适当增加挤奶次数，缩短挤奶间隔，可以加速奶的形成与分泌，提高产奶量。正常情况下，每昼夜挤奶4次比3次多产奶10%～12%，3次挤奶较2次挤奶提高16%～20%，挤奶次数越多，乳脂率也相应提高。一般初产牛和日产奶量15kg以上的奶牛可日挤3次，每次间隔6～8h，以促进泌乳机能的发挥；日产奶量15kg以下的奶牛每日可挤2次，间隔9h以上，这样既符合奶牛的生理要求，也比较经济。奶牛的挤奶时间和次数一经建立，不要轻易改变，无规律的挤奶对奶牛十分不利。在实际生产中，每天挤奶次数的确定应考虑挤奶的劳动强度，奶牛的休息、饲喂次数，奶牛能否在营养方面获得补偿和送奶条件等因素来确定。

6. 泌乳期 奶牛在一个泌乳期中产奶量也呈规律性变化，一般母牛分娩后产奶量逐渐上升，低产牛在产后20～30d、高产牛在产后40～60d产奶量达到高峰，高峰期一般维持 20～60d 后便开始下降。高产品种每月下降 4%～6%，低产品种下降 9%～10%，最初几个月下降较慢，到了妊娠 5 个月以后，由于胎儿的迅速发育，胎盘激素和黄体激素分泌增加，抑制了脑垂体分泌催乳激素，使奶牛产奶量迅速下降。在整个泌乳期中产奶量呈现先低、后高、再逐渐下降的曲线变化。同时，奶的质量也呈现相应的变动。奶中脂肪的含量与产奶量的变化相反，产奶量上升时乳脂率略有下降，产奶量下降时，乳脂率则逐渐升高。奶中蛋白质的含量也随着产奶量的上升而逐渐增加，乳糖和矿物质亦略有增加。

奶牛泌乳期间发情，由于 FSH 分泌加强、促乳素（PRL）分泌降低，产奶量会出现暂时性的下降，其下降幅度为 10%～12%。在此期间，乳脂率略有上升。

7. 干奶期长短 一般奶牛的干奶期为 2 个月，过短不利于母牛机体的休养和乳腺组织的恢复，过长又缩短了母牛的产奶时间，降低了经济效益。干奶期的长短和饲养管理水平高低，关系到母牛下一个泌乳期的产奶量和胎儿的生长发育，所以，应保证奶牛的正常干奶时间。

8. 营养水平 供给奶牛全面而平衡的营养是产奶的物质基础。奶牛泌乳力的遗传力仅为 0.25～0.30。外界环境对产奶量的影响占 70%～75%，其中饲养管理对奶牛产奶量影响最大。在良好的饲养管理条件下，全年产奶量可提高 20% 左右，甚至更多。

9. 产犊季节与外界温度 母牛的产犊季节和月份对其泌乳量也有一定影响。在我国，母牛最适宜的产犊季节是冬、春季，母牛体内催乳素分泌旺盛，产奶高峰期避免受热应激的影响，产奶量较其他季节高。

在气温 5～21℃ 范围内，奶牛产奶量及奶的成分没有受影响。过低的气温条件下，一般对奶牛的产奶量影响不十分显著；但在夏季炎热时，奶牛的呼吸次数增加，采食量减少，往往出现产奶量明显下降。因此，为了保证牛体健康，提高产奶量，夏季必须采取防暑降温措施。

10. 疾病 奶牛在患病或健康受损的情况下，将影响奶的形成，产奶量随之下降，奶的组成亦发生变化。例如，患乳房炎、酮病、乳热症和消化道疾病时，产奶量显著下降。奶牛患急性乳房炎时，奶中干物质、乳脂肪、乳糖的含量减少，酸度降低，奶呈碱性反应，有咸味，奶中白细胞的数量增加。

二、产奶性能的评定

奶牛产奶性能评定包括个体产奶量、群体产奶量、乳脂率、饲料转化率等。

（一）个体产奶量

每头奶牛各泌乳期的产奶量是奶量统计计算的基础。最精确的方法是将每头牛每天每次所产的奶分别称重和记录，到泌乳期结束时进行相加。简便的方法是，中国奶牛协会建议用每月测定 3d 的日产量来估计全月产奶量：每月记录 3 次，每次相隔 8～11d，将每次的日产奶量乘以所间隔天数，然后相加，可得出每月和全泌乳期的奶量。其计算公式如下：

全月产奶量（kg）＝ $(M_1 \times D_1) + (M_2 \times D_2) + (M_3 \times D_3)$

式中　M_1、M_2、M_3——月内各测定日的全天产奶量；
　　　D_1、D_2、D_3——当次测定日与上次测定日间隔天数。

个体产奶量常以 305d 产奶量、305d 校正产奶量和全泌乳期实际产奶量表示。

1. 305d 产奶量　是指自产犊后第 1 天开始到 305d 为止的产奶量。不足 305d 者，按实际产奶量，并注明产奶天数；超过 305d 者，超出部分不计算在内。

2. 校正 305d 产奶量　有些泌乳期达不到 305d，或超过 305d 而又无日产记录可以查核，为了比较方便，将这些记录的实际产奶量乘以相对系数，校正为 305d 的近似产量。中国奶牛协会制订了统一的校正系数表，表中天数以 5 舍 6 进法，即产奶 265d 采用 260d 校正系数，产奶 266d 采用 270d 校正系数。泌乳期不足 305d 的校正系数见表 4-1，泌乳期超过 305d 的校正系数见表 4-2。

表 4-1　泌乳期不足 305d 的校正系数表

产奶天数	240	250	260	270	280	290	300	305
第 1 胎	1.182	1.148	1.116	1.036	1.055	1.031	1.011	1.00
2～5 胎	1.165	1.133	1.103	1.077	1.052	1.031	1.011	1.00
6 胎以上	1.155	1.123	1.094	1.070	1.047	1.025	1.009	1.00

表 4-2　泌乳期超过 305d 的校正系数

产奶天数	305	310	320	330	340	350	360	370
第 1 胎	1.00	0.987	0.965	0.947	0.924	0.911	0.895	0.881
2～5 胎	1.00	0.988	0.970	0.952	0.936	0.925	0.911	0.904
6 胎以上	1.00	0.988	0.970	0.956	0.900	0.928	0.916	0.993

3. 全泌乳期实际产奶量　是指自产犊后第 1 天开始到干奶为止的累计产奶量。

4. 年度产奶量 是指 1 月 1 日至本年度 12 月 31 日为止的全年产奶量，其中包括干奶阶段。

5. 终生产奶量 一头奶牛从开始产犊到最后淘汰时，各胎次实际产奶量的累加。各胎次产奶量应以全泌乳期实际产奶量为准。

（二）群体平均产奶量

全群产奶量的统计，应分别计算成年母牛（包括产奶、干奶及空怀母牛）的全年平均产奶量和产奶母牛（指实际产奶母牛，干奶及不产奶的母牛不计算）的平均产奶量。

1. 按牛群全年实际饲养奶牛头数计算

$$\frac{成年母牛全年平均}{产奶量（kg/头）} = \frac{全群全年总产奶量（kg）}{全年平均每天饲养成年母牛头数（头）}$$

全年平均每天饲养成年母牛头数，包括产奶牛、干奶牛以及 2.5 岁以上在群母牛、转进或买进成年母牛、转出、卖出、死亡以前的成年母牛。将上述奶牛在全年的不同饲养天数相加除以 365d，即计算出年平均饲养成年母牛头数。

2. 按全年实际产奶牛头数计算

$$\frac{产奶牛年平均}{产奶量（kg/头）} = \frac{全群全年总产奶量（kg）}{全年平均每天饲养产奶牛头数（头）}$$

全年平均每天饲养产奶牛头数是指全年每天饲养产奶牛头数总和除以 365d，产奶牛中不包括干奶牛和其他不产奶的牛，因此计算结果高于成年母牛全年平均产奶量。

（三）4%乳脂率标准乳

不同个体牛所产的奶，其乳脂率高低不一。为评定不同个体间产奶性能的优劣，应将不同乳脂率的奶校正为同一乳脂率的奶，以便进行比较。常用的方法是将不同乳脂率都校正为 4%乳脂率的标准乳。换算公式为：

$$FCM = M \times (0.4 + 15F)$$

式中　FCM——乳脂率 4% 的标准乳量（kg）；

　　　M——乳脂率为 F 的乳量（kg）；

　　　F——实际乳脂率。

（四）排乳性能

随着挤奶机械的普及，排乳性能显得日益重要，其中包括排乳速度、前乳房指数等。

1. 排乳速度 在机械化挤奶的条件下，排乳速度快的奶牛，有利于在挤奶厅集中挤奶，可提高劳动生产率。排乳速度常用平均每分钟的泌乳量来表示，由于每分钟的泌乳量与测定的日产奶量有关，所以应在一定的泌乳阶段测定。一般规定在第50～180个泌乳日之间选择一个测定日，测定一次挤奶过程中的某个中间阶段排出的奶量及所需的时间。被测定的奶牛，要求1次所测定的奶量不少于5kg，由此得到的平均每分钟奶量还需再矫正为第100个泌乳日的标准平均每分钟泌乳量，矫正公式为：

标准奶流速＝实际流速＋0.01×（测定时的泌乳日－100）

排乳速度遗传力较高，为0.5～0.6，有利于选种。有的国家已对主要品种母牛规定了排乳速度的要求，如美国荷斯坦牛为3.61kg/min，德国西门塔尔牛为2.08kg/min。

2. 前乳房指数 4个乳区发育的均匀程度，对机械挤奶非常重要。常用前乳房指数表示乳房对称程度，即一头牛的前乳房的挤奶量占总挤奶量的百分率，一般范围在40％～46.8％，该指数大较好，说明前后乳区的发育更为匀称。如果前乳房指数低于40％，那么挤乳将受到不良影响，会使奶牛易患乳房炎。优良奶牛品种的前乳房指数一般在45％以上。

测定方法是用有4个奶罐的挤奶机进行测定，4个乳区分泌的乳汁分别流入4个奶罐中，由自动记录的秤或罐上的容量刻度可测得每个乳区的产奶量。

前乳房指数＝前两乳区的挤奶量/总挤奶量×100％

前乳房指数遗传力为0.32～0.76，平均为0.50，可以选育提高。

（五）饲料转化率

这是一个综合指标，既反映奶牛的遗传品质，又反映饲料营养与饲喂的科学性及管理状况。有下列两种计算方法：

1. 每千克（或兆焦）饲料干物质生产若干千克牛奶

$$饲料转化率 = \frac{全泌乳期总产奶量（kg）}{全泌乳期饲喂各种饲料干物质总量（kg 或 MJ）}$$

2. 每生产1kg奶消耗若干饲料干物质（千克或兆焦）

$$饲料转化率 = \frac{全泌乳期饲喂各种饲料干物质总量（kg 或 MJ）}{全泌乳期总产奶量（kg）}$$

（六）产奶指数（MPI）

MPI指成年母牛（5岁以上）一年（一个泌乳期）平均产奶量（kg）与其平均活重之比，这是判断牛产奶能力高低的一个有价值的指标。不同经济类型牛的产奶指数见表 4-3。

表 4-3 不同经济类型牛产奶指数（MPI）值

经济类型	产奶指数（MPI）范围
（专门化）乳用牛	>7.9
乳肉兼用牛	5.2～7.9
肉乳兼用牛	2.4～5.1
肉（或役）用牛	<2.4

三、奶牛生产性能测定体系——DHI

DHI（Dairy Herd Improvement）是奶牛生产性能测定（亦称奶牛群改良）的英文缩写。DHI 是一整套完整的生产记录和管理体系，是一个实实在在，通过度量和分析来解决实际问题的方法，其功能是提高牛群的整体素质，提高牛群生产水平，应用方法是从群体着眼，针对个体进行解决。

（一）DHI 的发展概述

1. 国外 DHI 的发展 DHI 作为奶牛场饲养管理的有效手段，在国外奶牛业至今已应用了近一百年。美国 DHI 发展情况见表 4-4 和表 4-5。

表 4-4 美国 DHI 发展历程

（摘自：Cited from《Dairy Cattle in North America》）

年度	协会数（个）	牛群（个）	母牛数（头）	平均每群母牛数（头）	参加测试母牛的平均成绩	
					产奶量（kg）	乳脂率（%）
1906	1	31	239	7.7	2 409	4.1
1933	881	15 447	358 501	23.2	3 567	4.0
1943	1 057	24 155	616 972	25.5	3 784	4.1
1953	2 151	40 983	1 226 588	29.9	4 206	4.0
1963	1 441	41 937	2 006 534	47.8	5 130	3.8

表 4-5 美国 DHI 的母牛和牛群参加情况

（摘自 http://www.aipl.arsusda.gov/publish/dhi.htm）

	1989	1994	1999	2004
母牛数（头）	4 576 521	4 693 457	4 182 171	4 071 099
参加的百分比（%）	45	49	45	45
牛群数（个）	56 798	50 649	34 820	26 236
平均牛群大小（头）	81	93	120	155

2003 年，加拿大全国有 1 080 000 头母牛，其中加入 DHI 的有 746 806

头,平均每个 DHI 牧场有母牛 62 头,在已经加入性能测定的母牛中大约有 51％参加的是正式 DHI。以色列从 1934 年开始牛奶记录,2002 年参加 DHI 的母牛头数为 103 801 头,大约有 94％的母牛加入 DHI。日本在 1974 年开始建立 DHI,到 1993 年已有 549 456 头母牛、15 248 个农场加入,牛头数普及率为 44％。德国目前有 10 个奶牛记录组织负责大约 1 730 000 头母牛、25 000 个牧场的 DHI 测试工作。韩国于 1979 年开始 DHI 测试,到 2001 年有 131 388 头母牛、3 721 个牧场加入,约占全国母牛头数的 24％。

如今 DHI 已经成为世界奶牛业发展的方向。DHI 已经由早期的专门的生产性能测定逐渐发展演变为综合的牛场记录方案,旨在向奶牛场提供全面的牧场管理的必要信息。它已经成为奶牛场决策的依据,是饲养、繁殖、疾病控制、奶牛场管理等多项技术共享的平台。

2. DHI 在中国的发展情况 DHI 于 1993 年被介绍到中国,1995 年开始全面实施。作为中加合作项目最先的三个试验点上海、杭州、西安,分别建立起 DHI 中心实验室。经过近 10 年的发展,目前已经扩展到 15 个地区,到 2001 年底全国已获得近 15 万头次的生产性能记录。加入 DHI 的牧场已经从中得到明显的收益,生产水平有了较大幅度的提高,经营管理也有一定的改善。如天津红光奶牛二场有成母牛 493 头,平均单产由 1998 年 7 478.62kg 到 2002 年已增加到 8 186.46kg,增产 706.62kg。DHI 提供的数据已经成为他们经营决策的基础,在利润空间逐渐缩小的今天,要想管理好牧场,必须依赖全面准确的 DHI 数据。

为促进这一技术在我国的推广和应用,1999 年 5 月中国奶业协会已成立全国 DHI 工作委员会,制定了 DHI 技术认可标准,实验室验收标准及采样和制取标准样品的操作要求。

(二) DHI 的分析与应用

1. 基本条件

(1) 硬件。实验室、远红外线奶成分测定仪和体细胞测定仪、流量计、采样器、运输工具、数据传输工具及电脑等。

(2) 软件。相关部门支持、牛场认可、DHI 分析软件、专家服务。

2. 基本要求

(1) 牛只信息。牛号、出生日、产犊日、干奶日、父母号、犊牛情况、出栏日期等。

(2) 测试内容。日产量、乳脂率、乳蛋白率、乳糖、体细胞数、总固体、非蛋白氮等。

（3）测试对象。从产后一周开始至干奶前一周的泌乳牛。

（4）测试间隔。21～42d（26～33d）。

（5）奶样要求。全天按比例混合样，一般三次挤奶按早中晚4∶3∶3比例取样，二次挤奶按6∶4比例取样。

（6）奶样总量。35～50mL。

（7）奶样保存。4℃左右，不能冷冻，夏天须加防腐剂。

3. DHI报告分析

（1）序号。样品测试顺序号，用于了解测试牛群规模。班组号（管理者标记、牛群标记），用于分群管理。

（2）牛号。区别牛只，对一个特定牛只，这个号应是唯一的，应按统一要求进行编制，以区别于其他牛只。

（3）分娩日期。根据该日期确定泌乳天数。

（4）泌乳天数。这是计算机按照提供的分娩日产生的数据，它依赖于准确的分娩日期。平均泌乳天数可以反映牛群的配种情况和不同牛群间生产水平比较依据。

（5）胎次。胎次不同，泌乳曲线不同，用于估计305d产奶量。

（6）测定奶量。日产奶量。

（7）校正奶量。是将实际奶量校正到产奶150d，乳脂率为3.5%的同等条件下的用于比较的奶量，根据泌乳天数和乳脂率得出。

（8）上次奶量。用于比较泌乳趋势。

（9）乳脂率（$F\%$）。是从测定日样品分析得出的乳脂的百分比。

（10）乳蛋白率（$P\%$）。乳蛋白的百分比。

（11）乳脂/蛋白比例（F/P）。乳脂率与蛋白率的比值。

（12）体细胞计数（SCC）。每毫升样品中检出的体细胞数，单位为10 000。

（13）线性体细胞计数（LSCC）。将SCC分为9级，用于确定奶量的损失。

（14）牛奶损失（MLOSS）。基于该牛的产奶量和体细胞计数由计算机产生的数据。

（15）前次体细胞数（PreSCC）。上次样品中的体细胞数，用于比较改进措施的效果。

（16）累计奶量（LTDM）。基于胎次和泌乳日期产生，用于估计本胎次产奶的累计总量。

（17）累计乳脂量（LTDF）。同LTDM，用于估计本胎次脂肪总量。

(18) 累计蛋白量（LTDP）。同上，用于估计本胎次蛋白总量。

(19) 峰值奶量（PeakM）。测定日奶量中最高一次产奶量记录。

(20) 峰值日（PeakD）。表示产奶峰值发生在产后多少天。

(21) 305d 奶量。分为估计 305d 奶量和实际 305d 奶量。

(22) 持续力。相邻两个月产奶量比较值，反映产量变化情况。

(23) 繁殖状况。来源于牛场呈送的配种信息（产犊、空怀、怀孕等），便于管理。

(24) 预产期。来源于繁殖状况信息。

(25) 其他。根据需要设置的有关内容。

4. DHI 报告应用

(1) 泌乳曲线。不同产奶量奶牛平均产量曲线规律是：高产母牛的产奶峰值也高。所有母牛的正常峰值出现在第 2 个测定日。所有的牛在峰值过后产量逐日下降。

在相同的胎次组，所有不同产量水平的曲线下降斜率是相似的（图 4-1）。第一胎牛的产奶持续力比其他胎次的牛要强。峰值奶量是使总产量提高的动力，提高产量必须管理好峰值奶量。

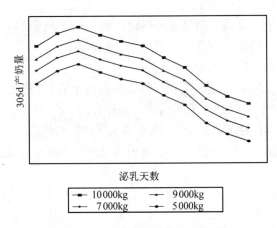

图 4-1 不同产奶量的泌乳曲线

(2) 体细胞计数与奶损失。SCC 是衡量乳房健康的标志。高体细胞造成奶损失，计算公式如表 4-6。

SCC 通常由巨噬细胞、淋巴细胞和多形核嗜中性白细胞等组成。当乳腺被感染或受机械损伤后，体细胞数就会上升，其中白细胞所占比例会多达 95% 以上。测量牛奶中 SCC 的变化有助于及早发现乳腺炎、乳房损伤，并及时预防和治疗，减少奶损失，保证奶质量。

表 4-6 体细胞数(万)与牛奶损失(kg)

体细胞数	牛奶损失计算公式
SCC≤15	MLOSS=0
15≤SCC<25	MLOSS=M×1.5/98.5
25≤SCC<40	MLOSS=M×3.5/96.5
40≤SCC<110	MLOSS=M×7.5/92.5
110≤SCC<300	MLOSS=M×12.58/87.5
SCC>300	MLOSS=M×17.5/82.5

影响体细胞数变化的因素有:病原微生物对乳腺组织的感染、应激、环境、气候、遗传、胎次等,其中致病菌影响最大。乳房炎是传染病,奶牛间会交叉感染,应注意加以预防和治疗。隐性乳房炎与体细胞数的关系见表 4-7。

表 4-7 隐性乳房炎与体细胞数的关系

体细胞计数(万/mL)	0~25	26~50	51~150	151 以上
乳房炎诊断	"一"	"±"	"+"	"++"以上
反应物状态	流动	微细颗粒、流动	呈絮状、胶凝物、流动差	明显胶凝状、流动极差
反应物颜色	黄色	黄色带绿	绿色	深绿色

降低 SCC 的措施:一是维护环境的干净、干燥;二是正确使用和维护挤奶设备;三是挤奶程序规范化;四是治疗干奶牛的全部乳区;五是合理治疗泌乳期的临床乳腺炎;六是淘汰慢性感染牛;七是定期监测乳房健康;八是防止交叉感染。

(3) 乳脂率和乳蛋白率。基于正确取样获得,荷斯坦牛的乳脂率一般应为 3.6% 左右,乳蛋白率应为 3.1% 左右。乳脂率和乳蛋白率可以指示营养状况,乳脂率低是瘤胃功能不佳,代谢紊乱,饲料组成或饲料物理形式和质量等有问题的指示性指标。

提高乳脂率的措施:一是减少精料喂量,精料不要磨得太细;二是饲喂精料前先喂 1~2h 长度适中的干草;三是添加缓冲液(剂);四是精、粗比例≤40/60。

提高乳蛋白措施:一是日粮中可发酵的碳水化合物比例较低,影响微生物蛋白质的合成,可使用脂肪和油类作为能量来源;二是增加蛋白质供给或保证氨基酸平衡;三是减少热应激,增加通风量;四是增加干物质摄入量。

(4) 指导选种选配。DHI 网络可在国内外开展选种、育种,并提供真实可靠的资料。通过 DHI 资料,可很快查出所用种公牛的有关资料,并计算出后裔测定的育种值。从而对选配方案提供可靠依据,避免盲目引种,缩短改良进程。

（5）评估考核员工。对规模化奶牛场而言，可以通过评估 DHI 记录反映生产管理的好坏，以此来考核员工的工作效率。如配种人员以一年的产犊情况和产犊间隔作为考核指标；饲养员考核一个泌乳期的泌乳曲线，即峰值奶量及测定奶量；挤奶员用体细胞计数和牛群乳腺炎发病率来衡量。

第二节　犊牛饲养管理

犊牛是指出生到 6 月龄。犊牛培育是奶牛生产的关键，培育好坏直接影响奶牛一生中生产性能的发挥，因此必须掌握犊牛科学的饲喂技术和管理方法。

一、犊牛的特点

1. 行为特点　处于哺乳期的犊牛在哺乳后总有不足之感，为此而产生相互吮吸嘴巴上的余奶，以致延伸到相互舔毛或吮吸乳头。牛毛进入胃中易形成毛球，甚至堵塞幽门而死亡；习惯性的吮吸乳头易引起乳头发炎。

犊牛断奶后有依恋原牛群现象。如将一头犊牛从牛群隔开，会使它产生强烈的逆境反应而紧张不安，甚至跳越围栏重新回到原来的牛群中，这对断奶牛分群管理特别重要。

2. 消化特点与瘤胃发育　哺乳期犊牛瘤胃发育尚未健全，容积很小，一般初生三周后才出现反刍。所以，初生犊牛整个胃的功能与单胃动物的基本一样，前 3 个胃的消化功能还没有建立，主要靠真胃进行消化。随着犊牛年龄的增大和采食植物性饲料的增加，胃的发育便逐渐趋于健全，消化能力也随之提高。

对犊牛除饲喂全乳外，补饲适量精料和干草可促使瘤胃迅速发育。补饲精料，有助于瘤胃乳头的生长；补饲干草则有助于提高瘤胃容积和组织的发育。但完全补饲精料，则瘤胃的发育推迟。如果仅饲喂全乳，8 周龄后瘤网胃的容积相对较小，饲喂至 12 周龄，则瘤胃的发育更加缓慢。

补饲精料和干草可促进瘤胃容积的发育，瘤胃也因此发酵而产生乙酸、丙酸、丁酸等挥发性脂肪酸（VFA），这些脂肪酸对瘤胃的发育亦有刺激作用。

3. 食管沟反射　哺乳期犊牛靠食管沟反射将吮吸的乳汁直接由食管流入皱胃。试验证明，以犊牛习惯的哺乳方式喂乳时，则乳汁进入皱胃，反之，以犊牛正常的饮水方式喂乳或水时，则液体主要进入"瘤-网胃"。由此可见，哺乳行为会影响食管沟反射。在生产实践中，用桶喂乳的犊牛，生长状况往往不及用哺乳器喂乳的犊牛发育良好。

二、哺乳犊牛的培育

(一) 饲养

培育哺乳犊牛应注意从单胃消化转为复胃消化,从奶的营养到饲草营养的过渡。

1. 及时喂初乳 母牛产后 5～7d 分泌的乳汁称为初乳。初乳中含有多种抵抗疾病的免疫物质和维生素,其中蛋白质含量比常乳多 4～5 倍,脂肪含量多 1 倍左右,维生素 A、胡萝卜素和各种矿物质含量也很丰富。荷斯坦牛初乳(生后 24h)与常乳成分比较见表 4-8。

表 4-8 荷斯坦牛初乳(生后 24h)与常乳成分比较(%)

成　分	初　乳	常　乳
脂肪	5.4	3.5
蛋白质	14.3	3.25
白蛋白	1.5	0.47
免疫球蛋白	5.5～6.8	0.09
灰分	0.97	0.75
钙	0.26	0.13
镁	0.04	0.01
磷	0.24	0.11
氯	0.12	0.07
胡萝卜素 (μg/g 脂肪)	24～25	7
维生素 A (μg/g 脂肪)	42～48	8
维生素 E (μg/g 脂肪)	100～150	20

刚刚出生犊牛对免疫球蛋白的吸收率为 50%,出生 20h 后吸收 12%,36h 后吸收极少或不吸收。初乳的酸度高(45～50°T),能有效地刺激胃黏膜产生消化液,能抑制细菌活动,使机体免受侵害。初乳中含有溶菌酶和抗体,溶菌酶能杀死多种细菌。γ-球蛋白可以抑制某些细菌的活动,K-抗原凝集素能够抵抗特殊品系的大肠杆菌。初乳含有较多的镁盐,具有轻泻作用,能促使胎便排除。初乳中的这些作用会随着时间的延长而逐渐减弱。所以犊牛出生后 1h 内必须吃到初乳,没有吃到初乳的犊牛很难得到正常的生长发育。

第一次喂初乳喂量 1.5～2kg,不宜过多,以免引起消化紊乱。以后随着食欲的增加,每天初乳喂量可按体重的 8%～12% 计算,应少量多次,避免消化不良。

犊牛出生后，如果母牛死亡或母牛产后患乳房炎，可喂产犊时间相同的健康母牛的初乳，或喂发酵初乳，也可喂加鱼肝油的常乳。

犊牛人工哺喂时可以用桶喂或用哺乳壶。初乳期犊牛最好用带有乳嘴的哺乳壶饲喂，这种方法可使食管沟形成完全反射，闭合成管状，使乳汁全部流入皱胃，也比较卫生；用桶喂容易使奶溢入前胃，引起异常发酵而发生下痢。用哺乳壶喂时要求奶嘴光滑牢固，防止犊牛将其拉下或撕破，在奶嘴顶部剪一个"十"字形口，以利犊牛吸吮。

用桶喂初乳时，一只手持奶桶，防止撞翻，另一只手中指及食指浸入乳中向犊牛嘴上蘸取初乳引导哺乳，当犊牛吸吮手指时，慢慢把奶桶提高让犊牛口紧贴牛乳面吮饮，习惯后则可将手指拔出，如此反复几次，犊牛便会自己哺饮初乳。

初乳一日喂3～5次，做到定温、定量、定时，形成规律性。初乳的适宜饲喂温度为35～38℃，温度低时易引起犊牛胃肠机能失常，导致下痢。温度过高，易引起口炎、胃肠炎等。喂完初乳后，用毛巾将犊牛嘴擦净，以免形成舔癖。每次哺喂完初乳后，奶桶奶壶要及时清洗，晾干，用前用85℃以上热水或蒸汽消毒。

2. 哺喂常乳　犊牛饲喂初乳5～7d后，即可开始哺喂常乳（全乳）。反刍动物的乳蛋白中含有较多的酪蛋白，酪蛋白在胃酸和皱胃酶的作用下凝固，在凝固过程中也将脂肪球包裹在内，这样可以在胃中缓慢而充分地被消化。全乳营养成分有95％以上可以在皱胃被消化吸收。犊牛至少在3～4周龄以前必须以液体奶为主要营养来源，因为只有液体饲料才能不经过瘤胃而直接进入皱胃，形成食管沟反射，从而有效地被消化和吸收。

因初乳、常乳、混合乳的营养成分差异很大，犊牛最好吃其母亲常乳10～15d后，再饲喂混合常乳，以免造成消化不良或食欲不振。

常乳哺喂量应根据犊牛培育方案、牛的品种、产犊季节、犊牛生长计划和饲料条件等方面制定。目前生产中多采取2～3个月龄断奶，哺乳时控制在300～400kg。在饲料条件较好的情况下，生后1周即可补喂犊牛料和优质干草。这样，可促进瘤胃发育和及早反刍，缩短哺乳期，降低鲜奶的哺喂量。为降低犊牛培育成本，可改喂代用乳，以代替部分鲜奶。犊牛代用乳的蛋白质含量不低于22％、脂肪为15％～20％、粗纤维含量不高于1％，还应添加一定量的矿物质、维生素和抗生素等。

为了节约鲜奶，有的奶牛场饲喂发酵初乳。制备发酵初乳时，若没有菌种，用酸奶就可以。将牛奶煮沸，冷却到40℃，加入乳酸菌种（或酸奶），在37℃的条件下，经过7～8d，置于冰柜中（4～10℃）备用。

3. 供给优质的植物性饲料

（1）补喂干草。犊牛从7~10日龄开始训练其采食干草，在牛槽或牛架上放置优质干草任其自由采食，这样可促进瘤胃发育，防止舔食异物。

（2）补喂精料。犊牛出生1周后开始训练其采食精料。初喂时，可将精料磨成细粉并与食盐、矿物质饲料混合涂擦牛的口周围，使其感受味道和气味，教其舔食。最初每天每头喂干粉料10~20g，数日后可增至80~100g。待适应一段时间后，再饲喂混合湿拌料，可以提高适口性，增加采食量。湿拌料的给量随日龄渐增，1月龄每天每头250~300g，2月龄可达700g以上。

（3）补喂青绿多汁饲料。犊牛生后20d开始，补喂切碎的胡萝卜、甜菜等青绿多汁饲料，最初每天每头20~25g，以后逐渐增加，到2月龄时可喂到1~1.5kg。如无胡萝卜，也可以喂南瓜，但饲喂量要适当减少。

（4）青贮饲料。从犊牛2月龄开始喂给优质青贮饲料，最初每天每头100~150g，3月龄时可喂到1.5~2.0kg，4~6月龄时增至4~5kg。

4. 供应充足的饮水　牛奶中虽然含有大量水分，但仍不能满足犊牛正常代谢需要，因此，在犊牛出生后1周即开始训练其饮水（水中加适量奶借以引诱），以补充奶中水分的不足。绝不能以奶代水，否则犊牛易发生消化不良，生长发育速度减慢。

最初需饮36~37℃的温开水，10~15d后改饮常温水，1月龄后可在运动场饮水池自由饮水，但水温不应低于15℃。

5. 加喂抗生素　为预防下痢等消化道疾病，可饲喂添加抗生素的饲料。如每天补喂金霉素10 000IU，30d后停喂，犊牛的日增重可提高6%~7%，下痢发生率大大降低，在卫生条件较差的情况下，效果更为明显。

（二）管理

哺乳期犊牛的管理主要是卫生工作，预防消化道和呼吸道疾病，保证犊牛健康的生长发育。断奶后在犊牛舍内可按5~15头一栏进行群养，每头犊牛占1.8~2.5m²，同一群内的犊牛的年龄和体重应尽可能一致。

1. 卫生管理

（1）犊牛哺乳卫生。犊牛进行人工喂养时应切实注意乳和哺乳用具的卫生，尤其是桶式哺乳法。每次喂奶完毕，用干净毛巾将犊牛口、鼻周围残留的乳汁擦干。

（2）犊牛栏卫生。犊牛栏应保持干燥，并铺以干燥清洁的垫草，垫草应勤打扫、更换，犊牛舍定期消毒。同时犊牛舍保证阳光充足、通风良好、冬暖夏凉。

(3) 犊牛皮肤卫生。犊牛皮肤易被粪便、尘土黏附而形成皮垢，需经常刷拭，保持清洁，保证皮肤的保温与散热。刷拭亦可起到按摩刺激皮肤，促进皮肤的血液循环和呼吸，增强皮肤的新陈代谢，有利于犊牛生长发育。同时能防止体表寄生虫孳生，驯化犊牛，建立感情。皮肤刷拭每天1～2次，用软毛刷辅以硬质刷子，用力宜轻，以免损伤皮肤。

2. 单栏露天培育 20世纪70年代以来，国外在犊牛出生后，常采用单栏露天饲养，近年来国内一些先进的奶牛场也采用了这种方法培育犊牛。在气候温和的地区或季节，犊牛生后3d即可饲养在室外犊牛栏。

室外犊牛栏是一种半开放的犊牛栏，由侧板、顶板及后板围成。侧板两块，四边长分别为150cm、165cm、115cm和145cm，是前高后低的直角梯形，顶板为130cm×170cm的矩形，后板为115cm×120cm的矩形。每头犊牛占用面积为5.4m^2。犊牛栏一般采用厚度不小于1.25cm的木板制作，也可采用铁板，水泥预制板或砖砌成。栏的后板应设一排气孔，冬天关，夏天开；或在后板与顶板之间设升降装置，夏天将顶板后部升起以便通风。犊牛栏的前边设一运动场。运动场由直径为1.0～2.0cm的钢筋围成栅栏状，围栏长、宽、高分别为3m、1.2m、0.9m。围栏前设哺乳桶和饮水桶，以便犊牛在小范围内活动、采食、饮水。

室外犊牛栏坐北朝南，也可随季节或地区不同调换方向。室外犊牛栏应设在地势平坦，排水良好的地方。

犊牛在室外犊牛栏内饲养60～120d，断奶后即可转入育成牛舍。实践证明，采用单栏露天培育，犊牛成活率高，增重快，还可促进提早发育。

3. 加强运动 犊牛生后8～10d，即可在运动场作短时间运动，对促进体质和健康十分有利。运动时间长短应根据犊牛的日龄和气温变化酌情掌握。运动场内设置干草架和盐槽。

4. 健康观察 平时对犊牛进行仔细观察，发现有异常的犊牛，及时进行处理，可提高犊牛成活率。每天要求观察4次，观察的内容包括：

(1) 观察每头犊牛的被毛和精神状态。

(2) 每天两次观察犊牛的食欲以及粪便情况是否正常。

(3) 注意是否有咳嗽或气喘。

(4) 发现病犊，应及时隔离治疗。

5. 检测体高和体重 犊牛从初生时开始称重，以后每月称测一次体高和体重，并进行记录，以检查犊牛的生长发育状况。荷斯坦母牛的体重和体高参照表4-9的指标。

6. 戴耳标 为了便于观察管理和识别牛，犊牛必须戴耳标，常用的是塑料耳标，上面印有数字，清晰可见，既经济又简单。犊牛出生1周后即可用耳号钳戴耳标。

表4-9 荷斯坦母牛各月龄体重和体尺

月龄	体重（kg）	胸围（cm）	体高（cm）
初生	41.8	76.2	74.9
1	46.4	81.3	76.2
3	84.6	96.5	86.4
6	167.7	124.5	102.9
9	251.4	144.8	113.1
12	318.6	157.5	119.4
15	376.3	167.6	124.5
18	440.0	177.8	129.5
21	474.6	182.4	132.1
24	527	—	137.0

戴耳标前按奶协规定的良种登记方法编号命名，即第1位用汉语拼音表示省，如黑龙江省用"H"，第二位表示场号，如完达山牛场用"W"，第三位表示年号，如2004年用"04"，第四位为顺序号，如"89"号。全部排列为HW0489。编号命名一旦确定，要坚持永远不变。

目前国内有许多厂家生产耳标，选择耳标要求耳标坚固耐用，柔软光滑，长期不褪色为好。

7. 预防疾病

（1）防疫注射。根据当地兽医部门和牛场的要求，按时对结核和布鲁氏菌病进行检疫工作，并接种口蹄疫等有关疫苗。

（2）预防肺炎。肺炎是由多种病原微生物与环境温度的骤变等合并引起的，所以犊牛舍要保温、防寒，防止冷风侵入，舍内温度保持在15℃以上。

（3）预防下痢。不要喂变质的奶；控制哺乳量和奶温；做好气候骤变时的应急工作；做好牛舍、牛床等消毒工作；供给清洁充足的饮水。

8. 犊牛的去角 为便于成年后的管理，减少牛体相互碰撞受到创伤，应提倡给犊牛去角。常用的去角方法有：

氢氧化钠（钾）法：生后7~12d进行。先剪去角基部的毛，在角根周围涂上一圈凡士林，然后用氢氧化钠（钾）棒在剪毛处涂抹，直至有微量血丝渗出，面积$1.6cm^2$左右，以破坏角的生长点。该法应用效果良好。操作时防止手被烧伤，注意涂抹时避免血碱溶液烧伤犊牛眼睛而失明。

热烙法：将去角器加热至480～540℃后，适当地套在牛角根部，使之与牛角根部充分接触，去角器停留在每个角根部大约10s，适用于3～5周龄的犊牛。也可用特制的烙铁烧红后在角的生长点处烧烙。

9. 剪除副乳头 乳房上有副乳头时不利于清洗乳房，容易发生乳房炎，所以，犊牛在4～6周龄时应剪除副乳头。方法是，先将乳房周围部位洗净、消毒，把乳房轻轻拉向下方，用锐利的剪刀在连接乳房处剪掉副乳头，然后在伤口上涂以少许消毒药。如果乳头过小，辨认不清，可等母犊年龄稍大时再剪除。

三、犊牛早期断奶

奶牛发达国家和国内条件较好的奶牛场，早期断奶的哺乳期一般是4～6周，喂乳量多控制在100kg左右。条件一般的犊牛哺乳期也不超过2个月，哺乳量250～350kg。

1. 早期断奶的意义 由于早期断奶，犊牛的哺乳期缩短，哺乳量减少，可以节省大量鲜奶，并减轻劳动强度，降低培育成本；同时由于犊牛较早地采食犊牛料，从而促进了犊牛的消化器官，尤其是瘤、网胃的发育，提高了犊牛的培育质量、生产性能和成活率，减少了消化疾病的发病率。

2. 早期断奶方案的拟定 为达到早期断奶的目的，犊牛喂奶量应严格控制，同时实行早期补饲犊牛开食料和干草，也可哺喂人工乳。早期断奶喂奶量应根据当地饲养条件和水平灵活掌握。早期断奶成败的关键是犊牛料和人工乳的配制技术和管理是否科学。犊牛断奶时间应根据日增重和进食量来确定。现介绍几种犊牛早期断奶方案，供参考（表4-10、表4-11、表4-12）。

表4-10 350kg喂奶量（60d断奶）断奶方案［kg/（头·d）］

日　龄	喂奶量	犊牛料	粗料
0～30	6	0.1	0.1
31～50	6	0.2	0.25
51～60	5	0.4	0.45
61～90		1.5	1.5
91～180		2	2.5

注：1. 犊牛料的组成（%）：玉米50、豆饼35、麸皮8、鱼粉3、磷酸氢钙1、碳酸钙1、食盐1、预混料1。

2. 粗料用中等羊草和玉米青贮各50%（按风干重计算），每5kg玉米青贮折合1kg干草。

表 4-11 美国南达科他州大学犊牛的培育方案

犊牛日龄（d）	饲喂类型	日喂量（kg）
1～3	初乳	1.8～2.7
4～24	全乳或代乳料（液态）	2.2～3.2
25～30	全乳或代乳料（液态）	1.4
合计		57.3～77

表 4-12 早期断奶犊牛饲养方案 [kg/（头·d）]

日龄	喂奶量	犊牛料	粗料
1～10	4	5～8日开食	训练吃干草
11～20	3	0.2	0.2
21～30	2	0.5	0.5
31～40	（3）	0.8	1
41～50	（2）	1.5	1.5
51～60		1.8	1.8
61～180		2	2
全期总计	90（140）	288	290

注：1. 日喂奶量中也可喂人工乳代替部分常乳。
　　2. 表中括号内数字，指下半年（天热）出生的犊牛，哺乳期可延长到50d的喂奶量。

犊牛在4周龄以上，健康活泼，每天采食犊牛料0.7kg以上，能吃干草和饮水，即可断奶。犊牛断奶后应继续饲喂犊牛料至3～4月龄，再转换为育成牛日粮。断奶后犊牛料的喂量可控制在1.5～2.5kg，自由采食干草和青草。

早期断奶犊牛的生长速度可能比常规断奶犊牛的稍慢，但不影响其后期生长。实行早期断奶要观察犊牛的生长发育及体重的变化，如果日增重降到0.40kg以下时，将影响犊牛的生长发育。

3. 犊牛料的配制及喂法　犊牛料是根据犊牛的营养需要配制成粉状或颗粒状的混合精料，专用于犊牛断奶前后饲喂。犊牛从出生后3～7d开始自由采食，或犊牛料可按1∶1的比例加水拌匀后再加等量干草或5倍的青贮料搅拌均匀后喂给。

犊牛料的原料以植物性高能量籽实类及高蛋白饲料为主，可加入少量鱼粉、矿物质、维生素等，也可添加优质豆科草粉，如苜蓿草粉。犊牛料的配方见表4-13、表4-14所示。

表 4-13 犊牛料配方（%）

原料	Spanski（1997）	Fosgate（1997）
玉米（粉碎）	24.75	—
玉米（压碎）	—	32.0
燕麦（粉碎）	16.0	—

(续)

原　料	Spanski（1997）	Fosgate（1997）
燕麦（压碎）	—	20.0
小麦麸	8.0	—
豆粕	20.0	15.0
苜蓿草粉	25.0	20.0
糖蜜	4.0	10.0
磷酸氢钙	1.5	2.0
食盐	0.6	—
食盐（含微量元素）	—	1.0
添加剂	0.15	—

注：1. 添加剂含 0.004％钴、0.5％铜、0.025％碘、2.0％铁、5.0％镁、3.0％锰、7.5％钾、0.015％硒、10.0％硫、3.0％锌，维生素A 2200IU/g，维生素D 660IU/g，维生素E 8IU/g。
2. 以上2个配方的营养含量为：粗蛋白16.3％、粗脂肪3.1％、中性洗涤纤维23.4％、粗灰分7.0％。

表4-14 犊牛料配方（％）

时期	玉米	麸皮	豆饼	棉籽饼+菜籽饼	饲用酵母粉	磷酸氢钙	食盐	预混料
7～19日龄	55	16	20	0	5	2	1	1
20日龄至断奶	50	15	15	13	3	2	1	1

注：预混料组成：30～60日龄时每千克犊牛料中添加：维生素A 8 000IU、维生素D 600IU、维生素E 60IU、烟酸2.6mg、泛酸13mg、维生素B_2 6.5mg、维生素B_6 6.5mg、叶酸0.5mg、生物素0.1mg、维生素B_{12} 0.07mg、维生素K 3mg、胆碱2.6g。60日龄以上犊牛可不添加B族维生素，只加维生素A、维生素D和维生素E即可。

4. 人工乳的配制及利用 人工乳是犊牛哺乳期用以代替全乳的一种粉末状或颗粒状的商品饲料。为保证人工乳的营养，每千克干物质应含有粗蛋白质250g左右、脂肪200g、碳水化合物460g左右、灰分90g左右，其营养价值与奶粉相似。犊牛早期不能消化粗纤维，所以，人工乳的粗纤维应低于0.25％。此外，还应含有一定量的矿物质、维生素和抗生素等，促进犊牛生长，缓解应激，提高饲料转化率。

人工乳的原料以乳业的副产品为主，多用脱脂乳加动物油脂配制。人工乳蛋白质的含量通常要求达到20％，主要原料为乳蛋白，也可使用少量大豆蛋白浓缩物、大豆蛋白分离物、动物血浆、全血蛋白及经过加工的小麦面筋等。一般商品人工乳含脂肪18％～20％。人工乳的脂肪原料为羊脂或猪油，而植物油脂因含大量的游离脂肪酸，消化率比较低。犊牛能有效利用的碳水化合物只有乳糖、葡萄糖和右旋糖，因缺乏淀粉酶和麦芽糖酶，对淀粉和蔗糖不易消化，所以一般不宜用作人工乳的原料，否则会引起犊牛的腹泻。表4-15是几种人工乳配方，供参考。

表 4-15 几种人工乳配方（%）

原料	配方1	配方2	配方3	配方4
脱脂乳粉	78.5	72.5	78.37	75.4
动物性脂肪	20.2	13.0	19.98	10.4
植物性脂肪	—	2.2	0.02	5.5
大豆磷脂	1.0	1.8	1.0	0.3
葡萄糖	—	—	—	2.5
乳糖	—	9.0	—	—
谷类产品	—	—	0.23	5.4
维生素和矿物质	0.3	1.5	0.4	0.5

饲喂人工乳时，必须将其稀释成为液体，且具有良好的悬浮性和适口性，浓度12%～16%，即按1∶8～1∶6加水。最初饲喂时，需与全乳混合应用，犊牛生后3d内喂初乳，第4天喂全乳加1.0kg人工乳，第5天加2.0kg，第7天加4.0kg，并逐渐减少全乳的喂量，至第8天后即可完全喂人工乳。

四、断奶至6月龄阶段的饲养

从初生到断奶是犊牛饲养最关键时期。此期犊牛正处在快速生长发育阶段，所以适时断奶对成年后能否高产关系极为重要。由于犊牛培育方式的不同，断奶时间不一致，应根据犊牛的哺喂方法、生长发育及采食情况等具体确定。一般是在60日龄，采食犊牛料0.7～1.0kg时断奶。体格过小或体弱的犊牛可适当延长哺乳期。

刚刚断奶的犊牛，有7～14d的日增重仅为0～250g，且毛色粗糙无光泽，过于消瘦，腹部明显下垂，有些犊牛行动迟缓、不活泼，这是犊牛的瘤胃还没有充分发育，容积较小，瘤胃微生物区系正在建立，尚不能采食消化大量容积性的粗饲料缘故，加上早期断奶，其日粮营养水平偏低造成的。因此，这一阶段犊牛粗料应以优质干草为主，适当补喂一些青绿饲料，少喂青贮饲料。只要犊牛进食水平提高到1kg/d左右的精料和适量的粗料，上述现象可很快消失，日增重可达0.65kg以上。

断奶至4月龄继续饲喂犊牛料，并逐渐增加其喂量，同时补喂干草。在饲喂优质粗饲料情况下，犊牛日喂量可达1.4～1.8kg；如粗饲料质量一般，犊牛料可增加到1.8～2.2kg；如粗饲料品质太差，犊牛料可喂2.3～2.7kg。到4月龄的荷斯坦牛理想体重为123kg，日增重0.75kg为宜。达6月龄的荷斯坦牛理想体重为168kg，体高为112cm，胸围为124cm。其营养需要为：NND

7～9、DM 3.5～4.5kg，钙 23～24g，磷 13～16g。

断奶后犊牛按年龄和体重分群管理，每群 10～15 头。每天刷拭 1～2 次，舍外活动不少于 2～3h。

第三节　育成牛饲养管理

一、育成牛的特点

1. 生长发育特点　育成牛是指 7 月龄到初次产犊。育成牛的生长发育很快，但不同的组织器官有着不同的生长发育规律。据研究，骨骼的发育 7～8 月龄为最快，12 月龄以后逐渐减慢，此时性器官及第二性征发育很快，体躯向高度急剧发展。此时的犊牛除供给优质的牧草和多汁饲料外，还必须供给一定的精料。18～24 月龄生长缓慢下来，体躯显著向宽、深发展，日粮供应以品质优质的干草、青草、青贮料和根茎类为主，精料可以少喂或不喂。但妊娠后期，必须另外补加精料。在正常的饲养条件下，1 岁体重可达初生重的 7～8 倍，到配种年龄可达到成年体重的 65% 左右。育成阶段的饲养管理对成年后奶牛的体型结构和产奶性能起着决定性的作用。

2. 营养需要特点　研究表明，育成牛体重的增加并未引起蛋白质和灰分在比例上的改变，而体脂肪的增加却是明显的，也就是说伴随着生长，热能的需要量比蛋白质的需要相对增加，这就需要在饲料中增加能量饲料的比例。此外，育成牛的骨骼发育非常显著，在骨质中含有 75%～80% 的干物质，其中钙的含量占 8% 以上，磷占 4%，尚有其他矿物质元素。牛奶中钙、磷含量及比例符合犊牛的需要，而断奶后的犊牛需要从饲料中摄取。因此，在饲喂的精料中需要添加 1%～3% 的碳酸钙与骨粉的等量混合物，同时添加 1% 的食盐。在育成牛生长过程中，只有脂溶性维生素需要在饲料中添加，水溶性维生素则可由育成牛的瘤胃微生物合成。

二、7 月龄至初配育成牛的饲养管理

此期是育成牛在生理上生长速度最快的时期，尤其是 7～9 月龄更是如此，其体躯向高度和长度方面急剧生长，还是性成熟前性器官和第二性征发育最快的时期，尤其乳腺系统在育成母牛体重为 150～300kg 时发育很快。此期育成牛的日增重应为 0.60kg，增重不宜过多，使其保持与月龄相当的理想体重，应适当控制能量饲料喂量，以免大量的脂肪沉积于乳房，形成肉质乳房，影响

乳腺组织的发育，抑制生产潜力的发挥。在正常饲养管理条件下，母犊牛 7～8 月龄、进入性成熟期，部分牛出现爬跨等发情症状。

育成牛的前胃已发育很快，容积扩大 1 倍左右，但仍不能保证采食足够的青粗料来满足机体发育的营养需要。同时，消化器官本身也处于强烈的生长发育阶段，需要继续锻炼其机能。因此，为兼顾机体生长发育的营养需要和消化器官的发育，日粮以优良的青粗饲料和青干草为主，适当补喂少量精料。从 9～10 月龄开始，日粮干物质的 75% 来源于青粗饲料，25% 来源于精料，为刺激前胃的发育，可掺喂具有一定容积的秸秆、谷糠类饲料，占青粗饲料的 30%～40%。每 100kg 体重的日粮参考喂量：青贮 5～6kg，干草 1.5～2.0kg，秸秆 1.0～2.0kg，精料 1.0～1.5kg。达到 12 月龄时，可用尿素代替 20%～25% 的可消化蛋白质，同时饲喂含无氮浸出物高的根茎类或糖蜜等，供给瘤胃微生物利用尿素合成菌体蛋白的能量和碳源。此期日粮配方可以参考表 4-16、表 4-17。

育成牛以 40～50 头组成一群，每群牛的月龄差异不超过 1.5～2.0 个月，体重差异不超过 25～30kg，并根据牛的体况及时调群，防止牛群因采食不均而发育不整齐。舍饲时，平均每头牛占用运动场的面积应达 10～15m^2，使牛充分运动、健康发育。

表 4-16　7～12 月龄日粮组成实例（以干物质计）

日粮配方	1	2	3	4
苜蓿干草（kg），开花中期	3.2	—	5.7	—
苜蓿青草（kg）	—	2.8	—	—
玉米秸秆（kg）	—	—	—	4.3
玉米青贮（kg）	2.7	2.8	—	—
玉米（kg）	0.5	0.5	1.1	1.2
44% 粗蛋白质浓缩料（kg）	0.27	0.5	—	1.1
磷酸氢钙（g）	18	9	18	23
碳酸钙（g）	—	—	—	18
微量元素添加剂（g）	18	18	18	18
DMI（kg/d）	6.706	6.627	6.836	6.659

表 4-17　13～19 月龄日粮组成实例（以干物质计）

日粮配方	1	2	3	4
苜蓿干草（kg），开花中期	5.1	10.1	—	—
苜蓿青草（kg）	—	—	5.4	—
玉米秸秆（kg）	—	—	—	6.5
玉米青贮（kg）	4.0	—	3.6	—

(续)

日粮配方	1	2	3	4
玉米（kg）	—	—	—	1.5
44%粗蛋白质浓缩料（kg）	—	—	0.27	1.3
磷酸氢钙（g）	36	23	18	41
碳酸钙（g）				23
微量元素添加剂（g）	23	23	23	23
DMI（kg/d）	9.159	10.146	9.311	9.387

三、初配至头胎产犊母牛的饲养管理

育成牛的初配依据年龄、体重和发育情况而定，一般14～16月龄配种，或其体重应达到成母牛70%，如中国荷斯坦牛体重达350～400kg，娟姗牛体重达260～270kg时，进行第一次配种。

国外近年来不断改善育成牛的饲养条件和管理水平，有的初配月龄提前到14月龄，甚至13月龄，大大提高了终生产奶量，增加了经济效益。

育成母牛配种受胎后，生长速度缓慢下降，体躯向宽、深方向发展。其怀孕初期的营养需要与配种前差异不大，日粮以优质青草、干草、青贮、根茎类为主，精料少喂或不喂；但怀孕的最后4个月，由于胎儿迅速增大，乳腺准备泌乳而发育加快，应按奶牛的营养需要进行饲养，每日补喂精料2～3kg，粗蛋白质维持在13%～15%，增加维生素、钙、磷及微量元素等。

在良好的饲养条件下，母牛极易在体内沉积大量脂肪，使体况评分肥胖，导致难产或产后综合症等疾病发生。如果营养不良则影响机体发育，成为体躯窄浅、四肢细高的低产牛。控制食盐和矿物质的喂量，可以防止乳房水肿，同时，玉米青贮和苜蓿也要限量饲喂。此期日粮配方可以参考表4-18。

在生产实践中，常用体况评分来评价后备母牛饲养管理的好坏，因为体况评分能够充分地反映体内脂肪的沉积情况，根据膘情调整母牛饲养水平的一个好指标。饲养后备牛要经常检测体高和体重是非常重要的，目前国外研究认为后备牛的体高对初次产奶量的影响大于体重。后备母牛各阶段的理想体高和体况见表4-19。

表4-18　19～22月龄日粮组成实例（以干物质计）

日粮配方	1	2	3	4
苜蓿干草（kg），开花中期	11.4	7.3	6.6	—
苜蓿青草（kg）	—	—	—	—
玉米秸秆（kg）	—	—	4.1	8.6

(续)

日粮配方	1	2	3	4
玉米青贮（kg）	—	3.6	—	—
玉米（kg）	—	—	0.73	1.2
44%粗蛋白质浓缩料（kg）	—	—	—	1.5
磷酸氢钙（g）	18	36	50	50
碳酸钙（g）	—	—	—	23
微量元素添加剂（g）	29	27	29	28
DMI（kg/d）	11.4	10.9	11.4	11.3

初次怀孕的母牛需要精心的管理，经常进行牛体刷拭和乳房按摩，使之养成温驯的习性，按摩乳房以促进乳腺发育，为产后挤奶打下基础。乳房按摩在妊娠期的前 5 个月，每天 1 次，每次 2～3min；妊娠 5 个月以后，每天 2 次，每次 3～5min，至产前 1～2 个月停止，以免擦去乳头周围的蜡状保护物，引起乳房炎和乳头坏死。

妊娠后期应转入成母牛舍进行饲养，以适应分娩后饲养环境。运动时要缓慢，防止意外流产发生。临近产前 1 周进入分娩舍，进行分娩监视护理阶段。

表 4-19 后备母牛各阶段的理想体高和体况

月龄	3	6	9	12	15	18	21	24
体高（cm）	92	104～105	112～113	118～120	124～126	129～132	134～137	138～141
体况评分	2.2	2.3	2.4	2.8	2.9	3.2	3.4	3.5

第四节 成母牛饲养管理

一、一般饲养管理技术

科学的饲养管理是维护奶牛健康，增强抗病力，保持正常繁殖机能和不断提高产奶性能的最基本工作。

1. 分群饲养 牛属于群居家畜。因此，奶牛场根据年龄、生理状况及生产水平等将各类奶牛进行分群。这样，既便于饲养管理操作，又能满足各类牛的营养需要，减少同群奶牛之间因个体差异而引发的争斗。

奶牛场可视其生产规模和饲养管理条件，确定分群的依据。如根据奶牛的生理阶段分为犊牛群、育成牛群、成母牛群等，成母牛群还可分为产奶牛群和干奶牛群；从营养角度分为体况适度牛群、体况过肥牛群和偏瘦牛群；从育种角度可分为核心母牛群和种子母牛群。

2. 合理饲喂 良好的饲喂方式能够使动物保持强烈的采食欲望，以最少的饲料消耗获得最佳的生产性能。

(1) 日粮的类型及质量。奶牛为反刍类动物，对粗纤维的消化利用率高，日粮应以较多的粗饲料为主，补喂适量的精料补充料；瘤胃微生物还可利用尿素等非蛋白质含氮化合物合成微生物蛋白，为牛体提供蛋白质营养。

①给予青绿多汁并富含维生素的饲料。奶牛喜欢采食青绿饲料、精料和多汁饲料，其次为优质青干草、低水分青贮料，不爱吃秸秆等粗饲料。因此，以秸秆为主的日粮，应将秸秆铡短（2.5~3.0cm为宜）喂牛或拌入精料混喂。块根块茎类饲料应切碎喂给。

②日粮尽量由多种适口性良好的饲料组成。可相互补充营养物质，而且适口性也好。饲喂的谷物等精饲料应稍加粉碎或碾压，以免在瘤胃中未降解就随粪便排出。若磨成太细粉喂牛，消化率反而降低，导致营养成分在消化过程中损失，造成饲料浪费。日粮一般应含2种以上粗饲料、2~3种多汁饲料和4~5种以上的精饲料组成。为提高饲料的适口性，可以在配合精料时添加甜菜渣、糖蜜和淀粉浆等饲料。

③日粮具有一定的容积和营养浓度。奶牛的干物质采食量随其体重、产奶量及饲料质量变化较大。只有保证高水平的干物质采食量（DMI），才能保障母牛的高产、稳产。因此，在配合日粮时，既满足奶牛对日粮干物质的需要，也不能超出奶牛采食量的最大范围。也就是说，各阶段日粮必须达到一定的能量浓度。其他营养浓度不足时，必须向精料补充料中添加奶牛专用预混料来满足。

④日粮中有一定的轻泻成分。在以禾本科干草及秸秆为主的日粮中，应适当用一些麸皮等略带轻泻性的饲料，特别是产犊前后更应如此。麸皮可以在产奶牛日粮中占精料的25%~40%。还有一些青草和根茎类饲料亦有轻泻作用。奶牛日粮中的轻泻成分可以提高奶牛的采食量，虽然消化率降低，但总的营养进食量增加，还可以加快食糜通过消化道的速度，减少饲料蛋白质在瘤胃中的降解，增加过瘤胃蛋白的数量。

(2) 饲喂次数及顺序。

①饲喂次数。实验证明，高精料日粮的饲喂次数越多，越有利于保持瘤胃pH的稳定，提高瘤胃液中乙酸、丙酸比例，而且可使日粮及粗纤维能最大限度地进行消化，降低酮血症、乳房炎等发病率。此外，当日粮中含较多非蛋白氮时，增加饲喂次数可保持瘤胃中氨的平衡释放，使微生物蛋白质合成量增加，为奶牛提供更多的蛋白质。虽然日粮分多次饲喂，对奶牛的健康和产奶均有利，但饲喂次数太多增加工作量和劳动强度。生产实践中，饲喂次数通常与

挤奶次数相一致,每天奶牛精料饲喂次数安排 2~3 次为宜,并且每次间隔时间和喂量大致相等。

②饲喂顺序。实行先粗后精、先干后湿、先喂后饮的饲喂顺序,是维持瘤胃 pH 稳定最简单有效的措施。在开始饲喂精料前先喂粗料,既有助于启动咀嚼和促进唾液分泌,又可充分利用饲料纤维物质具有的促进咀嚼以及缓冲特性的营养作用。因此,先粗后精或以精带粗的混合饲喂方法就是为了促使产奶牛多采食一些饲料。

(3) 饲喂方法。

①定时定量,少给勤添。定时定量有利于奶牛建立条件反射,在采食前分泌一定量的消化液,提高营养物质的消化率。饲喂过早或过晚都会打乱牛消化腺的活动,影响饲料的消化和吸收。

少给勤添可以保持瘤胃的内环境的稳定,使食糜均匀通过消化道,从而提高饲料的消化率和吸收率。饲喂方法采取少喂勤添,以便使奶牛经常保持良好食欲,防止拒食,还可以减少饲料浪费,降低饲养成本。

②保持日粮相对稳定,更换饲料要逐渐进行。反刍动物对饲料的消化主要靠瘤胃微生物,瘤胃微生物形成一个新的区系需要 15~30d 的时间。微生物必须首先适应饲料才能对其分解,所以要求奶牛饲料有一定的稳定性。如果更换日粮中的精料成分,需要 10d 左右逐渐过渡,前五天更换 1/3,中间三天更换到 2/3,最后过渡到全部替换。若突然更换日粮,会引起奶牛应激。

③饲料要清洁,防止有异物。饲料要清洁,无污染和发霉变质。如果饲料中混入铁钉、铁丝、玻璃等微小锐利杂物,被牛吞食后很难吐出,造成网胃、心包创伤。因此,饲喂的草料中一定要清除异物。

3. 充足饮水 奶牛需要大量地饮水,一头奶牛夏季每天的饮水量在 100~150kg,冬季的饮水量也在 50~70kg。如果饮水供应不足,会直接影响奶牛的产奶量和食欲。所以在牛舍、运动场必须安置饮水设备,供牛自由饮用,或在每天饲喂后按时供应饮水,冬季每天 3 次、夏季 4~5 次。冬季饮水,温度不低于 8~12℃,否则增大奶牛机体能量消耗;夏季则应供应凉水,便于奶牛散热,缓解高温应激。饮水质量符合标准,防止污染,应定期清洗、消毒奶牛的饮水设备。

4. 规范挤奶操作 挤奶的正确与否和奶牛的健康、产奶性能、经济收入有密切关系。不规范的挤奶操作不仅影响奶牛的产奶量和牛奶质量,而且还会增加乳房炎的发病率,从而给奶牛生产带来严重损失。手工和机械挤奶操作程序详见实训六。

5. 合理安排工作日程 工作日程安排是否合理直接影响劳动生产率和经

济效益。安排工作日程，一般是根据劳动力的组织形式、挤奶次数、饲喂次数、牛群大小、产奶水平、交售鲜奶方式以及地域季节等要求而定。工作日程一旦确定，不得随意变动，否则奶牛已建立的条件反射将会遭到破坏，使生产受到损失。

欧美国家普遍实行日挤奶2次，两次相隔9h。我国多数奶牛场实行日3次挤奶工作制，分别相隔8h或7h。但不论采取2次或3次挤奶，必须保证使人、牛得到充分休息。我国地域辽阔，各地可根据地区季节特点合理安排适合本地区的工作日程。

二、全混合日粮（TMR）饲养技术

全混合日粮（Total Mixed Ration，TMR）饲养技术是指根据牛群营养需要（个体需要×群体牛头数），将切短成3cm左右的各种粗料、精料、矿物质、维生素、添加剂和其他饲料在饲料搅拌车内按比例混合，充分混匀，并调整含水量至45%±5%的日粮，由发料车发送日粮的一种先进的饲养技术。配制TMR是以营养学知识为基础，以充分发挥瘤胃机能和提高饲料利用率为前提，并尽可能利用当地的饲料资源以降低成本。

1. TMR的特点　TMR适用于规模化、集约化奶牛场，尤其是与散栏饲养方式相结合的情况下，具有以下优点：

（1）由于TMR各组分比例适当、混合均匀，使奶牛每次吃进的干物质含有均衡营养、精粗料比适宜，减少消化和代谢疾病。奶牛采食TMR，使瘤胃内可利用碳水化合物与蛋白质分解利用更趋于同步，防止奶牛在短时间内采食过量精料，引起瘤胃pH的突然下降，维持了瘤胃微生物及其内环境的相对稳定，因而有利于饲料利用率及乳脂率的改善，减少消化疾病及应激等发生。

（2）TMR饲养技术有利于控制日粮的营养水平，合理地分群分期饲喂，可提高奶牛的干物质摄食量，并降低日粮成本。由于各种饲料的适口性不同，奶牛因精粗饲料分开饲喂而易挑食，导致干物质摄食不足。TMR饲养技术按奶牛各生长发育阶段的营养需要配制低成本日粮，充分利用单独饲喂时适口性差的饲料，并使奶牛少量多次采食，防止过量摄食精料，减少饲草浪费，降低日粮成本。

（3）TMR饲养技术是发挥奶牛的产奶性能，提高繁殖率的最佳饲养技术。利用TMR技术饲养的奶牛自由采食，不必在挤奶间喂精料而减少灰尘，对鲜奶的卫生更有利。TMR比精粗料分饲的纤维水平适当降低，奶牛采食的日粮浓度更高，减少产奶期体重的损失，维持了奶牛的体况，有利于受胎。

（4）大幅度提高劳动生产率和经济效益。TMR 有助于控制生产、饲喂管理，省工省时，提高规模饲养效益及劳动生产率。可根据牛奶的成分变化，在一定范围内对 TMR 进行调节，以获得最佳经济效益。

2. TMR 饲养技术的基本条件

（1）TMR 的配制要求专用机械设备，因此一次性投入成套设备的成本较高。

（2）TMR 由计算机进行配方处理，需要经常调查并分析饲料原料的营养成分，尤其是水分的变化。

（3）全场奶牛根据生理阶段、生产性能进行分群饲喂，日粮配方各不相同，需要分别配制日粮。

（4）TMR 饲养技术需要根据个体牛的体况、泌乳期及时调整到相应 TMR 营养浓度的牛群。否则，处于泌乳早期高产奶牛的产奶高峰下降，处于泌乳中后期的低产牛体况过肥。

（5）牛群的外貌鉴定和生产性能测定是进行 TMR 饲养技术的基础。定期对个体牛的产奶量、奶的成分进行检测，对不同生长发育阶段及体况的奶牛合理分群，这是提高奶牛群生产成绩的必要条件。也就是说，DHI 是奶牛 TMR 饲养技术的基础条件。

在保证 TMR 的营养平衡性和稳定性的条件下，保持奶牛的自由采食状态，注意奶牛的采食量及体重的变化是 TMR 技术的常规管理。

3. TMR 饲养技术的应用 采用 TMR 可以较多利用粗料。奶牛一般按泌乳阶段分群：产后 70d 以内的牛为泌乳早期组，日粮中精料较多；产后 70～140d 为泌乳中期组，按平均产奶量和平均体重配料；产后 140d 至干奶期为泌乳后期组；干奶牛另成一组，都按营养需要配料。TMR 饲养技术采用自由采食，奶牛采食量增加，采食的干物质较多，有利于采用含粗料较多的营养浓度低的日粮，因此，TMR 饲养技术能节约精料、降低成本。

三、泌乳牛的饲养管理

（一）泌乳规律与泌乳曲线

如图 4-2 中 A 曲线母牛分娩后进入泌乳－干奶－再分娩－再泌乳的循环阶段。要保证紧密而有规律地循环下去，关键是让奶牛在泌乳早期内再次受孕。奶牛分娩后开始产奶，直到干奶为止称为泌乳期，一般持续280～320d，国际通行标准按305d计算。泌乳期的长短因品种、年龄、胎次、分娩季节和饲养管理条件不同而异。整个泌乳期内产奶量的变化有一定的规律性，将泌乳期内每个月的平均泌乳量绘成曲线称为泌乳曲线。

分析泌乳曲线表明，泌乳早期，产奶量逐渐上升，一般在30～60d内达到泌乳高峰，这一阶段的产奶量往往占整个泌乳期产量的50%。一般高产牛上升幅度大，曲线在高峰期较平稳，下降缓慢。如图4-2中A曲线，泌乳牛产后泌乳量迅速升高达到最高峰，并在高峰期维持高产的时间较长，泌乳曲线较平，则总产量较高。

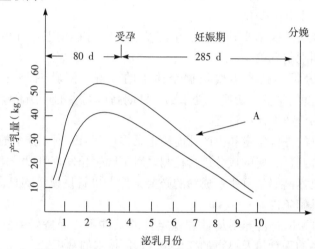

图4-2 一个泌乳期内的不同泌乳曲线

根据母牛产后不同时间的生理状态、营养物质代谢以及体重和产奶量的变化规律，把泌乳期划分为4个阶段即泌乳初期、泌乳盛期、泌乳中期、泌乳后期。按奶牛生理阶段和泌乳规律进行分阶段饲养是提高牛群产奶量、增加经济效益的有效方法。

（二）泌乳初期的饲养管理

母牛从分娩到产犊后的21d称为泌乳初期。也称恢复期。

1. 生理特点

（1）产后母牛的特点。体质较弱，消化机能减弱，食欲尚未恢复，有的乳房水肿，乳腺及循环系统的机能还不正常，繁殖机能正在恢复。

（2）能量负平衡。母牛分娩后，产奶量迅速增加。产奶高峰一般出现在产后4～8周，而最大干物质进食量通常出现在产后10～14周。在泌乳初期如果日粮中能量供给不能满足产奶的营养需要，将导致出现能量负平衡。

2. 饲养管理要点

（1）饲养管理目标。千方百计增加食欲，提高干物质进食量，尽快恢复体质。进入泌乳盛期时保持体况评分不低于3分。

（2）饲养管理要点。产后即喂益母草红糖汤（温水10kg、麸皮1kg、益母草0.5kg、红糖0.3kg、食盐0.1kg）及适口性良好的饲料，以优质的粗料为主。根据奶牛食欲、产奶量及消化情况逐渐增加精料和青贮喂量。精、粗比逐渐达到50∶50后向60∶40过渡，即"料领着奶走"。在加料过程中，要注意消化器官和乳房的变化情况。如消化不良，粪便稀或恶臭，或乳房水肿迟迟不消，就要停止增加或适当减少精料，适当减少多汁料，待恢复正常后，再逐渐增加精料。产后母牛不宜饮用冷水，尤其冬季应坚持饮用温水，1周后饮水温度可降至常温。

为了增加乳房内压，减少乳的形成和血钙下降，防止生产瘫痪，高产母牛在产后4～5d内挤奶时，不可挤得过净。产后第1天每次大约挤出2kg，够犊牛饮用即可。第2天挤出全天奶量的1/3，第3天挤出1/2，第4天挤出3/4或完全挤净。每次挤奶时要充分热敷和按摩乳房，促进乳房水肿尽快消失。但对低产或乳房没有水肿的牛，开始就可挤净。挤奶过程中，一定要遵守挤奶操作规程，保持乳房卫生，以免诱发细菌感染而患乳房炎。加强外阴部消毒和对胎衣、恶露排出的观察。保持环境清洁、干燥。夏季注意防暑降温，灭蚊蝇，冬季要保温、换气，加强奶牛运动。

（3）疾病预防。

①预防酮病措施：养好干奶牛，保持牛正常体况，防止过胖；临产前供给优质富含蛋白质和碳水化合物饲料，并注意能量和蛋白质的比例；产后保证有充足优质粗饲料，促进瘤胃功能尽快恢复，提高采食量，尽可能减少产后能量负平衡；饲养上采用引导饲养法，逐渐增加精料的喂量，注意精、粗比例和日粮中钙磷的含量。

②预防胎衣不下措施：提高干奶后期日粮的蛋白质和能量浓度，保持干奶牛正常体况；干奶后期饲喂阴离子盐添加剂，降低奶牛的DCAD（阴阳离子平衡，指每千克日粮干物质中主要阴阳离子之间毫克当量之差）；确保矿物质和维生素的数量。

③预防真胃移位措施：养好干奶牛，保持正常体况，防止过胖，提高奶牛干物质进食量，加强运动；调整干奶后期日粮的阴离子水平，保证血浆中钙的含量；重视粗饲料和有效纤维的摄入量；产前产后精粗比例逐渐过渡；注意补充矿物质。

(三) 泌乳盛期的饲养管理

泌乳盛期是指奶牛分娩后第 22 天到泌乳高峰期结束。一般为产后 22～100d 的一段时间。也称为泌乳高峰期。

1. 生理特点 此期奶牛乳房的水肿已消失；体内催乳素的分泌量逐渐增加，乳腺机能的活动旺盛，日产奶量逐渐增至高峰值；食欲恢复，但尚未增加到最大采食量；日粮干物质进食量仍然不能满足产奶的营养需要，仍处于能量负平衡状态，奶牛再动用自身的体脂来泌乳，此期结束奶牛减重 45 kg 左右。

2. 饲养管理要点

（1）饲养管理目标。此期在保证奶牛健康状况下，尽量克服能量负平衡，想方设法提高产奶高峰值，充分发挥其产奶潜力；确保产奶高峰适时到来并延长高峰泌乳时间，使产奶量达到全泌乳期总产奶量的 50% 左右；保持奶牛合理的体况（理想的体况评分为 2.5～3.0 分，不得低于 2 分），并于产后 60～110d 配种受孕。

（2）饲养管理要点。最好把头胎牛与成年牛分开集中饲养；过瘦牛集中起来加强饲养。坚持以"料领着奶走"的原则，精料增加到产奶量不再上升为止，并持续饲喂一段时间。此期精、粗比不宜超过 60∶40。精料喂量已经达到体重的 2.3% 左右。保证舍内舍外有充足清洁的饮水；加强牛舍消毒及挤奶用具的卫生，严格执行规范挤奶操作程序，预防乳房炎的发生；保证足够的运动量。泌乳盛期奶牛营养需要推荐：

DMI 占体重 3.6% 以上　　　　　CP（%）占 DM 16%～18%
最低 NDF 占 DM 25%～33%　　　最低 ADF 占 DM 17%～21%
Ca 占 DM 0.6%～0.67%　　　　　P 占 DM 0.32%～0.38%
RUP 占 CP 35%～40%
最高 NFC 占 DM 36%～44%
日粮每 1kg DM 含 2.3～2.5NND

为了充分提高此期的产奶量、减少能量负平衡，应采取以下措施：①提高日粮能量浓度。泌乳盛期奶牛体内营养物质处于负平衡状态、体重减轻，常规的饲料配合难以保证产奶的能量需要，通过添加动物性或植物性脂肪，提高日粮中的能量浓度，一般用量为每千克精料 60～80g，为了减少瘤胃内微生物的降解和氢化作用，可以添加脂肪酸钙等保护性脂肪。②提高饲料过瘤胃蛋白质的比例。泌乳盛期奶牛会出现组织蛋白质供应不足的问题，饲料蛋白质由于瘤胃细菌的降解，到达真胃和肠的微生物蛋白质和一部分过瘤胃蛋白质不能满足机体组织蛋白质的需要量。因此，提高日粮中低降解率蛋白质饲料（鱼粉、血粉等）的比例或采用包被的方法保护蛋白质或氨基酸，以增加进入小肠中可消化吸收氨基酸的数量，在一定程度上解决或缓解组织蛋白质的不足。还可添加经保护的必需氨基酸，如赖氨酸、蛋氨酸、组氨酸等。③采用"引导"饲养法。即按照营养标准满足产奶牛的维持和产奶需要外，再额外补加 4~5 NND 的饲料。也就是，从奶牛干奶期的最后 15d 开始，直到产奶量达到高峰时，喂给高营养的精料，缓解体重下降来提高产奶量。精料的给量随产奶量的增加而增加，达到产奶高峰后精料喂量固定下来，等到泌乳高峰过去后再按产奶量、乳脂率和体重等调整精料喂量。具体加料方法是，自产犊前 2 周开始，采食量在营养需要的基础上每天增加 0.25~0.45kg，直到精料喂量达到体重的 2.3% 或日粮总干物质的 60% 为止。在整个引导饲养期内，须保证奶牛自由采食优质干草和充足清洁的饮水。

引导饲养法可使母牛瘤胃微生物区系在产犊前得到调整，能够适应高精料日粮，提高干奶母牛对精料的食欲和适应性，同时高产奶牛产前在体内贮备足够的营养物质，为产后大量产奶提供足够的能量；在泌乳初期前，采食摄入足够的能量，尽量满足泌乳需要，维持或减缓体重下降，防止因大量产奶而过多分解体脂肪，发生酮病。并可使母牛在泌乳早期达到产奶高峰，充分发挥奶牛在早期泌乳阶段出现的泌乳潜力，提高整个泌乳期的产奶量。

在实际生产中，并不是所有奶牛对引导饲养法都能有良好适应，高产牛群中应该淘汰对此反应不良的个体，低产牛群则不宜应用，会导致母牛过肥，反而产生不利影响。对产前乳房水肿特别严重的奶牛慎用。

（3）疾病预防。①预防瘤胃酸中毒的措施：确保日粮精粗比合理，保证一定量的优质青干草；添加缓冲剂。②预防奶牛发情延迟，安静发情增多，受胎率降低的措施：增加能量和蛋白质的摄入量，并使二者的比例保持一定水平；保证日粮中足够的维生素和微量元素。

（四）泌乳中期的饲养管理

泌乳中期一般指奶牛产后 101~200d。

1. 生理特点 奶牛食欲旺盛，消化机能很强，采食量达到高峰；奶牛处于怀孕早期或中期，体质已经恢复，体重开始增加，发病机会很少；所以，泌乳中期仍是稳定高产的良好时机。

2. 饲养管理要点

（1）饲养管理目标。确保瘤胃内微生物的健康，进而达到奶牛自身和瘤胃健康的目的。恢复体膘，日增重控制在 0.10~0.20kg，期末体况恢复到 2.75~3.0 分。维持产奶量尽量稳定在高峰期产量或减缓下降速度，一般每 10d 下降在 3% 以内，高产奶牛不超过 2%。产奶量应力争达到全泌乳期产奶量的 30%～35%。

(2) 饲养管理要点。仍然采用分群饲养，根据产奶量高低，体况胖瘦，胎次，妊娠时间长短，并结合本场牛群的实际情况进行分群。精料喂量以"料跟着奶走"为原则，即随着产奶量的下降而逐渐减少精料的喂量。饲喂策略是日粮营养浓度逐渐降低和保持日粮组成相对稳定。供给充足的饮水和保证足够运动。保证正确的挤奶方法和乳房按摩。泌乳中期营养需要推荐：

DMI 占体重 3%～3.5%　　　　CP（%）占 DM 15%～16%
最低 NDF 占 DM 25%～33%　　最低 ADF 占 DM 17%～21%
Ca 占 DM 0.6%～0.67%　　　　P 占 DM 0.32%～0.38%
RUP 占 CP 30%～35%
最高 NFC 占 DM 36%～44%

(3) 防止产奶量下降过快的措施。在精粗比合理的情况下，适当保持精料的喂量；增加饲喂次数，提高干物质进食量；注意能量和蛋白质的平衡。

（五）泌乳后期的饲养管理

泌乳后期指停乳之前的 3 个月左右时间，通常是产后 201d 至停奶。

1. 生理特点　奶牛处于怀孕后期，胎儿生长发育加快，母牛要消耗大量的营养物质满足妊娠需要，产奶量下降幅度较大。食欲旺盛，消化机能很强，干物质进食量最大，发病机会很少。

2. 饲养管理要点

(1) 饲养管理目标。确保奶牛自身和胎儿健康。逐渐恢复体膘，日增重达 0.50～0.70kg，体况恢复到 3.0～3.5 分。减缓产奶量的下降，每个月下降幅度控制在 10% 以内。保胎防流。

(2) 饲养管理要点。根据产奶量高低，体况胖瘦，胎次，妊娠时间长短，并结合本场牛群的实际情况进行分群。精料喂量以"料跟着奶走"为原则，即随着产奶量的下降而逐渐减少精料的喂量，精粗料干物质比例为 40∶60。饲喂策略是日粮以粗饲料为主，粗饲料的比例占干物质进食量的 60%；还要考虑胎儿的营养需要。泌乳后期营养需要推荐：

DMI 占体重 3%～3.2%　　　　CP（%）占 DM 13%～15%
最低 NDF 占 DM 25%～33%　　最低 ADF 占 DM 17%～21%
Ca 占 DM 0.6%～0.67%　　　　P 占 DM 0.32%～0.38%
RUP 占 CP 25%～30%
最高 NFC 占 DM 36%～44%

为提高全泌乳期总产奶量，不宜过早停奶。泌乳后期是饲料转化体脂效率最高的时期，因此母牛体重增加量高于泌乳中期，泌乳初期损失的30～50kg体重，应尽量在泌乳中期和后期得到恢复。在管理上采取保胎措施，防止流产，及时进行干奶。

（3）易出现的问题和解决措施。①过胖：降低日粮的能量浓度，控制精料和青贮玉米的饲喂量。②过瘦：检查日粮配方，提高精料的能量浓度和数量；增加优质的粗料；加强疾病的预防。③产奶量下降过快：产奶量在10d内的下降幅度超过3%。解决措施同泌乳中期。

四、干奶牛的饲养管理

干奶期的饲养管理及干奶期的长短、干奶方法的选择对胎儿能否正常生长发育、母牛的健康状况以及下一个泌乳期的产奶性能有着密切关系。

（一）干奶的意义

1. 恢复母牛体质 干奶可补偿母牛因长时间泌乳而造成的体内营养消耗，使其在干奶期得以充分休息和蓄积体能，使奶牛体重增加50～80kg，以供下一个泌乳期的产奶需要。

2. 促使乳腺机能恢复 干奶能使乳腺得到休整、恢复和新腺泡的形成和增殖，特别是乳腺上皮细胞得以充分休息和再生，为下一个泌乳期的泌乳做必要的准备。

3. 有利于胎儿的生长发育 胎儿80%以上的体重增长是在妊娠期的最后2个月，需要较多的营养供应，干奶能使母体有足够的营养物质供应胎儿生长发育和增重，获得体大健壮的犊牛。

（二）干奶期的确定

干奶期的长短根据母牛预产期和奶牛的年龄、体况、泌乳性能及饲养管理条件而定。一般是45～75d，平均60d。若干奶过早，会减少母牛的产奶量，对生产不利；干奶太晚，则使胎儿发育受到影响，也影响到分娩后初乳的品质。初配或早配母牛、体弱及老年牛、高产母牛及饲养条件差的母牛需要较长的干奶期，一般为60～75d；体质健壮、产奶量较低、营养状况较好的母牛，干奶期可缩短为45～60d。

（三）干奶方法

干奶的方法一般可分为逐渐干奶法和快速干奶法。

1. 逐渐干奶法 逐渐干奶法是用1~2周的时间使奶牛的泌乳活动停下来。此法需要时间较长,适用于高产奶牛和有乳房炎病史的奶牛。在预期停奶前10~15d开始变更饲料组成,逐渐减少精料和多汁饲料的喂量,增加干草喂量,控制饮水量,停止按摩乳房,改变挤奶的次数和时间。减少挤奶次数,由正常每日3次挤奶改为2次到1次,由原来的每日挤奶改为隔1日、2日,每次挤奶必须完全挤净,当产奶量降至4~5kg时,即停止挤奶。

2. 快速干奶法 从进行干奶之日起,在3~5d内使泌乳停止,一般多用于中低产牛。从干奶的第1天开始,适当减少饲料,停喂青绿多汁饲料,控制饮水,减少挤奶次数和打乱挤奶时间,如从开始干奶第1天起,先挤2次,第2天挤1次,以后隔日挤1次,使产奶量显著下降,即可停止挤奶。

无论采用哪种干奶方法,最后一次挤奶都应将乳汁完全挤净后,立即用酒精进行乳头消毒,然后将含有长效抗生素的干乳膏分别注入4个乳头内,封闭乳头孔,可有效防止乳房炎的发生和避免瞎乳头。约10d后乳房收缩变软,干奶结束。

(四) 干奶期的饲养管理

干奶期可分为干奶前期和干奶后期。干奶前期指停止泌乳到临产前22d。干奶后期指临产前21d。

1. 干奶前期饲养 干奶前期奶牛的饲养根据体况而定,对于营养状况较差的高产母牛应提高营养水平,使其在干奶前期的体重比泌乳盛期时增加10%左右,从而达到中上等膘情,体况以3.5分为宜。日粮以粗料为主,应占体重的1%以上,控制块根、青绿饲料的比例,糟渣类、多汁类每头每日量不超过5kg;精料给量根据粗料品质及体况调整,一般在每头每日3~4kg。干物质进食量占体重的1.8%~2.5%,一般为12~13kg,粗饲料占干物质的60%~95%。青粗饲料占干物质的10%~20%,粗蛋白质占干物质的12%~13%。防止食盐喂量过高。

2. 干奶后期饲养 为避免干物质进食量的下降和能量负平衡情况的出现,应采取以下措施:

(1) 瘤胃功能调整。由于干奶前期奶牛以粗料为主,瘤胃纤毛小于0.5cm,需要4~6周的时间才能长到1.2cm以适应高精料的饲养,因此从分娩前三周起必须逐渐提高精料的喂量,来调整瘤胃的功能,但最大喂量不得超过体重的1%~1.2%。增加精料一方面提高了日粮的营养浓度,另一方面可改变瘤胃内微生物的种类,以便能发酵高能日粮和刺激瘤胃内壁乳头状突起来增加内壁表面积,防止分娩后代谢障碍。可利用酵母、酶等微生物制剂来促进瘤胃的纤维消化，稳定瘤胃环境和 pH。

（2）合理的营养组成。以优质粗饲料为主，粗饲料占干物质的 60%～80%，粗蛋白质占干物质 14%～16%，注意矿物质的平衡，控制食盐的喂量，确保维生素的数量。

（3）日粮中添加阴离子盐。在分娩前的 3 周，补饲阴离子盐，把 DCAD=[(Na^+＋K^+) －(Cl^-＋S^-)] 调整到 －100～－150meq/kg DM（干奶后期常规日粮中 DCAD 值通常为＋50～＋300 meq/kg DM 之间）。可以防止低血钙的发生，从而降低产后瘫痪、真胃移位、胎衣不下、子宫内膜炎和乳房炎的发病率。

3. 干奶期管理

（1）保证饲料品质及饮水卫生。要保持饲料的新鲜和质量，严禁饲喂发霉、变质冰冻饲料，同时注意饮水卫生，冬季不可饮过冷的水，水温不得低于 10℃，否则容易引起流产。

（2）保持安静卫生的生活环境，保证胎儿正常发育和顺利分娩。

（3）夏季注意防暑降温，提供足够的饲槽空间，创造条件增加牛的采食量，必要时提高日粮浓度。

（4）坚持适当运动。母牛运动时，必须与其他牛群分开，以免互相顶撞造成流产。每天运动 2～3h，产前停止运动。这样有利于分娩，预防产后胎衣不下、瘫痪及肢蹄病等。

（5）加强皮肤刷拭，保持牛体清洁。母牛在妊娠期，代谢旺盛，每天刷拭可以促进血液循环，有利于保胎。

（6）做好乳房按摩，促进乳腺发育。一般干奶期 10d 后开始乳房按摩，每天 1 次，产前出现乳房水肿的牛（经产牛产前 15d，初产牛 30～40d）应停止按摩。

五、奶牛夏季饲养管理

夏季奶牛饲养管理的关键是尽量减少热应激。热应激是奶牛受外环境的热刺激所产生的非特异性应答反应。热应激的目的是为了克服热应激源的危害，以保持体内平衡，所以这是一种适应性的非特异性防御反应。奶牛一般不能耐受高温，外界气温高于其体温 5℃便不能长期生存，而在低温环境中可借助较强的调节机能维持体温恒定。多数人认为，奶牛最适宜产奶的气温为 5～16℃，在 0～21℃时对产奶没有明显影响。当环境温度高于 25℃，相对湿度超过 80%，则会使奶牛的产奶量明显下降，甚至危及健康。

(一)热应激引起的后果

奶牛在夏天受热应激反应强烈。热应激影响奶牛的产奶和繁殖机能。

1. 热应激对产奶的影响　奶牛对热应激极为敏感。研究表明,荷斯坦牛因热应激使奶牛的采食量降低10%～40%,产奶量可降低5%～20%,乳脂率也下降,还可使奶牛泌乳期缩短。此外夏季产犊的奶牛产奶峰值比冬季的低7%。我国学者研究发现,奶牛的分娩月份对产奶量有显著的影响,以12月份至翌年1月份分娩的奶牛305d产奶量最高,7～8月份分娩的奶牛产奶量最低,比12月份至翌年1月份分娩的奶牛低25%～38%。

热应激不仅影响泌乳牛产奶量,而且也影响干奶牛。美国和以色列的研究均表明,干奶期的牛处于热应激下,对其下一泌乳期的产奶量也有影响。这主要是由于在热应激状态下,奶牛的生长激素、甲状腺素、雌激素及前列腺素的分泌减少,进而影响了乳腺发育。

2. 热应激对生殖功能的影响　热应激状态下奶牛的繁殖率明显降低。据试验,在配种当天或次日阴道温度增加0.5℃,即可影响受胎率。这与热应激时奶牛血清中促黄体素和孕酮分泌量的减少及前列腺素分泌量的增加有关。同时,研究还表明,在热应激下,奶牛的主导卵泡发育提前,到正式排卵时已经老化,从而影响受胎率。此外热应激时,奶牛表皮血管舒张,毛细血管血流量减少,造成胚胎营养不足,引起胚胎死亡或胚胎吸收。热应激不仅发生在夏季,也可发生在天气已经转凉的秋季,这就是典型的夏季热应激影响的滞后效应。

(二)缓解热应激的措施

夏季的高温导致奶牛的热应激,造成生产上的损失。为了减缓夏季高温对奶牛的不良影响,使奶牛生产水平相对稳定,必须采取相应措施,改善环境条件和加强管理。

1. 创造凉爽的牛舍环境　盛夏饲养大群奶牛应在运动场上搭遮阴棚,避免日光直射。运动场周围种植高大的阔叶乔木遮阴。牛舍的屋顶铺高度隔热材料,也可涂白(石灰水)或喷水。牛舍内设置的喷雾和通风换气装置设计合理。打开所有通风孔和门窗,促进舍内空气流动,降低舍内温度。在挤奶厅使用风扇和喷淋降温系统。

2. 供应清洁充足的饮水　炎热的夏季奶牛饮冷水可传导散热,减缓热应激。最好在舍内舍外都安装自动饮水系统或饮水槽,保证奶牛随时饮到清洁充足的水。盛夏奶牛的饮水量增加,每头牛最多饮水250 L/d,是常温饮水量的一倍以上。

3. 保持牛舍干燥卫生　每天早晚打开门窗通风换气，及时清理粪尿，清扫饲槽，刷拭牛体。

4. 定期消毒牛舍　夏季蚊蝇多，既干扰奶牛休息，又传染疾病，定期喷洒杀虫药和消毒剂，消毒时最好用带畜消毒剂，可以喷淋牛体使其降温。

(三) 夏季奶牛日粮配合特点及饲喂技术

夏季高温，奶牛采食量下降。因此，在日粮配合和饲喂技术上采取以下措施：

1. 改善日粮结构

(1) 添加脂肪。据测定，温度每升高1℃，奶牛要消耗3%的维持能量。因此，除提高日粮精粗比例，减少粗料喂量外，夏季奶牛日粮中还应适当增加能量（添加部分脂肪或糖类）浓度，并保证含15%～17%的粗纤维。添加全棉籽、膨化大豆等对缓解热应激有良好效果。维持瘤胃正常的pH，防止酸中毒。

(2) 提高蛋白质水平。夏季牛皮肤蒸发水分量加大，其氮的排出相应增加，热应激引起代谢增强，从而加速了奶牛体内蛋白质的降解。为此，夏季日粮中应提高蛋白质水平，但不超过18%。

(3) 添加微量元素。夏季奶牛受到热应激时，采食钾、钠、镁含量高的日粮，可防止奶牛失水过多或乳脂率下降，使产奶量增加，还可缓解奶牛热应激的程度。其喂量一般占日粮干物质：钾1.5%、钠0.5%～0.6%、镁0.3%～0.35%。添加铬有利于缓解热应激。在夏季气温高达35℃以上时，奶牛日粮中添加有机铬（吡啶羟酸铬或酵母铬）0.3～0.4 mg/kg，可改善食欲，增加干物质进食量，提高产奶量2.86 kg，且乳脂率比对照组高0.2%（张敏红等，2000）。

(4) 加入抗热应激添加剂。夏季在采食精料多的情况下，为改进粗饲料摄入和消化率，精料中加入适量的碳酸氢钠和氧化镁可抑制体温升高，增加产奶量，还可提高乳脂率和牛奶的总干物质，避免酸中毒的发生。据报道，给奶牛日粮中加入6～8g的烟酸，可提高产奶量和饲料转化率，减少卵巢囊肿发病率，并缩短产后第一次发情时间。精料中加入1%异位酸型奶牛添加剂，可缓解热应激，使呼吸均匀，食欲增加，因热应激造成的产奶量下降可明显回升。在日粮中添加25mg/kg乙酰氧肟酸脲酶抑制剂可提高产奶量，缓解热应激。

2. 改变饲喂技术　为满足奶牛营养需要，可通过增加饲喂次数，延长饲喂时间，调制粥料等方法来增强食欲，提高干物质进食量。饲喂次数由每天3次改为4次，夜间增加1次。由于采食后的2～3h为机体产生热能的高峰阶段，因此，在夜间和清晨凉爽饲喂，奶牛的采食量高，夏季夜间喂料量应占日粮的60%以上。

将干草、秸秆、玉米青贮和精料混合饲喂，以确保营养平衡、全价和提高干物质进食量。

第五节 高产奶牛饲养技术

根据我国奶牛饲养管理规范规定，初产牛产奶量达5 000kg，成母牛达7 000kg以上，即为高产牛。高产牛的主要特点是产奶量高，代谢强度大，饲料转化率高，对饲料及外界环境反应敏感，干物质进食量占体重4%左右，折合20~25kg干物质。只有健康的体质，才能适应生理机能的强烈活动。因此，高产奶牛除日粮供应全价、适口性好，易于消化吸收外，还要注意以下几点：

一、日粮结构与精粗料比例

国内饲养的高产奶牛由于优质苜蓿干草数量少，仅有中等质量的羊草和玉米带穗青贮，因此，日粮中可添加部分糟渣类（啤酒糟、豆腐渣等）来补充养分的不足。据周健民在北京地区进行的试验，泌乳量在35~45 kg的高产奶牛，其典型日粮结构是精料∶粗料∶糟渣类饲料应保持在60∶30∶10，粗纤维含量为15%~17%，粗蛋白质为18%~20%，产奶净能为2.32~2.43NND，钙0.91%，磷为0.64%，钙磷比为1.35∶1。奶牛表现消化机能正常。

粗饲料最好能有3种，即优质苜蓿干草、优质禾本科干草和优质带穗玉米青贮，其干物质一般占总干物质的30%~70%。一头成母牛，每天的青贮饲料供给量应控制在20kg以下，优质干草3~6 kg。

对于日产奶量高于35kg的高产奶牛，一般条件下必需喂给高能量的饲料。日粮精粗比例保持在60∶40之间，产奶净能为1.84~2.29NND/kg干物质时，则可保证奶牛瘤胃正常发酵、蠕动，有足够强度的反刍，发挥正常的泌乳机能。当精料比例高于70%、产奶净能高于2.48NND/kg干物质时，奶牛会发生消化机能障碍、瘤胃角化不全、瘤胃酸中毒和乳脂率、产奶量下降。

二、能量与蛋白质饲料的组成

高产奶牛泌乳早期，尤其是在产后30d内，由于采食量低，能量不足而动用体内储备的能量进行生产活动,导致奶牛体重下降明显。奶牛泌乳早期的能量负平衡是正常的生理变化,但不宜过大。在生产中,为了减少膘情下降可选择全棉籽、全大豆和脂肪等含能量高的饲料用于高产奶牛日粮和夏季奶牛日粮中,增加日粮中的能量浓度。添加2%~3%的保护性脂肪不会影响瘤胃微生物的发酵。近几年国内所做生产性试验证明,每日每头添加300~350g棕榈油(粉),可增产牛奶2.5~3kg。

对于高产奶牛必需满足瘤胃和小肠两部分对蛋白质的需要,才能发挥应有的产奶潜力。给高产奶牛提供过瘤胃蛋白质是非常必要的。饲料中豆粕、花生粕的蛋白质在瘤胃的降解率很高,而棉籽粕、酒糟等瘤胃降解率则较低,可以合理搭配使用。为解决高产奶牛泌乳早期蛋白质的不足,日粮中可添加保护性氨基酸。

三、无机盐的应用

高产奶牛的精料高达日粮干物质的60%时,往往缺乏钾,若在日粮中添加0.3%氯化钾,产奶量可提高8.2%。

高产奶牛大量泌乳,使血钙离子降低,钙离子为肌肉正常收缩所必需,缺钙导致步态不稳、不能站立,最后死亡。生产上多见的为亚急性产乳热,无明显临床症状,据报道,美国奶牛中发病率在60%左右(其中8%患有严重的产乳热),患牛产量减少14%,产奶寿命缩短3.4年。产乳热是一种与低血钙有关的代谢紊乱。血钙含量低还会引起其他疾病,如乳房炎、酮病、胎衣不下、真胃变位等。防治奶牛低血钙的一种有效方法是根据阴—阳离子平衡原理,在产前21d给奶牛饲喂阴离子盐。阴离子盐主要包括氯化铵、碳酸铵、硫酸铝、硫酸镁和氯化钙等。阴离子盐适口性差,通过与酒精糟、糖蜜或热处理大豆粕等载体混合后制粒的方法,可改变适口性,并防止分离。生产上经常使用的配比是200g阴离子盐与454g载体混合。据中国农业大学孟庆翔教授介绍,这样的阴离子产品已经由一些商业公司生产出了定型产品,可以供规模化奶牛场选用。饲喂阴离子盐使奶牛尿液pH在6.5~5.5之间,干物质进食量适中,可以显著提高产犊时的血钙浓度,避免疾病的发生。

四、添加剂在高产奶牛日粮中的应用

1. 添加保护性氨基酸 对于日产奶量30~35kg的高产奶牛,为了确保过瘤胃蛋白的需要,日粮中每日每头添加保护性蛋氨酸10~15g,产奶量提高9%~10%,乳脂率和乳蛋白质略有增加。

2. 添加保护性脂肪 在高产奶牛日粮中添加 3% 脂肪酸钙，使日粮总脂肪水平达 5%～6% 时，养分利用率最高，产奶量每日每头可增加 2.4kg，乳脂率可提高 0.05%，但日粮中的钙、镁要加至 0.9%～1.0% 和 0.3%。高士争等人 1998 年报道，每日每头添加脂肪酸钙 300g，产奶量增加了 3.95kg，增幅为 19.24%。

3. 瘤胃缓冲剂 高产奶牛由于采食的精饲料较多，特别是结构性碳水化合物在瘤胃中的发酵，造成瘤胃内酸度增加，不利于微生物的繁衍和营养物质的消化，发生瘤胃酸中毒而影响机体健康和产奶性能。因此，需要在日粮中添加缓冲剂调控瘤胃内的 pH，尤其在夏季添加可缓解热应激。常用的缓冲剂有碳酸氢钠和氧化镁，而且两者混合使用效果更好，通常碳酸氢钠和氧化镁分别占 70% 和 30%，两者的混合物在精料中占 0.8% 为宜。

4. 烟酸（维生素 B_5） 高产奶牛产奶初期母牛瘤胃合成的烟酸不足，会发生酮病，患该病的奶牛每日加喂 12g 烟酸，连喂 5～9d 后，血酮和牛奶中酮体含量均下降，产奶量增加。一般产奶牛在早期每日每头添加 6g 烟酸，可防止发生酮病，产奶量也明显增加。

5. 脲酶抑制剂 常用的脲酶抑制剂为乙酰氧肟酸。一般每千克日粮干物质添加 25mg 脲酶抑制剂。可使饲料中脲酶活性降低，提高蛋白质饲料的利用率。据估算，当奶牛日粮中添加尿素时，应用脲酶抑制剂可使尿素氮利用率提高 16.7%。

6. 双乙酸钠 双乙酸钠在牛体内分解为乙酸和钠离子，乙酸是乳脂肪的前体，乳脂中的脂肪酸 50% 是由乙酸合成的，喂双乙酸钠后，增加牛体内乙酸含量，有利于牛奶中短链脂肪酸的合成。

对于高产奶牛，由于日粮中精料比例较大，丙酸比例增加，乳脂下降。喂双乙酸钠后，则增加了乙酸的比例，进而提高了乳脂率和产奶量。在精粗比为 60∶40 的产奶牛日粮中添加精料量 0.3% 的双乙酸钠后，产奶量、乳脂率和饲料转化率均有不同程度的提高。

第六节 生鲜牛乳的质量控制

一、牛乳的理化特性

（一）牛乳的物理特性

1. 色泽 正常的全脂新鲜牛乳呈乳白色或淡黄色。乳白色主要是乳中酪蛋白—磷酸钙复合物的微粒子和微细的脂肪球对光线的不规则反射的结果,而淡黄色的深浅与牛乳脂肪中含有的胡萝卜素和叶黄素有关。例如,稀奶油呈浓郁的蛋黄色泽,脱脂乳呈白色;夏季饲喂大量青绿饲料,牛乳的颜色比冬季浓。

2. 气味与滋味 正常牛乳含有一种天然香味,其来源主要为乳脂肪中挥发性脂肪酸。若牛乳酸度不高,有异味,则可能是由外来因素而引起。例如,奶桶清洗不净、牛舍空气不洁,这与乳脂肪酸可溶性、挥发性以及吸附性有关。牛乳含乳糖,故牛乳具有纯净甜味。

3. 冰点 又称凝固点。牛乳的冰点平均为−0.54℃。牛乳冰点的高低与牛乳中乳糖、无机盐类含量有关,正常牛乳的乳糖和无机盐类很稳定。牛乳中乳糖和无机盐含量人为改变越高,冰点越低;相反,如乳中掺水,冰点则越高。牛乳经70℃以上消毒,其中一部分可溶性盐类将变成不溶性盐类,从而使牛乳冰点增高。

4. 酸度 牛乳酸度是衡量牛乳质量的一项重要指标。测定牛乳酸度,可检查牛乳新鲜度。在正常情况下,牛乳略带酸性,pH 为 6.6~6.7。当 pH 超过 6.7 时,则可能是乳房炎乳。pH 低于 6.5,则可能混有初乳或牛乳已有细菌繁殖而产酸,使酸度逐渐增高。这两种乳均不符合卫生标准,不能作为乳制品加工的原料。

牛乳固有的酸度称自然酸度。挤乳后,在存放过程中,由于乳酸菌等微生物繁殖而使乳糖分解产生乳酸,以致使牛乳酸度逐渐增高,这种因发酵产酸而升高的酸度称发酵酸度。这两种酸度之和称总酸度,即通常所表示的酸度。

牛乳酸度常用吉尔涅尔度(亦称 T 度,用°T)表示。取 10mL 牛乳用 20mL 蒸馏水稀释,加入 0.5%酒精酚酞指示剂 0.5mL,然后用 0.1mol 氢氧化钠溶液滴定。消耗的氢氧化钠毫升数乘以 10,即为中和 100mL 牛乳所需 0.1mol 氢氧化钠的毫升数,也就是所测定的酸度。正常牛乳的酸度为 16~18°T。牛乳中乳酸菌大量繁殖将会使酸度增高。例如,发酵酸乳,酸度可达 90~110°T,初乳酸度可达 50°T。

(二)牛乳的化学成分

牛乳是一种具有胶体特性的液体,由多种化学成分组成。经分析证实,主要由水、蛋白质、脂肪、乳糖和矿物质以及微量的维生素、酶、色素、白细胞等所组成。除去水分和气体后,称干物质或总固形物。除脂肪以外的固形物称非脂固形物(SNF),常用 SNF 作为衡量牛乳质量的指标。

牛乳中各主要成分的含量因奶牛品种、个体、泌乳期、疾病、饲料、饲养以及挤乳环境等因素的不同,差别很大(表 4-20)。

表4-20　牛乳中各主要成分的含量

主要成分	变量限度（%）	平均值（%）
水分	85.5～89.5	87.0
总固形物	10.5～14.5	13.0
脂肪	2.5～6.0	4.0
蛋白质	2.9～5.0	3.4
乳糖	3.6～5.5	4.8
矿物质	0.6～0.9	0.8

1. 乳脂肪　乳脂肪是牛乳中的最主要成分之一，它含热量高，有相当数量的必需脂肪酸，又是维生素A、维生素D、维生素E、维生素K的携带者和传递者。在显微镜下，可以看到大量大小不等的脂肪球自由悬浮在牛乳中。每个球体被一层外膜所包围。脂肪球是牛乳中最大的粒子，直径为0.1～20μm，平均为3～4μm，1mL全脂牛乳中含有30亿～40亿个脂肪球。脂肪球的大小对乳制品影响较大。脂肪球越大，越容易从牛乳中分离，黄油产量也越高。

乳脂肪中主要脂肪酸含量及特性见表4-21。

表4-21　乳脂肪中主要脂肪酸的含量特性

脂肪酸名称	分子式	含量	水溶性	挥发性	常温下状态
饱和脂肪酸					
丁酸	$C_4H_8O_2$	3.3～4.1	溶	挥发	液体
己酸	$C_6H_{12}O_2$	1.3～3.3	微溶	挥发	液体
辛酸	$C_8H_{16}O_2$	0.9～2.0	极微溶	挥发	液体
癸酸	$C_{10}H_{20}O_2$	2.4～4.6	极微溶	挥发	固体
月桂酸	$C_{12}H_{24}O_2$	2.7～5.4	几乎不溶	微挥发	固体
肉豆蔻酸	$C_{14}H_{28}O_2$	9.8～13.0	不溶	极微挥发	固体
棕榈酸	$C_{16}H_{32}O_2$	23.0～34.4	不溶	挥发	固体
硬脂酸	$C_{18}H_{36}O_2$	7.6～15.8	不溶	挥发	固体
不饱和脂肪酸					
十六碳烯酸	$C_{16}H_{30}O_2$	0.9～5.1	不溶	不挥发	液体
油酸	$C_{18}H_{34}O_2$	18.6～27.1	不溶	不挥发	液体
亚油酸	$C_{18}H_{30}O_2$	1.0～2.8	不溶	不挥发	液体

由表4-21可见，牛乳中含低级（14个碳以下的）挥发性脂肪酸可达14%左右，水溶性脂肪酸达8%左右。这就决定乳的香味和柔润性，不同于其他动植物脂肪。乳脂肪与乳制品的组织结构、状态和风味有密切关系，许多乳制品的柔润滑腻而细致的组织状态是不能为其他脂肪所替代的。

2. 乳蛋白质　乳蛋白质是牛乳的主要成分，其含量为3.3%～3.5%，其中有25种不同的氨基酸。乳蛋白质主要分以下四类：酪蛋白、白蛋白、球蛋白和脂肪膜蛋白。除此而外，还含有少量酶类。

（1）酪蛋白。酪蛋白仅存在于牛乳中，约占牛乳总蛋白质的78%、全脂乳的2.6%。纯酪蛋白是不溶于水的白色物质，但溶于碱和强酸溶液中，它既有酸性，又有碱性。

在pH为6.7的牛乳中，酪蛋白主要是以钙盐、酪蛋白酸盐的形式存在。酪蛋白分子相当大，并与钙、磷以及其他元素结合形成稳定状态，其中最大的分子可达$0.4\mu m$（比脂肪球小），在电子显微镜下可以看到。

酪蛋白具有酸凝固特性。在牛乳中加酸或使产酸菌在牛乳中生长，牛乳pH则下降。当pH下降到酪蛋白的等电点pH为4.6时，酪蛋白将聚合成凝块而沉淀。例如酸奶制品的制作就是在牛乳中加乳酸菌使乳糖发酵成乳酸，pH下降，酪蛋白沉淀。

（2）白蛋白。牛乳中10%～15%的蛋白质由白蛋白组成。白蛋白如同酪蛋白以胶体状态而存在，但颗粒较小（直径为$0.005\sim0.015\mu m$）。在制造干酪时，残余的白蛋白溶解于乳清中，所以白蛋白也称乳清蛋白。牛乳加热到70℃时，白蛋白开始沉淀，到80℃时，全部沉淀。

（3）球蛋白。牛乳中球蛋白含量很少，为0.1%～0.5%，初乳中含量可高达2%～15%。牛乳加热到65℃，球蛋白开始变性，70℃时则全部凝固。初乳中含有大量白蛋白和球蛋白，因而初乳不能进行巴氏杀菌（加热时这种蛋白质即产生凝固）。

（4）脂肪膜蛋白。脂肪膜蛋白是包围在脂肪球表面的一层蛋白质，与水结合紧密。脂肪膜蛋白约占牛乳蛋白质含量的5%左右。在强酸、强碱或机械搅拌作用下，脂肪膜蛋白即被破坏，这种特性在乳制品制作中具有重要作用。

（5）酶。是由有机体产生的具有生物活性的蛋白质。牛乳中的酶来源于母牛的乳腺或者由微生物代谢产生。前者是牛乳中固有的正常成分，称为原生酶，后者为细菌酶。

牛乳中最重要的酶有过氧化物酶、过氧化氢酶、磷酸酶和解脂酶。这几种酶通常用来控制和检验牛乳质量。

3. 乳糖 乳糖仅存在于哺乳动物的乳中。牛乳中乳糖含量为3.6%～5.5%，占总固体的38%～40%，乳糖在牛乳中几乎全部呈溶液状态，蒸发乳清可获得浓缩乳糖。乳糖是双糖，水解时生成一分子葡萄糖和一分子半乳糖。乳糖不如其他糖类甜，其甜度仅为蔗糖的1/6。

当牛乳冷却温度不够或保管不善时，即引起牛乳酸败，这是其中乳酸细菌使乳糖发酵，产酸的结果。如将牛奶高温加热持续一段时间，牛奶变成棕褐色并产生一种焦糖味。这种作用称作焦糖作用，这是乳糖和蛋白质之间化学反应的结果。

4. 维生素 牛乳中含有至今已知的所有维生素。如脂溶性维生素 A、维生素 D、维生素 E、维生素 K，水溶性维生素 B_1、维生素 B_2、维生素 B_6、维生素 B_{12}、维生素 C、泛酸、叶酸及烟酸等。这些维生素是人类生活中不可缺少的营养。泌乳期不同对乳中维生素含量有直接的影响，如初乳中维生素 A 及 β-胡萝卜素含量多于常乳。牛乳中的维生素有的来源于饲料，如维生素 E；有的要靠奶牛自身合成，如 B 族维生素可在瘤胃中由微生物进行合成，因此，放牧季节吃青草，比舍饲期生产的牛乳中维生素含量高。

5. 无机盐类 牛乳中无机盐含量甚微，仅占牛乳固体的 0.7%～0.75%，其灰分呈碱性反应。无机盐在牛乳中呈溶解状态。乳中钾、钠的大部分是以氯化物、磷酸盐及柠檬酸盐的离子状态存在。而钙、镁与酪蛋白、磷酸及柠檬酸结合，一部分呈胶态，另一部分呈溶解状态。一般牛乳中，钾和钙最丰富，但含盐类却不稳定。泌乳末期，特别是患乳房炎牛乳，氯化钠含量增高，并有咸味。奶牛生理状态的变化或饲养管理不当，将造成体内无机盐的不平衡，所产牛乳对乳制品加工有极大影响。

6. 其他成分 牛乳中常含有白细胞，健康牛乳中含量极少，如患有乳房疾病，白细胞含量将大大增加。因此，白细胞数含量的多少是衡量乳房健康状况及牛乳卫生质量的标志之一。

牛乳中还溶解有气体，占体积的 5%～9%。如 CO_2、N_2 和 O_2 等。此外，由于临床用药或饲养管理不当时，牛乳中还会含有抗生素、杀虫剂、杀菌剂等农药以及洗涤剂等成分。

二、生鲜牛乳质量控制

（一）生鲜牛乳的质量标准

牛乳系指在正常饲养或放牧且无污染的环境下，健康母牛生产的天然乳汁，不得有任何添加和提取。其安全要求生产生鲜牛乳的牛都没有感染人畜共患病，开始挤出的前三把乳汁、产犊前 15 d 的胎乳、产犊后 7d 的初乳（除作特定产品外）、应用抗菌素期间和停药后经 TTC 检测不合格的乳汁、乳房炎及变质乳等均不得供食用。原料乳的质量标准按《生鲜牛乳收购标准（GB 6914—86）》执行。

（二）生鲜牛乳的质量控制

1. 严格的卫生制度

（1）挤奶员健康。挤奶员必须身体健康，凡患有传染病、化脓性疾病以及下痢等疾病者都不得参加挤乳。此外，还需注意挤奶员的头发、衣服、手指等的清洁。

（2）奶牛健康。奶牛的健康直接影响原料乳的品质。例如结核杆菌、布鲁氏菌、炭疽杆菌、乳房炎链球菌、口蹄疫病毒等都可由病牛直接传入乳中。此类乳均不得混入加工生产用的原料乳中。

（3）牛体清洁。奶牛的腹部很容易被土壤、牛粪、垫草等所污染，通常存在于每克土壤或牛粪中的细菌数为100万～1000万个，甚至高达10亿个菌落。牛乳被这些物质污染后，细菌数迅速增加。据研究，牛乳中大肠杆菌的来源以牛体为最多。因此，必须在挤乳前1h进行刷拭清理，保证牛体的清洁。挤乳时，应先将牛尾以专用的尾夹固定在牛的右后腿上，然后用45～55℃的温水仔细洗去乳房与腹部的粪屑，然后用清洁的毛巾擦干。机械挤奶时，也应擦净乳头及周围的脏物。

（4）乳房卫生。即使是在理想的卫生条件下获得的乳汁，也不可能是无菌状态。在个别的乳腺腔和贮乳池以及乳头导管中，经常有少量的微生物存在，特别是在乳头导管中较多。微生物在导管黏液里形成细菌集落，在挤乳时随着乳汁一起被挤出，尤其在第一把乳汁中的微生物的数量最多，故应把最初几把乳挤入专用的容器中（带有面网的杯子），而不应与大量的乳混合，以降低乳中细菌数，并检查牛奶中是否有凝块、絮线状或水样奶，及时发现临床乳房炎，防止乳腺炎奶混入正常奶中。对于正在使用抗生素治疗的病牛，其乳应与正常乳分开，不得混合。

（5）减少牛舍内的尘埃和驱除蚊蝇。挤乳时喂粗饲料，可使牛舍内空气的细菌数增加170%～300%。如喂带有芳香气味的粗饲料，牛乳中就可能带有饲料味。为了防止牛乳中尘埃及细菌数的增加，必须防止牛舍中灰土及尘埃的飞扬。此外，驱除苍蝇及昆虫无论在挤乳卫生或者增进乳中的健康方面都很重要，但是要注意勿使药品的气味进入乳中。

2. 推广规范的机械挤奶操作 机械挤奶是先进的奶牛生产工艺，提高劳动效率的同时，还可以提高牛奶的卫生质量。目前，北京、上海、天津等大、中城市的机械挤奶程度已超过90%，尤其是规模较大的奶牛场，基本实现了机械化挤奶。规范的机械挤奶操作程序详见实训六。

3. 彻底的清洗和消毒 凡与牛乳接触的一切容器、管道和滤布等，如挤奶机、乳桶、乳槽、冷却器，在每次使用后都必须进行彻底的清洗和消毒，并在第二次使用前进行一次冲洗。清洗和消毒是两个不同环节，不可将这两个环节合并进行，否则达不到消毒杀菌的效果。

三、生鲜牛乳的处理

(一) 乳的验收与称重

1. 乳的验收 通常在牛场仅对牛奶的质量作一般的评价,在乳品厂则通过若干试验对其成分和卫生质量进行测定。牛奶检验常有下列几项指标。

(1) 感官检查。感官检查是牛乳验收的第一步。许多不正常的牛乳,都是首先在感官鉴定中初步检出的。因此,这一工作须由有一定经验的人来担任。当发现牛乳在感官上有异常情况时,即应判断可能存在的原因,并确定进一步检验的方法。

(2) 酸度测定。通常利用酸度计测定牛乳酸度。在生产中,往往只要牛乳不超过一定酸度即可利用,因此常常只测定牛乳的界限酸度。界限酸度是指在某一用途下作为原料乳的酸度要求的最高限度数量。例如,市场鲜奶的酸度一般要求不超过20°T,对制造炼乳的原料乳则要求不超过18°T,特别是淡炼乳的要求更为严格。界限酸度测定方法如下:

中和试验:预先在每一试管中注入0.01mol氢氧化钠溶液2mL(要求界限酸度18°T时,可加1.8 mL)或加入0.02mol氢氧化钠1mL(如果界限酸度为18°T,则加0.9mL)。酚酞指示剂1小滴,检查时向试管中注入1mL待检牛奶,充分混合后,如呈红色即说明酸度在20°T以下,是酸度合格乳,如为白色则是超过20°T的不合格乳。

酒精试验:在玻璃器皿内加入1mL待检牛乳,然后加入等量的68%的酒精,充分混合后,使其在器皿中流动,如在器皿底部出现白色颗粒或絮状物即说明此乳酸度已超过20°T。根据絮状物的大小,尚可推知超过的程度。同样方法利用70%的酒精测定,则可使酸度超过18°T的牛乳产生沉淀。

(3) 乳脂率测定。以乳脂自动测定仪测定乳脂率最为迅速且较可靠。试验室测定还有采用盖氏法(Gerber)。牛奶中水分含量较大,若仅以产奶量来确定牛奶的价格,必然会造成掺水掺假现象。合理的收购办法是综合计价,即以乳脂率为基本核价指标,综合考虑乳中干物质或乳蛋白质含量、酸度、体细胞总数等,以此确定牛奶的等级和价格。

(4) 杂质度试验。奶罐和奶桶里的奶要进行仔细地检查,发现任何牛奶以外的杂物都是不清洁的证据,并根据质量支付方案降低奶价。检查的方法是用一根吸管在奶桶底部取样,用滤纸过滤。如果滤纸上留下可观察到的杂质,证明奶质量有问题,要降低奶价。

(5) 卫生检验或刃天青试验。牛奶的卫生质量检验实质上就是细菌含量的测定。牛奶中某些细菌的存活程度可以标志牛奶的新鲜度和贮存奶的质量。刃天青试验是一个有效的估算新鲜度的方法。

刃天青是一种蓝色染料,当它还原时最后将变成无色。把它加到牛奶样品中后,牛奶中细菌的新陈代谢可以改变刃天青的颜色,改变的速度与细菌数有直接关系。

把奶样在冰箱中贮存过夜后加入刃天青溶液,然后把该样品在 37.5℃ 的水浴槽中培养 2h。如果奶样立即开始变色,则认为该牛奶不宜用于人们食用。

(6) 体细胞数测定。乳房炎乳给乳品工业和人类健康造成很大危害。由于外伤或者细菌感染,使乳房发生炎症,这时所分泌的乳,其成分和性质以及体细胞数(主要由白细胞和少量脱落乳腺上皮细胞构成)发生很大变化。正常牛奶中体细胞数变动范围是 5 万～20 万/mL,如果体细胞数超过 50 万/mL 即判定为乳房炎乳。因此借助体细胞记数仪可检出乳房炎乳,而且操作简便,检出率高。

2. 乳的称重 牛乳的计量在小型乳品厂多用直接称重的办法,即利用磅秤称量。大规模的收乳则需专用的乳磅或自动秤,在这种计量秤上多附有一个牛乳的过滤筛,即在两层金属网中间夹入数层纱布,当牛乳流入时即可将乳中杂质进一步滤去。

现在大型乳品厂在结合利用乳槽车运输牛乳的同时,多直接将乳泵入贮乳罐中,在泵乳过程中利用装在牛乳管道中间的流量计,直接指示出牛乳的数量。

(二) 乳的过滤与净化

牛乳在挤出后不免要落入一定数量的尘埃、牛毛、饲料、粪屑及上皮细胞等,在手工挤奶时更为严重。这些杂物的混入不仅使牛乳外观不洁,并且带入相当数量的微生物,从而加速牛乳的变质。因此,在牛乳加工利用前常进行多次过滤。

第一次过滤多在牛舍中由挤奶桶倒入大桶时进行。当将乳倒入大桶时,借助于安装在大乳桶桶口上的过滤筛将乳第一次过滤。这种过滤筛的构造多为漏斗形,筛的底部为两层金属网,使用时在两层金属网中间加入多层纱布或棉花,可以初步滤出较大的不洁物。但细小的尘埃与细胞不易滤出。

第二次过滤常在收乳时进行。在乳磅或乳槽上装有过滤器,这种过滤器的基本构造原理与牛舍中的过滤筛是一样的,因此尘埃类细小杂物还可能混于乳中。一些较小的乳品厂只进行这两次过滤。因此,产品的杂质度较高。

以上两种过滤筛都是利用自然压力，效率较低。较大型乳品厂多利用有压力的过滤器或净乳机净乳。

使用有压力的过滤器能对牛乳进一步滤净，但使用时也应注意过滤速度不宜过高，进口与出口的压力差不应超过68.60Pa，过大的压力会使本来不能通过的杂质通过过滤网而重新进入乳中。使用此种过滤器应注意更换滤网或滤布。一般每更换1次滤布可滤乳5~10t。

现代化的工厂多利用净乳机净乳。所谓净乳机其构造与牛乳分离机近似。其基本原理是将牛乳通过高速旋转的离心钵，使乳中较重的杂质因重力关系迅速黏附于钵的四壁，流出的牛乳即达到净化目的。良好的净乳机不仅能把乳中尘埃除去，并可将乳中腺体细胞及细菌的大部分除去，因此较一般过滤法优越。净乳机在运转一定时间后，应清除污垢。新型净乳机则可自动排污，连续作业，效率更高。

（三）乳的冷却

经过滤的牛奶应立即冷却，使牛奶温度下降到2~4℃保存。刚挤出的牛奶接近牛的体温，是细菌繁殖的适宜温度，如不冷却，细菌很快繁殖起来，使牛奶变质。

在鲜奶中有一种天然的抗菌物质——拉克特宁，它可抑制微生物繁殖，使牛奶本身具有抗菌特性。但这种抗菌性是有一定限度的，其作用时间随乳温的高低和乳的细菌污染程度而异（表4-22）。

表4-22 抗菌特性与乳温、污染程度的关系

乳温（℃）	抗菌特性的作用时间（h）	
	挤奶时严格遵守卫生制度	挤奶时未严格遵守卫生制度
37	3.0	2.0
30	5.0	2.3
16	12.7	7.6
13	36.0	19.6

冷却乳因延长了抗菌特性的作用时间，并因低温细菌增殖缓慢，在一定时间之后与未冷却乳的细菌数量差异很大。冷却奶在经24h贮存后，细菌数远比非冷却奶少，可见奶冷却对奶品质保持的重要性。冷却方法主要有以下几种：

（1）水池冷却法。该方法是将装奶桶放在水池中，用地下水或冰水冷却，可使乳温达到比冷水温度高3~4℃的水平。采用此法要根据水温变化进行必要的换水，并不断搅拌牛奶，以使降温均匀；水的深度应到奶桶脖为宜。用该方法把奶冷却到18℃，保存12h奶酸度不超过20°T，12h内应把奶送到收奶

点。该方法适合于无冷却设备的牛场、养牛大户和草原地区使用。不足是耗水量大，冷却较缓慢。

（2）冷却器冷却法。目前国内外较先进的大型乳品厂，多利用片式热交换器冷却牛乳。片式热交换器是由许多有一定纹路的不锈钢薄片组成，当这些薄片被重叠压紧时构成两个通路，一个是牛乳通路，另一个是冷水或热水通路。两个通路平均相间，工作时牛乳与冷剂（一般多用冷水）从两个方向在各片中相间流动以使牛乳在两片之间与冷剂迅速进行热交换，可以在数秒钟内使乳温降至接近冷剂温度。由于这种热交换器既可使用冷水或其他冷剂对牛乳进行冷却，又可使用热水或蒸汽对牛乳加温消毒，因此是一种多用途、效率高的热交换器。

此外尚有一种带有蒸发器的冷却槽，一般容量较大，将乳倒入后在蒸发器的作用下，可使乳迅速冷却至4℃贮存。这种乳槽多为贮存生奶或冷却后的牛乳，并不适于消毒后热奶贮存。

（四）乳的贮存

冷却的奶应尽可能保存在低温下，以防止温度升高。据研究，在18℃条件下，对鲜奶保存已有相当作用，如冷却到13℃，则可使牛奶在12h内仍能保持其新鲜度。奶的保存时间和冷却保存温度的关系如表4-23所示。

表4-23　奶的保存时间与保存温度的关系

奶的保存时间（h）	保存的温度（℃）
6～12	10～8
12～18	8～6
18～24	6～5
24～36	5～4
36～48	2～1

牛奶保存温度越低则保存时间越长，直冷式奶缸内牛奶保存时间在24h内的，通常储存温度应保持≤4℃，最高不得超过6℃。冷缸中有冷牛奶，但要混入热牛奶时，一次混入的热牛奶不能太多，一般以管道化挤奶的接收罐容量为度。当热牛奶混入冷奶时，其混合奶温度不得超过10℃，否则应预冷后再混合，混入牛奶1h后，全部牛奶应达到≤4℃。

为了防止牛乳贮存过程中脂肪因受重力作用而被分离，影响牛乳保持均匀一致，所使用的贮奶缸必须装有搅拌装置。剧烈搅拌将使牛乳混入空气，并导致脂肪球破裂，使脂肪游离，在解脂酶的作用下容易分解。因此，轻度地搅拌是贮存牛奶的最基本方法。较小的贮存罐常常安装在室内，较大的则安装在室外以减少厂房建筑费用。露天大罐是双层结构的，在壁与壁之间带隔温层。罐内层用不锈钢制成，内壁抛光。外层由钢板焊接而成。

（五）乳的运输

乳的运输是原料乳生产过程中重要的环节。用专用汽车或其他工具运输，其主要的操作规程如下：

（1）奶车进场，进入指定地点，由牛奶管理员对乳槽车缸内检查其清洁和消毒情况是否合格，不合格则由奶牛场按照要求重新进行清洗和消毒。

（2）装乳前先放净乳槽车缸内残留积水或消毒液。

（3）随车驾驶员（经过培训且考核合格，获得采样员上岗证的驾驶员）对所装原料奶进行感观判定，测比重、温度、酒精试验和玫瑰红酸试验，检验合格后进行装奶。装奶时注意奶缸搅拌机提前一刻钟开启，合理搭配各批次的原料奶，尽可能使出库的原料奶脂肪含量≥3.1％。协助驾驶员做好原料奶的无抗奶样的采集工作，并内部留样，以备追溯。

（4）装奶结束，牛奶管理员对装奶的乳槽车缸口盖进行铅封（该奶牛场专用铅封），再进地磅过磅（或使用共同认可的奶缸标尺计数），奶牛场与驾驶员共同对原料奶数量进行确定。

（5）驾驶员对原料奶的温度、数量、玫瑰红试验、酒精试验（2∶1）、比重、提供的原料奶等级、有无封缸等项目，在原料奶运输单上必须如实填写，经过双方在奶单上签名认可（运输单一式四份，一份给奶牛场，另外三份分别给工厂、物流及原料奶结算方），方可离场。

（6）运输单由驾驶员随车带回工厂，经工厂对原料奶质量的一些常规要求（感官、温度、酸度、杂质度、脂肪、蛋白、抗生素等）根据国标进行检测，得到认可后，工厂方能收奶。

（7）收奶前，由乳品中心检测站采样人员负责对乳槽车内的原料奶进行微生物采样（工厂同时得到同一个微生物样品，对其每天进行细菌总数的测定），收奶过程中负责从分流装置中采集样品，样品贮存在4℃左右的冰箱内，中心派专人每天二次到工厂取回检测样品进行理化指标测检，该样品检测结果作为计价的依据。

（8）奶槽车内的原料乳卸空后，经工厂的奶槽车专用CIP清洗、消毒和专人检查合格，再到需装奶的奶牛场装奶。

（9）运输过程中要防止乳温升高和防止震荡，特别在夏季运输途中往往使温度很快升高。因此，运输时间最好安排在夜间或早晨，或用隔热材料遮盖奶桶。

（10）严格执行责任制，按路程计算时间，尽量缩短中途停留时间，以免鲜乳变质。

 复习思考题

1. 叙述影响奶牛产奶性能的因素。
2. 从哪些方面评定奶牛的产奶性能的高低?
3. 犊牛有哪些特点?怎样进行早期断奶才能使犊牛生长发育不受到影响?
4. 泌乳母牛有何泌乳规律?如何饲养泌乳母牛?
5. 夏季奶牛饲养应采取哪些措施?
6. 全混合日粮(TMR)的主要优点有哪些?
7. 高产奶牛饲养应注意哪些问题?
8. 怎样控制生鲜牛奶的质量?

第五章

肉牛的饲养管理

第一节 牛的产肉性能及评定方法

一、影响产肉性能的因素

影响牛产肉性能的因素很多，主要包括品种、杂交、性别、年龄、营养水平及管理状况等。

(一) 品种与杂交

1. 品种类型 品种类型是影响产肉性能最主要的因素，它直接影响肉牛的生长速度和肥育效果。肉用牛比乳用牛、兼用牛及役用牛生长快，节约饲料，并能获得较高的屠宰率和净肉率；脂肪沉积率均匀，能较早的形成肌肉脂肪，使肉具有大理石状花纹，肉味优美。一般肉牛肥育后的平均屠宰率为60%～65%，最高可达68%～72%，兼用品种55%～60%，我国黄牛一般在58%以下。

在同等饲养条件下，肉牛不同品种的产肉质量和数量也有差别，一般大型晚熟品种初生重和日增重高，产肉能力强；小型早熟品种成熟早，屠宰率高，能较早达到胴体品质要求，是生产犊牛肉的理想品种。

2. 杂交 杂交是提高肉牛生产性能的重要手段，我国没有专用肉牛品种，所以采用外国优良肉牛与本地黄牛杂交，杂交后代生长速度和肉的品质都得到了很大提高。如夏洛来与本地黄牛杂交，周岁体重提高50%，屠宰率提高5%，净肉率可提高10%。若进行三元杂交，效果更为显著。

(二) 性别与年龄

1. 性别 牛的性别影响牛的生长速度与肉的品质。同样饲养条件下，母牛生长肥育速度慢，但肉质肌纤维细，结缔组织少，肉味亦好；小公牛生长快，饲料转化率高，瘦肉多，屠宰率和眼肌面积大，肉色鲜艳，风味醇厚；阉牛生长速度介于公母牛之间，易肥育，肉色较淡，脂肪含量高。从早熟性看，公牛晚熟，母牛早熟，阉牛居中。

2. 年龄 肉牛增重速度、胴体质量和饲料消耗与年龄关系十分密切。年龄越大，增重速度越慢，饲料转化率越低。一般是1岁内增重最快，2岁时仅为1岁前的70%，3岁时只有2岁时的50%。从肉质看，幼牛肉质细嫩，水分含量高，脂肪少，肉色淡，可食部分多；年龄越大，肉质越差。所以选择2岁前牛肥育效果最好。

（三）营养水平与管理状况

1. 营养水平 日粮营养是转化牛肉的物质基础。恰当的营养水平结合牛体的生长发育特点能使肥育牛提高产肉量，并获得含水量少、品质优良的牛肉，不同营养水平的增重见表5-1。

表5-1 营养水平与培育的关系

（李建国，肉牛养殖手册）

营养水平	试牛头数	肥育天数	始重(kg)	前期终重(kg)	后期终重(kg)	前期日增重(kg)	后期日增重(kg)	全程日增重(kg)
高高型	8	394	284.5	482.6	605.1	0.94	0.68	0.81
中高型	11	387	275.7	443.6	605.5	0.75	0.99	0.86
低高型	7	392	283.7	400.1	604.6	0.55	1.13	0.82

从表5-1可看出，在全期使用高营养水平，虽然前期日增重提高，但不利于全期肥育，后期日增重反而下降。所以肥育前期肥育水平不宜过高，营养类型以中高型为好。粗料与精料比例：前期55～65：45～35；中期45：55；后期15～25：85～75肥育最为经济。

营养水平对胴体组织的影响是：高水平营养肌肉组织比例少，脂肪组织比例高。

2. 管理状况 科学的管理方法也能提高肥育牛的增重效果。肉牛在10～21℃环境条件下有利于生长发育，低于7℃，牛维持需要增多，增重和饲料转化率低，环境温度高于27℃，采食量下降，体重降低。所以为牛创造适宜的生活环境对牛的肥育效果意义重大。此外，圈舍卫生，经常刷拭牛体，肥育前驱虫防疫，均有利于提高肥育效果。生长期加强运动和光照有利于机体各器官的生长发育，增强体质，提高生活力，但催肥期要限制运动，保持较暗的环境有利于休息，降低能量消耗，利于催肥。

二、牛的膘情评定

目测和触摸是评定肉牛肥育度的主要方法。目测主要观察牛体大小，体躯宽窄和深浅度，腹部状态，肋骨长度和弯曲程度以及垂肉、肩、背、腰角等部位的肥满程度。触摸是以手触测各主要部位的肉层厚薄和脂肪蓄积程度。通过肥育度评定，结合体重估测，可初步估计肉牛的产肉量。

肉牛肥育度评定可分5个等级，其标准见表5-2。

表5-2 肉牛宰前肥育度评定标准

等级	评定标准
特等	肋骨、脊骨和腰椎横突都不明显，腰角与臀端呈圆形，全身肌肉发达，肋骨丰满，腿肉充实，并向外突出和向下延伸
一等	肋骨、腰椎横突不显现，但腰角与臀端未圆，全身肌肉较发达，肋骨丰满，腿肉充实，但不向外突出
二等	肋骨不甚明显，尻部肌肉较多，腰椎横突不甚明显
三等	肋骨、脊骨明显可见，尻部如屋脊状，但不塌陷
四等	各部关节完全暴露，尻部塌陷

三、牛产肉性能的评定

（一）生长肥育期主要指标的计算

1. 初生重与断奶重 初生重指犊牛被毛擦干，在未哺乳前的实际重量。断奶重是指犊牛断奶时的体重。肉牛一般都随母哺乳，断奶时间很难一致。因此，在计算断奶重时，须校正到统一断奶时间，以便比较。另外，因断奶重除遗传因素外，受母牛泌乳力影响很大，故计算校正断奶重时还应考虑母牛年龄因素。

$$校正断奶重 = \frac{实际断奶重 - 初生重}{实际断奶天数} \times 校正断奶天数 \times 母牛年龄因素 + 初生重$$

断奶天数多校正到200d或210d。

母牛年龄因素：2岁为1.15，3岁为1.10，4岁为1.05，5～10岁为1.00，11岁以上为1.05。

2. 断奶后增重 根据肉牛生长发育特点，断奶后至少应有140d的饲养期才能较充分地表现出增重的遗传潜力。因此，为了比较断奶后的增重情况，应采用校正的周岁（356d）或1.5岁（550d）体重。

$$校正365d体重 = \frac{实际最后重 - 实际断奶重}{饲养天数} \times (365 - 校正断奶天数) + 校正断奶重$$

$$校正550d体重 = \frac{实际最后重 - 实际断奶重}{饲养天数} \times (550 - 校正断奶天数) + 校正断奶重$$

3. 平均日增重

平均日增重＝（期末重－初始重）/初始至期末的饲养天数

4. 饲料转化率 为考核肉牛培育的经济效益，应根据总增重、净肉重及饲养期内的饲料消耗量，计算每千克体重和每千克净肉重的饲料转换率。计算公式：

$$增重1kg体重需饲料量（kg或MJ） = \frac{饲养期内共消耗饲料干物质总量（kg或MJ）}{饲养期净增重（kg）}$$

$$生产1kg肉需饲料量（kg或MJ） = \frac{饲养期内共消耗饲料干物质总量（kg或MJ）}{屠宰后的净肉重（kg）}$$

（二）屠宰测定

1. 屠宰指标测定

(1) 宰前活重。称取停食24h、停水8h后临宰前体重。

(2) 宰后重。称取屠宰放血后的重量或宰前重减去血重。

(3) 血重。称取屠宰放出血的重量。

(4) 头重。称取从头骨后端和第一颈椎间割断后的头部重。

(5) 皮重。称取剥下并去掉附着的脂肪后皮的重量。

(6) 尾重。称取第2尾椎之后的全部尾重。

(7) 蹄重。分别称取前二蹄和后二蹄重。

(8) 消化器官重。分别称取食道、胃、小肠、大肠、直肠的重量(无内容物)。

(9) 生殖器官重。实测重量。

(10) 其他内脏重。分别称取心、肝、肺、脾、肾、胰、气管、胆囊（带胆汁）、膀胱（空）的重量。

(11) 胴体脂肪重。分别称取肾脂肪、盆腔脂肪、腹膜及胸膜脂肪。

(12) 非胴体脂肪重。分别称取网膜脂肪、肠系膜脂肪、胸腔脂肪、生殖器官脂肪的重量。

(13) 胴体重。称取屠体除去头、皮、尾、内脏器官、生殖器官、腕跗关节以下四肢而带肾脏及周围脂肪的重量。

(14) 净肉重。称取胴体剔骨后的全部肉重。

(15) 骨重。称取胴体剔除肉后的全部重量。

2. 胴体测定

(1) 胴体长。自耻骨缝前缘至第 1 肋骨前缘的长度（图 5-1）。

(2) 胴体深。自第 7 胸椎棘突的体表至第 7 胸骨的体表垂直深度。

(3) 胴体胸深。自第 3 胸椎棘突的胴体体表至胸骨下部体表的垂直深度。

(4) 胴体后腿围。在股骨与胫腓骨连接处的水平围度。

(5) 胴体后腿长。耻骨缝前缘至跗关节的中点长度。

(6) 胴体后腿宽。去尾的凹陷处内侧至同侧大腿前缘的水平距离。

(7) 大腿肌肉厚。大腿后侧胴体体表至股骨体中点垂直距离。

(8) 背脂厚。第 5～6 胸椎处的背部皮下脂肪厚。

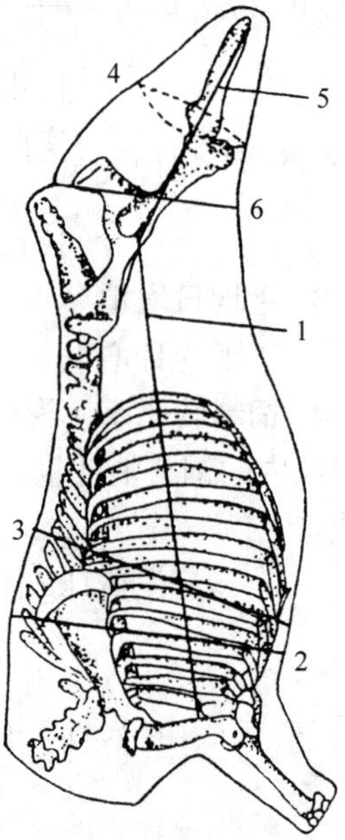

(9) 腰脂厚。第 3 腰椎处皮下脂肪厚。

(10) 眼肌面积。12～13 肋间背最长肌横切面积。用硫酸纸画出后，用求积仪求其面积。

图 5-1 胴体测量示意
1. 胴体长　2. 胴体胸深
3. 胴体深　4. 胴体后腿围
5. 胴体后腿长　6. 胴体后腿宽

3. 屠宰指标计算

$$屠宰率 = \frac{胴体重}{宰前活重} \times 100\%$$

$$净肉率 = \frac{净肉重}{宰前活重} \times 100\%$$

$$胴体产肉率 = \frac{净肉重}{胴体重} \times 100\%$$

$$肉骨比 = \frac{净肉重}{骨重}$$

（三）胴体评价

1. 胴体评定要点　胴体评定包括胴体质量等级评定和产量等级评定。质量等级评定可在牛胴体冷却排酸后进行，以 12～13 背肋处背最长肌截面大理石花纹和牛生理成熟度为主要评定指标，以肉色和脂肪色为参考。牛胴体产量等级以分割肉重为指标，由胴体重和眼肌面积来确定：

Y（分割肉重）＝－5.939 5＋0.400 3×胴体重＋0.187 1×眼肌面积

评定牛胴体时，首先结合屠宰测定，从胴体的外观状况，包括胴体的大小、形状、外部轮廓、胴体厚度与长度、脂肪覆盖度等方面观察，然后测定胴体产量，各类肉比例及肉重，高档肉每条牛柳在 2.0kg 以上，西冷在 5.0kg 以上，眼肉在 6.0kg 以上。掌握胴体的重要质量因素，在强度为 660lx（勒克斯）的光线下（避免光线直射）对胴体各指标进行评定。同时要重视肉的嫩度、风味等。

2. 胴体的重要质量因素　胴体的重要质量因素主要有以下几个方面：

（1）生理成熟度。以门齿变化和脊椎骨（只要是最后三根胸椎）横突末端软骨的骨质化程度为依据来判断生理成熟度。生理成熟度分为 A、B、C、D、E 五级。生理成熟度的判断依据见表 5-3。

表 5-3　生理成熟度与年龄的关系

项目	A（24 月龄以下）	B（24～36 月龄）	C（36～48 月龄）	D（48～72 月龄）	E（72 月龄以上）
牙齿	无或出现第 1 对永久门齿	出现第 2 对永久门齿	出现第 3 对永久门齿	出现第 4 对永久门齿	永久门齿磨损较重
脊椎	明显分开	开始愈合	愈合但有轮廓	完全骨化	完全愈合
腰椎	未骨化	一点骨化	部分骨化	近完全骨化	完全骨化
胸椎	未骨化	未骨化	小部分骨化	大部分骨化	完全骨化

（2）眼肌面积。眼肌面积大小及其脂肪分布状态和大理石纹状的程度是评定肉牛生产潜力和瘦肉率大小的重要技术指标之一。

（3）大理石花纹。对照大理石花纹等级图片（其中大理石纹等级给出的是每级中花纹的最低标准）确定眼肌横切面处大理石花纹等级。大理石花纹等级共分为 7 个等级：1 级、1.5 级、2 级、2.5 级、3 级、3.5 级和 4 级。大理石花纹极丰富为 1 级，丰富为 2 级，少量为 3 级，介于两级之间加 0.5 级，如介于极丰富与丰富之间为 1.5 级。

（4）肉色。肉色作为质量等级评定的重要参考指标，对照肉色等级图片来判断 12～13 肋间眼肌横切面颜色的等级。肉色等级按颜色浅深分为 9 个等级：1A、1B、2、3、4、5、6、7、8，其中肉色为 3、4 两级最好。

（5）脂肪色。脂肪色也是质量等级评定的参考指标，对照脂肪色泽等级图片来判断 12～13 肋间眼肌横切面颜色的等级。脂肪色泽等级按颜色浅深分为 9 个等级：1、2、3、4、5、6、7、8、9，其中脂肪色为 1、2 两级最好。

(6) 背脂厚与腰脂厚。应在5～7.5mm。

3. 胴体综合评定

(1) 牛胴体产肉量等级评定。胴体产肉量等级由里脊、外脊、眼肉、上脑、胸肉、嫩肩肉、腰肉、臀肉、膝圆、大米龙、小米龙、腹肉、腱子肉等十三块分割肉重确定，按十三块肉重的大小将产量等级分为5级：1级≥131kg；2级121～130kg；3级111～120kg；4级101～110kg；5级≤100kg。

(2) 牛胴体质量等级评定。胴体质量等级主要由大理石花纹和生理成熟度两个因素决定，分为特级、优一级、优二级和普通级。

特级：年龄小于30月龄，大理石花纹在2级以内；年龄30～42月龄，大理石花纹1.5级以内；年龄42～48月龄，大理石花纹1级。

优一级：年龄小于30月龄，大理石花纹在2～3级内；年龄30～42月龄，大理石花纹1.5～2.5级内；年龄42～60月龄，大理石花纹在2级以内；年龄60～72月龄，大理石花纹1.5级以内。

优二级：年龄小于42月龄，大理石花纹3级以外者及年龄42～60月龄，大理石花纹2～3级内；年龄60～78月龄，大理石花纹在1.5～2.5级内；年龄78月龄以上，大理石花纹2级以内。

普通级：优二级以下者。

除此之外，还可根据肉色和脂肪色对等级进行适当的调整，其中肉色以3、4两级为最好，脂肪色以1、2两级为最好。凡符合上述等级中优二级（包括优二级）以上的牛肉都属优质牛肉，优二级以下的是普通牛肉。

第二节 肉用牛的饲养管理

一、肉用牛的增重规律与补偿生长

（一）肉牛的增重规律

1. 体重的一般增长 肉牛的体重增长速度受品种、初生重、性别、饲养管理等因素的影响。肉用品种比非肉用品种增重快。同是肉用品种，大型品种快于小型品种，若饲养到相同体组织比例，则大型晚熟品种的饲养期较长，小型早熟品种饲养期则短；初生重大的牛，断奶重也大，断奶后的增重相对较快；从性别上讲，公牛增重比阉牛快，而阉牛又比母牛快；营养水平越高，增重越快。

就一头牛而言，在一生中体重的增长速度也是不一致的。正常的饲养条件下,在胎儿期,4个月前生长较慢,4个月后较快,分娩前两月最快。身体各部分的生长特点,在各个时期也有所不同,一般是头部、内脏、四肢发育较早,而肌肉、脂肪发育较迟。初生时,可食部分很少,所以屠宰初生犊牛作肉用是很不经济的。

出生后到断奶生长速度较快,断奶至性成熟最快,性成熟后逐渐变慢,到成年基本停止生长。从年龄看,12月龄前生长速度快,以后逐渐变慢(图5-2)。

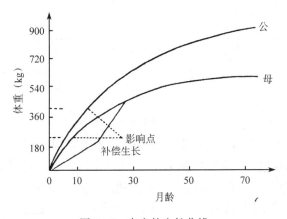

图5-2 肉牛的生长曲线

生长发育最快的时期也是把饲料营养转化为体重的效率最高的时期。掌握这个特点,在生长较快的阶段给予充分饲养,便可在增重和饲料转化率上获得最佳的经济效果。

2. 体组织的生长规律 牛体组织的生长直接影响到增重、屠宰率、净肉率和肉的质量。主要是肌肉、脂肪和骨组织在生产中意义重大。

肌肉的生长在出生后主要是肌纤维体积增大而致肌肉束增大。生长速度是初生到8月龄强度生长,8~12月龄生长速度减缓,18月龄后更慢。肉的纹理随年龄增长而变粗,因此青年牛的肉质比老年牛嫩。

脂肪生长速度12月龄前较慢,稍快于骨,以后变快。生长顺序是先贮积在内脏器官附近,即网油和板油,使器官固定于适当的位置,然后是皮下,最后沉积到肌纤维之间形成"大理石"花纹状肌肉,使肉质变的细嫩多汁。说明"大理石"状肌肉必须饲养到一定肥度时才会形成。老年牛经肥育,使脂肪沉积到肌纤维间,亦可使肉质变好。

骨的发育较早,在胚胎期生长速度快,出生后生长速度慢且较平稳,并最早停止生长。三大组织的生长模式见图5-3。

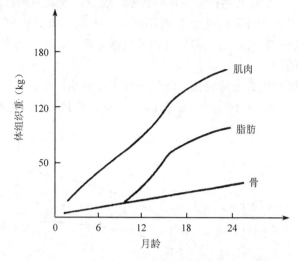

图 5-3 体组织生长规律

各组织占胴体的百分比,在生长过程中变化很大。肌肉占胴体的比例是先增加后下降;脂肪比例持续增加,年龄越大,比例也越大;骨的比例持续下降。

不同类型牛体组织的生长形式有不同特点,早熟品种一般在体重较轻时便达到成熟年龄的体组织比例,可以早期肥育屠宰。大型晚熟品种必须在骨骼和肌肉生长完成后,脂肪才开始贮积。一般讲,早熟品种和晚熟品种在生长的最初阶段,肌肉和骨骼所占的比重相似,当体重达 120kg 时,早熟品种脂肪组织生长快于晚熟品种,但肌肉生长慢于晚熟品种,骨的生长比例一直相似。

公牛与阉牛相比,公牛的骨骼稍重且肌肉较多,脂肪生长延迟,日增重和屠宰率均超过阉牛。

在体重损失和恢复过程中,体组织按一定规律变化。当体重损失时,肌肉与脂肪的损失同时发生。而肌肉损失较多;当体重恢复时,肌肉组织恢复较快,脂肪组织较慢;骨一般变化不大。

(二) 补偿生长

在生产实践中,常见到牛在生长发育的某个阶段,由于饲料不足,生活环境突然变化或因疾病造成生长速度下降,甚至停止,一旦恢复高营养水平饲养或环境条件满足了生长发育需要,则生长速度比正常时还快,经过一定时期的饲养,仍能恢复到正常体重,这种特性叫补偿生长。

但是,补偿生长不是在任何情况下都能获得的。①生长受阻若发生在初生至 3 月龄或胚胎期,以后很难补偿;②生长受阻时间越长,越难补偿,一般以

3个月内,最长不超过6个月补偿效果较好;③补偿能力与进食量有关,进食量越大,补偿能力越强;④补偿生长虽能在饲养结束时达到所要求的体重,但总的饲料转化率比正常低。

二、肉用犊牛和育成牛的饲养管理

由于肉用母牛泌乳性能较差,所以肉用犊牛一般采用随母哺乳法。

犊牛初生期的饲养关键是喂足初乳。犊牛出生后应在1h内让其吃到初乳。健康犊牛在能够自行站立时,让其接近母牛后躯,吮吸母乳,体弱者可人工辅助,挤几滴母乳于干净手指上,让犊牛吸吮手指,而后引导到乳头助其吮奶。

肉用犊牛随母哺乳时,每昼夜7~9次,每次12~15min。应注意观察犊牛哺乳时的表现,当犊牛哺乳时频繁的顶撞母牛乳房,而吞咽次数不多,说明母牛产奶量低,犊牛不够吃,应加大补饲量;如犊牛吸吮一段时间后,口角出现白色泡沫,说明犊牛已吃饱,应将犊牛拉开,否则易造成哺乳过量而引起消化不良。一般而言,大型肉牛犊平均日增重0.70~0.80kg,小型肉牛犊日增重0.60~0.70kg,若增重达不到上述要求,应加强母牛的饲养水平或对犊牛直接补饲。哺乳期一般为5~6个月,不留作后备牛的犊牛,可实行4月龄断奶或早期断奶,但必须加强营养。

母牛产奶量2个月后就开始下降,为了使犊牛能够正常生长发育,并锻炼消化器官的功能,必须尽早补饲。补饲应循序渐进,掌握好各类饲料的补喂时间和喂量,同时必须让犊牛尽早饮水。

补饲的精料要求粗蛋白质18%~20%,粗脂肪6%~7%,粗纤维不超过5%,钙0.60%,磷0.42%,另添加维生素和微量元素添加剂。根据这个原则,可结合本地条件,确定配方和喂量。

常用的饲料配方举例如下:

配方1: 玉米30%,燕麦20%,小麦麸10%,豆饼20%,亚麻籽饼10%,酵母粉7%,维生素、矿物质3%。

配方2: 玉米50%,豆饼30%,小麦麸12%,酵母粉5%,磷酸钙1%,食盐1%,磷酸氢钙1%。90日龄内犊牛每吨料加入50g多种维生素。

配方3: 玉米50%,小麦麸15%,豆饼15%,棉粕13%,酵母粉3%,磷酸氢钙2%,食盐1%,微量元素、维生素、氨基酸复合添加剂1%。

育成牛的饲养在有放牧条件的地区,应以放牧为主,视草地牧草情况,适当补饲精料。舍饲情况下的营养与饲料供应和乳用育成牛一样,也应分阶段进行,具体方法可参见乳用育成牛饲养。

犊牛和育成牛的管理方法与乳用犊牛和乳用育成牛相同。

三、繁殖母牛的饲养管理

饲养繁殖母牛的效益只能通过繁殖成活率来体现,而这个指标与繁殖母牛的饲养关系十分密切,所以饲养者最关心的是怎样饲养母牛,才能提高犊牛繁殖成活率,降低饲养母牛的成本,提高效益。为此,要抓好以下几个方面。

(一)母牛饲养中的关键性营养问题

要使养母牛的效益提高,必须做到每年从每头母牛获得一头犊牛,而母牛营养的供应左右着母牛受配率和受胎率乃至产后犊牛的成活率,对能否达到饲养者的目的,起着决定性作用。一般情况下,妊娠牛若营养不足,犊牛初生重小,生长慢,成活率低。未孕母牛若六成膘受配率70%,受胎率72%,七成膘则两项指标分别为75%和78%,八成膘分别为78%和80%,可见,营养对母牛的生产效率至关重要。

在对繁殖母牛的营养供应中,饲养者必须牢记:

第一,能量是比蛋白质更重要的限制因子。必须在能量保证的前提下合理供应蛋白质。

第二,繁殖母牛容易缺磷,而缺磷对繁殖率有严重的影响。由于繁殖母牛在一般情况下喂草多、喂料少,故易发生缺磷。缺磷后母牛受胎率、泌乳力均下降。

第三,补充维生素A可提高母牛的繁殖率。维生素A是牛饲料中最重要的维生素,通过给母牛补充维生素A,还可改善初生犊牛的维生素状况,但维生素A或胡萝卜素的添加水平必须很高,因为维生素A在瘤胃和真胃内被破坏严重。

第四,肉用繁殖母牛的饲养一般较粗放,但要特别注意产犊前后100d的各种营养供应,因此时的营养状况对母牛的发情率和受胎率起决定作用。

第五,防止营养过剩。过渡肥胖会导致母牛卵巢脂肪变性而影响卵泡成熟和排卵,同时也易发生难产。

母牛有营养性繁殖疾病可从三个方面判断:①在发情旺季能按正常周期发情的母牛很少;②第一次配种的受胎率很低;③犊牛2周内的成活率很低。

(二)妊娠母牛的饲养管理

妊娠母牛的饲养管理,其主要任务是保证母牛的营养需要和做好保胎工作。妊娠母牛的营养需要和胎儿生长有直接关系。胎儿增重主要在妊娠的最后

3个月,此期的增重占犊牛初生重的70%～80%,需要从母体吸收大量营养。若胎儿期生长不良,出生后将难以补偿,增重速度将减慢,饲养成本增加。同时母牛还需要在体内蓄积一定养分,以保证产后泌乳。妊娠5个月前胎儿生长发育较慢,可以和空怀牛一样饲养,一般不增加营养,只保持中上等膘情即可。到分娩前母牛至少需增重45～70kg,才足以保证产后的正常泌乳与发情。

1. 舍饲饲养 总原则是根据不同妊娠阶段按饲养标准供给营养,以混合干草为主,适当搭配精料,精料应压扁或粗磨,不能喂整粒,否则不易消化。

在妊娠5个月前,如处在青草季节,母牛可以完全喂青草而不喂精料,冬季日粮应以青贮、干草等粗饲料为主,缺乏豆科干草时少量补充蛋白质精料和尿素,以降低饲养成本。

妊娠6～9月,若以玉米秸或麦秸为主,母牛很难维持其最低营养需要,必须搭配1/3～1/2豆科牧草,另外加1kg左右混合精料。精料应选择当地资源丰富的农副产品,如麦麸、饼类,再搭配少量玉米等谷物饲料,并注意补充矿物质和维生素A。其配方可参考玉米27%,大麦25%,饼类20%,麸皮25%,矿物质1%～2%,食盐1%～2.5%,维生素A每天1 200～1 600IU。

特别需要指出的是,妊娠母牛要禁喂未脱毒的棉籽饼、菜籽饼、酒糟及冰冻、发霉变质饲料,饮水温度应不低于10℃。

每天饲喂2～3次,饮水3次,可采用先粗后精的饲喂顺序,即先喂粗料,待牛快吃饱时,在粗料中拌入部分精料和多汁饲料碎块,引诱牛多采食,最后将余下的精料全部投饲。

2. 放牧饲养 由舍饲转入放牧,要有个过渡阶段,严防"抢青"拉稀,甚至流产。夏秋季节可尽量延长放牧时间,一般不补饲;冬春枯草季节要补饲,特别是对怀孕最后2～3个月的母牛,应进行重点补饲,根据牧草质量和牛的营养需要确定补饲草料的种类和数量。精料补饲量每头每天0.8～1.1kg,由50%玉米、10%糠麸类、30%饼类、7%高粱或大麦、2%矿物质(如石灰石粉等)、1%食盐组成。

3. 妊娠母牛的管理 纯种肉牛难产率较高,尤其初产母牛,运动是防止难产的有效途径,同时还可增强母牛体质,促进胎儿发育,所以必须加强运动。但要防止母牛发生挤、碰、滑、跌及角斗。刷拭能增强母牛健康,也是一项重要管理工作。特别是头胎母牛,除刷拭外,还要进行乳房按摩,以利乳房发育和产后犊牛哺乳。

(三)哺乳母牛的饲养管理

只有母牛的高质量泌乳,才有犊牛哺乳期的高日增重和高断奶重,也是犊牛全活全壮的基础。所以，哺乳母牛的饲养管理主要任务是要使其达到足够的泌乳量，并尽早发情配种。饲养的总原则是哺乳阶段不掉膘，也不使牛过肥。

1. 舍饲　母牛分娩后最初几天，体力尚未恢复，消化机能很弱，必须给予容易消化的日粮。粗料应以优质干草为主，精料最好是麸皮，每日 0.5～1.0kg，逐渐增加，3～4d 后就可转入正常日粮。母牛产后恶露未排净之前，不可喂给过多精料，以免影响生殖器官的复原和产后发情。

当母牛消化正常，体力恢复后，为促进其泌乳，除喂给干草、青贮料外，应加喂一些青草和多汁饲料，并搭配混合精料。特别是产后 70d 内，是泌乳母牛饲养的关键，采食量及营养需要在母牛各生理阶段中最高。热能需要增加 50%，蛋白质需要量加倍，钙、磷需要量增加 3 倍，维生素需要量增加 50%。如果供应不足，就会使泌乳量下降，犊牛生长停滞，患下痢、肺炎和佝偻病等。实际饲养中，除每天供给优质干草 5～7kg（或青草 30kg 或青贮料 22kg）外，另加 1.5～2.0kg 精料。如粗料为秸秆类，则精料需增加 0.4～0.5kg。精料配方可参考：玉米 50%、麸皮 20%、豆饼 10%、棉仁饼 5%、胡麻饼 5%、花生饼 3%、葵籽饼 4%、磷酸氢钙 1.5%、碳酸氢钙 0.5%、食盐 0.9%、微量元素和维生素添加剂 0.1%；或玉米 50%、豆饼 20%、玉米蛋白 10%、酵母饲料 5%、麸皮 12%、磷酸氢钙 1.6%、碳酸钙 0.4%、食盐 0.9%、微量元素和维生素添加剂 0.1%。

为使母牛满足营养需要，喂母牛的饲料品质要优良，特别注意豆科牧草的供应。饲喂时要增加饲喂次数，保证充足、卫生的饮水。

2. 放牧　放牧时，对哺乳母牛应分配就近的良好牧场，防止游走过多体力消耗大而影响母牛泌乳和犊牛生长。牧场牧草产量不足时，要进行补饲，特别是体弱、初胎和产犊较早的母牛。以补粗饲料为主，必要时补一定量的精料。一般是日放牧 12h，补精料 1～2kg，饮水 5～6 次。

需要指出的是，繁殖母牛的妊娠、产犊、泌乳和发情配种是相互紧密联系的过程。饲养时既要满足其营养需要，达到提高繁殖率和犊牛增重的目的，又要降低饲养成本，提高经济效益。这就需要对放牧和舍饲，粗料和精料的搭配等做出合理安排，有计划地安排好全年饲养工作。

四、草场的合理利用与牛的放牧饲养

利用天然草原或人工草地放牧养牛，饲养管理程序简便，节省人力和物力，饲养成本低，是一种养牛的好方式。牛在牧场上自由活动，接触阳光，呼吸新鲜空气和充分运动，能有效提高生产性能，对生长幼牛还能起到适应气候条件和增强对疾病抵抗力等作用，有利于生长发育。但要获取高的生产性能和经济效益，取决于两个条件，一是草场状况及合理利用，二是放牧技术。

(一) 草场的合理利用

草场的合理利用，就是既要充分利用牧草，又不致严重践踏草场、过度利用、降低牧草再生能力而使草场退化。合理利用草场，一是要确定好合适的载牧量，二是要采取划区轮牧，三是要对牧地轮换利用。

1. 载牧量 指在一定放牧时期内，一定草场面积上，不影响草地生产力和保证家畜正常生长发育情况下所能容纳放牧家畜的头数。放牧养牛时，可用牛的采食量、草地的产草量来确定载牧量，可按下式计算：

$$H = \frac{Y}{R}$$

式中　H——草地载牧量（头日需公顷数）；

　　　R——牛的青草采食量（kg/d）；

　　　Y——草地产草量（kg/hm^2）。

牛每日青草采食量一般是：种公牛 30～40kg，活重 400～500kg 的母牛及青年牛（包括妊娠、干奶牛）40～55kg，产奶量 10～12kg 的母牛 45～55kg，1 岁以内的小牛 18～20kg，平均日增重 0.60kg 的育成牛 25～30kg。

草地产草量应在未放牧前 5d 之内，选择若干有代表性的样区，小面积测定后估出大面积的产草量。

2. 划区轮牧 是先把草场划分成季节牧场，然后把每个季节牧场再划分成若干个轮牧分区，按照合理的载牧量，使牛按照一定顺序逐区放牧采食，轮回利用草场。

分区数目的确定是以轮牧周期除以每分区一次放牧时间。轮牧周期是指依次放牧全部分区所需要的时间。一般是干旱草场 30～35d，荒漠草场 30～50d，草甸及森林草场 25～30d，高山、亚高山草场 30～45d。每分区一次放牧时间一般为 5d。分区的大小按产草量和牛群大小而定。一般优等草场每公顷放牛 18～20 头，中等草场 10～12 头，贫瘠草场 4～5 头。

3. 放牧地的轮换利用 是指在每个季节牧场内，各分区各年的利用时间和方式按照一定规律顺序变动。以避免年年在同一时间，以同样方式利用同一草场。可提高草场生产力，清除品质不良和有害有毒植物，是合理利用草场的一种有效措施。

(二) 放牧技术

大部分牛饱食后，会有卧息现象。此时可控制牛群停止前进，让其卧息或反刍，休息 40~60min 后，继续放牧。根据草场情况，放牧时应采取不同的队形。在良好的草场上划区轮牧时，出牧和归牧要迎头压道控制牛群纵队行进，以免乱跑践踏牧草。进入草场后，将牛群控制成横队采食（牧民称"一条鞭"）。放牧员一人在牛群前 8~10m 处面对牛群，控制和引导牛群前进，一人在后防止牛掉群。这样可保证每头牛充分采食而避免牧草被践踏浪费。

在牧草生长不均匀或质量差的草场放牧时，若采用横队前进就会使一些牛无草可食，则需改为散牧（牧民称"满天星"），让牛在牧地上相对分散自由采食，使其在较大面积上每头牛同时都能采食较多的牧草。

牛群在放牧过程中，初牧时采食时间多，比较安静，逐渐饱食后，游走时间随之增多，放牧员要控制牛群，防止行进过快而导致牧场利用不完全。为了充分利用草场，最好采用两次放牧方式，即在初牧时先到前一天放过的草地放牧，让牛饥饿时先吃残余牧草，吃完后再转到新的牧地放牧。

放牧时要根据天气情况，早晨及傍晚天气凉爽或雨天，要顺风放牧；天气炎热时，要在地势高，通风好，凉爽的高山、平滩顶风放牧，但要避免阳光直射牛的眼睛。中午赶到凉爽地方卧息。

夏季要早出牧，多采食带露水牧草。牧谚有"牛吃露水草，发情配种早"，说明露水草放牧，能使牛尽早恢复体力，促进发情配种。秋末蚊蝇多，牧草枯黄，要逐渐减少放牧时间。带霜牧草采食后容易引起腹泻或母牛流产，因此要在霜消后出牧。

要保证牛饮水并注意水源卫生，防止寄生虫病感染。

（三）放牧时的注意事项

（1）牛群放牧饲养时，为了便于管理，应将牛按性别、年龄、体重、营养状况、生产性能等分别组群。产奶牛及妊娠后期、肥育后期牛群分配草质优良且较近的草场；育成牛、干奶牛、架子牛（包括种公牛）群分配草质较次和较远的草场。

（2）舍饲牛在放牧前 10~15d 增加多汁饲料和青贮饲料的喂量，并增加舍外停留和运动时间，使其逐渐转向放牧，防止因环境和饲养条件的突然改变造成失重和疾病。开始放牧后，要逐渐延长放牧时间。完全放牧的牛群，全天放牧时间不得少于 10h，采食量大的产奶牛群应在 12h 以上。牧草稀疏低矮时，为使牛达到应有的采食量，也应延长放牧时间。根据季节和牛群，制定并严格执行出牧、归牧和补饲等的时间，以提高放牧效果。

（3）早春草太短和初冬草已粗硬时，牛一般吃不饱，特别是对妊娠后期母牛和产奶牛及刚断乳的幼牛，要注意补饲。放牧后干草、青贮料最好自由采食，必要时可补喂少量精料。

（4）在有大量豆科牧草的草场（特别是栽培草地），放牧时间不得超过20min，也不能在露水未干时放牧，以防发生臌胀。或先在其他牧场放牧，待快吃饱后再到豆科为主的草场放牧。此外，牛在放牧饲养时，要注意矿物质的补饲，特别是磷和食盐。

第三节 肉用牛的肥育

肉牛肥育，就是使日粮中的营养成分含量高于牛本身维持和正常发育所需的营养，使多余的营养以脂肪的形式沉积于体内，获得高于正常生长发育的日增重，缩短出栏日龄，达到肥育的目的。整个肥育过程以获得高的日增重，生产优质牛肉和取得最大经济效益为中心。肥育方式根据肉牛不同的生理阶段和生产目的而定，但无论那种肥育方式，肥育牛所用的饮水应符合无公害食品畜禽饮用水质量标准（NY 5027—2001），所用的饲料符合饲料卫生标准（GB 13078—2001），并严格遵循《饲料和饲料添加剂管理条例》等有关规定。

一、肥育前的准备工作

为了搞好肥育工作，提高肥育效果，在肥育前应根据肥育牛的具体情况和肥育方式，作好以下几方面的工作。

1. 肥育牛的健康检查 肥育前要对肥育牛进行逐头检查，将患消化道疾病、传染病、无齿或其他无肥育价值的牛只剔除，以保证肥育安全和肥育效果。

2. 驱虫及防疫 所有肥育牛在肥育前要进行彻底驱虫，清除体内外寄生虫，并进行防疫注射，以免发病及影响肥育效果。

3. 分组编号 按品种、性别、年龄、体重及营养状况分群肥育，以便正确确定营养标准，合理配制日粮，促进肥育效果。分组的同时给牛只编号，以便于管理和测定肥育成绩。

4. 去势 为了利用公牛生长快、瘦肉率高的特性，一般3岁前屠宰的牛肥育时可不去势，如果生产高档牛肉及成年公牛肥育，均须在肥育前20d去势，以提高肉的品质。

5. 称重 为了计算日增重和饲料转化率，确定肥育日粮营养及用量，肥育前应对牛只称重，连续2d早晨空腹称重，取其平均值作为肥育始重。

6. 牛舍及草料准备 肥育前要因地制宜地准备好牛舍。肥育牛舍比较简单,只需做到夏季防暑,冬季保温,干燥,通风良好即可。设备应实用、廉价和安全,要定期消毒。

肥育前还应按牛头数,肥育天数,每头牛需要量准备好各类草料,以避免肥育中途大幅度换料,引起牛消化道不适,影响肥育效果。

二、持续肥育

持续肥育是指犊牛断奶后直接进入肥育期直到出栏为止,分就地肥育和易地肥育两种形式。

(一)肥育特点

持续肥育的特点是充分利用了牛饲料利用率最高的生长阶段,能保持较高的增重和肌肉组织生长,缩短生产周期,提高出栏率,故总的肥育效率高。生产的牛肉肉质鲜嫩,脂肪少,肉的品质好,能满足市场对高档优质牛肉的需求,是一种有推广价值的肥育方法。

(二)肥育原则

1. 选择好肥育犊牛 用于持续肥育的牛,要求选择良种或肉牛与黄牛的杂种犊牛,断奶重大,健康无病,采食量大,消化能力强,体形好,断奶时体重135kg以上。

2. 科学提供营养 采用高于维持需要和生长发育需要的营养供应,在犊牛阶段使其日增重达到0.9kg以上,180日龄体重达200kg,进入肥育期按日增重大于1.2kg配合日粮,12月龄体重达400~450kg。根据牛各阶段体重和体组织生长规律,合理确定能量和蛋白质等营养比例,使其在增重和饲料转化率上获得最佳效果。

3. 粗饲料要符合该阶段牛的消化特点 断奶后的幼牛,消化器官还处于强烈发育时期,消化粗饲料的能力比成年牛弱。所以,日粮中的粗饲料要求质量高,易消化。最好选择优质干草和优质青贮,少喂或不喂秸秆饲料。

4. 科学管理 少运动,勤刷拭。同时做到草料净、饲槽净、饮水净、牛体净、圈舍净。

(三)肥育方法

1. 放牧补饲肥育法 在牧草条件好的牧区或半农半牧区适用。犊牛断奶后,以放牧为主,根据草地情况,适当补充精料或干草,使其在18月龄时,体重达400kg。要实现这一目标，犊牛在哺乳阶段，平均日增重应达到0.9～1.0kg，冬季日增重保持0.4～0.6kg，第二个夏季日增重在0.9kg。枯草季节，每天每头补喂精料1～2kg。放牧时要合理分群，每群50头左右，采用分区轮牧，1头体重120～150kg的牛需草场1.5～2hm²。

放牧时要注意牛的休息、饮水和补盐，尽量减少行走距离。不能在出牧前或收牧后立即补饲，否则会影响放牧时的采食量。补饲的精料配方可参考：玉米67%、麸皮10%、高粱14%、饼类6%、石粉2%、食盐1%。

2. 舍饲—放牧—舍饲肥育法 此法适合于半农半牧区9～11月份出生的秋犊。犊牛出生后随母哺乳，哺乳期日增重0.6kg，断奶后进行冬季舍饲，自由采食干草或青贮料，日喂精料2kg，平均日增重0.9kg，到6月龄体重达180kg。然后在优良草地放牧（4～10月份）。到12月龄体重可达320kg，转入舍饲，自由采食青贮料或干草，日喂精料2～5kg，平均日增重0.9kg，18月龄体重可达480kg。

3. 全舍饲肥育法 适用于农区。犊牛阶段随母哺乳，90日龄前自由采食混合饲料，配方可参考：玉米63%、豆饼24%、麸皮10%、碳酸氢钙1.5%、食盐1%、小苏打0.5%，每千克加维生素A 0.5万～1万IU。

（1）强度肥育、周岁出栏方案。进入肥育期，按体重的1.5%喂混合精料，粗饲料自由采食。喂干草另加维生素A 0.5万IU。12月龄体重可达450kg出栏。精料配方为：4～6月龄玉米60%、高粱10%、饼类24%、植物油脂3%、碳酸氢钙1.5%、食盐1.0%、小苏打0.5%；6～12月龄玉米67%、高粱10%、饼类20%、碳酸氢钙1.0%、食盐1.0%、小苏打1.0%。

（2）18月龄出栏方案。7月龄体重150kg开始，肥育至18月龄，体重达500kg以上时出栏。肥育期平均日增重1kg，其中7～10月龄日增重目标为0.8kg，9～16月龄1kg，17～18月龄1.2kg。日粮配方及喂量见表5-4。

表5-4 青贮类+谷草饲料日粮配方及喂量

月龄	精料配方（%）							采食量（kg）		
	玉米	麸皮	豆粕	棉饼	石粉	食盐	碳酸氢钠	精料	青贮玉米	谷草
7～8	32.5	24.0	7.0	33.0	1.5	1.0	1.0	2.2	6.0	1.5
9～10								2.8	8.0	1.5
11～12	52.0	14.0	5.0	26.0	1.0	1.0	1.0	3.3	10.0	1.8
13～14								3.6	12.0	2.0
15～16	67.0	4.0		26.0	0.5	1.0	1.0	4.1	14.0	2.0
17～18								5.5	14.0	2.0

注：精料中另加0.2%的添加剂预混料。

采用拴系饲养，定槽，定位，缰绳 40～60cm；断奶后驱虫一次，10～12月龄再驱虫 1 次，每日刷拭 2 次。

(3) 肥育始重 250kg、500kg 出栏方案。肥育期 250d，平均日增重 1.0kg，日粮分 5 个体重阶段，50d 更换 1 次日粮配方与喂量。粗饲料采用青贮玉米，自由采食。各期精料喂量和配方参见表 5-5。

表 5-5 精料喂量和组成

期别	精料喂量（kg）	精料配方（%）					
		玉米	麦麸	棉粕	石粉	食盐	小苏打
250～300kg	3.0	43.7	28.5	24.7	1.1	1.0	1.0
300～350kg	3.7	55.5	22.0	19.5	1.0	1.0	1.0
350～400kg	4.2	64.5	17.4	15.5	0.6	1.0	1.0
400～450kg	4.7	71.2	14.0	12.3	0.5	1.0	1.0
450～500kg	5.3	75.2	12.0	10.5	0.3	1.0	1.0

三、架子牛肥育

架子牛是指未经肥育或不够屠宰体况，年龄在 1～3 岁以内的牛，目前多指公牛而言。对架子牛进行屠宰前的 3～5 个月短期肥育叫架子牛肥育。肥育的具体方法多采用易地肥育。肥育原理是利用肉牛的补偿生长特点。

犊牛断奶后，到肥育前经过 8～10 个月甚至更长时间的生长期，即"吊架子"期，体重 300kg 以上（地方良种黄牛 250kg 以上），牛已有较大骨架，但尚未达到上市体重，膘情很差，产肉率很低，肉质差，售价低，散养各地，年龄也大小不等。对这类牛集中收购后在肥育场经过 90～120d 强度肥育，使体重达 450～500kg 出栏，所需饲养期短，周转快，是一种比较经济的肉用牛肥育方式。

吊架子期的牛对粗饲料利用率较高，主要是保证骨骼正常发育，以降低饲养成本为主要目标，不追求高速生长，日增重维持在 0.5kg 即可。

（一）架子牛营养需要特点

吊架子期，主要是各器官的发育和长骨架，不要求过高的增重，营养应以钙、磷等矿物质为重点，适当的蛋白质含量，不要求过高能量。

肥育阶段，是要充分利用肉牛补偿生长的特点，促进其肌肉和脂肪的沉积，营养以能量和蛋白质为重点，供应量要高于当时体重的维持需要和生长需要。在保证矿物质需要的前提下，采用高能量和足够的蛋白质营养。实际饲养时，按照生长肥育牛的饲养标准，根据对日增重的要求和环境因素进行必要调整。要充分利用本地成本低廉，资源丰富，能长期稳定供应的饲料。催肥期1～20d 日粮中精料的比例要达到 45%～55%，粗蛋白质水平保持在 12%；21～50d 日粮精料比例提高到 65%～70%，粗蛋白质水平为 11%；51～90d 日粮中能量浓度要进一步提高，精料比例还可进一步加大，粗蛋白质含量降至 10%。

（二）架子牛的选购

牛肥育前的状况与肥育速度和牛肉品质关系很大，是确保肥育效率的首要环节。肥育牛在品种、年龄、性别、体重、体型外貌和健康方面均有较强的选择性。

1. 品种选择 应选择肉用牛的杂种，如夏洛来、利木赞、西门塔尔、海福特、皮埃蒙特牛等与本地牛的杂交后代，或秦川牛、晋南牛、南阳牛、鲁西牛等地方良种黄牛。这类牛增重快，瘦肉多，脂肪少，饲料转化率高。

2. 年龄和体重选择 架子牛肥育一般可选择 14～18 月龄的杂种牛或 18～24 月龄的良种黄牛，活重在 300kg 以上。这个阶段的牛生长停滞期已过，肥育阶段增重迅速，生长能力比其他年龄和体重的牛高 25%～50%。

3. 性别选择 性别选择要根据肥育目的和市场而定。公牛生长快，瘦肉率和饲料转化率高，但肉的品质不如阉牛和母牛。所以，18 月龄前屠宰或供港活牛，宜选择公牛肥育；若是生产一般优质牛肉可在 1 岁去势；生产高档牛肉，则宜选择早去势的阉牛为好。

4. 体型外貌选择 应选择体型大，较瘦，体躯长，胸部深宽，背腰宽平，臀部宽大，头长而宽，口方整齐，四肢强健有力、蹄大、十字部略高于体高，后肢飞节较高；皮肤柔软有弹性，被毛细软密实，角尖凉，角根温，鼻镜干净湿润，眼睛明亮有神，性情温驯的牛。这样的牛健康，采食量大，生长能力强，饲养期短，肥育效果好。

（三）架子牛肥育原则及方法

1. 加强运输管理，减少应激 分散饲养于农牧户的架子牛，按照肥育牛选择要求选购后，集中运输。运前 2～3d 每头每天肌内注射维生素 A 25 万～100 万 IU，运前 2h 喂饮口服补盐液 2 000～3 000mL，配方为：氯化钠 3.5g、氯化钾 1.5g、碳酸氢钠 2.5g、葡萄糖 20g，加凉开水至 1 000mL。装车前还可按每千克体重肌内注射静松灵 0.2～0.3mg。运输途中不喂精料，只喂优质禾本科干草、食盐和适量饮水。冬天要注意保温,夏天要注意遮阳。

要合理装载。汽车装载运输,每头牛根据体重大小应占面积为:300kg以下 $0.7 \sim 0.8 m^2$;$300 \sim 350 kg$ $1.0 \sim 1.1 m^2$;400kg $1.2 m^2$;500kg $1.3 \sim 1.5 m^2$。火车运输时,180kg $0.7 \sim 0.75 m^2$;230kg $0.85 \sim 0.9 m^2$;270kg $1.0 \sim 1.1 m^2$;320kg $1.1 \sim 1.2 m^2$;360kg $1.2 \sim 1.3 m^2$;410kg $1.3 \sim 1.4 m^2$;500kg $1.4 \sim 1.5 m^2$。

2. 做好新到架子牛的管理 新到架子牛,首先更换缰绳,消毒牛体,然后提供清洁饮水(第一次饮水限制为 $15 \sim 20 kg$,切忌暴饮,第二次饮水间隔 $3 \sim 4 h$,水中掺些麸皮,第三次可自由饮水)。再次注射维生素 A 并饮口服补盐液,剂量同上。休息2h后,分群,饲喂粗饲料,最好是禾本科青干草,其次为玉米或高粱青贮,不可饲喂苜蓿干草或苜蓿青贮,以防引起运输热。一天2次,每次采食1h。逐渐增加喂量,$4 \sim 5 d$ 才能自由采食。混合精料5d内控制在每头2kg。

3. 分段饲养,加速增重 架子牛的快速肥育一般可分三个阶段。

第一阶段 $20 \sim 30 d$,主要是让牛适应过渡,熟悉肥育饲料和环境,进行驱虫健胃(必须的工作),锻炼采食精料的能力,尽快使精粗料比例达到40:60,日粮粗蛋白质12%。

第二阶段 $50 \sim 60 d$,牛完全适应各方面的条件,采食量增加,增重速度很快。日采食饲料干物质 $8 \sim 9 kg$,精粗料比为60:40,日粮粗蛋白质水平11%。精料配方可参考:玉米70%、饼类20%、麸皮10%、每头每天20g食盐、100g预混料,日增重1.3kg左右。

第三阶段 $20 \sim 30 d$,干物质采食量达10kg,精粗料比为70:30,日粮粗蛋白质水平为10%。此期主要是增加脂肪沉积数量,改善肉的品质。精料组成中,可增加大麦喂量,配方可参考玉米65%、大麦20%、饼类10%、麸皮5%、食盐30g、100g预混料,日增重1.5kg左右。体重超过500kg即可出售,如继续肥育,饲料转化率降低,利润减少。

整个肥育过程中,粗饲料可根据当地资源选用,如以玉米青贮为主,或以酒糟为主,或以其他氨化秸秆为主。精料也应因地制宜,日粮配方可按肉牛饲养标准配制。在喂高精料日粮时,为防止酸中毒,提高增重效果,每头每天可添加 $3 \sim 5 g$ 商品瘤胃素(即莫能菌素,每克商品瘤胃素含纯品60mg)或精料量 $1\% \sim 2\%$ 碳酸氢钠。

除以上技术要领外,要提高架子牛易地肥育的经济效益,还应注意适度规模经营,及时上市屠宰,灵活掌握架子牛和肥牛的买卖差等。

近年来,随着肉牛饲养业的发展,国内专家对肉牛日粮配方进行了广泛的研究，并筛选出了许多实用配方，现将其中一部分摘录于表5-6、表5-7、表5-8、表5-9，供参考使用。各配方中各种饲料用量均为自然重。

4. 饲喂方式 肥育牛的饲喂有限制采食和自由采食。前者是将按照肥育所需营养配制的日粮，每日限定饲喂时间、次数和给量，一般每天饲喂2～3次；后者是将日粮投入饲槽，昼夜不断，牛可以任意采食。

表5-6 肥育肉牛体重300kg以下典型日粮配方（％）

饲料 \ 序号	1	2	3	4	5
黄玉米	17.1	15.0	19.0	10.0	15.0
棉籽饼	19.7			12.0	22.9
胡麻饼		13.6	13.0		
玉米秸				3.0	
鸡粪	8.2				8.0
玉米青贮（带穗）	17.1			44.6	17.9
玉米黄贮		35.0	17.6		
小麦秸	36.6				35.0
干草粉		5.0	5.0		
白酒糟		31.0	45.0	30.0	
石粉	1.0				1.0
食盐	0.3	0.4	0.4	0.4	0.2

注：以上各配方，每头日干物质采食量均为7.2kg，预计日增重均为0.90kg。

表5-7 肥育肉牛体重300～400kg的典型日粮配方（％）

饲料 \ 序号	1	2	3	4	5	6	7
黄玉米	10.4	8.6	11.0	9.0	25.0	19.0	37.6
棉籽饼	32.2			11.0	13.0		
胡麻饼		7.0	8.6			13.0	10.0
鸡粪	4.1						
玉米秸	9.1		5.0	3.0	3.0		
玉米青贮（带穗）	13.4			51.0	37.0		
玉米黄贮		36.0	25.0			17.6	19.0
干草粉						5.0	5.0
白酒糟	30.0	48.0	50.0	25.6	21.1	45.0	28.0
石粉	0.5				0.5		
食盐	0.3	0.4	0.4	0.4	0.4	0.4	0.4

注：以上各配方，每头日干物质采食量均为8.5kg，预计日增重均为1.10kg。

表 5-8 肥育肉牛体重 400～500kg 典型日粮配方（%）

序号 饲料	1	2	3	4	5	6	7
黄玉米	16.7	21.1	38.6	18.6	16.0	25.0	25.8
棉籽饼	24.7	29.2				13.0	13.0
胡麻饼			9.0	7.0	6.6		
玉米秸	9.5	9.1		5.0		3.0	3.0
玉米青贮（带穗）	37.4	34.5				37.0	37.0
玉米黄贮			22.0	22.0	32.0		
干草粉			4.0				
白酒糟	10.0	4.0	26.0	47.0	45.0	21.1	20.3
石粉	1.0	1.5				0.5	0.5
食盐	0.7	0.6	0.4	0.4	0.4	0.4	0.4

注：以上各配方，每头日干物质采食量均为 9.8kg，预计日增重均为 1.00kg。

表 5-9 肥育肉牛体重 500kg 以上的典型日粮配方（%）

序号 饲料	1	2	3	4	5	6	7
黄玉米	42.6	41.0	27.0	30.0	42.8	29.6	23.5
大麦粉	5.0	5.0	5.0	5.0	5.0	5.0	5.0
胡麻饼			8.6	9.6	10.5		
棉籽饼						11.6	6.0
杂草	7.0	7.0					
玉米青贮（带穗）	25.8	39.0				37.0	35.1
玉米黄贮			19.0	20.0	17.0		
苜蓿草粉	11.5	6.6					
玉米秸			6.0	6.0	5.8		9.0
白酒糟	5.0		34.0	29.0	18.5	17.0	21.0
石粉		1.0					
食盐	0.4	0.4	0.4	0.4	0.4	0.4	0.4

注：以上各配方，每头日干物质采食量均为 10.4kg，预计日增重均为 1.10kg。

自由采食能满足牛生长发育的营养需要，因此长得快，牛的屠宰率高，出肉多，肥育牛能在较短时间内出栏，省劳力。但饲料浪费较多，不易控制牛只生长速度。限制采食时，牛不能根据自身需要采食饲料，因此限制了牛的生长发育速度，且需要劳力多，但饲料浪费少，能有效控制牛的生长。表 5-10 和表 5-11 是对围栏自由采食牛和拴系限制采食牛肉用性能的测定结果。

表 5-10 自由采食和限制采食牛的增重比较
（蒋洪茂，黄牛肥育实用技术，1998）

饲喂方式	头数	始重（kg）	终重（kg）	日增重（g）	饲养日（d）
限制采食	58	374.1±65.5	433.1±59.2	509±292	123.1±50.5
自由采食	82	317.7±57.3	438.9±38.8	805±340	150.6±39.3

表 5-11 自由采食和限制采食肉牛屠宰成绩比较

饲喂方式	头数	宰前活重（kg）	胴体重（kg）	屠宰率（%）	净肉重（kg）	净肉率（%）	肉∶骨
限制采食	14	402.0±30.0	209.2±17.9	52.04±1.89	167.4±15.4	41.63±1.72	5.09∶1±0.53
自由采食	14	409.1±24.1	229.3±19.5	56.05±3.79	183.2±15.6	44.79±2.44	5.15∶1±0.53

从表 5-10 可以看出，自由采食组的平均日增重较限制采食组高 58%（296g）。

从表 5-11 可以看出，自由采食组的屠宰率较限制组高 7.71%，净肉率高 7.59%，差异非常显著。要做到自由采食，应采用围栏肥育饲养。

另外，牛有争食的习性，群饲时采食量大于单槽饲养。因此有条件的肥育场应采用群饲方式喂牛。

投料采用少给勤添，使牛总有不足之感，争食而不厌食、不挑食。但少给勤添时要注意牛的采食习惯，一般的规律是早上采食量大，因此第一次添料要多些，太少了容易引起牛争料而顶撞斗架；晚上最后一次添料也要多一些，以供牛夜间采食。

随着牛体重的增加，各种饲料的比例会有调整，另一方面，养牛场也可能出现某种饲料供应不及时的现象。因此，在牛的肥育饲养中，饲料变更常会发生。但饲料的更换应采取逐渐更换的办法，决不可骤然改变，以免打乱牛原有的采食习惯。更换饲料应有 3~5d 的过渡期，逐渐让牛适应新更换的饲料。在饲料更换期间，饲养人员要勤观察，发现异常，及时采取措施，以减少饲料更换造成的损失。

保证饮水。饮水不足，影响肥育牛的生长发育。饮水充足，牛精神饱满，被毛有光泽，食欲好，采食量大。饮水最好采用自由饮水装置，如因条件限制而采用定时饮水时，每天至少 3 次。

采用围栏或拴系饲养，限制运动，以减少营养消耗，提高肥育效果。将肥育牛圈于休息栏内或每头牛单木桩拴系，拴系缰绳长度为 50~60cm，以牛能卧下为好。

四、老龄牛肥育

老龄牛肥育通常是指役用牛、奶牛和肉牛群中淘汰牛的肥育。此类牛一般年龄较大，体况不佳，不经肥育直接屠宰时产肉率低，肉质差，效益低。经短期集中肥育，不仅可提高屠宰率、产肉量及经济效益，而且可以改善肉的品质和风味。

老龄牛由于早已停止生长发育,所以在肥育过程中,主要是增加脂肪,故营养供应以能量为主,蛋白质含量不宜过高。饲料组成以碳水化合物含量高的原料为主,用当地价格低廉的粗饲料及糟粕类饲料,适当搭配精料,以达到沉积脂肪,提高增重和屠宰率的目的。

肥育前要进行全面检查,将患消化道疾病、传染病及过老、无齿、采食困难的牛只剔除,这类牛达不到肥育效果。公牛应在肥育前20d去势,母牛可配种使其怀孕,避免发情影响增重。

对于膘情很差的牛,可先复壮,如每日喂米汤0.5~1.0kg,连喂15d左右;或用中药黄精60g、薏米60g、沙参50g共研末掺入饲料中喂服,每日一剂,连服一周。同时让其逐渐适应肥育日粮,避免发生消化道疾病。有放牧条件可先放牧,利用青草使牛复膘,然后再用肥育日粮肥育。

肥育期一般为90d左右,也可分三个阶段,第一阶段20d左右,要驱虫健胃,并适应肥育用日粮和环境条件;第二阶段40~50d,牛食欲好,增重快,要增加饲喂次数,尽量设法提高采食量;第三阶段20~30d,牛食欲可能有所下降,要少给勤添,提高日粮营养浓度。

表5-12是成年肥育牛以玉米青贮为主的日粮配方,供参考。其中玉米青贮必须铡短,节结压碎。精料配方可参考:玉米72%、棉饼15%、麸皮10%、尿素1%、添加剂2%。

表5-12 成年牛玉米青贮为主的日粮配方(kg)

饲 料	第一阶段	第二阶段	第三阶段
玉米青贮	40	45	40
干 草	4	4	4
麦 秸	4	4	4
混合精料	—	1.5	2
食 盐	0.04	0.04	0.04
无机盐	0.05	0.05	0.05

另外,酒糟、甜菜渣等均是成年牛肥育的好饲料,适当搭配精料,补喂食盐,日增重均可达1.00kg以上。

五、乳用品种小公牛肥育

1. 哺乳期的饲养管理 为了降低生产成本,采用低奶量短期哺乳法。公犊的哺乳期为3周,1~3日龄每天喂初乳5~6kg,以后改为常乳。4~7日龄喂4~5kg;8~14日龄喂3~4kg,15~21日龄喂2~3kg。从5日龄开始训练犊牛吃料(代乳料),由熟到生,逐渐增多。并从10日龄起训练采食植物性饲料，由嫩草、青草过渡到优质干草、青贮饲料。代乳料可自配，配方可参考：玉米40%、小米20%、豆饼20%、麸皮18%、碳酸氢钙1%、食盐1%，另添加适量维生素和微量元素。

2. 断奶后的饲养管理 60日龄将粥状熟代乳料换成粥状生代乳料。90日龄改粥状代乳料为精料拌草。粗饲料包括青干草、青贮饲料和鲜草等，自由采食。管理上加强犊牛运动，接受阳光照射，定期消毒栏舍，供给充足饮水。

3. 强度肥育 对乳用品种青年公牛作强度肥育时，可得到更大的日增重和出栏重。但乳用品种牛的代谢类型不同于肉用品种，每千克增重所需精料较肉用品种高10%以上，并且必须在日增重高于1.2kg以上，牛的膘情才能改善。参考肥育方案见表5-13。精料配方及其他肥育技术参见牛的持续肥育。

表5-13 乳用青年公牛强度肥育日粮方案（kg）

月龄	体重（kg）	日增重（kg）	不同粗饲料的配合精料量		
			青草和作物青刈	干草、谷草、玉米秸、氨化秸秆	麦秸、稻草、豆秸
7	180~216	1.2	3.0	3.3	3.9
8	216~252	1.2	3.2	3.6	4.2
9	252~288	1.2	3.4	3.9	4.6
10	288~324	1.2	3.6	4.2	5.0
11	324~360	1.2	3.7	4.4	5.3
12	360~400	1.2	3.9	4.6	5.7

六、小白牛肉与小牛肉生产

肉用公犊和淘汰母犊是生产小白牛肉和小牛肉的最好选材，但近年来，一些乳业发达的国家开始重视用乳用公犊生产小白牛肉和小牛肉，为乳用公犊的有效利用开辟了新途径。在我国目前条件下，还没有专门化肉用品种，所以选择荷斯坦牛公犊，利用其前期生长速度快，肥育成本较低的优势生产小白牛肉，满足星级宾馆饭店对高档牛肉的需求，是一项具有广阔发展前景的产业。

（一）小白牛肉生产

所谓小白牛肉，是指犊牛生后90~100d，体重达到100kg左右，完全由乳或代用乳培育所产的牛肉。因饲料含铁量极少，故其肉为白色，肉质细嫩，味道为乳香味，十分鲜美。由于生产白牛肉不喂其他任何饲料，甚至连垫草也不让采食，因此饲喂成本高，但售价也高，其价格是一般牛肉价格的8~10倍。

1. 犊牛选择 选择初生重40kg以上，健康无病，表现头大嘴大，管围粗，身腰长，后躯方，无任何生理缺陷。

2. 肥育技术 出生后喂足初乳，实行人工哺乳，每日哺喂3次。喂完初乳后喂全乳或代乳粉，喂量随日龄增长而逐渐增加。平均日增重0.80~1.00kg，每增重1kg耗全乳10~11kg，成本很高。所以近年来用与全乳营养相当的代乳粉饲喂，每千克增重需1.3~1.5kg。严格限制代乳粉中的含铁量，强迫犊牛在缺铁条件下生长，这是小白牛肉生产的关键技术。

管理上采用圈养或犊牛栏饲养，每圈10头，每头占地2.5~3.0m²。犊牛栏全用木制，长140cm，高180cm，宽45cm，底板离地高50cm。舍内要求光照充足，通风良好，温度15~20℃，干燥。小白牛肉生产方案如表5-14。

表5-14 小白牛肉生产方案（kg）

日 龄	期末增重	日喂乳量	日增重	需乳总量
1~30	40.0	6.40	0.80	192.0
31~45	56.1	8.30	1.07	133.0
46~100	103.0	9.50	0.84	513.0

（二）小牛肉生产

犊牛出生后饲养至7~8月龄或12月龄以前，以乳为主，辅以少量精料培育，体重达到300~350kg所产的肉，称为"小牛肉"。小牛肉富含水分，鲜嫩多汁，含蛋白质多而脂肪少，肉质呈淡粉红色，胴体表面均匀覆盖一层白色脂肪，风味独特，营养丰富，人体所需的氨基酸和维生素齐全。

肥育方法是：喂5~7d初乳后喂常乳，1月龄内按体重8%~9%饲喂。7~10d开始喂混合精料，逐渐增加到0.5~0.6kg，青草或青干草自由采食。1月龄后日喂奶量基本保持不变，喂料量则要逐渐增加，青草或青干草仍自由采食，自由饮水，直至肥育到6月龄止。可以在此阶段出售，也可继续肥育至7~8月龄或12月龄出栏。下面介绍一种专家推荐的方案（表5-15）。

表5-15 小牛肉生产方案（kg）

周 龄	始 重	日增重	日喂乳量	配合饲料喂量	青干草
0~4	50	0.95	8.5	自由采食	自由采食
5~7	76	1.20	10.5	自由采食	自由采食
8~10	102	1.30	13.0	自由采食	自由采食
11~13	129	1.30	14.0	自由采食	自由采食
14~16	156	1.30	10.0	1.5	自由采食
17~21	183	1.35	8.0	2.0	自由采食
22~27	232	1.35	6.0	2.5	自由采食
合计			1088	300	300

为节省用奶量，提高增重效果并减少疾病发生，所用肥育精料要具有能量

高、易消化的特点，并可加入少量抑菌制剂。可参考以下配方：玉米60％、豆饼15％、大麦13％、油脂10％、磷酸氢钙1.5％、食盐0.5％，每千克饲料中加入维生素A1万～2万IU。

5月龄后拴系饲养，减少运动，但每天应晒太阳3～4h。舍内温度要求18～20℃，相对湿度80％以下。

七、提高肉用牛肥育效果的技术措施

（一）一般措施

1. 选好品种 我国没有专用肉牛品种，所以肥育牛应选择国外优良肉用公牛与我国地方品种母牛的杂交后代，三元杂交后代效果更好。或者是我国优良的地方品种及相互杂交后代，利用其杂种优势提高肥育的效果。

2. 利用公牛肥育 研究表明，公牛的生长速度和饲料转化率明显高于阉牛，并且胴体瘦肉率高，脂肪少。一般公牛的日增重比阉牛高14.4％，饲料利用率高11.7％，因此2岁内出栏的肉牛以不去势为好。

3. 注意牛的体形选择 按照前述架子牛和犊牛选择要求，选好肥育牛，这对提高肥育效果和经济效益非常重要。如选去势牛，以3～6月龄早去势的牛为好，这样可减少应激，加速骨骼钙化，出栏时出肉率高，肉质好。

4. 选择适龄牛肥育 应选1～2岁牛进行肥育，这类牛生长快，肉质好，效益高。

5. 抓住肥育的有利季节 在四季分明的地区，春秋季肥育效果最好，此时气候温和，牛采食量大，生长快。夏季炎热，不利于牛增重，因此肉牛肥育最好错过夏季。在牧区肉牛出栏以秋末为最佳。冬季肥育要注意防寒，为肉牛创造良好生活环境。

6. 合理搭配饲料 按照肉牛生长发育的生理阶段，合理确定日粮各营养含量，肌肉生长快的阶段增加蛋白质供应，脂肪生长快的阶段多供应能量，使其体重与各组织的增长与营养供应同步。

7. 注意饲料形态和调制 秸秆类饲料喂前应用揉搓机揉搓成0.5～1cm的丝状，或先铡短再粉碎成0.5～0.7cm长，然后氨化处理。干草有条件可制粒，无制粒条件可粉碎。青贮原料切成0.8～1.5cm后青贮。饲喂前将所用各类饲料充分拌匀，以看不到各类饲料层次为准。理想的肥育牛饲料，应当有青贮料或糟渣类饲料，可将这类饲料与其他饲料均匀拌成半干半湿状（含水量40％～50％）喂牛，效果最好。肥育牛不宜采食干粉状料。

8. 精心管理 肥育前要驱虫健胃，预防疾病。平时要勤检查，细观察，发现异常及时处理。严禁饲喂发霉变质草料，饮水要卫生。勤刷拭，少运动，圈舍要勤换垫草，勤清粪便，勤消毒，保证肥育安全。

（二）特殊措施

1. 合理使用营养性增重剂 在肉牛肥育中，应用营养性埋植增重剂，效果明显，有试验报道，在牛耳背皮下埋植500mg赖氨酸埋植剂，结果在90d内平均日增重1.36kg，比不埋植牛日增重1.18kg高0.18kg，高出近15%。

2. 调控瘤胃发酵、提高采食量 瘤胃发酵是牛最为突出的消化生理特点和优势，它通过对饲料养分的分解和微生物菌体成分的合成，为牛提供能量、氨基酸和维生素。但发酵本身也会造成养分的损失。因此，瘤胃发酵优化的最终目的是提高发酵的正面效应，降低、改变或消除对牛自身有害及无效的发酵过程。

（1）利用矿物盐缓冲物质稳定瘤胃内环境。肉牛肥育期，采用高精料水平饲养，增加了瘤胃乳酸的形成，pH下降，不利于瘤胃纤维分解菌的活动，进而会降低采食量。如果使用碳酸氢钠、氧化锌等缓冲物质，能缓冲氢离子而提高纤维分解菌活性，维持瘤胃正常内环境，提高采食量。

（2）使用有机酸稳定瘤胃内环境。苹果酸等有机酸能刺激反刍动物新月状单胞菌，该菌群通过对乳酸的利用来调节瘤胃发酵。

（3）控制饲料养分在瘤胃的降解。通过使用糊化淀粉、过瘤胃蛋白、过瘤胃脂肪等，降低营养物质在瘤胃的降解，可改善牛体葡萄糖营养状况，提高增重速度。

（4）利用离子载体改变瘤胃挥发性酸的比例和减少甲烷产生量。如莫能菌素、沙拉里霉素和盐霉素等，可使瘤胃乙酸、丁酸含量下降，丙酸含量提高，同时使甲烷产生量减少，从而提高了日增重和饲料转化率。

第四节 高档牛肉生产技术

高档牛肉是指对肥育达标的优质肉牛，经特定的屠宰和嫩化处理及部位分割加工后，生产出的特定优质部位牛肉，最高占胴体重的12%。在生产高档牛肉的同时，还可分割出优质切块，两者共占胴体比例为45%～50%。由于各国传统饮食习惯不同，高档牛肉的标准各异，但通常是指优质牛肉中的精选部分。目前我国肉牛和牛肉等级尚未统一规定，综合国内外研究结果，高档牛肉至少应具备以下标准。

活牛：健康无病的各类杂交牛或良种黄牛；年龄 30 月龄以内，宰前活重 550kg 以上；满膘（看不到骨头突出点），尾根下平坦无沟、背平宽，手触摸肩部、胸垂部、背腰部、上腹部、臀部有较厚的脂肪层。

胴体评估：胴体外观完整，无损伤；胴体体表脂肪色泽洁白而有光泽，质地坚硬，胴体体表脂肪覆盖率 80% 以上，12～13 肋骨处脂肪厚度 10～20mm，净肉率 52% 以上。

肉质评估：大理石花纹丰富，表示牛肉嫩度的肌肉剪切值 3.62kg 以下，出现次数应在 65% 以上；易咀嚼，不留残渣，不塞牙；完全解冻的肉块，用手触摸时，手指易插进肉块深部。牛肉质地松软多汁。每条牛柳重 2.0kg 以上，每条西冷重 5.0kg 以上，每条眼肉重 6.0kg 以上。

随着我国人民生活水平的不断提高，人们食物结构的不断改善，特别是在加入 WTO 后，我国国际交往日益增多，涉外宾馆、饭店及旅游行业蓬勃发展，对高档牛肉的需求越来越多，我国的肉牛业生产优质高档牛肉将会越来越受到重视。

一、肥育牛的条件

生产高档牛肉，对肥育牛的要求非常严格。

1. 品种要求 品种的选择是高档牛肉生产的关键之一。大量试验研究证明，生产高档牛肉最好的牛源是安格斯、利木赞、夏洛来、皮埃蒙特等引入的国外专门化肉用品种与本地黄牛的杂交后代。如果用我国地方良种作母本，牛肉品质和经济效益更好。秦川牛、南阳牛、鲁西牛、晋南牛也可作为生产高档牛肉的牛源。

2. 年龄与性别要求 生产高档牛肉最佳的开始肥育年龄为 12～16 月龄，30 月龄以上不宜肥育生产高档牛肉。性别以阉牛最好，阉牛虽然不如公牛生长快，但其脂肪含量高，胴体等级高于公牛，而又比母牛生长快。

其他方面的要求以达到一般肥育肉牛的最高标准即可。

二、肥育期和出栏体重

生产高档牛肉的牛，肥育期不能过短，一般为 12 月龄牛 8～9 个月，18 月龄牛 6～8 个月，24 月龄牛 5～6 个月。出栏体重应达 500～600kg，否则胴体质量就达不到应有的级别，牛肉达不到优等或精选等级，故既要求适当的月龄，又要求一定的出栏体重，二者缺一不可。

三、饲养与饲料

高档牛肉生产对饲料营养和饲养管理的要求较高。1岁左右的架子牛阶段可多用青贮、干草和切碎的秸秆,当体重300kg以上时逐渐加大混合精料的比例。肥育期必须采用高营养平衡日粮,以粗饲料为主的日粮难以生产出高档牛肉。所用饲料必须优质,不能潮湿发霉,也不允许虫蛀鼠咬。籽实类精料不能粉碎过细,青干草、青贮饲料必须正确调制,秸秆类必须氨化、揉碎。

如选择12月龄、体重300kg的牛进行肥育,按日增重1kg日粮饲喂,肥育到18月龄以后,应酌情增加喂料量10%左右。每天饲喂2~3次,饮水3~4次。最后2个月要调整日粮,不喂含各种能加重脂肪组织颜色的草料,如大豆饼粕、黄玉米、南瓜、胡萝卜、青草等。多喂能使脂肪白而坚硬的饲料,如麦类、麸皮、麦糠、马铃薯和淀粉渣等,粗料最好用含叶绿素、叶黄素较少的饲草,如玉米秸、谷草、干草等。并提高营养水平,增加饲喂次数,使日增重达到1.3kg以上。但高精料肥育时应防止发生酸中毒。到22月龄时,体重达到600kg,此时膘情为满膘,脂肪已充分沉积到肌肉纤维之间,使眼肌切面上呈现理想的大理石花纹。下面列举典型日粮配方,供参考。

配方1(适用于体重300kg):精料4~5kg/(d·头)(玉米50.8%、麸皮24.7%、棉粕22.0%、磷酸氢钙0.3%、石粉0.2%、食盐1.5%、小苏打0.5%,预混料适量);谷草或玉米秸3~4kg/(d·头)。

配方2(适用于体重400kg):精料5~7kg/(d·头)(玉米51.3%、大麦21.3%、麸皮14.7%、棉粕10.3%、磷酸氢钙0.14%、石粉0.26%、食盐1.5%、小苏打0.5%,预混料适量);谷草或玉米秸5~6kg/(d·头)。

配方3(适用于体重450kg):精料6~8kg/(d·头)(玉米56.6%、大麦20.7%、麸皮14.2%、棉粕6.3%、石粉0.2%、食盐1.5%、小苏打0.5%,预混料适量);谷草或玉米秸5~6kg/(d·头)。

管理上要特别注意保健卫生,饲料安全,防寒防暑和牛体刷拭。

四、屠宰工艺

屠宰前先进行检疫,并停食24h,停水8h,称重,然后用清水冲淋洗净牛体,冬季要用20~25℃的温水冲淋。

将经过宰前处理的牛牵到屠宰点,最好按伊斯兰教规的规定程序屠宰。

屠宰的工艺流程是:电麻击昏→屠宰间倒吊→刺杀放血→剥皮(去头、蹄和尾）→去内脏→胴体劈半→冲洗、修整、称重→检验→胴体分级编号。测定相关屠宰指标后进入下道工序。

五、胴体嫩化

牛肉嫩度是高档与优质牛肉的重要质量指标。嫩化处理（又叫排酸或成熟）是提高嫩度的重要措施，其方法是在专用嫩化间，温度0～4℃，相对湿度80%～85%条件下吊挂7～9d（称吊挂排酸）。嫩化后的胴体表面形成一层"干燥膜"，羊皮纸样感觉，pH=5.4～5.8，肉的横断面有汁流，切面湿润，有特殊香味，剪切值（专用嫩度计测定）可达到平均3.62kg以下的标准。也可采用电刺激嫩化或酶处理嫩化。

六、胴体分割包装

严格按照操作规程和程序，将胴体按不同档次和部位进行切块分割，精细修整。高档部位肉有牛柳、西冷和眼肉三块，均采用快速真空包装，每箱重量为15kg，然后入库速冻，也可在0～4℃冷藏柜中保存销售。

近年来，国内有关高档牛肉生产的研究正不断深入，如西北农业大学黄牛研究室研究制定了"秦川牛高档牛肉生产技术规范"；北京市农林科学院综合所肉牛研究室创建了"望楚高档牛肉生产实践模式"等，相继也建立起了高档牛肉生产线。从而推动了我国高档牛肉生产进程。

第五节 常用饲料在肉牛肥育上的应用

一、酒糟肥育

酒糟是酿酒工业的副产品，其中富含酵母、甘油、丙酮酸、纤维素、半纤维素、脂肪、灰粉和B族维生素等，蛋白质含量比原料高，是一种良好的肥育牛饲料。

酒糟喂牛时，开始不喜食，要以干草为主，酒糟由少到多，逐渐使牛适应，到肥育中期时，生长肥育牛喂量可达25～30kg，成年牛可喂到35～40kg。下面介绍两个酒糟肥育牛方案，供参考。

方案一：肥育期120d，分适应期、肥育前期、肥育中期、肥育后期四个阶段。

适应期（10d）：每天每头喂酒糟 5～10kg、干草 15～20kg、玉米 1kg、食盐 40g、酵母片 40 粒、多种维生素适量。

肥育前期（40d）：酒糟 15～20kg、干草 3.5～4.0kg、玉米 1.5～2.5kg、豆饼 0.5kg、尿素 100g、食盐 40g。

肥育中期（40d）：酒糟 20～25kg、干草 2.5～3.0kg、玉米 2.5～3.5kg、豆饼 2.5kg、尿素 100g、食盐 50g。

肥育后期（30d）：酒糟 20～30kg、干草 1～1.5kg、玉米 4～4.5kg、豆饼 0.5kg、尿素 100g、食盐 50g。

方案二：肥育期 90d，分三个阶段，1～20d 为适应期，以喂粗饲料为主，精料占 30%，日粮粗蛋白质水平 12%；21～50d 日粮中精料比例占 60%，粗蛋白质水平 11%；51～90d 日粮中精料比例占 70%，粗蛋白质水平 10%。此外，每千克饲料另加莫能菌素 20～30mg，磷酸氢钙 5g，每天每头喂 2 万 IU 维生素 A 及 50g 食盐。精料给量为每 100kg 体重 1～1.5kg。饲料配方见表 5-16。

表 5-16　肉牛肥育期饲料配方（%）

饲料	阶段		
	1～20d	21～50d	51～90d
玉米	25	44.0	59.5
麦麸	4.5	8.5	7.0
棉籽饼	10.0	9.0	3.5
碳酸氢钙	0.3	0.3	
贝壳粉	0.2	0.2	21.0
干白酒糟	49.0	28.0	9.0
玉米秸粉	11.0	10.0	

下面再介绍一组不同体重阶段酒糟类型日粮配方（表 5-17），供参考。

表 5-17　酒糟类型日粮配方

体重阶段(kg)	精料配方（%）						采食量[kg/(d·头)]		
	玉米	麸皮	棉粕	尿素	食盐	石粉	精料	酒糟	玉米秸
300～350	58.9	20.3	17.7	0.4	1.5	1.2	4.1	11.0	1.5
350～400	75.1	11.1	9.7	1.6	1.5	1.0	7.6	11.3	1.7
400～450	80.8	7.8	7.0	2.1	1.5	0.8	7.5	12.0	1.8
450～500	85.2	5.9	4.5	2.3	1.5	0.6	8.2	13.1	1.8

用酒糟肥育牛时，应注意：不能把酒糟作为惟一的粗饲料使用，应与其他干粗饲料搭配并搅拌均匀后饲喂，否则会导致瘤胃内可降解氮不足，使粗纤维消化率下降。酒糟宜占日粮比例 30%～45%，日粮中纤维素 10%～14%。长

期饲用白酒糟时，日粮中应补充维生素 A，每天每头 1 万～5 万 IU。要保证酒糟新鲜，饲喂过程中如发现湿疹、膝部球关节红肿与腹部膨胀等症状，应暂停喂，适当调剂饲料，以调整消化机能。冬季避免喂冰冻酒糟，冰冻酒糟要化开后再喂。

二、青贮料肥育

青贮玉米是肥育肉牛的优质饲料，一般采食量为每 100kg 体重 1.5～2.5kg，如果同时补喂一些混合精料，可以达到较高的日增重。

据有关试验报道，体重 375kg 的荷斯坦杂种公牛，每天每头饲喂青贮玉米 12.5kg，混合精料 6kg（棉籽饼 25.7%、玉米面 43.9%、麸皮 29.2%、磷酸氢钙 1.2%），另喂食盐 30g，在 104d 的肥育期内，平均日增重 1.65kg。

用 1.5～2 岁，体重 342.5kg 的鲁西黄牛进行试验，青贮玉米自由采食，精料（玉米 53.03%、麸皮 28.41%、棉籽饼 16.1%、磷酸氢钙 1.51%、食盐 0.95%）每天每头饲喂 5kg，在 60d 的试验期内平均日增重 1.36kg，最高的个体日增重达 1.5kg。

一般在肉牛肥育中用的玉米青贮是收获子穗后铡碎的秸秆青贮。虽然营养价值较低，但比干玉米秸的饲喂效果要好得多。在饲喂肥育牛时，随着精料喂量的逐渐增加，青贮玉米采食量逐渐减少，虽日增重逐渐增加，但饲养成本上升，因此，肥育时精料比例一定要合适。

由于青贮玉米蛋白质含量低，在自由采食青贮饲料时，加喂青贮料干物质 2% 的尿素对增重有利，尤其是对体重 300kg 以上的肥育牛效果更好。同时还应注意补充能量饲料、矿物质和维生素。每天每头添加 10～15g 小苏打，可减少有机酸的危害。

下面提供青贮玉米秸类型日粮典型配方（表 5-18），供参考使用。

表 5-18 青贮玉米秸类型日粮配方

(李建国，养牛手册，2003)

体重阶段 (kg)	精料配方（%）						采食量 [kg/(d·头)]	
	玉米	麸皮	棉粕	尿素	食盐	石粉	精料	青贮玉米秸
300～350	71.8	3.3	21.0	1.4	1.5	1.0	5.2	15
350～400	76.8	4.0	15.6	1.4	1.5	0.7	6.1	15
400～450	77.6	0.7	18.0	1.7	1.2	0.8	5.6	15
450～500	84.5	—	11.6	1.9	1.2	0.8	8.0	15

注：精料中另加 0.2% 的添加剂预混料。

三、氨化饲料肥育

将农作物秸秆经氨化处理可提高秸秆的营养价值，改善饲料的适口性和消化率。让牛自由采食，补以适量精料可达到增重的目的。但由于其营养价值低，肥育牛的日增重低，所需肥育时间长，不适合要求增长快、早出栏的规模饲养模式。对体重较大的架子牛，如果选择氨化秸秆作为基础饲料，要达到短期快速肥育的目的，需要补以适量青贮饲料和优质干草，并适当加大精料比例。但是，秸秆氨化和不氨化效果差异很大。据试验，在低精料条件下，氨化麦秸占日粮60%时，较不氨化麦秸的日增重提高112%，随着日粮中精料给量的增加，氨化麦秸作用减少，当日粮中氨化麦秸占日粮40%和20%时，分别比不氨化麦秸肉牛日增重提高34.3%和3.42%。

表5-19是专家提供的氨化稻草或麦秸类型的典型日粮配方。12~18月龄体重300kg以上的架子牛舍饲肥育105d，日增重1.3kg以上。

表5-19 不同阶段氨化稻草类日粮配方 [kg/(d·头)]

阶段	玉米面	豆饼	磷酸氢钙	矿物微量元素	食盐	碳酸氢钠	氨化稻草（麦秸）
前期（30d）	2.5	0.25	0.06	0.030	0.05	0.05	20
中期（30d）	4.0	1.0	0.07	0.030	0.05	0.05	17
后期（45d）	5.0	1.5	0.07	0.035	0.05	0.08	15

四、微贮秸秆肥育

微贮秸秆是在适宜的温度、湿度和厌氧条件下，利用微生物活菌发酵秸秆，从而改善秸秆的适口性和饲喂价值。据报道，牛采食微贮秸秆的速度比采食一般秸秆提高30%~45%，采食量增加20%~30%。若每天再补加精料2.5kg，肉牛平均日增重可达1.20kg以上。

有关微贮秸秆肥育肉牛的试验报告很多，其结果差异不大。据周元军报道，用微贮麦秸饲喂18月龄、体重260kg的生长肥育牛，微贮秸秆自由采食，每日每头喂精料2.5kg（精料配方：玉米55%、棉籽饼26%、麸皮16%、骨粉1.5%、食盐1.0%、小苏打0.5%），结果在60d的试验期内饲喂微贮秸秆组平均日增重1.20kg，喂未处理秸秆组平均日增重0.77kg，提高55%，屠宰率分别为54.92%和48.45%，提高13.35%，日增重成本分别为4.72元和4.23元，日盈利分别为3.08元和0.78元，增加2.30元。

表 5-20 是一组玉米秸秆微贮类型典型日粮配方，供实际应用时参考。

表 5-20　玉米秸微贮类型日粮配方

体重阶段	精料配方（%）					采食量［kg/（d·头）］	
（kg）	玉米	麸皮	棉粕	尿素	石粉	精料	微贮玉米秸
300～350	64.6	—	33.9	0.59	0.91	4.35	12
350～400	55.6	23.1	20.0	0.60	0.70	4.20	15
400～450	63.5	18.7	16.7	0.73	0.37	4.40	18
450～500	68.6	16.2	14.1	1.00	0.10	4.70	20

注：由于微贮玉米秸中已加入了食盐，故日粮中不再添加。精料中另加 0.2% 的添加剂预混料。

五、甜菜渣肥育

甜菜渣是制糖的副产品，新鲜甜菜渣含水分多，营养价值低，但适口性好，甜菜产区常用以肥育肉用牛。

用甜菜渣喂肉牛时，喂量不宜过大。甜菜渣含有大量游离的有机酸，饲喂过量易使肉牛腹泻，喂量可占日粮干物质的 30%。

肥育牛肥育初期每天每头饲喂甜菜渣 20～25kg、中期 30～35kg、末期 25kg。干草 2kg、秸秆 3kg、混合精料 0.5～1.5kg、食盐 50g、尿素 50g，日增重可达 1kg 以上。

大量饲喂鲜甜菜渣时要减少饮水。若喂干甜菜渣，喂前应加 2～3 倍水，充分浸泡 6～10h。

六、酱油渣肥育

酱油渣一般含水 50% 左右，风干酱油渣含水 10%，粗蛋白质 19.7%～31.7%，粗纤维 12.7%～19.3%，盐 5%～7%，是一种较安全的饲料。但由于含盐量较高，因此，肉牛肥育中不能超过日粮的 5%～7%。与青贮玉米、禾本科干草等搭配饲喂效果较好。

复习思考题

1. 影响产肉性能的因素有哪些？其内涵是什么？
2. 肉牛生长肥育期的主要指标有哪些？怎样计算？

3. 肉牛的生长有何规律？何为补偿生长？生产中如何应用？
4. 如何持续肥育青年牛？
5. 架子牛选择有何要求？怎样肥育架子牛？
6. 如何提高肉牛的肥育效果？
7. 高档优质牛肉生产的技术要求是什么？

第 六 章

牛场建设与环境控制

第一节 牛场建设

一、场址选择

牛场场址的选择要点如下:

1. 规划依据 要依据城镇建设发展规划、农牧业发展规划、农田基本建设规划和农业产业化发展的政策导向等来规划选址。

2. 卫生防疫 要符合兽医卫生和环境卫生的要求,并得到卫生防疫、环境保护等部门审查同意。必须遵循社会公共卫生准则,使牛场不致成为周围社会的污染源,同时也不受周围环境所污染。要与交通要道、工厂及住宅区保持500~1 000m以上的距离,并在居民区的下风向,以防牛场有害气体和污水等对居民的侵害,以利防疫及环境卫生。

3. 市场需求 要适应现代养牛业的发展趋势,因地制宜发展肉牛、奶牛或奶水牛业,以满足市场的需求。并根据资金、技术、场地和饲料等资源情况确定养殖规模。

4. 地形地势 要求开阔整齐,方形最为理想,地形狭长或多角边都不便于场地规划和建筑物布局。场区面积可根据饲养规模、管理方式、饲料贮存和加工等来确定,同时考虑留有发展余地。如存栏400头奶牛场需要6hm^{2}以上的场区面积。牛场地势高燥,避风向阳,地下水位2m以下,平坦稍有缓坡,坡度以1%~3%较宜,最大坡度不得超过25%。切不可建在低洼或低风口处,以免汛期积水,造成排水困难及冬季防寒困难。若在山区坡地建场,应选择在坡度平缓,向南或向东南倾斜处,以避北方寒风,有利阳光照射,通风透光。土质以砂壤土为佳,其透水性、保水性好,可防止病原菌、寄生虫卵等生存和繁殖。

5. 饲草来源 牛场应选择牧地广阔,牧草种类多、品质好的场所,牛场附近有可种植牧草的优质土地供种植高产牧草，以补天然饲草不足。南方农区以舍饲为主，更要有足够的饲料饲草基地或饲料饲草来源。若利用草山草坡放牧养牛，也应有充足的放牧场地及大面积人工草地。

6. 水电条件 牛场用水量很大，要有清洁而充足的水源，以保证生活、生产用水。自来水饮用安全可靠，但成本较高。井水、泉水等地下水水量充足，水质良好，且取用方便，设备投资少，是通常的解决方案。切忌在严重缺水或水源严重污染地区建场。现代化牛场机械挤奶、牛奶冷却、饲料加工、饲喂以及清粪等都需要电，因此，牛场要设在供电方便的地方。

7. 交通通讯 牛场每天都有大量的牛奶、饲料、粪便和人员的进出。因此，牛场的位置应选择在距离饲料生产基地和放牧地较近，交通通讯便利的地方。较大的牛场要有专用道路与主公路相接，供电及通讯电缆也需同时考虑。

二、规划与布局

按畜牧业养殖设施与环境标准化的要求，进行科学规划与布局，使设施与环境达到工厂化生产，以提高集约化程度和生产效率，保证养殖环境的净化和生产安全健康畜产品。

（一）按功能分区的规划布局

场区的平面布局应根据牛场规模、地形地势及彼此间的功能联系合理规划布局，确保实现两个三分开：即人（住宅）、牛（活动）、奶（存放）三分开；奶牛的饲喂区、休息区、挤奶区三分开，尽量减少见脏与净的道路交叉污染。为便于防疫和安全生产，应根据当地全年主风向和场址地势，顺序安排以上各区（图6-1）。

1. 生活区 指职工生活住宅与文化活动区。应在牛场上风向和地势较高

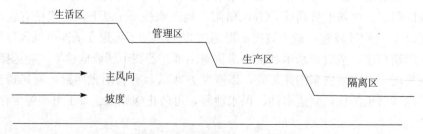

图6-1 牛场各功能区依据地势、风向配置示意图

地段，并与生产区保持100m以上距离，以保证生活区良好的卫生环境。为了减少生活区和办公区外来人员及车辆的污染，有条件的应将生活区和办公区设计在远离饲养场的城镇中，把牛场变成一个独立的生产机构，这样既便于生活和信息交流以及商品销售，又有利于牛场疾病的防控。

2. 管理区 或叫生产辅助区，包括与经营管理、产品加工销售有关的建筑物，如办公楼、仓库、产品加工和销售间等，管理区的经营活动与社会发生经常性的极密切的联系。因此，该区位置的确定应设在靠近交通干线、靠近场区大门的地方，和生产区严格分开，保证50m以上距离，外来人员只能在管理区活动，场外运输车辆、牲畜严禁进入生产区。

3. 生产区 应设在场区的较下风向位置，场外人员和车辆不能直接进入生产区，保证生产区安全和安静。大门口应设立门卫传达室、消毒室、更衣室和车辆消毒池，出入人员和车辆必须经消毒室或消毒池进行严格消毒后方可进出。

生产区是牛场的核心区，应根据其规模和经营管理方式合理布局，应按分阶段分群饲养原则，按产奶牛群、干奶牛群、产房、犊牛舍、育成前期牛舍、育成后期牛舍顺序排列，各牛舍之间要保持适当距离，布局整齐，以便于防疫和防火。但也要适当集中，节约水电线路管道，缩短饲草饲料及粪便运输距离。粗饲料库设在生产区下风口地势较高处，与其他建筑物保持60m防火距离，要兼顾由场外运入再运到牛舍两个环节。

饲料库、干草棚、饲料加工车间和青贮池，离牛舍要近一些，位置适中一些，便于车辆运送草料，减少劳动强度，但必须防止牛舍和运动场的污水渗入而污染草料。

4. 隔离区 该区是卫生防疫和环境保护的重点，包括兽医室、隔离牛舍、尸体剖检和处理设施、贮粪场与污水贮存及处理设施等。设在生产区内下风地势较低处，与生产区应有300m距离。要注意防止病牛、污水、粪尿等废弃物污染环境。

（二）生产区内的规划布局

1. 充分利用地形地势 以有利排水，保持牛舍内干燥，便于施工减少土方量，方便建设后的饲养管理为宜。牛舍长轴应与地势等高线平行，两端高差不超过$1.0\%\sim1.5\%$。在寒冷地区，为了防止寒风侵袭，除应充分利用有利地形挡风及避开风雪外，还应使牛舍的迎风面尽量减少，在主风向可设防风林带、挡风墙。在炎热地区，可利用主风向对场区和牛舍通风降温。

2. 合理利用光照，确定牛舍朝向 由于我国地处北纬$20°\sim50°$，太阳高度角冬季小，夏季大，为使牛舍达到"冬暖夏凉"，应采取南向即牛舍长轴与纬度平行，这样冬季有利于阳光照入牛舍内以提高舍温，而夏季可防止强烈的太阳光照射。因此，在全国各地均以南向配置为宜，并根据纬度的不同有所偏向东或偏向西。修建牛舍多栋时，应采取长轴平行配置，当牛舍超过 4 栋时，可以 2 行并列配置，前后对齐，相距 10m 以上。

3. 根据生产工艺进行布局　养牛生产工艺包括牛群的组成和周转方式，挤奶、运送草料、饲喂、饮水、清粪等，也包括测量、称重、采精输精、防疫治疗、生产护理等技术措施。修建牛舍必须与本场生产工艺相结合，否则，必将给生产造成不便，甚至使生产无法进行。

4. 放牧饲养生产区的配置　要考虑与放牧地、打草场和青饲料地的联系。亦即应与放牧地、草地保持较近的距离，交通方便（含牧道与运输道）。放牧季节也可在牧地设野营舍。为减少运输负荷，青饲料地宜设在生产区四周。放牧驱赶距离奶牛 1~1.5km，1 岁以上青年牛 2.5km，犊牛 0.5~1.0km。

三、养牛小区建设

养牛小区标准化生产是全面提高畜产品质量安全，增强市场竞争力，促进养牛业可持续发展的一项战略性举措。养牛小区具有投资主体多元化、组织形式多样化、管理服务统一化和人畜分离、相对集中、专业饲养、适度规模等基本特征，是将一家一户分散饲养经营向规模化、集约化、标准化和产业化生产转变的一种新的养牛经营模式。

（一）小区的优缺点

1. 有利于控制动物疫病，建立公共卫生防疫体系，确保人畜安全　养牛小区养牛既能充分利用村头荒地和废弃耕地，解决农民群众发展畜牧业无场所的问题，又有利于扩大规模，改变传统的庭院养殖，实现生产区与生活区的分离，实行严格的畜禽养殖、卫生防疫和环境控制标准，达到控制动物疫病，建立公共卫生防疫体系，确保人畜安全的目的。

2. 有利于采用先进的科学技术，提高养牛的生产效率和生产水平，增加农民收入　在小区内养牛客观上形成了一个"比、学、赶、帮、超"的养殖环境，并通过集中培训，提高农民素质，促进新技术、新成果的推广应用，促进畜产品质量的提高，增强市场竞争能力。

3. 有利于缓解小生产和大市场之间的矛盾，提高产业化经营水平，推进结构战略性调整　养牛小区能较好的实现"区域化布局、专业化生产、企业化管理、规模化经营"等产业化发展的要求，同时为各涉农部门为农民服务找到了联系纽带，有利于推进社会化服务，还在客观上形成了一个小市场，便于集中销售和管理。

4. 有利于改善农村居民的生产生活环境，实现经济社会与环境的协调发展　推行小区化养牛，可以大幅度扩大牛群饲养量，既充分利用饲草饲料资源，调整优化畜牧业内部结构，增加农民收入，又可以通过秸秆过腹还田等为农业提供大量的有机肥料，降低种植业生产成本，增强农业生产发展的后劲。

5. 养牛小区的不利因素　由于高度集约化饲养，饲养户数多，技术管理水平参差不齐，环境污染和疾病防控压力大，一旦某一个养殖户牛群发病，很难控制疫情。因此，应注意场与场或户与户之间有一定的距离，防止传染病的交叉感染，同时要做好牛场废弃物的处理和综合利用，防止污染环境。

（二）小区建设的原则

1. 因地制宜，分类指导　根据当地的自然和社会经济条件，结合养牛的特点，充分发挥比较优势，突出区域特色，因地制宜发展奶牛业、肉牛业和奶水牛业。推行以效益为中心的统一规划、统一设计、统一管理、统一服务、统一销售、分户饲养的方式。

2. 政策扶持，科学引导　从实际出发，制定扶持政策，重点加强对分散饲养的规范和引导，加大对适度规模养牛农户的扶持和帮助，推进养殖方式的转变。坚持一区一品，不搞混养。栏舍建设科学适用，既能满足牛只基本需要、符合防疫卫生和环境保护的基本要求，又经济实用。

3. 突出重点，稳步推进　必须有重点、有步骤地围绕优势产区、主导品种，在实现人畜分离和强化动物疫病控制等关键环节上实现突破，稳步推进适度规模养殖，为实现畜牧业现代化奠定基础。按适当集中，适度规模，人畜分离的要求逐步推进。一般肉牛养殖 10~20 户/区，10~20 头/户；奶牛养殖 10~20 户/区，泌乳母牛 5~20 头/户。

4. 综合建设，自主经营　既要重视基础设施建设，更要重视小区制度和协会建设，通过小区服务组织不断提高养牛户科技水平、操作技能和组织化程度，不断提高小区综合效益和可持续发展能力。要注意先种草后养牛，以确保草料及时足额供给。

（三）小区的组织形式

1. "龙头企业＋农户"型　龙头企业和农户共同出资建设，或龙头企业出资建设承租给农户，或龙头企业与合伙人出资建设由合伙人承租给农户，小区作为龙头企业的初产品生产基地，龙头企业为农户供应种牛、饲料，提供防疫、技术服务，回收产品，龙头企业或合伙人进行小区的管理。

2. 村镇集体投资型 村镇集体出资统一建设承租给农户，或村镇集体提供土地统一设计，由农户自建，规定具有一定的养殖规模的农户进入，村镇集体进行小区管理。

3. 股份制型 这种形式有企业、村镇集体和农户组成的合作社，有农户自发组成的养牛协会，有农户间的自由组合，出资各方共同协商各自的义务和权益，由选出的管委会或代表进行小区的管理。

4. 政府项目扶持型 地方政府给予设施补贴，或给予优惠政策，或以项目的形式提供基础设施建设，按统一规划设计，农户承租或农户自建，由政府委托的项目单位或乡镇政府进行管理。

四、牛舍建筑与设计

（一）奶牛舍

1. 奶牛舍的形式

（1）按牛舍屋顶式样不同，分为钟楼式、半钟楼式、双坡式和弧形式四种（图6-2）。

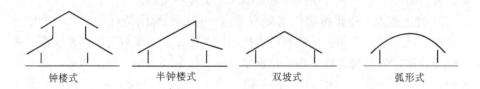

图6-2 牛舍建筑形式

钟楼式：通风良好，适合于南方地区，但构造比较复杂，耗料多，造价高。

半钟楼式：通风较好，但夏天牛舍北侧较热，构造亦复杂。

双坡式：适用于较大跨度的牛舍，加大门窗面积可增强通风换气，冬季关闭门窗有利于保温，造价较低，适用性强，在南北方均用得较为普遍。

弧形式：采用钢材和彩钢瓦做材料，结构简单，坚固耐用，适用于大跨度的牛舍。

(2) 按饲养方式不同，分为拴系式和散栏式牛舍两种类型。

①拴系式牛舍。主要以牛舍为中心，是一种传统而普遍使用的牛舍。每头牛都有固定的牛床，用颈枷拴住牛只，集奶牛饲喂、休息、挤奶于同一牛床上进行。这些奶牛的饲喂、挤奶、清粪全由专人管养，其优点是饲养管理可以做到精细化。而缺点是费事、费时，难于实现高度的机械化，劳动生产率较低，关节损伤等也较其他形式多。一般每头牛的牛床面积为 $1.5\sim2.0m^2$。拴系式牛舍内布局如图 6-3 所示，成年牛颈枷如图 6-4 所示。

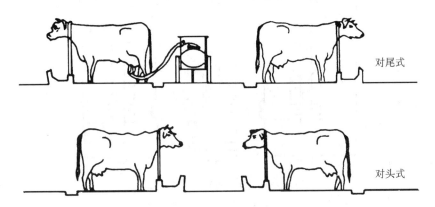

图 6-3 对头式、对尾式牛舍示意图
(尚书旗，设施养殖工程技术，2001)

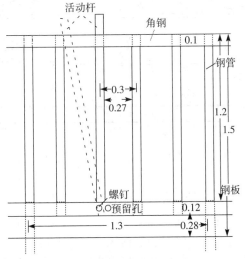

图 6-4 成年牛颈枷示意图（单位：m）
(章纯熙，中国水牛科学，2001)

②散栏式牛舍。主要以牛为中心，将奶牛的饲喂、休息、挤奶分设于不同的专门区域进行（图6-5）。奶牛除挤奶外，其余时间不加拴系，任其自由活动（图6-6）。其优点是省工、省时，便于实行高度的机械化，劳动生产率高，牛体受损伤的机会减少。缺点是饲养管理群体化，难于做到个别照顾。又由于共同使用饲槽和饮水设备，故传染疾病的机会较多。目前，国内新建的机械化奶牛场大多采用散栏式饲养，这是现代奶牛业的发展趋势。

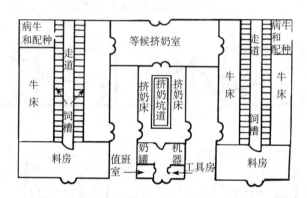

图6-5 散栏式奶牛舍平面图
（邱怀，现代乳牛学，2002）

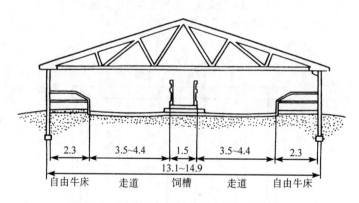

图6-6 散栏式牛舍形式示意图（单位：m）
（冀一伦，实用养牛科学，2001）

散栏式牛舍结构形式有房舍式、棚舍式和荫棚式三种。

房舍式牛舍仅可适用于气温在26～－18℃的北方地区。

棚舍式牛舍适用于气候较温和的地区。其特点是四边无墙，只有屋顶，形如凉棚，通风采光好。在多雨地区饲槽可设在棚舍内，冬季北风大的地区可以在北面或北、东、西三面安装活动板墙或其他挡风装置，在夏季还可以增设如电风扇、喷淋等降温设施。

荫棚式牛舍适用于气候干热、雨量不多、土质和排水都好、有较大运动场的地区。牛舍只有屋顶荫蔽牛床部位，其余露天。运动场要有2%的坡度，以利排水，其面积每头牛30m²以上，饲槽设于运动场较高的地段为好。

散栏式牛床可设计成单列式、双列对头式或双列对尾式、三列式和四列式。由于散栏式牛床与饲槽不直接相连，为了方便牛卧息，一般牛床总长为2.5m，其中牛床净长1.7m，前端长0.8m。为了防止牛的粪便污染牛床，在牛床上要加设调驯栏杆，以便牛站立时，身体向后运动，牛的粪便不至于排在牛床上。调驯栏杆的位置可根据需要进行调整，一般设在牛床上方的1.2m处。牛床一般较通道高15~25cm，边缘成弧型，常用垫草的牛床面可比床边缘稍低些，以便用垫草或其他垫料将之垫平。如不用垫料的床面可与边缘平，并有4%的坡度，以保持牛床的干燥。牛床的隔栏由2~4根横杆组成，顶端横杆高1.2m，底端横杆与牛床地面的间隔以35~45cm为宜。隔栏的式样主要有大间隔隔栏（图6-7）、稳定短式隔栏（图6-8）等。牛舍内走道的结构视清粪的方式而定。一般为水泥地面，并有2%~3%的斜度，走道的宽为2.0~4.8m。采用机械刮粪的走道宽应与机械宽相适应，采用水力冲洗牛粪的走道应用漏缝地板，漏缝间隔为3.8~4.4cm。饲架将休息区与采食区分开，散栏式饲养大多采用自锁式饲架，其长度可按每头牛65cm计。

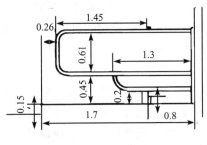

图6-7　大间隔隔栏及牛床示意（单位：m）

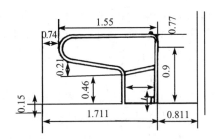

图6-8　稳定短式隔栏及牛床示意（单位：m）

（3）按牛群类别不同分为成年奶牛舍、育成牛和青年牛舍、产房和犊牛舍等。

①成年奶牛舍。成年奶牛舍在奶牛场中占的比例最大，是牛场的主要建筑，主要饲养产奶牛。建造标准牛舍，我国已有规范设计。双列式牛舍在我国奶牛业使用最为普遍，其中有对头式和对尾式两种（图6-3）。

②育成牛和青年牛舍。育成牛为6~16月龄的奶牛，青年牛为16月龄后

配种受孕到首次分娩前的奶牛。这类牛舍的基本形式同成年牛舍，只是牛床尺寸小，中间走道稍窄而已。牛舍建筑上可采用东、西、北面有墙壁，南面没有墙或仅有半截墙的敞开式或半敞开式牛舍。

③产房和犊牛舍。较大规模的牛场应专建产房。产房的床位占成年奶牛头数的10%，床位应大一些，一般宽1.5~2.0m，长2.0~2.1m，粪沟不宜深，约8cm即可。

一般产房多与初生犊的保育间合建在同一舍内，既有利于初生犊哺饲初乳，又可节省犊牛的防护设施。有条件时，将产后半月内的犊牛养于特制的活动犊牛栏（保育笼）中，其栏用轻型材料制成，长110~140cm，宽80~120cm，高90~100cm，栏底离地面10~15cm，以防犊牛直接与地面接触造成污染。保育间要求阳光充足，无贼风，忌潮湿。

犊牛舍按成年母牛的40%设置。采用分群饲养，一般分成0.5~3月龄、3~6月龄两部分。3月龄内犊牛分小栏饲养，栏长130~150cm，宽110~120cm，高110~120cm。3月龄以上的犊牛可以通栏饲喂。牛床长130~150cm，宽70~80cm，饲料道宽90~120cm，粪道宽140cm。

2. 奶牛舍内的主要设施

(1) 牛床和牛栏。牛床是指每头牛在牛舍中占有的面积。牛栏是两牛床之间的隔离栏。牛床的排列方式，视牛场规模和地形条件而定，可分为单列式、双列式和四列式等。一般牛群20头以下者可采用单列式，20头以上者多采用双列式。在双列式中，有对头式和对尾式两种。一般认为双列对尾式比较理想，这是因为对尾式牛头向窗，有利于通风采光，传染疾病的机会少，挤奶及清理粪便工作比较方便，但饲喂不便。如有集中挤乳处也可采取对头式，牛舍门应在南侧开中门。

牛床的设置要有利于牛体健康，有利于饲养管理操作。要求牛床长宽适中，牛床过宽过长，牛活动余地过大，牛的粪尿易排在牛床上，影响牛体卫生；过短过窄，会使牛体后躯卧入粪尿沟且影响挤奶操作。牛床应前高后低，坡度为1%~1.5%，便于排水，并在牛床后半部划线防滑。北方寒冷，地面潮凉，牛床上应铺硬质木板，木板表面刨糙，防止奶牛滑倒。牛床长、宽设计参数见表6-1。

表6-1 牛床长、宽设计参数（cm）

牛群类别	长 度	宽 度
成年奶牛	170~180	110~130
青年牛	160~170	100~110
育成牛	150~160	80
犊牛	120~150	60

(2) 食槽。在牛床前面设置固定的通长食槽，食槽需坚固光滑，不透水，稍带坡，以便清洗消毒。为适应牛舌采食的行为特点，槽底壁呈圆弧形为好，槽底高于牛床地面 5~10cm。一般成年牛食槽尺寸见表 6-2 和图 6-9 所示。

表 6-2 牛食槽设计参数（cm）

饲槽种类	槽上部内宽	槽底部内宽	前沿高	后沿高
泌乳牛	60~70	40~50	30~40	60
青年牛	50~60	30~40	25	50~55
育成牛	40~50	30~35	20	40~50
犊 牛	30	25~30	15	30

(3) 饮水设备。采用自动饮水设备，清洁卫生，可提高产奶量。一般每 2 头牛提供 1 个，设在两牛栏之间。

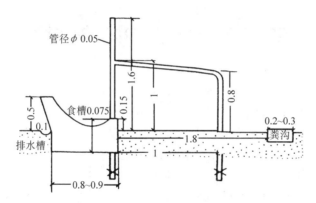

图 6-9 牛床栏及食槽侧面示意图（单位：m）
(杨和平，牛羊生产，2001)

(4) 喂料通道和清粪通道。喂料通道宽度一般为 1.2~1.5m，便于手推车运送草料。清粪通道同时是牛进出及挤奶工作的通道，其宽度要能满足粪尿运输工具的往返，考虑挤奶工具的通行和停放，而不致被牛粪尿所溅污。双列对尾式牛舍，中间通道一般为 1.6~2.0m，路面要有防滑棱形槽线，以防牛出入时滑跌。双列对头式牛舍，清粪通道在牛舍的两边，宽度一般为 1.2~1.5m 即可，路面要向粪沟倾斜，坡度为 1%。

(5) 粪沟。设在牛床与通道之间，一般为明沟，沟宽 30~32cm，以板锹放进沟内为宜，沟深 3~10cm，以免牛蹄滑入造成扭伤。沟底应有一定排水坡度。

(6) 颈枷。颈枷的作用是把牛固定在牛床上，便于起卧休息、采食和挤奶，又不至于随意乱动，以免前肢踏入饲槽，后肢倒退至粪尿沟。要求坚固、轻便、光滑、操作方便。常见颈枷有硬式和软式两种。硬式用钢管制成

（图6-4）。软式多用铁链，其中主要有两种形式：

直链式：这种颈枷由两条长短不一的铁链构成。长链长130～150cm，下端固定在饲槽的前壁上，上端则拴在一条横梁上。短铁链（或皮带）长约50cm，两端用2个铁环穿在长铁链上，并能沿长铁链上下滑动。使牛有适当的活动余地，采食休息均较方便（图6-10）。

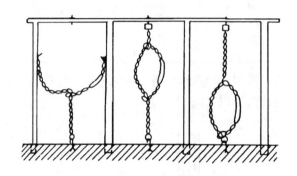

图6-10 直链式颈枷

（杨和平，牛羊生产，2001）

横链式：也由长短不一的两条铁链组成，为主的是一条横挂着的长链，其两端有滑轮挂在两侧牛栏的立柱上，可自由上下滑动。用另一短链固定在横的长链上套住牛颈，牛只能自如地上下左右活动，而不至于拉长铁链而导致抢食（图6-11）。

3. 挤奶间（厅） 挤奶间（厅）是散栏牛舍的主要设施，分固定式和转动式。前者又有直线形和菱形两种类型，后者根据母牛站立的方式则有串联式、鱼骨式和放射形几种类型。

（1）固定式挤奶台。

①直线形挤奶台。将牛赶进挤奶厅内的

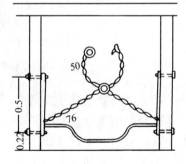

图6-11 横链式颈枷（单位：m）

（杨和平，牛羊生产，2001）

挤奶台上，成两旁排列，挤奶员站在厅内两列挤奶台中间的地槽内，不必弯腰工作，先完成一边的挤奶工作后，接着去进行另一边的挤奶工作。随后，放出已挤完奶的牛，放进一批待挤奶的母牛。此类挤奶设备经济实用，平均每个工时可挤30～50头奶牛。

②菱形挤奶台。除挤奶台为菱形（平行四边形）外，其他结构均与直线形挤奶台相同。挤奶员在一边挤奶台操作时能同时观察其他三边母牛的挤奶

情况，工作效率较直线形挤奶台高，一般在中等规模或较大的奶牛场上使用。

挤奶台示意图见图 6-12、图 6-13。

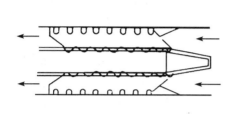

图 6-12　直线形挤奶台
（邱怀，现代乳牛学，2002）

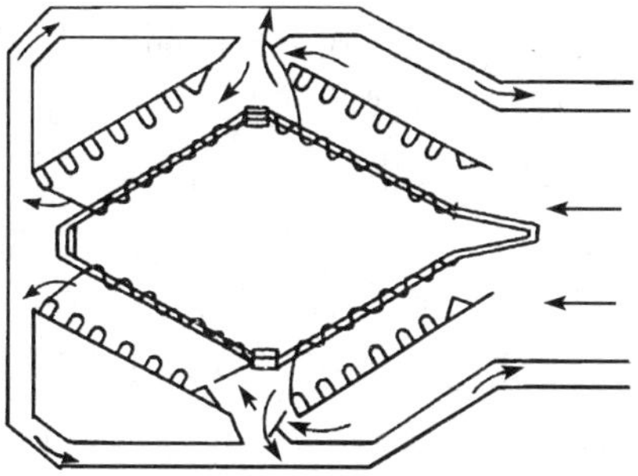

图 6-13　菱形挤奶台
（邱怀，现代乳牛学，2002）

（2）转动式挤奶台。

①串联式转盘挤奶台。串联式转盘挤奶台是专为一人操作而设计的小型转盘。转盘上有 8 个床位，牛的头尾相继串联，牛通过分离栏板进入挤奶台。根据运转的需要，转盘可通过脚踏开关开动或停止（图 6-14）。每个工时可挤 70~80 头奶牛。

②鱼骨式转盘挤奶台。这一类型与串联式转盘挤奶台基本相似，所不同的是牛呈斜形排列，似鱼骨形，头向外，挤奶员在转盘中央操作，这样可以充分利用挤奶台的面积。一人操作的转盘有 13~15 个床位，两人操作则有 20~24 头牛，配有自动饲喂装置和自动保定装置（图 6-15）。其优点是机械化程度高，劳动效率高，省劳力，操作方便。但设备造价高。

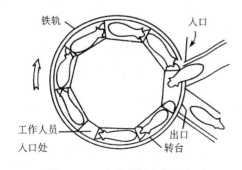

图 6-14　串联式转盘挤奶台
（邱怀，现代乳牛学，2002）

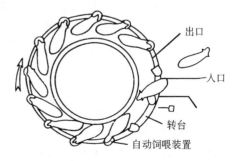

图 6-15　鱼骨式转盘挤奶台
（邱怀，现代乳牛学，2002）

（二）肉牛舍

1. 拴系式肉牛舍 目前国内采用舍饲的肉牛舍多为拴系式，尤其高强度肥育肉牛。拴系式饲养占地面积少，节约土地，管理比较精细，牛只活动少，饲料报酬高。拴系式牛舍内部排列，与奶牛舍相似，也分为单列式、双列式和四列三种。双列式跨度10～12m，高2.8～3.0m；单列式跨度6.0m，高2.8～3.0m。每25头牛设一个门，其大小为2.0～2.2m×2.0～2.3m，不设门槛。母牛床1.8～2.0m×1.2～1.3m，育成牛床1.7～1.8×1.2m；送料通道宽1.2～2.0m，除粪通道宽1.4～2.0m，两端通道宽1.2m。

最好建成粗糙的防滑水泥地面，向排粪沟方向倾斜1％。牛床前面设固定水泥槽，饲槽宽60～70cm，槽底为U形。排粪沟宽30～35cm，深10～15cm，并向暗沟倾斜，通向粪池。

2. 围栏式肉牛舍 围栏式肉牛舍又叫做无天棚、全露天牛舍。是按牛的头数，以每头繁殖牛30m^2、幼龄肥育牛13m^2的比例加以围栏，将肉牛养在露天的围栏内，除树木土丘等自然或饲槽外，栏内一般不设棚舍或仅在采食区和休息区设凉棚。肉牛这种饲养方式投资少、便于机械化操作，适用于大规模饲养。

（三）塑料暖棚牛舍

1. 塑料暖棚采光面与地平面夹角 塑料棚采光面与太阳光射入的角度垂直时，所吸收的太阳辐射量最强，也就是得到了太阳辐射最大的热量。根据这一原理，应首先确定本地区在大寒（最冷）这一天，正午时的太阳高度角，即太阳的入射光线与地面所成夹角，以确定塑料棚采光面与地平面夹角。

其计算公式为：

$$n=90°-\theta+\delta$$

式中　n —— 为当地正午时的太阳高度角；

　　　θ —— 为当地的地理纬度；

　　　δ —— 为赤纬，即太阳光线垂直照射地点与地球赤道所成夹的圆心角。在夏至时为23°27′，约23.5°；冬至时为－23°27′，约－23.5°；春分时为0°。

例如，在北纬40°，大寒这天正午时的赤纬经查表为－23°23′，约为－20.5°。由上述公式得，北纬40°地区大寒这天正午时的n为29.5°。因此，塑料暖棚采光面与地平面夹角应为60.5°，这时获得的太阳辐射量最强。同理，北纬45°建造塑料暖棚的采光面与地平面夹角应为65°（图6-16）。

从总体优化角度出发，既考虑塑料暖棚牛舍使用季节内太阳位置的变化又考虑采光面的形状,在暖棚牛舍的南面底脚附近,角度应保持在60°~70°,中部应保持在30°左右,上部靠近屋脊处10°~20°。北面斜屋面的仰角应保持一定角度,仰角太小势必遮光太多,屋面的仰角应视使用季节而定,但至少应略大于当地冬至正午时的太阳高度角,以保证冬季阳光能照满后墙,增加后墙的热量,一般应保持在35°~45°。

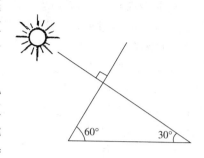

图6-16 塑料棚采光面与地平面夹角示意图(北纬40°)

2. 牛舍的朝向 牛舍的朝向,直接影响牛舍的自然采光及防寒防暑。根据北方地区冬季寒冷且时间长,风多且偏西北这一特点,故畜舍坐北朝南为好,有利于保温。一年中最冷的时间是在大寒前后,而东北、西北早晨比傍晚寒冷得多或是早晨多雾的地区,太阳的辐射强度在9~10时以后才能达到较大值,因此牛舍的建筑朝向为南向偏西5°~10°为最好。在生产实践中还有比如北京地区,冬季并不严寒、且大雾不多的地区,牛舍的建筑朝向为南向偏东5°~10°,可以更充分利用上午的阳光。

3. 牛舍建筑参数 根据牛舍建筑的卫生要求,可设定单排牛舍的跨度为6.80m,牛的朝向为头朝南尾朝北,其建筑参数见表6-3。

表6-3 塑料暖棚牛舍建筑参数

名　称	规　格
门	宽1.20m,高1.80~2.00m
支架间距	0.60~0.80m
南墙高	0.90m
北墙高	2.40m
南墙至立柱间距(南侧料道)	2.00m
北墙至立柱间距	4.80m
立柱高	3.50m
食槽	宽0.80m,前缘高0.60m,后缘高0.40m
牛床	长度2.00m,宽度1.2~1.5m
排粪沟	0.40m(如用水泥地面可修成一定的坡度,以便用水冲洗)
畜道、清粪道	1.60m
牛舍长度	根据牛数确定

4. 设置通风窗及排气孔 为加强通风,降低湿度,排出有害气体,确保牛舍内的环境卫生符合要求。在北墙设通气窗,每间隔3m设一通气窗,规格为0.80m×0.60m。南墙设地窗,每隔3m设一个,规格为0.30m×0.30m,不同地区可根据棚内温度的高低调节通气量。还可在顶棚设排气。

5. 其他要求 在东西两侧各留 1.20m 的过道，并用简易门封闭料道，以防止牛进入破坏塑料棚。南北墙及山墙厚 0.37m，可用砖或夯实土。塑料膜选用聚乙烯无滴膜（蔬菜大棚用膜），塑料膜可分上下两层设计，有条件的可在夜间加盖棉被草帘等保温。地面最好采用水泥地面或三合土地面，屋顶采用民房建筑的材料即可（图6-17）。另外，外界的温度适宜时，可以拆去塑料棚膜；搭上遮阳凉棚，可以起到防暑降温的目的。保证棚舍封闭性良好，塑料与墙和前坡的接触处，要用泥封严，要将塑料膜绷紧，并固定牢固，防止被强风刮掉。下雪时，应及时清除塑料膜表面的积雪，当塑料膜出现漏洞时应及时修补。

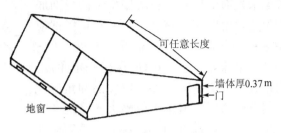

图6-17 塑料暖棚牛舍立体示意

五、牛场配套设施

1. 运动场和凉棚 奶牛场必须有较宽敞的运动场，一般为牛舍面积的 3～4 倍，设在每幢牛舍的一侧，牛可从牛舍直接进入运动场，是牛休息、运动的场所。运动场地面最好用三合土夯实或水泥混凝土地面，要求平坦且有 2% 的坡度，以利排水，周围应设排水沟，便于排除场内积水，保持运动场地干燥、整洁。

运动场内应设补饲槽和饮水槽，补饲槽的大小、长度根据牛群大小而定，以免相互争食、争饮而打斗。水槽长可 3～4m，宽 70cm，槽底 40cm，槽高 60～80cm，槽底向场外开排水孔，以便经常清洗，保持饮水清洁。也可设置自动饮水装置。

夏季炎热，运动场应设凉棚，以防夏季烈日暴晒及雨淋，凉棚应建在运动场中央，以砖木、水泥结构为好，棚顶覆盖石棉瓦隔热。一般棚顶净高 3.5m 或略高一点，凉棚地面应为三合土硬地面，大小按成年奶牛每头平均 $4m^2$ 为宜。运动场三面或两面用钢管做栏杆，围栏上管高 80cm、下管高 40cm。围栏也可用砖砌成围墙。运动场可设 1～2 个 250cm 宽的推拉门，以便牛群放牧和运输牛粪。

2. 乳品处理间 奶牛场所生产的牛乳一般需经过初步处理方可出场，故凡有条件的牛场均应建立乳品处理间，其至少包括两部分，即乳品的冷却处理部分和贮藏、洗涤及器具消毒部分。

3. 饲料库 饲养牛所需的饲料特别是粗饲料需要量大，不宜运输。牛场应距秸秆、青贮和干草饲料资源较近，以保证草料供应，减少运费，降低成本。最好在离每栋牛舍的位置都较适中，而且位置稍高的地方建饲料库，既干燥通风，又利于成品料向各牛舍运输。

4. 干草棚及草库 尽可能地设在下风向地段，与周围房舍至少保持50m以上距离，单独建造，既防止散草影响牛舍环境美观，又要达到防火安全。

5. 青贮窖或青贮池 建造选址原则同饲料库。位置适中，地势较高，防止粪尿等污水浸入污染，同时要考虑出料时运输方便，减少劳动强度。一般1m³青贮窖容积可贮青玉米600~800kg。

6. 人工授精室 包括采精及输精室、精液处理室、器具洗涤消毒室。采精及输精室应卫生、光线充足；精液处理室的建筑结构应有利于保温隔热，并与消毒室药房分开，以防影响精子的活力。

7. 防疫设施 为了加强防疫，在生产区周围应建造围墙或围栏。生产区门卫要有消毒池、消毒间等消毒设施，车辆进入车轮需经消毒池，人员进入需更衣换鞋，脚踩消毒池，并在消毒间经紫外线照射杀菌消毒。

8. 兽医室、病牛舍 应设在牛场下风向，而且相对偏僻一角，便于隔离，减少空气和水的污染传播。

9. 粪场及贮尿污水池 每天每头牛要排放粪尿几十千克，一个大型牛场每天排粪量在10t以上，因此必须有贮粪及贮尿的地方。一般设在牛舍的北面，离牛舍有一定的距离，且方便出粪，方便运输和排放。粪场面积约500m²，三面有1m高的砖墙或石墙。贮尿污水池要有1 000m³，最好是筑塘贮污水，可利用来灌、淋作物，过多时也可排放。

10. 牛场绿化 绿化是整个牛场建设的一部分，应有统一的计划和方案。场内绿化应把遮荫、改善小气候和美化环境结合起来考虑。在牛舍、运动场四周以种植树干和树冠高大的乔木为主。牛场的主要道路两旁可种植乔木或灌木与花草结合起来。此外，还应利用一切可以栽种场地、边角地种植各种常绿灌木花草，以美化环境。

第二节 牛场的环境控制

牛场的环境控制首先要按照国家环保总局发布的《畜禽养殖业污染排放标准》、《畜禽养殖业污染防治技术规范》和《畜禽养殖业污染防治管理办法》，对各种废弃物排放进行控制，并应采用各种有效措施，进行多层次、多环节综合治理，变废为宝，化害为利，保护生态环境。

一、牛场的废弃物及清除

（一）废弃物

牛场的废弃物主要包括牛粪尿、污水、尸体及相关组织、垫料、过期兽药、残余疫苗、一次性使用的畜牧兽医器械及其包装物等。这些废弃物中，以未经处理或处理不当的粪尿及污水最多，且其中含有大量有机物、氮、磷、钾、悬浮物及致病菌等，产生恶臭，造成对地表水、土壤和大气的严重污染，危害极为严重。我国60%的畜禽养殖场未采取固液分离（粪便与尿、冲洗水分开）的清洁工艺，这些养殖场每天要排放大量的畜禽粪便及冲洗混合污水，造成了对环境的严重污染。据报道1 000头规模的奶牛场日产粪尿50t，1 000头规模的肉牛场日产粪便20t。如此数量的牛粪尿处理得当可以变废为宝，处理不当时，产生臭气及孳生的蚊蝇，不但骚扰附近居民生活，而且是许多传染病的传染媒介。

养牛场对空气的污染包括恶臭、尘埃与微生物。养牛场恶臭主要来自粪污在堆放过程中有机物的腐败分解产物，包括甲烷、有机酸、氨、硫化氢、醇类等物质。这些污染物除引起不快、产生厌恶感外，恶臭的大部分成分对人和动物有刺激性和毒性。由养牛场排出的粉尘携带数量和种类众多的微生物，并为微生物提供营养和庇护，大大增强了微生物的活力和延长了其生存时间，这些尘埃和微生物可随风传播30km以上，从而扩大了其污染和危害范围。尘埃污染使大气可吸入颗粒物增加，恶化了养牛场周围大气和环境的卫生状况，使人和动物眼和呼吸道疾病发病率提高。微生物污染还可引起口蹄疫、真菌孢子等疫病的传播，危害人和动物的健康。

（二）牛粪尿的清除

牛场粪尿及污水量大，处理难度非常大。根据我国目前的现状，采用减量和固液分离处理粪尿及污水是养牛场合理利用资源和保护环境的基础。粪尿的清除工艺又直接影响着减量和固液分离。现仅介绍如下两种常见工艺：

1. 机械清除工艺 当粪便与垫草混合或粪尿分离，呈半干状态时，常采用此法，属于干清粪。清粪机械包括人力小推车、地上轨道车、单轨吊罐、牵引刮板、电动或机动铲车等。

采用机械清粪时，为使粪便与尿液及生产污水分离，通常在牛舍中设置污水排出系统，液态物经排水系统流入粪水池贮存，而固形物则借助人或机械直接用运载工具运至堆放场。这种排水系统一般由排尿沟、降口、地下排出管及粪水池组成。为便于尿水顺利流走，牛舍的地面应稍向排尿沟倾斜。

(1) 排尿沟。排尿沟用于接纳牛舍地面流来的尿液及污水，一般设在畜栏的后端，紧靠除粪道，排尿沟必须不透水，且能保证尿水顺利排走。排尿沟的形式一般为方形或半圆形。奶牛舍宜用方形排尿沟，也可用双重尿沟，排尿沟向降口处要有1％～1.5％的坡度，但在降口处的深度不可过大，一般要求牛舍不大于15cm。

(2) 降口。通称水漏，是排尿沟与地下排出管的衔接部分。为了防止粪草落入堵塞，上面应有铁箅子，铁箅应与尿沟同高。在降口下部，地下排出管口以下，应形成一个深入地下的伸延部，这个伸延部谓之沉淀井，用以使粪水中的固形物沉淀，防止管道堵塞。在降口中可设水封，用以阻止粪水池中的臭气经由地下排出管进入舍内。

(3) 地下排出管。与排尿管呈垂直方向，用于将由降口流下来的尿液及污水导入牛舍外的粪水池中。因此需向粪水池有3％～5％的坡度。在寒冷地区，对地下排出管的舍外部分需采取防冻措施，以免管中污液结冰。如果地下排出管自牛舍外墙至粪水池的距离大于5m时，应在墙外修一个检查井，以便在管道堵塞时进行疏通。

2. 水冲清除工艺 这种方法多在不使用垫草或应用漏缝地面的牛舍。其优点是省工省时、效率高。缺点是漏缝地面下不便消毒，不利于疾病防疫；土建工程复杂；投资大、耗水多，粪水贮存、管理、处理工艺复杂；粪水的处理、利用困难；易于造成环境污染。此外，采用漏缝地面、水冲清粪易导致舍内空气湿度升高、地面卫生状况恶化，有时出现恶臭、冷风倒灌现象，甚至造成各舍之间空气串通。

这种清粪系统，由以下三部分组成：

(1) 漏缝地面。所谓漏缝地面，即是在地面上留出很多缝隙。粪尿落到地面上，液体物从缝隙流入地面下的粪沟，固形的粪便经牛踩入沟内，少量残粪用人工略加冲洗清理。漏缝地面与传统式清粪方式相比，可大大节省人工，提高劳动效率。

(2) 粪沟。位于漏缝地面下方，其宽度不等，视漏缝地面的宽度而定，从0.8m到2m，其深度为0.7～0.8m，倾向粪水池的坡度为0.5％～1％。水冲清粪由于耗水量多、粪水贮存量大、处理困难、生产中为节约用水可采取循环用水办法。不过循环用水可能导致疫病的交叉感染。此外，也可采用水泥盖板侧缝形式，即在地下粪沟上盖以混凝土预制平板，平板稍高于粪沟边缘的地面，因而与粪沟边缘形成侧缝。粪便用水冲入粪沟。这种形式造价较低，不易伤害牛蹄部。

(3) 粪水池（或罐）。粪水池分地下式、半地下式及地上式三种形式。不管哪种形式都必须防止渗漏，以免污染地下水源。此外实行水冲清粪不仅必须用污水泵，同时还需用专用槽车运载。而一旦有传染病或寄生虫病发生，如此大量的粪尿、污水要进行无害化处理将成为一个难题。许多国家环境保护法规定，畜牧场粪尿、污水不经过无害化处理不允许任意排放或施用，而粪尿、污水处理费用庞大。

运动场应在三面设排水明沟，并向清粪通道一侧倾斜，在最低的一角设地井，保证平时和汛期排水畅通。挤奶厅是平时用水、排水最多的部位，其排水问题尤为重要。应设专门的地下排水管道，并每隔一段设一个沉淀井，以防堵塞。

有条件的要逐渐取缔水冲清粪，改为干法清粪工艺、沉淀池沉淀和生物处理等多种方式，将粪及时、单独清出，不可与尿、污水混合排出，并将产生的粪渣及时运至贮存或处理场所，实现日产日清，以减少用水量和减少污水的处理量。

(三) 固液分离

固液分离是处理牛粪尿及污水的关键环节。它既可以对固态的有机物再生利用，可制成肥料，又可减少污水中的有机悬浮物等，便于污水的进一步处理和排放。固液分离是采用机械法将牛粪尿或污水中的固体与液体部分分开，然后分别对分离物质加以利用的方法。例如，采用水冲式清粪工艺的奶牛场废水中含有大量的固体悬浮物，通过固液分离机（包括搅拌机、污物泵、分离主机、压榨机和清水泵等）分离，以减少污水处理的压力。目前，出于环境与经济的双重考虑，国外尤其是欧洲国家倾向于采用固液分离技术对养牛场废弃物进行处理，然后将液体部分注入沼气发酵池内经发酵后施于农田土壤中作为肥料，固体部分堆肥后施于农田。

二、废弃物的净化与利用

(一) 牛粪尿的处理与利用

1. 用作肥料 牛粪尿含有机成分较多，是优质的有机肥料。但必须经过无害化处理，并且须符合《粪便无害化卫生标准》后，才能进行土地利用，禁止未经处理的粪尿直接施入农田。用作肥料的牛粪尿无害化处理的常用方法有：

（1）堆肥法。将牛粪尿、垃圾、垫草经过一段时间的贮存和用土密封发酵后，再作肥料施用，称为"堆肥"、"熟肥"。在堆肥过程中由于发酵产生高温和微生物的拮抗作用，可杀灭病原体和寄生虫卵，肥效没有遗散，是优质厩肥。此法是牛场对粪便无害化处理的一种有效方法。

（2）液体发酵法。此法是将粪尿及牛场污水一起放入一个大贮粪池内，让其自然发酵一段时间后，以水肥施用，施用时可用水泵直接抽取水肥给农作物灌溉或喷淋，余渣按前述方法使用。

除此之外，还可采用机械强化发酵法或干燥法等生产有机肥，以杀死其中的病原菌和蛔虫卵，缩短堆制时间，实现无害化。经过处理的粪尿作为肥料施用时，其用量不能超过作物当年生长所需养分的需求量，并应符合当地环境容量的要求，对没有充足土地消纳利用粪肥的，应建立处理粪便的有机肥厂。

2. 制取沼气后作肥料 利用牛粪尿生产沼气，是我国农村推广的能源建设和环境建设于一体，并且有经济、社会、环境等综合效益的系统工程。此法是牛场综合利用的一种最好形式。

（1）沼气的产生。牛粪尿是生产沼气的最好原料，可单独使用，也可与杂草、秸秆按一定的比例配合使用。将牛粪尿放入一个密封的沼气发酵池（罐）内，使有机质在厌氧条件下发酵产生甲烷（沼气），通过一定的方法收集沼气用于发电、照明、煮饭等，以代替木柴和煤（图6-18）。以1 000头奶牛为例，利用沼气池或沼气罐厌氧发酵牛场的粪尿，每立方米牛粪尿可产生1.32m^3沼气（采用发酵罐），产生的沼气可供应1 400户职工烧菜做饭，每年

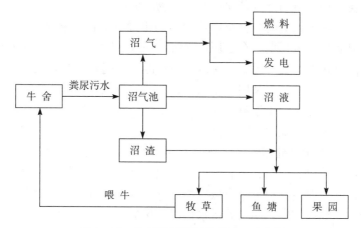

图6-18 牛场粪尿厌氧发酵处理示意图

节约生活用煤1 000多吨。目前沼气生产工艺和技术已很成熟，不会漏气，进出料方便，效率高，使用安全，许多国家都在广泛应用此法来处理牛场粪尿。

（2）沼气肥的利用。沼气肥是投入沼气池内的原料（如人、畜粪便，各种农作物秸秆等）经密封发酵后的残留物，包括沼气水肥（又称沼液）和渣肥（又称沼渣）。沼渣宜作基肥，是一种具有改良土壤功效的优质肥料；沼液宜作追肥，是一种速效性肥料，也可两者混合使用。沼气肥除应用于种植业外，还可应用于养殖业，如沼液养猪、沼肥养鱼、沼渣养蚯蚓等，均取得良好的经济效益和社会效益。

3. 栽培蘑菇后作肥料　蘑菇具有较高的食用价值和药用价值。用牛粪栽培蘑菇（又名双孢蘑菇）以中国福建省栽培面积最广，产量最多，其次是广东。我国生产的蘑菇，80%用于加工罐头出口，在国际市场上享有很高的声誉，是出口创汇产品之一，每1t蘑菇罐头可换回16t小麦或27t化肥。可见用牛粪发展蘑菇生产前景广阔。

生产蘑菇后留下的栽培下脚料，仍含有比较丰富的有机质，尽管由于使用原料配方的不同，肥效有一定差异，但肥效很好，是优质有机肥料，可施用于果树、甘蔗、水稻等，增产效果明显。

（二）污水处理与利用

牛场污水包括牛的尿液及其与粪便的混合物，清洁牛舍、牛体和用具的洗涤用水等。牛场污水除前述的注入沼气池内发酵产生沼气外，还有如下处理和利用方法：

1. 污水氧化塘处理　氧化塘亦称生物塘，是结构简单、易于维护的一种污水处理构筑物，可用于各种规模的养殖场。塘内的有机物由好氧细菌进行分解，所需氧由塘内藻类的光合作用及塘内的再曝气提供。氧化塘可分为好氧、兼性、厌氧和曝气氧化塘。在处理污水时，一般以厌氧—兼性—好氧氧化塘连接成多级的氧化塘，具有很高的脱氮除磷功能，可起到三级处理作用。氧化塘的优点是土建投资少，可利用天然湖泊、池塘，机械设备的能耗少，有利于废水综合利用。缺点是受土地条件的限制，也受气温、光照等自然条件的直接影响，管理不当可孳生蚊蝇、散发臭味而污染环境。

2. 污水人工湿地处理　人工湿地是经过精心设计和建造的、利用多种水生植物（如水葫芦、芦苇、香蒲、绿萍或红萍等）发达的根系吸收大量有机和无机物质，同时发达的根系吸附微生物，有些微生物可分泌抗生素，从而大大降低污水中的细菌浓度，使含养污水得以净化的污水处理方法。其基本模式如图6-19所示。

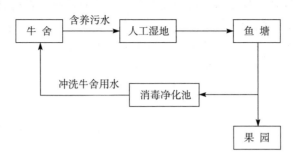

图6-19 牛场污水人工湿地处理示意图

水生植物根系发达可吸收大量营养的同时为微生物提供了良好的生存场所,微生物以有机物为食物,利用污水中的营养物质合成微生物体蛋白质,微生物的排泄又成水生植物的养料,收获的水生植物可作为沼气原料、肥料或草鱼等的饵料,水中微生物随水流入鱼塘作为鱼的饵料。通过微生物与水生植物的共生互利作用,使污水得以净化。据报道,高浓度有机粪水在水葫芦池中经过7~8d吸收净化,有机物质可降低82.2%,有效态氮降低52.4%,速效磷降低51.3%,这样的污水处理办法设施简便,投资少,维护与运行成本低。

（三）综合生态工程处理

通过采用科学合理的饲料配方、改进饲养管理技术和先进的清粪工艺,可大幅度降低污染物的产生量。改造畜舍结构并结合在通风供暖设备中增加空气净化措施和场区的合理绿化,可从根本上改善牛舍内和场区的空气质量,有效防治养牛场对空气的污染。对养牛场的粪便污水治理,应该改变过去的末端治理模式,从生产工艺上进行改进,以用水量少的清粪工艺——干清粪工艺,减少污水量,使干粪与尿污水分流,最大限度保存粪的肥效,减少污水中污染物的浓度。借鉴国外的经验,将粪便进行发酵或干燥灭菌除臭处理,然后再利用,新建畜禽场应设计粪便处理厂,以便对粪便进行无害化处理。建立养牛业低投入、高产出、低污染的清洁生产技术体系,实现养牛业无废物排放,资源再生循环利用,发展绿色畜牧产业,是解决畜牧业环境问题、保证畜牧业可持续发展的根本途径。

 复习思考题

1. 牛场场址的选择需要满足哪些条件?如何进行牛场内的规划布局?

2. 养牛小区建设应注意哪些问题？怎么样进行养牛小区的规划和管理？
3. 奶牛舍的建筑设计有什么要求？
4. 牛场的废弃物有哪些？如何进行无害化处理？
5. 阐述奶牛场的污水处理方法和原理。

第七章

牛场的经营与管理

第一节 牛场劳动管理

一、岗位管理

(一) 岗位设置

牛场人员是由管理人员、技术人员、生产人员、后勤及服务人员等组成。具体岗位有：场长、会计、出纳、畜牧技术员、兽医、人工授精员、统计员、饲养员、挤奶员、饲料加工员、奶处理员、锅炉工、夜班工、司机、维修工、仓库保管员及其他服务人员（食堂厨师、卫生员、保育员）等。

(二) 主要岗位职责

牛场工作岗位都应制定相应的岗位职责，实行定岗定责、联产计酬的制度。主要岗位的职责如下：

1. 场长（经理）职责

（1）集体所有制牛场场长（经理）主要职责。

①认真贯彻执行国家有关发展畜牧业的法规和政策。

②在充分调研、协商的基础上，决定牛场的经营计划和投资方案，对外签订经济合同。

③制定牛场的年度预算方案、决算方案、利润分配方案以及弥补亏损方案。

④决定内部管理机构的设置，聘任或解聘牛场的员工和决定其报酬等事项。

⑤负责召集员工会议，向员工和上级主管机关汇报工作，并自觉接受员工和上级主管机关的监督和检查。

⑥制定牛场的基本管理制度，负责向债权人提供牛场经营情况和财务状况。

(2) 私有制牛场出资人（或场长）主要职责。

①决定牛场的投资方案和经营计划。

②制定牛场的基本管理制度。

③决定牛场的机构设置，聘任或解聘牛场的员工。

④决定牛场的工资制度和利润分配形式。

⑤决定牛场产品价格和收费标准。

⑥订立合同，申请专利，注册商标，对外签订经济合同。

⑦决定牛场合并、分立、变更、经营形式、解散等重大事件。

⑧遵守国家法律、法规和政策，依法纳税，服从国家有关机关的监督管理。

2. 畜牧主管职责

(1) 按照本场的自然资源、生产条件以及市场需求，组织畜牧技术人员制订全场生产年度计划和长远计划的建议，审查生产基本建设和投资计划，掌握生产进度，提出增产措施和育种方案。

(2) 制定各项畜牧技术操作规程，并检查其执行情况，对于违反技术操作规程和不符合技术要求的事项有权制止和纠正。

(3) 负责拟定全场各类饲料采购、贮备和调拨计划，并检查其使用情况。

(4) 组织畜牧技术经验交流、技术培训和科学实验工作。

(5) 对于畜牧技术中重大事故，要负责作出结论，并承担应负的责任。

(6) 对全场畜牧技术人员的任免、调动、升级、奖惩，提出意见和建议。

3. 兽医主管职责

(1) 制定本场消毒、防疫、检疫制度和制定免疫程序，并行使总监督。

(2) 负责拟定全场兽医药械的分配调拨计划，并检查其使用情况，在发生传染病时，根据有关规定封锁或扑杀病牛。

(3) 组织兽医技术经验交流、技术培训和科学实验工作。

(4) 及时组织会诊疑难病例。

(5) 对于兽医技术中重大事故，要负责做出结论，并承担应负的责任。

(6) 对全场兽医技术人员的任免、调动、升级、奖惩，提出意见和建议。

4. 畜牧技术人员主要职责

(1) 根据奶牛场生产任务和饲料条件，拟定奶牛生产计划。

(2) 制订各类牛只更新淘汰、产犊、出售以及牛群周转计划。

(3) 按照各项畜牧技术规程，拟订奶牛的饲料配方和饲喂定额。

（4）制订育种、选种、选配方案。

（5）负责牛场的日常畜牧技术操作和牛群生产管理。

（6）组织力量进行牛的外貌评定。

（7）配合场部制订、督促、检查各种生产操作规程和岗位责任制贯彻执行情况。

（8）总结本场的畜牧技术经验，传授科技知识，填写牛群档案和各项技术记录，并进行统计整理。

（9）对于本单位畜牧技术中的事故，要及时报告，并承担应负的责任。

5. 人工授精员职责

（1）每年末制定翌年的逐月配种繁殖计划，每月末制定下月的逐日配种计划，同时参与制定选配计划。

（2）负责牛只发情鉴定、人工授精（胚胎移植）、妊娠诊断、生殖道疾病和不孕症的防治，以及奶牛进出产房的管理等。

（3）及时填写发情记录、配种记录、妊娠检查记录、流产记录、产犊记录、生殖道疾病治疗记录、繁殖卡片等。

（4）按时整理、分析各种繁殖技术资料，并及时、如实上报。

（5）普及奶牛繁殖知识，掌握科技信息，推广先进技术和经验。

（6）经常注意液氮存量，做好奶牛精液（胚胎）的保管和采购工作。

6. 兽医职责

（1）负责牛群卫生保健，疾病监控和治疗，贯彻防疫制度，制订药械购置计划，填写病历和有关报表，逐步实行兽医记录电脑管理。

（2）认真细致地进行疾病诊治，充分利用化验室提供的科学数据。遇疑难病例及时汇报。

（3）每天巡视牛群，发现问题及时处理。

（4）组织力量检修牛蹄。

（5）普及奶牛卫生保健知识，提高员工素质。

（6）兽医应配合畜牧技术人员，共同搞好牛群饲养管理，减少发病率。

（7）掌握技术信息，开展科研工作，推广应用先进技术。

7. 饲养员职责

（1）按照各类牛饲料定额，定时、定量按顺序饲喂，少喂勤添，让牛吃饱吃好。

（2）熟悉牛只情况，做到高产牛、头胎牛、体况瘦的牛多喂；低产牛、肥胖牛少喂；围产期牛及病牛细心饲喂，不同情况区别对待。

（3）细心观察牛只食欲、精神和粪便情况，发现异常及时汇报。

（4）节约饲料，减少浪费，并根据实际情况，对饲料的配方、定额及饲料质量有权向技术人员提出意见和建议。

（5）每次饲喂前应做好饲槽的清洗卫生，以保证饲料新鲜，提高牛只采食量。

（6）保管、使用喂料车和工具，节约水电，并做好交接班工作。

8. 挤奶员职责

（1）挤奶员应熟悉所管理的牛只，遵守挤奶操作程序，定时按顺序进行挤奶。不得擅自提前或滞后挤奶或提前结束挤奶。

（2）挤奶前应检查挤奶器、挤奶桶、纱布等有关用具是否清洁、齐全，真空泵压力和脉动频率是否符合要求，脉动器声音是否正常等。

（3）做好挤奶卫生工作。

（4）发现乳房异常及时报告兽医。

（5）含有抗生素的奶以及乳腺炎的奶应单独存放，另作处理，不得混入正常奶中。

（6）负责挤奶机器的清洗及维护。

9. 清洁工职责

（1）负责牛体、牛舍内外清洁工作，做到"三勤"，即勤走、勤看、勤扫。

（2）牛粪以及被沾污的垫草要及时清除，以保持牛体和牛床清洁。

（3）牛床以及粪尿沟内不准堆积牛粪和污水。

（4）及时清除运动场粪尿，以保持清洁、干燥。

（5）注意观察牛只的排泄物及分泌物，发现异常及时汇报，并协助配种员做好牛只发情鉴定。

二、劳动定额管理

劳动定额是在一定生产技术和组织条件下，为生产一定的合格产品或完成一定的工作量，所规定的必要劳动消耗量，是计算产量、成本、劳动生产率等各项经济指标和编制生产、成本等项计划的基础依据。牛场应根据不同的劳动作业、每个人的劳动能力和技术熟练程度、机械化及自动化水平等条件，规定适宜的劳动定额。

（一）部分工种的劳动定额

1. 人工授精员 可繁殖母牛定额250头。按配种计划适时配种，保证受胎率在95%以上，受胎母牛平均使用冻精不超过3粒（支）。

2. 兽医 定额 200~250 头。

3. 挤奶工 主要负责挤奶、牛体刷拭工作，部分场还要负责精料饲喂。手工挤奶每人可挤 12 头泌乳牛；小型机器挤奶，可挤 20~25 头；管道式机械挤奶，可挤 35~45 头；挤奶厅机械挤奶，可挤 60~80 头。

4. 饲养工 成母牛每人可管理 100~200 头；犊牛 2 月龄断奶，哺乳量 300kg，成活率不低于 95%，日增重 0.70~0.75kg，可管理 25~30 头；断奶后犊牛可管理 35~40 头；育成牛，日增重 0.70~0.80kg，14~16 月龄体重达 350kg 以上，可管理 40~50 头；产房饲养员每人可养分娩牛 10~12 头；种公牛每人可以管理 3~5 头；肥育牛每人可以饲养 50~70 头。

5. 清洁工 负责牛床、牛舍以及周围环境的卫生。每人可管理各类牛 120~200 头。

（二）人员配备定额实例

某奶牛场规模为 1 000 头，其中成母牛 670 头，拴系式饲养，管道式机械挤奶，平均单产 7 000kg；育成牛 250 头，犊牛 80 头。根据劳动定额和岗位需要，共配备 67 人，其中：管理 5 人（其中：场长 1 人、生产主管 2 人、会计 1 人、出纳 1 人）占 7.5%；技术人员 7 人（其中：畜牧技术员 1 人，兽医 3 人，人工授精员 2 人，统计员 1 人）占 10.5%；直接生产人员 43 人（其中：饲养员 11 人、挤奶员 17 人、清洁工 5 人、接产员 2 人、轮休 2 人、饲料加工及运送 4 人、夜班 2 人）占 64.0%；间接生产人员 12 人（其中：机修工 2 人、仓库管理员 1 人、锅炉工 2 人、洗涤工 3 人、厨师 2 人、保安 2 人）占 18.0%。

第二节 牛场生产管理

一、奶牛场牛群基本结构管理

适当调整牛群结构，处理好淘汰、出栏与更新的比例，使牛群结构趋于合理，对提高养牛业的经济效益十分重要。现代奶牛群，由于采用冷冻精液人工授精，多数奶牛场不养种公牛。小公牛淘汰转为肉用，主要是调整母牛群的结构。

奶牛场合理的牛群基本结构是：成年母牛占牛群的 60%~65%，育成母牛 20%~30%，母犊牛 8%~10%。成母牛过高或过低，都会影响奶牛场的经济效益。

为保证牛群结构能够不断更新，一般情况下 1~2 胎母牛应占成年母牛的

35%~40%；3~5 胎母牛占 40%，6 胎以上占 20%。牛群中泌乳母牛应占成年母牛的 80% 以上，即泌乳母牛与干奶母牛之比以 4∶1 为宜。同时，必须及时淘汰老、弱、病、残及低产牛。

二、生产计划管理

（一）配种产犊计划

牛配种产犊计划是按预期要求，使母牛适时配种、分娩的一项措施，又是编制牛群周转计划的重要依据。编制配种产犊计划，不能单从自然再生产规律出发，配种多少就分娩多少，而应在全面研究牛群生产规律和经济要求的基础上，搞好选种、选配，根据配种年龄、妊娠期、产犊间隔、生产方向、生产任务、饲料供应、畜舍设备以及饲养管理水平等条件，确定牛只的大批配种分娩时间和头数，编制配种产犊计划。母牛为全年散发性交配和分娩，季节性特点不明显，但某些奶牛场为利于提高产奶量，多将母牛分娩的时间安排到最适宜产奶季节。例如，北方各奶牛场安排 12、1、2、3 月份产犊的母牛相对多些，而 7、8 月份产犊的母牛相对少些。

1. 制定配种产犊计划应具备的资料

（1）上年度母牛分娩、配种记录。

（2）前年和上年度所生育成母牛的出生日期记录。

（3）计划年度内预计淘汰的成母牛、育成牛头数和时间。

（4）奶牛场配种产犊类型、饲养管理及牛群的繁殖性能、产奶性能等资料。

2. 配种产犊计划的编制　某场 2005 年配种产犊计划的编制：该计划没有考虑牛的淘汰、死亡等因素，在实际制定中需要考虑进去。

（1）将 2004 年各月配种受胎的成年和育成母牛头数分别填入表 7-1 中。

表 7-1　某场去年（2004 年）成年母牛和育成母牛配种受胎头数

项目	月份	1	2	3	4	5	6	7	8	9	10	11	12
去年受胎母牛头数	成母牛	25	29	24	30	26	29	23	22	23	25	24	29
	育成牛	5	3	2	0	3	1	5	6	0	2	3	2
	合计	30	32	26	30	29	30	28	28	23	27	27	31

（2）根据配种月份减 3 为分娩月份，则 2004 年 4~12 月份配种受胎的成年和育成母牛将分别在 2005 年度 1~9 月份产犊（表 7-2）。

表 7-2 本年度（2005 年）计划产犊母牛头数

项目 \ 月份		1	2	3	4	5	6	7	8	9	10	11	12
本年度产犊母牛头数	成母牛	30	26	29	23	22	23	25	24	29	33	30	32
	育成牛	0	3	1	5	6	0	2	3	2	2	4	5
	合计	30	29	30	28	28	23	27	27	31	35	34	37

（3）2004 年 11、12 月份分娩（即 2004 年 2、3 月份配种受胎）的成母牛（按规定经产母牛要在产后的 60d 开始配种）应该在 2005 年度 1、2 月份配种；2004 年 10、11、12 月份分娩（即 2004 年 1、2、3 月份配种受胎）的头胎母牛（按规定初产母牛要在产后的 90d 开始配种），应该在 2005 年度 1、2、3 月份配种。将应该配种的母牛头数分别填于表 7-4 的相应项目中。

（4）2003 年 8 月至 2004 年 7 月份所生的育成母牛（表 7-3），到 2005 年 1～12 月份年龄将陆续达到 16 月龄，需进行配种。即 2003 年 8～12 月出生的育成牛需在 2005 年 1～5 月配种，2004 年 1～7 月出生的育成牛需在 2005 年 6～12 月配种。将配种头数填于表 7-4 的相应项目中。

表 7-3 前年（2003 年）和去年（2004 年）出生的育成母牛头数

出生年度 \ 出生月份	1	2	3	4	5	6	7	8	9	10	11	12
2003 年								3	2	0	4	7	9	10
2004 年	13	6	5	3	2	0	1					

（5）2004 年底配种未受胎的 20 头母牛，作为"复配牛"安排在本年度 1 月份配种，填于表 7-4 的相应项目中。

（6）将本年度各月预计情期受胎率分别填于表 7-4 的相应项目中。

（7）见表 7-4，累加本年度 1 月份配种母牛总头数，填入该月"合计"中，则 1 月份的估计情期受胎率乘以该月"成母牛＋头胎牛＋复配牛"之和，得数 33，即为该月三类牛配种受胎头数。同法，计算出 1 月份育成牛的配种受胎头数为 2。1 月份配种受胎的母牛应该在本年度的 10 月份产犊，因此将"33"和"2"分别填入表 7-2 中的 10 月份项目内。

（8）本年度 1～10 月份产犊的成母牛和本年度 1～9 月份产犊的育成牛，将分别在本年度 3～12 月、4～12 月份配种，分别填入表 7-4 的相应项目中。

（9）本年度 1 月份配种总头数（58）减去该月受胎总头数（58×61%≈35）得数 23，并填于表 7-4 中 2 月份"复配牛"栏内。

（10）按上述第"7"步骤，计算出于本年度 2、3 月份配种，于 11、12 月份产犊的母牛头数，并填于表 7-2 的相应项目内。

(11) 计算本年度 2 月份配种总头数，并根据第"9"步依次算出 3～12 月份"复配牛"的头数及 3～12 月份计划配种总头数，填于表 7-4 的相应项目内。即完成 2005 年度牛群配种计划的编制。

表 7-4 某场 2005 年度牛群配种计划（头）

项目	月份	1	2	3	4	5	6	7	8	9	10	11	12
本年度配种母牛头数	成母牛	29	24	30	26	29	23	22	23	25	24	39	33
	头胎牛	5	3	2	0	3	1	5	6	0	2	3	2
	前年生育成牛	4	7	9	8	10							
	去年生育成牛						13	6	5	3	2	0	1
	复配牛	20	23	23	26	26	31	26	35	26	27	26	29
	合计	58	57	64	60	68	68	59	69	54	55	68	65
本年度情期受胎率（%）		61	60	59	56	55	62	40	48	50	52	57	55

（二）牛群周转计划

在牛群中，由于犊牛的出生、育成牛的生长发育、成年牛生产阶段的变化以及各类牛的购入、出售、淘汰和死亡等原因，致使牛群结构不断发生变化，在一定时期内，牛群结构的这种变化称为牛群周转。牛群周转计划是牛场的再生产计划，可以为牛场编制饲料、用工、投资、产品产量等计划及确定年终的牛群结构提供依据。为便于控制牛群的变动范围，落实生产任务，牛场每年年初都应制定牛群周转计划。

在制定牛群周转计划时，首先应确定发展规模，然后安排各类牛的比例，并确定各类牛的数量。不同生产目的的牛场，牛群组成结构也不相同。

1. 编制牛群周转计划应具备的资料

（1）计划年初牛群结构。

（2）计划期内的生产任务和牛群扩大再生产要求，确定年末牛群结构。

（3）根据牛群繁殖计划，确定各月母牛分娩头数及产犊数。

（4）确定淘汰牛头数和淘汰日期。奶牛的淘汰率一般为 8%～10%，因为奶牛产奶量在第六胎以后逐渐下降，可供生产年限仅 10 年左右，另外还有 5%～10% 的低产牛需淘汰，即每年的淘汰率在 15%～20%。所以，育成母牛一般应占母牛群 20%～30% 为宜，这样才能保证将淘汰的数量补充上去。

（5）确定出售犊牛或育成牛的数量和时间。

2. 编制方法及步骤

（1）将年初各类牛的头数分别填入表 7-5 中 1 月份"月初"栏中。将计划各类牛年末应达到的比例头数，分别填入 12 月份"月末"栏内。

(2) 按本年配种产犊计划，把各月将要出生的母犊头数（计划产犊头数×50%×成活率）相应填入犊牛的"转入"栏中。

(3) 年满6月龄的犊牛应转入育成母牛群中，则查出上年7~12月份各月所生母犊数，分别填入犊牛1~6月份的"转出"栏中（一般这6个月转出母犊头数之和大约等于1月初母犊的头数）。而本年1~6月份出生的母犊数，分别填入犊牛7~12月份的"转出"栏中。

(4) 将各月转出的母犊数对应地填入育成牛"转入"栏中。

(5) 根据本年配种产犊计划，查出各月份分娩的育成母牛头数，对应填入育成牛"转出"及成年母牛"转入"栏中。

(6) 要想使犊牛、育成牛、成母牛在年末达到相应的指标，就要计划好各类牛的转入、购入、转出、死亡、淘汰等数据，做到有的放矢。例如，计划使犊牛在年末达20头，就应使年初（1月初）头数与全年"增加"头数之和等于全年"减少"头数与年末（12月末）头数之和，即：(17+50+4)－(20+35+4+12)=0。对育成牛、成母牛也是如此要求。从而可以确定本年度各类牛需购入、淘汰的头数及时间。在确定购入、死亡、淘汰月份分布时，应根据市场对鲜奶和种牛的需要及本场饲养管理条件等情况确定。

表7-5 某牛场牛群周转计划表

月份	犊牛						育成牛						成母牛					
	月初	增加		减少			月末	月初	增加		减少			月末	月初	增加		减少			月末

月份	月初	转入	购入	转出	死亡	淘汰	月末	月初	转入	购入	转出	死亡	淘汰	月末	月初	转入	购入	转出	死亡	淘汰	月末
1	17	4		2			19	52	2		1			53	104	1					105
2	19	2		2			19	53	2		2			53	105	2				3	104
3	19	5	1	2	1	3	19	53	2		1		1	54	104	1					105
4	19	3			1		21	54			1			53	105	1				2	104
5	21	3		7	1		16	53	7	1	4		2	55	104	4					108
6	16	3		2			16	55	2		2			55	108	2				4	106
7	16	1		4			13	55	4		3	2		54	106	3					109
8	13	6	2	1	1		16	54	2		1			55	109	1				2	108
9	16	4		5	1		12	55	5		1		3	57	108	1				1	108
10	12	9	1				19	57	3		2		1	57	108	1				4	105
11	19	7			2		21	57	3		1			56	105	1				1	105
12	21	4		3			20	56	3		2	2		53	105	2	2			2	107
		50	4	35	4	12			35	3	20	4	13			20	2			19	

（三）产奶计划

产奶计划是制订牛奶供应计划、饲料计划、财务计划及联产计酬的主要依据。

制订年产奶计划，首先要定出每头牛各月的产奶计划。指标高低要适宜，过高将完不成任务，影响生产积极性；过低很容易完成任务，但对生产不起推动作用，将影响生产潜力的充分发挥。所以，拟定计划任务量时，要比以前稍高些，使之经过努力或改进工作即可完成。同时还要考虑牛的体重、营养和健康状况，考虑上年度产奶状况，考虑饲料和饲养管理上的变化等。

在制定个体牛产奶计划的基础上制定出全群年度产奶计划。具体步骤如下：

（1）查清母牛的年龄、胎次。

（2）查清母牛所处于的泌乳月。

（3）要清楚母牛的预产期，确定干奶时间（干奶期一般确定在60d）。

（4）要查清母牛上一个泌乳期的实际产奶量，并将其校正为305d标准乳量（校正系数见表4-1及表4-2）。然后将校正后的305d标准乳量确定为"上胎产奶量"，推算出预计本胎产奶量。公式中各胎次产奶量变化比例见表7-6。

$$预计本胎产乳量 = \frac{上胎产乳量 \times 本胎比例数}{上胎比例数} \times 100\%$$

表7-6 荷斯坦牛各胎次产奶量变化比例表

胎次	1	2	3	4	5	6	7	8	9
比例数	0.808	0.917	0.966	0.972	1.000	0.925	0.915	0.910	0.802

（5）根据校正后的产奶量，按表7-7确定下一泌乳期各泌乳月的计划日平均产奶量，并根据具体情况加以修订。

表7-7 各泌乳月平均日产奶量分布表（kg）

计划全泌乳期奶量 \ 泌乳月	1	2	3	4	5	6	7	8	9	10
4 200	17	19	17	16	15	14	13	11	10	9
4 500	18	20	19	17	16	15	14	12	10	9
4 800	19	21	20	19	17	16	14	13	11	10
5 100	20	23	21	20	18	17	15	14	12	10
5 400	21	24	22	21	19	18	16	15	13	11
5 700	22	25	24	22	20	19	17	15	14	12
6 000	24	27	25	23	21	20	18	16	14	12
6 300	25	28	26	24	22	21	19	17	15	13
6 600	27	29	27	25	23	22	20	18	16	14

（续）

泌乳月 计划全泌乳期奶量	1	2	3	4	5	6	7	8	9	10
6 900	28	30	28	26	24	23	21	19	17	15
7 200	29	31	29	27	25	24	22	20	18	16
7 500	30	32	30	28	26	25	23	21	19	17
7 800	31	33	31	29	27	26	24	22	20	18
8 100	32	34	32	30	28	27	25	23	21	19
8 400	33	35	33	31	29	28	26	24	22	20
8 700	34	36	34	32	30	29	27	25	23	21
9 000	35	37	35	33	31	30	28	26	24	22

（6）将各泌乳月的计划日平均产奶量，乘以各月的实际泌乳日数，求出各月的计划产奶量，汇总每头牛年度计划产奶量，最后求出全群年度计划产奶量（表7-8）。

(四) 饲料计划

饲料是养牛生产可靠的物质基础，养牛场必须每年制定饲料生产和供应计划。编制饲料计划应有牛群周转计划、各类牛群饲料定额等资料，并需要考虑本地区的气候条件及各季节饲料种类的变化等情况。全年饲料总需要量要在计划需要量的基础上增加5%～10%，以留有余地。具体操作如下：

1. 确定平均饲养头数 根据畜群周转计划，确定平均饲养头数。
年平均饲养头数（成母牛、育成牛、犊牛）＝全年饲养头日数/365

2. 各种饲料需要量
混合精饲料：
　　　　成母牛年基础料需要量（kg）＝年平均饲养头数×3kg×365
　　　　成母牛年产奶料需要量（kg）＝全群总产奶量×0.3
　　　　育成牛年需要量（kg）＝年平均饲养头数×3kg×365
　　　　犊牛年需要量（kg）＝年平均饲养头数×1.5kg×365
玉米青贮：成母牛年需要量（kg）＝年平均饲养头数×20kg×365
　　　　育成牛年需要量（kg）＝年平均饲养头数×15kg×365
干　　草：成母牛年需要量（kg）＝年平均饲养头数×6kg×365
　　　　育成牛年需要量（kg）＝年平均饲养头数×4kg×365
　　　　犊牛年需要量（kg）＝年平均饲养头数×2kg×365
甜　菜　渣：成母牛需要量（kg）＝年平均饲养头数×20kg×180

矿物质饲料：一般按混合精料量的3％～5％供应。

混合精料中的各种饲料供应量，可按混合精料配方中占有的比例计算。例如，成母牛混合精料的配合比例为：玉米50％，豆饼或豆粕34％，麦麸12％，矿物质饲料3％，添加剂预混料1％，则计算公式为：

玉米供应量＝混合精料供给量×50％

豆饼供应量＝混合精料供给量×34％

麦麸供给量＝混合精料供给量×12％

矿物质饲料＝混合精料供给量×3％

添加剂预混料＝混合精料供给量×1％

表7-8　年度产奶计划表（kg）

	牛　　号	0 023	9 821	9 713	…	
上胎次情况	产次	2	4	5	…	总产量
	产犊日期	2003.3.4	2003.5.8	2003.1.4	…	
	305d标准乳量	4 542	9 000	10 000	…	
本胎次情况	产犊日期（或预产期）	2004.2.16	2004.4.16	2003.12.14	…	
	预计干奶日期	2004.12.16	2005.2.16	2004.10.14	…	
	预计全泌乳期产奶量	4 785	9 259	9 250	…	
全年各月份计划产乳量	1月			1 150	…	
	2月	224		1 072	…	
	3月	619		1 082	…	
	4月	616	504	988	…	
	5月	605	1 146	975	…	
	6月	542	1 112	898	…	
	7月	512	1 086	865	…	
	8月	466	1 024	786	…	
	9月	406	946	704	…	
	10月	373	931	322	…	
	11月	316	842		…	
	12月	160	792		…	
	计划年度产奶量	4 839	8 383	8 842	…	

第三节　牛场经济效益评价

一、成本核算

成本核算是经济核算的中心，产品成本是养牛企业经济效益的重要指标。牛场实行成本核算就是为了考核生产过程中的各项消耗，分析各项消耗和成本增减变化的原因，以便寻找降低成本和提高经济效益的途径。

（一）成本项目

为了便于对构成产品成本的各项费用进行核算和分析，根据牛场成本核算规程，结合生产的具体情况，产品的成本项目包括直接生产费用和间接生产费用两大类。

1. 直接生产费用 是指在生产中的各项消耗，直接与某一项产品的生产相关，这种为生产某种产品所支付的开支，称为该产品的直接费用。其项目包括：工资和福利费、饲料费、燃料和动力费、医药费、种牛摊销费（种母牛、种公牛的折旧费）、固定资产折旧费（牛舍折旧费和专用机械折旧费）、固定资产修理费、低值易耗品及其他直接费用。

2. 间接费用 是指一些消耗不能直接计入某种产品中去，需要用一定方法在部门内几种产品之间进行分摊的费用。包括：共同生产费、企业管理费等。

（二）成本核算的条件

根据养牛业特点，成本核算不仅要计算和考核牛产品单位成本，而且还要计算和考核饲养日成本等。饲养日成本核算不仅与产量、产值、消耗资金和利润等指标有密切关系，而且与畜群变动、饲养日头数和饲料品种、价格、供应等也有关系。因此，开展日成本核算，首先要作好有关组织技术工作和各项基础工作。

1. 数据准备 搞好饲养日成本核算，主要依靠数据计算和考核。要有各项定额数据，日产奶量、肉牛日增重和日饲料消耗等原始记录，掌握各牛群的年度、月份和每天的总产奶量计划、肥育期增重计划、总产值计划、总成本计划、总利润计划、饲养成本计划和产品单位成本计划的数据，掌握每天应摊入的直接生产费用和间接生产费用。

2. 核算表格 进行饲养日成本核算的表格有三种：一是日饲料和其他生产费用计算表，奶牛分成年牛组、育成牛组、犊牛组三种计算表格，内容基本相同；肉牛包括架子期和催肥期两种表格。每月每个饲养组一张，按日计算。包括的内容有：混合料、干草、青贮、块根、糟粕料、兽药、水电、维修、物品、固定开支（产畜摊销、共同管理费）等费用项目。二是日成本核算表，奶牛同样包括成年母牛组、育成牛组、犊牛组三种核算表；肉牛包括架子期和催肥期两种表格。其成本项目奶牛包括总产值、总成本、日成本、千克成本、总利润等；肉牛包括总成本、总产值、饲养日成本、增重成本、活重成本及主产品成本等。奶用育成牛组和犊牛组无畜产品，只计算总成本、日成本和节余核算表。日成本核算表每月一张，按日核算。三是成本核算报告表，内容与各饲养组的日成本核算表相同，每日填报一次。

（三）奶牛场成本核算方法

奶牛场成母牛实行上午、下午和晚上三次挤奶，当日各组产奶量要到第二天上午才能计算出来。因此，成本费用的计算和核算要到第二天上午才能进行，即今天算昨天的账。核算的步骤和方法如下。

1. 核算步骤

（1）核算员于每月1日以前要准备好各饲养组的费用计算表和日成本核算表，并将本月的计划总产量、总产值、总成本、日成本、千克成本、总利润等数字分别填入日成本核算表，同时将固定开支和配种费、水电费、物品费等填入费用计算表上。

（2）核算员每天上班后持准备好的日成本核算表和费用计算表，分别到饲养组了解畜群变动、各种饲料的消耗量，并经资料员核对填入表中；再到乳品处理室了解各组牛产奶量情况，并填入相关表中。

（3）根据各种数据资料，按计算方法，先计算出日费用合计，再根据成本核算表中的项目逐项计算，最后计算出各群饲养日成本和牛奶的单位成本。

（4）对已核算出的日成本核算表，认真进行复核后，填写日成本核算报告表。

2. 计算方法

（1）牛群饲养日成本和主产品单位成本的计算。

$$牛群饲养日成本 = \frac{该牛群饲养费用}{该牛群饲养头日数}$$

$$主产品单位成本 = \frac{该牛群饲养费用 - 副产品价值}{该牛群主产品总产量}$$

（2）各年龄母牛群组的计算。

①成母牛组：总产值＝总产奶量×牛奶千克收购价

计划总成本＝计划总产奶量×计划千克牛奶成本

实际总成本＝固定开支＋各种饲料费用＋其他费用

产房转入的费用＝分娩母牛在产房产犊期间消耗的费用

$$计划日成本 = \frac{计划总成本}{计划饲养日}$$

$$实际日成本 = \frac{实际总成本}{饲养日}$$

$$\text{实际千克成本} = \frac{\text{实际总成本} - \text{副产品价值}}{\text{实际总产奶量}}$$

$$\text{计划总利润} = \left(\text{计划牛奶千克销售价} - \text{千克计划成本价} \right) \times \text{计划总产奶量}$$

$$\text{或} = \text{计划总产值} - \text{计划总成本}$$

实际总利润＝完成总产值－实际总成本

固定开支＝计划总产奶量（kg）×每千克牛奶分摊费用（工资＋福利＋燃料和动力费＋固定资产折旧＋维修费＋共同生产费＋企业管理费等）

饲料费＝饲料消耗量×每千克饲料价格

兽药费＝当日实际消耗的药物费

配种费、水电费和物品费，因每月末结算一次，采取将上月实际费用平均摊入当月每天中。

② 育成母牛组：计划总成本＝饲养日×计划日成本

固定开支＝饲养日×（平均分摊给育成母牛中的工资和福利、燃料和动力费、固定资产折旧、维修费、共同生产费和企业管理费等之和）

③ 犊牛组：计划总成本＝饲养日×计划日成本

固定开支＝饲养日×（平均分摊给犊牛组的工资和福利、燃料和动力费、固定资产折旧、维修费、共同生产费和企业管理费等之和）

（四）肉牛场成本核算方法

在肉牛生产中一般要计算肉牛群的饲养日成本、增重成本、活重成本和主产品成本。其计算公式如下：

$$\text{饲养日成本} = \frac{\text{该肉牛群饲养费用}}{\text{该肉牛群饲养头日数}}$$

$$\text{犊牛活重单位成本} = \frac{\text{繁殖牛群饲养费用} - \text{副产品价值}}{\text{断奶犊牛活重}}$$

$$\text{肥育牛增重成本} = \frac{\text{该群饲养费用} - \text{副产品价值}}{\text{该群增重量}}$$

式中：该群增重量＝（该群期末存栏活重＋本期离群活重）－期初结转、期内转入和购入活重

育肥牛活重单位成本

$$= \frac{\text{期初活重总成本} + \text{本期增重总成本} + \text{购入转入总成本} - \text{死畜残值}}{\text{期末存栏活重} + \text{期内离群活重}}$$

二、利润核算

牛场利润可以通过利润额和利润率来核算。利润的高低,反映牛场的经营管理水平。

(一) 利润额

是指企业利润的绝对数量。计算公式如下:

利润额＝销售收入－生产成本－销售费用－税金±营业外收支净额

营业外的收支净额,是指与企业生产经营无关的收支差额。营业外的收入有固定资产出租、技术传授等。营业外的支出有职工的劳动保险、职工福利、积压物质削价损失、呆账损失等。营业外收入与营业外的支出之差为净额。营业外的收入大于支出其净额为正数,反之为负数。

(二) 利润率

由于企业规模的大小不同,仅从利润额的总量来衡量企业的利润水平是不公平的。因此需要用利润率来加以衡量。利润率是将利润与成本、产值、资金进行对比。包括:

1. 资金利润率

$$资金利润率 = \frac{年利润总额}{年占用资金总额} \times 100\%$$

年占用资金总额＝年流动资金平均占用额＋年固定资产平均值

资金利润率反映资金占用及其利用效果的综合指标。

2. 产值利润率

$$产值利润率 = \frac{年利润总额}{年产值总额} \times 100\%$$

产值利润率反映每百元产值所实现的利润。

3. 成本利润率

$$成本利润率 = \frac{年利润总额}{年成本总额} \times 100\%$$

成本利润率反映每百元成本在一年内所创造的利润。能较全面的反映企业的经营状况。

第四节 牛的产业化经营

养牛产业化是以国内外产品市场为导向，以效益为中心，以科技为先导，以经济利益机制为纽带，按市场经济发展的规律和社会化大生产的要求，通过龙头企业或其经济实体或专业协会的组织协调，把单兵作战的场、户组织起来，将分散的饲养、加工、销售企业或户与统一的大市场结合起来，进行必要的专业分工重组，实现资金、技术、人才、物质等生产要素的优化配置，形成养牛产业布局区域化、生产专业化、管理企业化、服务社会化、经营一体化、产品商品化。

一、产业化经营的意义

1. 利于产品开发，扩大竞争优势 经济体系中的龙头企业，一头连市场，一头连基地和农户，以经济利益相吸引，以合同为纽带，有序地把生产、加工、销售融为一体，资源利用合理，科技含量高，市场份额大，利于开发名特产品，形成主导产业，克服家庭分散经营在市场竞争中的不利地位。

2. 利于社会化服务，实现规模经营 全方位的系列化、综合化的服务体系是养牛产业化发展的重要保证。产业化经营体系中的各种服务体系，从维护自身利益出发，向生产者主动提出信息、科技、资金物质等服务，有利于解决畜牧业专业化生产与社会化服务滞后的矛盾，从而促进生产规模的不断扩大。

3. 实现产品增值，获得最大效益 牛的产业化经营，通过产业链的延伸，发展多层次加工、贮藏、运输、销售体系，实现多层次增值，利于实现产业总体效益最大化。

4. 带动农民致富，促进农村发展 实现牛的产业化生产，使与龙头企业联合的养殖户通过扩大生产，解决大量农村剩余劳力。同时，通过为农村二、三产业的发展和出口换汇提供大量原料和畜产品，可以加快农村工业化、小城镇建设的步伐。

二、牛产业化经营的模式

1. "公司+基地+农户"型 形成"以场带户、以户养牛、以养促企、以企促养"的格局。企业紧紧围绕产前、产中、产后各环节，建立健全技术服务机制、产销保证机制、资金投入机制及政策鼓励机制，实行生产、加工、销售一体化经营，形成完整的产业链。企业与养牛基地乡、村、户分别签定目标发展合同，规范责任，结成松散式或紧密式的经济共同体，利益共享，风险共担。

2. "市场＋农户"型 市场是生产经营活动的载体和沟通生产及销售的渠道，它具有集散商品、实现价值、汇集信息、引导生产等功能。这种模式主要是当地政府有关部门或农民自筹资金在本地或外地开辟专业调节市场，把千家万户联合起来形成专业化区域生产，解决单家独户生产与市场脱节的矛盾，以市场需求组织生产，以市场为纽带将农民与客户连接起来，及时提供质量合格、数量充足的产品。

3. "专业协会＋农户"型 在协会、合作社或具有一定专业特长、有一定社会影响的生产经营者的组织下，开展的技术交流、信息传递、资金流通、销售服务等合作，引导农民稳步进入市场。

第五节 计算机技术在养牛生产中的应用

目前，计算机技术已经广泛应用于牛场的经营管理，特别是用于大型牛场，用它选择最廉价、最有效的饲料配方；存储每头母牛的预产期、泌乳量、体重、饲料消耗量、发情期等数据；计划每天的日常工作；对有关数据和生产情况进行分析判断等。并可以通过网络获取外界信息资源。这些都有助于加速牛的遗传进展，提高工作效率、经营管理水平及决策能力。

一、计算机技术在牛繁育中的应用

计算机技术在牛繁育中的应用能促进养牛生产的发展和品种改良，提高牛群的生产性能。

20世纪70年代中期，英国国际计算机公司根据奶牛自然交配、人工授精和繁殖三方面资料，组建成数据库管理系统，即"最佳线形无偏估计法（BLUP）"，已经成为现代家畜育种的强有力工具，目前在欧美各主要畜牧生产国家，BLUP法在奶牛育种工作中已达到了系统化和规范化，成为现代化统计遗传学与计算机相结合的典范。以BLUP为基础的"方差组分估计（VCCE）"方法，已被公认为最精确的遗传参数估计方法，在家畜育种和数量遗传学中广为应用。

国外DHI组织与技术实施，主要是通过电子信息来完成的。通过与DHI测试中心的网络连接，可以随时获取DHI数据，并自动进行非常复杂的运算处理。

计算机图像分析系统和图文数据库的建立,使育种数据、种质资源、形态特征、生态环境等与动物育种有关的"数"与"形"联系起来,这是手工操作无法实现的。例如,利用图像测量技术进行奶牛体型线性评定或监测牛各个阶段的生长发育情况,不用直接与牛接触,减少工作量、提高鉴定工作效率、保证鉴定结果的公正和准确性。

二、计算机技术在日粮配方中的应用

目前国内外饲料配方软件较多,为制定科学、高效、低成本的饲料配方提供了方便。优化计算后还可进行原料价值评估和影响成本因素分析等。

三、计算机技术在牛场日常管理中的应用

目前,某些现代化牛场,已经将计算机应用于整个生产管理过程中,生产管理已经达到了智能化程度。在饲喂、饲料量控制、挤奶等环节实现了计算机自动控制,使养牛生产真正做到了集约化、自动化。

牛场的监控系统可简化繁琐操作,按照系统提供的信息及时调整生产管理、疾病预防措施,提高管理效率、生产水平。

(一) 应用于肉牛生产管理系统

目前应用的系统有:以围栏肥育肉牛应激为指数的计算机系统程序;围栏肥育肉牛的饲料摄取量和增重的预测系统;FBEEF培育牛预算和盈利预测系统等。这些主要都是根据气候变化,以增重、饲料摄取量和饲料转化率为评价项目,预测饲养成本和肥育效果。

(二) 应用于奶牛生产管理系统

国内已有奶牛生产管理决策支持系统,为奶牛场和有关管理部门提供了奶牛生产管理、信息和决策参考依据。该软件包括生产管理信息和生产管理决策支持两个系统。

1. 生产管理信息系统 设有世界各国养牛生产信息库;奶牛繁育库(包括奶牛系谱档案管理、配种记录、冻精使用记录、母牛产犊记录、核心群母牛胎次产奶量登记等栏目);牛场生产管理库(包括牛群日记、产奶记录、饲料消耗记录、生产情况月报等栏目);规范化饲养库(包括高产奶牛饲养管理规

范、阶段饲养操作规程、典型日粮配方等栏目）。具有信息查询、数据输入与更新、统计计算、储存、输出打印等功能。

2. 奶牛生产管理决策支持系统（CPMDSS） 设有信息查询库；奶牛生产分析模块（包括奶牛生产函数建立、数据的统计、生产趋势图形分析、奶牛生产诊断等子模块）；生产预测模块（包括奶牛发展规模、牛群结构、产奶量等的预测）；生产决策模块（包括生产区划布局、牛群结构优化、牛群周转、牛群发展规模、饲料配方、经济分析等决策过程）。CPMDSS 的核心在于完成和选择奶牛生产管理决策支持系统的任务和所要进行的决策要求。

四、计算机技术在牛群健康计划中的应用

计算机技术应用于牛群的健康计划，能够有效地评价畜群的健康和性能状况，减少兽医和经营者的有关重复劳动。如 1976 年英国和美国先后建立了奶牛数据库管理和自动化管理系统，该系统能快速查出牛患乳房炎，使兽医能给予尽早治疗，避免了奶量的减少，也提高了奶的质量；1986 年，我国用模糊数学模型建立了奶牛不孕症中兽医电脑辅助诊疗系统，对 46 头奶牛作模拟试验诊断，准确率达 100%，电脑开的处方基本符合实际病症，初步达到利用计算机技术给家畜看病的目的。

五、计算机技术在牛场财务管理中的应用

计算机技术应用于养牛场的财务管理和畜群记录，已取得较好的效果，如美国得克萨斯 A 和 B 大学农业经济学开发的农业财务分析专家系统（AFAES）可帮助养牛者及贷款人对牛场的财务状况作出评价；对个体牛的淘汰和更换作出决定；帮助经营者制定整个牛群的长期发展战略等。至于应用计算机软件填写收支凭证、进行财务核算、经营效果分析等业务在规模化牛场已经普遍应用。

六、电子商务或 Internet

在网络上可以获得大量的科技信息、经济信息、产品供求信息等。例如，可以通过网络进行选种，牛场的技术人员足不出户就可以随时得到全国各地所有公牛站（甚至是国外的冻精销售公司）的最新可供精液的全面信息，包括种公牛的照片、全国各地的女儿牛照片及生产性能介绍、各年度地区性或全国性

后裔测定成绩及排名情况，精液生产批号、单价、可供数量等。还可通过网上将相关资料下载并结合本奶牛场资料，调用模拟配种软件进行预测拟配公牛在本场的效果，最后通过提交电子订单，网络订购冷冻精液。

复习思考题

1. 牛场需要设置哪些岗位？各岗位的劳动定额一般是多少？
2. 简述奶牛场牛群的基本结构。
3. 怎样制定牛场的配种产犊计划？
4. 怎样编制牛场的饲料计划？
5. 奶牛场成本核算是怎么进行的？
6. 为什么要加强养牛的产业化建设？哪些模式适合我国牛的产业化生产？

第八章

牛常见传染病及其防制

第一节 牛场综合防疫

一、预防措施

1. 加强饲养管理

（1）合理饲喂。按饲养标准合理配合日粮，日粮中草料搭配要合理，饲料要多样化，不要长期饲喂单一的、过硬过长或过细的草料，防止营养缺乏病和消化道疾病发生。

（2）充足的饮水。在奶牛场应设置自动饮水装置，以满足饮水量，但饮用水应符合饮用标准，清洁无污染、无冰冻。

（3）适当的运动。每天上、下午让奶牛在舍外运动场自由活动1~2h，使其呼吸新鲜空气，沐浴阳光，增强体质，提高产奶量。但夏季应避免阳光直射牛体，以防中暑。

2. 搞好环境卫生

（1）良好的饲养环境。奶牛舍要阳光充足，通风良好，冬天能保暖，夏天能防暑，排水通畅，舍内温度以10~15℃、湿度以40%~70%为宜；运动场干燥无水。及时清除粪便等污物，保持圈舍、运动场卫生，粪便应堆积发酵，以杀灭部分病原体。

（2）保持乳房卫生。经常保持牛床及乳房清洁。

（3）保持肢蹄健康。每天坚持清洗蹄部数次，使之保持清洁卫生。

（4）灭鼠、杀虫、防兽。老鼠、蚊、蝇和其他吸血昆虫是病原体的宿主和携带者，能传播多种传染病和寄生虫病。应当认真开展杀虫、灭鼠工作。同时禁止犬、猫等动物进入。

3. 严格消毒制度　设立消毒池，消毒池的消毒液（剂）要保持有效浓度。一切人员、车辆进出门口时，必须从消毒池通过。每季要对牛舍、场地和用具进行一次全面大清扫、大消毒。牛舍每月进行一次消毒。牛床每天用清水冲洗，土面牛床要勤清粪、勤垫圈。产房每次产犊前都要消毒。

4. 预防接种 有某些传染病潜在的地区，或受到邻近地区某些传染病经常威胁的地区，为了防患于未然，在平时有计划地给健康牛群进行的免疫接种，称为预防接种。

根据本地区传染病发生的种类、季节、流行规律，结合牛群的生产、饲养、管理和流动等情况，按需要制定相应的免疫程序及具体的预防接种计划，适时进行预防接种。

5. 疫情监测

（1）结核病、副结核病、布鲁氏菌病检疫。每年春、秋季各进行一次结核病、副结核病、布鲁氏菌病的检疫，检出阳性、有可疑反应的奶牛要及时按规定处理。

（2）隐性乳房炎监测。泌乳牛每年1、3、6、7、8、9、11月份，停乳前10d、前3d进行隐性乳房炎监测，发现阳性反应牛要及时治疗。

（3）代谢病的监测。抽样试验：每季度随机抽30～50头牛进行MPT试验。

二、扑灭措施

1. 疫情报告 当发现发生传染病或疑似传染病时，必须立即报告当地动物防疫监督机构。特别是疑为口蹄疫、炭疽、牛流行热等重要传染病时，一定要迅速将发病的详细情况向上级部门报告。

当动物防疫人员尚未到达现场或尚未作出诊断前，应对现场采取以下措施：将疑似病牛进行隔离，派专人管理；对患病牛停留过或疑似污染的环境、用具等进行消毒；尸体应保留完整；非动物防疫人员不得对动物进行宰杀；宰杀后的皮、肉、内脏未经检验不许食用。

2. 及早诊断 诊断常用的方法有：病史调查、临床检查、病理剖检和实验室检验等。

（1）病史调查。就是通过畜主或饲养人员询问和调查，了解牛群发病的详细情况。

（2）临床检查。就是通过视诊、触诊、叩诊、听诊、嗅诊等方法对病牛进行详细客观检查，以发现其症状表现和异常变化，为疾病初步诊断或进一步检验提供依据。

(3) 病理剖检。就是解剖病、死牛的尸体，观察其器官、组织病理变化的方法。

(4) 实验室检验。在奶牛疾病诊断过程中，应配合实验室检查才能确诊。但是检查的结果必须结合流行病学、临床症状、病理剖检结果综合分析，切不可单纯依靠化验结果做结论。实验室检验包括病理组织学检查、病原学检查、血清学检查、毒物及毒素检验等。

3. 迅速隔离　发现病牛立即报告兽医人员，并迅速将病牛和疑似病牛（与病牛同群未见症状的牛）隔离开来。其目的是为了控制传染源，以便将疫情控制在最小的范围内就地扑灭。

4. 封锁牛场　当发生某些重要传染病时，对牛场进行封锁，防止疫病向安全区散播，以达到保护其他地区动物的安全和人体健康，迅速控制疫情和集中力量就地扑灭的目的。解除封锁以疫区内最后一头病牛扑杀或痊愈后，经该病一个最长潜伏期以上的检测，未出现病牛时，经彻底大消毒，县级以上畜牧兽医行政管理部门检查合格后，方可解除封锁。

5. 紧急接种　是指在发生传染病时为了迅速控制和扑灭传染病的流行，而对疫区和受威胁区尚未发病的牛进行应急性接种。紧急接种可使用免疫血清、疫（菌）苗。在疫区应用疫苗进行紧急接种时，仅能对正常无病的牛接种。因急性传染病，一般潜伏期较短，而接种疫苗后又很快产生抵抗力，最终能使发病率下降，流行停止。

6. 治疗和淘汰　当认为无法治愈，或治疗时间很长且费用很高，或患病牛对周围有严重的传染威胁时，为了防止疫病蔓延扩散，应在严密的消毒下将病牛进行淘汰处理。

治疗的原则是：治疗和预防相结合；治疗必须在严密封锁或隔离条件下进行，并且必须及早进行，既要针对病原体，消除病因，又要增强病牛抗病能力，恢复生理机能。

7. 病死畜的处理

(1) 化制。尸体在特设的加工厂中加工处理，不但进行了消毒，而且可以加工利用。

(2) 掩埋。方法简便易行，但不是彻底的处理方法。掩埋尸体应选择干燥、平坦、远离住宅、道路、水源、牧场及河流的偏僻地点，深度至少在2m以上。

(3) 焚烧。此种方法最彻底。适合于特别危险的传染病尸体的处理，如炭疽。但禁止在地面焚烧，应在焚尸炉中进行。

第二节 口 蹄 疫

口蹄疫是由口蹄疫病毒引起的偶蹄兽的一种急性、热性、高度传染性的疾病。其临床特征是在口腔（舌、唇、颊、龈和腭）黏膜、鼻、蹄和乳房皮肤发生水疱和烂斑。人也可感染，但症状较轻。

本病传染性极强，发病率几乎达100%，流行广泛，在世界各地均有发生，引起巨大的经济损失，被国际兽疫局（OIF）列为A类家畜传染病之首。又因病毒具有多个血清型和易变异的特性，使防制更加困难。因此，世界各国都特别重视对本病的研究和防制。

【病原】口蹄疫病毒（FMDV）属于微核糖核酸（RNA）病毒科中的口蹄疫病毒属。病毒的血清型有7个主型（即A、O、C、南非Ⅰ、南非Ⅱ、南非Ⅲ型和亚洲Ⅰ型）。每个血清型又分若干个亚型，目前已增加至75个以上。各主型或亚型容易发生变异。各主型间的抗原性不同，极少产生交互免疫保护，同型口蹄疫的亚型之间抗原性部分相同。即感染某一型病毒后，仍可感染其他型病毒或用某一型的疫苗免疫后，当其他型口蹄疫病毒侵袭时照样可发病。我国已发现的血清型有O型、A型和亚洲Ⅰ型。

口蹄疫病毒在病牛的水疱皮内及其淋巴液中含毒量最高。在发热期血液内的病毒含量最高，退热后在奶、尿、口涎、泪和粪便等都含有一定量的病毒。

病毒对外界环境抵抗力很强。在自然情况下，含毒组织和污染的饲料、饲草、皮革及土壤等可保持传染性达数周、数月，甚至数年之久。高温和阳光对病毒有杀灭作用。酸和碱对病毒的作用很强，所以是常用的消毒药，如1%~2%氢氧化钠溶液、30%草木灰水、0.2%~0.5%过氧乙酸溶液等均是FMDV的良好消毒剂，短时间内能杀死病毒。而食盐对病毒无杀灭作用，酚、酒精、氯仿等药物对FMDV也不起作用。

【流行规律】病牛是主要的传染源，康复期和潜伏期的病牛亦可带毒排毒。对口蹄疫最易感的是黄牛，其次是牦牛、犏牛、水牛。犊牛比成年牛易感，病死率也高。本病主要经呼吸道和消化道感染，也能经损伤的黏膜和皮肤感染。发病率高，但病死率低。其传播既有蔓延式又有跳跃式的，口蹄疫可发生于任何季节，低温寒冷的冬季更为多见。本病的暴发有周期性的特点，每隔1~2年或3~5年流行一次。

【临床症状】潜伏期平均2~4d，长的7d左右，这取决于病毒的性质和机体的状况。

患牛体温高达 40~41℃，精神沉郁、食欲下降，闭口、流涎（图 8-2），开口时有吸吮声。1~2d 后在唇内面、舌面（图 8-1、图 8-3、图 8-4）和颊部黏膜发生蚕豆大至核桃大的白色水疱，水疱迅速增大，相互融合成片，水疱破裂后，液体流出，留下粗糙的、有出血的颗粒状的糜烂面，边缘不齐附有坏死上皮。此时口角流涎增多，呈白色泡沫状，常挂满嘴边，采食、反刍完全停止。在口腔发生水疱的同时或稍后，趾间及蹄冠的柔软皮肤上也发生水疱，并很快破溃，出现糜烂，然后逐渐愈合（图 8-5）。若病牛衰弱或管理不当或治疗不及时，糜烂部可继发感染化脓、坏死，甚至蹄匣脱落，乳头皮肤也可能出现水疱，而且很快破裂形成烂斑。

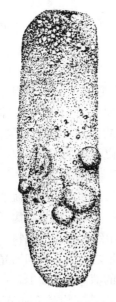

图 8-1　患口蹄疫时牛舌上的水疱　　图 8-2　牛患口蹄疫时的流涎　　图 8-3　患口蹄疫时牛舌上糜烂面

（蔡宝祥，家畜传染病学，1999）

本病一般为良性经过，只是口腔发病，约经一周即可痊愈，如果蹄部出现病变时，则病期可延至 2~3 周或更久，死亡率一般不超过 1%~3%。

有时当水疱病变逐渐愈合，病牛趋向恢复健康时，病情突然恶化，全身虚弱、肌肉震颤，特别是心跳加快、节律不齐、因心脏麻痹而突然倒地死亡，这种病型称为恶性口蹄疫，病死率高达 20%~50%，主要是由于病毒侵害心脏所致。犊牛患病时特征性水疱症状不明显，主要表现为出血性肠炎和心肌麻痹，死亡率很高。

第八章 牛常见传染病及其防制

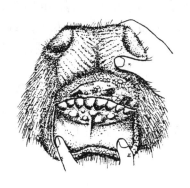
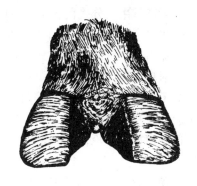

图8-4 口蹄疫病牛齿龈上的　　图8-5 牛口蹄疫：蹄冠与蹄缘分离，
　　　水疱和烂斑　　　　　　　　　　蹄叉后端有水疱

（蔡宝祥，家畜传染病学，1999）

【病理变化】本病具有重要诊断意义的是心肌切面有灰白色或淡黄色斑点或条纹，俗称"虎斑心"，质地松软呈熟肉样变。在咽喉、气管、食道和前胃黏膜可发生圆形烂斑和溃疡，上有黑棕色痂块。真胃和大小肠黏膜可见出血性炎症。

【诊断】根据本病的流行特点，特征性临床症状可初步诊断。

确诊应取病牛新鲜水疱皮5～10g装于含50％甘油生理盐水灭菌瓶内，或取水疱液作病毒的分离、鉴定和血清型鉴定。方法有补体结合试验、病毒中和试验等。

口蹄疫与牛瘟、牛恶性卡他热、传染性水疱性口炎等疫病易混淆，应当认真鉴别。

【防制方法】

1. 未发病牛场的预防措施

（1）严格执行防疫消毒制度。牛场门口要有消毒间、消毒池，进出牛场必须消毒；严禁非本场的车辆入内。严禁将牛肉及病畜产品带入牛场食用；每月定期用2％苛性钠或其他消毒药对牛栏、运动场进行消毒，消毒要严、要彻底。

（2）坚持进行疫苗接种。定期对所有牛只进行系统的疫苗注射，使牛具有较好的保护力。目前，疫苗的种类很多，现以兰州产的口蹄疫灭活疫苗的免疫程序为例。

规模化奶牛场免疫程序（应注意根据当地流行情况加以调整）：

①种公牛、后备牛。每年免疫2次，每隔6个月免疫1次。单价苗肌内注射3mL/头；双价苗肌内注射4mL/头。

②生产母牛。分娩前3个月肌内注射单价苗3mL/头或双价苗4mL/头。

③犊牛。出生后4～5个月首免，肌内注射单价苗2mL/头或双价苗2mL/头。首免后6个月二免（方法、剂量同首免），以后每间隔6个月接种一次，肌内注射单价苗3mL/头或双价苗4mL/头。

2. 已发生口蹄疫的防制措施　疫情发生后要及时查明疫源并采用紧急扑灭措施，并在24h以内向上级行政主管部门报告疫情，由当地县级以上畜牧主管部门划定疫点、疫区、报同级人民政府发布封锁令，并向上一级人民政府备案。

封锁的疫点、疫区必须实施以下防疫措施：

在疫点的出入口和出入疫区的主要交通路口设置消毒点，对过往车辆、人员进行检查和消毒。封锁期内禁止牲畜和畜产品的出入。疫点每日进行一次全面消毒。口蹄疫病牛及其同群牛全部扑杀。扑杀的病牛作无害化处理，扑杀过程中污染的场地应全面彻底消毒。暂时停止牲畜及畜产品交易活动。

封锁的疫点、疫区最后一头病牛处理后，14d内未出现病牛的，经彻底消毒、清扫，并由县级以上畜牧兽医主管部门检查合格后，报发布封锁令的人民政府解除封锁。

第三节　恶性卡他热

恶性卡他热是由恶性卡他热病毒引起牛的一种急性、热性、高度致死性传染病。其主要特征是持续发热，上呼吸道和消化道黏膜发生卡他性纤维素性炎症，并伴有角膜混浊和严重的神经症状，病死率很高，多为散发性。

【病原】恶性卡他热病毒，属疱疹病毒科，存在于病牛的血液、脑和脾等组织。本病毒对外界环境抵抗力不强，不耐高温、冷冻和干燥，腐败和冰冻可迅速死亡，常用消毒药能迅速将其杀死。较好保存方法是将枸橼酸盐脱纤的含毒血液保存在5℃环境中。

【流行规律】本病主要发生于1～4岁的黄牛和水牛，公牛比母牛易感。带毒的动物是本病的传染源，特别是带毒的绵羊。本病传播方式与吸血昆虫、胎盘及带毒绵羊接触时经呼吸道感染有关。本病一年四季均可发生，但以冬季和早春多见，多呈散发，有时呈地方性流行，发病率低，但病死率高达60%～90%。

【临床症状】潜伏期3～4周或更长。

(1) 最急性型。突然发病，体温升高达41～42℃，稽留不退，精神委顿，食欲和反刍减少，饮欲增加。眼结膜潮红，鼻镜干热，全身寒战，呼吸困难。

有的出现急性胃肠炎症状，多在 1～2d 死亡。

（2）头眼型。本型多见，病程 4～14d。病初体温升高达 41～42℃，精神不振，意识不清，食欲、反刍减少或停止，初便秘，后腹泻。特征性变化是双眼剧烈发炎，畏光，流泪，眼睑闭合，进行性角膜炎和角膜混浊，甚至溃疡穿孔（图 8-6）。口腔和鼻腔黏膜充血潮红、坏死及糜烂，鼻流脓性恶臭分泌物，口腔中流出带有臭味的涎液。病牛肌肉震颤，共济失调，有时出现兴奋症状，最后全身麻痹。

（3）肠型。高热稽留，严重腹泻，粪便如水样，恶臭，混有黏液、纤维素性伪膜和血液，后期大便失禁。

（4）皮肤型。在体温升高的同时，皮肤出现丘疹和水疱，关节显著肿大，淋巴结肿胀。

图 8-6　牛恶性卡他热：病牛头部，
　　　　显示角膜混浊，眼鼻流液

（蔡宝祥，家畜传染病学，1999）

【病理变化】口腔和鼻腔黏膜充血潮红、坏死及糜烂，全身淋巴结肿胀和出血，胃肠黏膜充血出血，肝脏和肾脏浊肿，胆囊充血、出血，脾肿大，心肌变性，心外膜有点状出血。头眼型以类白喉性坏死性变化为主，喉头、气管和支气管黏膜充血，有小点出血，常有假膜覆盖。肺充血及水肿。

【诊断】

（1）临床诊断。根据流行特点、临床症状和病理变化特征，结合抗菌素药物治疗无效等可作出诊断。

（2）鉴别诊断。在临床诊断上应注意与下列疾病相鉴别：

牛口蹄疫：本病在黏膜溃烂前形成水疱，无神经症状，一般死亡率不高。

牛巴氏杆菌病：他们在体温和全身症状上有很多相似之处，但牛巴氏杆菌病无角膜炎和神经症状，细菌学检查可发现多杀性巴氏杆菌。

【防制方法】本病目前无特殊治疗方法。应禁止牛和羊同牧及接触，发现本病，应立即隔离，消毒并采取对症治疗措施，以防继发感染。

第四节　牛流行热

牛流行热又称牛"暂时热"、"三日热"，是由牛流行热病毒引起牛的一种急性、热性传染病。其特征为高热、流泪、泡沫样流涎、呼吸促迫、后躯麻痹。

本病广泛流行于非洲、亚洲和大洋洲。我国也有本病的发生和流行，而且分布面广。由于大批牛发病，对乳牛的产乳量有明显的影响，而且部分病牛因瘫痪而淘汰，给养牛生产带来很大的经济损失。

【病原】牛流行热病毒又名牛暂时热病毒，属弹状病毒科、暂时热病毒属的成员，呈子弹形或圆锥形。病毒存在于病牛的血液、脾、淋巴结、肺和肝等脏器中。病毒对氯仿、乙醚敏感。本病毒耐寒不耐热，对低温稳定，对酸、碱均敏感。

【流行规律】本病主要侵害奶牛和黄牛，水牛很少发生。以3～5岁牛多发，犊牛及9岁以上牛很少发生。产奶量高的母牛发病率高。本病的传染源为病牛。自然条件下传播媒介可能为吸血昆虫，因其流行季节为很严格的吸血昆虫盛行时期，吸血昆虫消失流行即终止。

本病的发生有明显的季节性，主要于蚊蝇滋生的夏季流行，北方于7～10月，南方可提前发生，多雨潮湿容易流行本病。本病的发生有明显的周期性，约3～5年流行一次，一次大流行之后间隔一次较小的流行。本病的传染力强，传播迅速，短期内可使很多牛发病，呈流行性或大流行性。

【临床症状】本病的潜伏期3～7d。特征是突然发病，体温升高至41～42℃，持续1～3d后，降至正常。在发热期呼吸急促（50～70次/min，有时可达100次/min以上），精神沉郁，食欲减退，全身战栗、流涎、流泪、流涕、反刍停止、泌乳量减少以至停止。病牛不爱活动，常站立不动，强迫运动时步态不稳，尤其后肢抬不起来，常擦地而行。四肢关节可有轻度肿胀与疼痛，以致发生跛行，甚至卧地不起。妊娠母牛可发生流产、死胎。

本病大部分病例呈良性经过，病程3～4d，很快恢复。

【病理变化】上呼吸道黏膜充血、肿胀、点状出血，气管内充满大量泡沫状的黏液；肺显著肿大、水肿或间质性气肿。肺气肿的肺高度膨隆，间质增宽。肺水肿病例胸腔积有多量暗紫红色液体，两侧肺肿胀，内有胶冻样浸润，肺切面流出大量暗紫红色液体。全身淋巴结充血、肿胀或出血；真胃、肠黏膜卡他性炎和出血。

【诊断】根据流行特点，结合病牛临床上的表现特点，不难作出诊断。

但确诊本病还要作病原分离鉴定，或用中和试验、补体结合试验、琼脂扩散试验等进行检验，必要时采取急性期的病牛血液，做病毒分离、鉴定。

鉴别诊断：本病应注意与牛病毒性腹泻-黏膜病、牛传染性鼻气管炎等相区别。

【防制方法】迄今，牛流行热无特异疗法。为恢复健康，阻止病情恶化，防止继发感染，发病后只能采取对症疗法。预防可用牛流行热病毒亚单位疫苗和灭活苗进行预防接种。

(1) 对体温升高，食欲废绝病牛：

①5%葡萄糖生理盐水2 000～3 000mL，一次静脉注射，每日2～3次。

②20%磺胺嘧啶钠50mL，一次静脉注射，每日2～3次。

③30%安乃近30～50mL、百尔定30～50mL，一次肌内注射，每日2～3次。

(2) 对呼吸困难、气喘病牛：

①输氧速度控制在5～6L/min为宜，持续2～3h。初输氧时，速度先慢，一般为3～4L/min，后逐渐增加速度。

②25%氨茶碱20～40mL、6%盐酸麻黄素液10～20mL，一次肌内注射，每4h一次。

③地塞米松50～75mg、糖盐水1 500mL，混合，缓慢静脉注射。本药可缓解呼吸困难，但可引起孕畜流产，因此，孕牛禁用。

④胸部穿刺法：目的是减轻胸压，缓解呼吸困难。

(3) 对兴奋不安的病牛：甘露醇或山梨醇300～500mL，一次静脉注射；氯丙嗪每千克体重0.5～1mg，一次肌内注射；硫酸镁每千克体重25～50mg，缓慢静脉注射。

(4) 对瘫痪卧地不起病牛：25%葡萄糖液500mL，5%葡萄糖生理盐水1 000～1 500mL，10%安钠咖20mL，40%乌洛托品50mL，10%水杨酸钠100～200mL，静脉注射，每日1或2次，连续注射3～5d。20%葡萄糖酸钙500～1 000mL，静脉注射。0.2%硝酸士的宁10mL、康母朗30mL，百会穴注射。

第五节　牛病毒性腹泻——黏膜病

本病又称为牛病毒性腹泻或牛黏膜病。是由病毒性腹泻——黏膜病病毒引起的牛的一种接触性传染病。临床特征是发热、消化道和鼻腔黏膜发生糜烂和溃疡，腹泻，流产及胎儿发育异常等。

本病呈世界性分布，广泛存在于美国、澳大利亚、英国、新西兰、匈牙利、加拿大、日本、印度和欧洲的许多养牛发达国家。我国也有本病的发生。

【病原】牛病毒性腹泻病毒又名黏膜病病毒，是黄病毒科，瘟病毒属的成员。本病毒与猪瘟病毒有共同抗原。对乙醚、氯仿、胰酶等敏感。耐低温，56℃很快灭活。

【流行规律】 本病的传染源为患病牛及带毒动物，如病牛的鼻漏、泪水、尿、粪便、乳汁以及精液等均含有病毒。主要通过消化道和呼吸道感染，也可通过胎盘感染。

在自然条件下牛、水牛、牦牛、羊、猪和鹿等对本病易感，在牛群中任何年龄均可感染本病，但幼龄牛易感性较高，成年牛对本病抵抗力较强。本病常年均可发生，但多发生于冬春季。在牛群中有时发病率较高，致死率不高。但偶然也出现发病率不高，而致死率很高的现象。

【临床症状】 潜伏期 7~14d，人工感染 2~3d。在临床上呈急性、慢性经过。

急性病牛主要表现为突然发病，体温升高到 40~42℃，持续 2~3d。病牛表现精神沉郁，厌食，呼吸加快，鼻腔流出浆液性乃至黏液性液体，眼结膜炎、鼻镜及口腔黏膜表现糜烂；口腔、唇、齿龈和舌出现潮红、肿胀和糜烂；从口角流出黏性线状唾液。通常在口腔损害以后常发生严重腹泻，开始水样腹泻，以后混有黏液和血液，以至很快死亡。有些病例在蹄冠和蹄叉部位有糜烂而导致跛行，此症状多见于肉牛。重症时孕牛发生流产，乳房形成溃疡，产奶量减少或停止。病母牛所产犊牛发生下痢，在口腔、皮肤、肺和脑有坏死灶，在体温升高的同时白细胞减少。

慢性病例临床症状不明显，逐渐发病，生长发育受阻，消瘦，体重逐渐下降。比较特殊的症状是鼻镜糜烂，这种糜烂可在鼻镜上连成一片。此外，由于蹄叶炎所至的跛行最为明显，病程较长，大多数病牛死于 2~4 个月内，有的也可拖延到一年以上。

母牛在妊娠期间感染本病常发生流产，或产下有先天性缺陷的犊牛。

【病理变化】 本病的主要病理变化，是消化道黏膜充血、出血、水肿和糜烂，严重时在咽喉头黏膜有溃疡及弥散性坏死。特征性损害是食道黏膜有大小不等的形态与直线排列的糜烂，胃黏膜水肿和糜烂。消化管、淋巴结水肿。

【诊断】 一般根据临床症状和病理变化可作出初步诊断。但最终确诊必须要通过分离病毒及血清学检查来确定。

病毒分离应于病牛急性发热期间采血液、尿、鼻液或剖检时采取脾、肠系膜淋巴结等病料，用人工感染易感犊牛或用乳兔来分离病毒或用牛胎肾、牛睾丸细胞分离病毒。血清学试验常用中和试验、琼脂扩散试验和补体结合试验等方法。

诊断时应注意与恶性卡他热、口蹄疫、水疱性口炎等相鉴别。

【防制方法】

（1）预防。目前国外已选育出弱毒株并制成疫苗，接种后免疫持续时间较长,但有接种反应,孕畜不宜使用。

(2)治疗。本病目前尚无特效疗法。首先应加强对病牛的护理,改善饲养管理,增强抵抗力,促进恢复。

对病牛采取对症治疗。腹泻、脱水是引起病牛死亡的主要原因,因此,自发病开始就应补糖和等渗电解质溶液,防止脱水。为防止继发感染,可使用抗菌药物,如氟苯尼考、氟哌酸等。

第六节 疯牛病

疯牛病又称牛海绵状脑病(BSE)。它是一种类似脑病毒感染的传染病。为中枢神经系统的一种慢性退行性疾病,具有传染性。临床上以潜伏期长、病情逐渐加重、神经症状、终归死亡为特征。近年来在英国和其他一些国家爆发了BSE,在经济上造成极大损失。很多科学家认为,在BSE与人的克-雅氏病(CJD)之间有一定的联系,所以在国际上引起了强烈的反响。

【病原】疯牛病是成年牛的致死性神经疾病。根据本病的大脑病变,流行病学特征及传播特征,表明牛海绵状脑病是由特殊传染因子引起的一种恶性急性海绵状脑病。

【流行规律】本病1986年在英国首次发现,它的原始病型是山羊和绵羊的痒病。据有关资料报道,目前还不能排除垂直传播的可能性。近年来地方性流行,是由于牛吃了含有痒疫因子的、来源于反刍动物肉骨粉蛋白的浓缩饲料或添加剂而引起发病。本病以奶牛发病率最高,占12%,肉牛群发病率1%,犊牛感染本病的危险性为成年牛的30倍。目前,本病除发生于英国外,美国、加拿大、新西兰、瑞士、阿曼、德国和日本等国的奶牛也有类似本病发生的报道。本病的流行无明显季节性。

【临床症状】BSE潜伏期较长,一般为2~8年,平均为4~6年。

病牛发病初期除呈现精神沉郁外,一般无特异性的临床症状。但体质差,体重减轻,产奶量下降,常离群独居,不愿走动,随着中枢神经系统渐进性退行性变性加剧,神经症状逐渐明显。病牛呈现以下三种表现:

(1)行为异常。病牛性情改变,磨牙,恐惧,狂躁而呈现乱踢、乱蹬、攻击行为,神经质,似发疯状,所以称"疯牛病"。

(2)感觉过敏。对触摸和声音反应强烈,敏感性增高,吼叫,踢蹬,眨眼。

(3)运动失调。步态异常,共济失调以至摔倒。后肢麻痹,震颤。

病牛中,约有97%病牛都会出现上述三种症状中一个以上的症状。病情逐渐恶化，后期全身衰弱导致摔倒和趟卧不起，最后死亡。从发病到死亡的病程为 2 周至 6 个月。

【病理变化】本病的组织病理学特征性变化是神经变性，与绵羊痒疫非常相似。最主要的病变是灰质神经纤维网呈空泡和海绵状变化，神经元空泡化，出现单个或多个空泡，造成核偏左。脑干两侧出现呈对称性分布的固定空泡。大脑组织淀粉样变，空泡样变主要分布于延脑、中脑、中央灰质区、丘脑、下丘脑和间脑。

【诊断】根据流行病学特点、典型症状，可初步诊断。确诊尚需组织病理学检查。脑组织切片检查见孤束核，三叉神经脊束核发生空泡样变，神经纤维网呈海绵样变。诊断准确率达 99.6％。

【防制方法】该病多发生于英国，给其养牛业带来巨大损失。近期又有报道，因为此病的发生，导致欧盟对英国的牛肉出口采取制裁措施。

目前对本病尚无有效的生物制品及治疗本病的有效药物。目前主要的防制措施是：

（1）尽早扑杀病牛，对尸体一律销毁。

（2）禁止饲料中用反刍动物的肉、骨粉及其他组织制成的添加剂喂牛。

（3）应加强动物检疫，严防疫病侵入。严禁从 BSE 发病国家进口牛产品及饲料。

第七节 传染性鼻气管炎

传染性鼻气管炎是由疱疹病毒引起的一种急性发热性传染病。又叫坏死性鼻炎和红鼻子病。

【病原】病原是传染性鼻气管炎病毒，又称牛疱疹病毒。

【流行规律】患病牛的呼吸道、眼和生殖道的分泌物及精液内，都含有大量病毒，可通过空气（飞沫）与排泄物的接触以及与病牛的直接接触进行传播，病牛和带毒者是最主要的传染源。以冬季或寒冷时发病较多。

【临床症状】突然精神沉郁，不食，呼吸加快，体温高达 42℃；鼻镜、鼻腔黏膜发炎，呈火红色，所以称红鼻子病。咳嗽、流鼻液、流涎、流泪。多数呈现支气管炎或继发肺炎，造成呼吸困难甚至窒息死亡。母牛阴户水肿发红，形成脓疱，阴道底壁积聚脓性分泌物。严重时在阴道壁上也形成灰白色坏死膜。公牛则发生包皮炎，包皮肿胀、疼痛，并伴有脓疱形成肉芽样外观。

【病理变化】在鼻腔和气管中有纤维性蛋白物渗出为本病的特征。

【诊断】根据流行特点、典型临床症状和剖检特征变化，可以做出初步诊断。确诊需实验室检验。常用方法有血清学试验。

【防制方法】

（1）预防。发病时应立即隔离，同时对所有牛进行疫苗接种。疫苗目前有三种：弱毒苗、灭活疫苗（即经甲醛、乙醇、加热处理过的疫苗）和亚单位苗，可根据疫苗说明书选用。

（2）治疗。本病目前无特异治疗方法。病后加强护理，给予适口性好、易消化的饲料，以增强牛的耐受性。对脓疱性阴道炎及包皮炎，可用消毒药液，进行局部冲洗，洗净后涂布四环素或土霉素软膏，每天1~2次。

第八节 白 血 病

牛白血病是牛的一种慢性肿瘤性疾病，其特征为淋巴样细胞恶性增生，进行性恶病质和高病死率。

【病原】 病原为牛白血病病毒，病毒粒子呈球形。病毒含单股RNA，能产生反转录酶。反转录酶以病毒RNA为模板合成DNA前病毒，前病毒能整合到宿主细胞的染色体上。

【流行规律】 本病主要发生于牛，尤以4~8岁的牛最常见。病牛和带毒者是本病的传染源。健康牛群发病，往往是由引进了感染的牲畜，但一般要经过数年才出现肿瘤的病例。本病可由感染牛以水平传播方式传染给易感牛。感染的母牛也可以垂直传播方式传给胎儿。吸血昆虫在本病传播上具有重要作用。

【临床症状】 特点是淋巴细胞增生，可持续多年或终身。病牛生长缓慢，体重减轻。体温一般正常，有时略为升高。从体表或经直肠可摸到某些淋巴结呈一侧或对称性增大。腮淋巴结或股前淋巴结显著增大，触摸时可移动。如一侧肩前淋巴结增大，病牛的头颈可向对侧偏斜；眶后淋巴结增大可引起眼球突出。出现临床症状的牛，通常取死亡转归。

【病理变化】 尸体消瘦、贫血，腮淋巴结、肩前淋巴结、股前淋巴结、乳房上淋巴结和腰下淋巴结常肿大，被膜紧张。循环扰乱导致全身性被动充血和水肿。脊髓被膜外壳里的肿瘤结节，使脊髓受压、变形和萎缩。皱胃壁由于肿瘤浸润而增厚变硬。

【诊断】 根据流行特点、典型临床症状和剖检特征变化，可做出初步诊断。确诊需进行实验室检验。

【防制方法】 本病尚无特效疗法。应采取以严格检疫、淘汰阳性牛为中心，包括定期消毒、驱除吸血昆虫、杜绝因手术、注射可能引起的交互传染等的综合性措施。无病地区应严格防止引入病牛和带毒牛。

第九节 布鲁氏菌病

布鲁氏菌病是由布鲁氏菌引起的一种人畜共患接触性传染病。在动物中牛、猪、羊和犬最为易感。患病动物一般呈慢性经过。主要侵害生殖道，表现为母畜流产、胎衣不下及繁殖障碍；公畜表现睾丸炎和副睾炎。

布鲁氏菌病广泛分布于世界各地，常引起不同程度的流行，给畜牧业和人类健康带来严重的危害。

【病原】布鲁氏菌，是细小的球杆菌，无鞭毛，无芽孢，革兰氏阴性。常用的染色方法是柯氏染色，本菌染成红色，其他细菌染成蓝色或绿色。

本菌对自然因素的抵抗力较强，对阳光、热力及一般消毒药的抵抗力弱。巴氏灭菌法 10～15min 杀死，1% 来苏儿或 2% 福尔马林 15min，而直射阳光需要 0.5～4h。

【流行规律】牛的布鲁氏菌病大部分都是由流产布鲁氏菌所致的。本菌不仅从损伤的黏膜、皮肤侵入机体，也可以从正常的皮肤侵入体内。牛流产布鲁氏菌病主要侵害牛，病牛在流产或分娩时，大量的病菌随着胎儿、胎水和胎衣排出，流产后的阴道分泌物及乳汁中都含有病菌，被感染睾丸的精液中也有病菌，可造成广泛传播。

发病牛和带菌动物是主要的传染源。最危险的是受感染的妊娠母畜。布鲁氏菌病的传播途径主要有两种，一种是由病牛直接感染，主要是通过生殖道、皮肤或黏膜的直接接触而感染；另外一种是通过消化道传染。牛的易感性随性成熟年龄接近而增高，母牛较公牛易感。

【临床症状】潜伏期为 2 周至 6 个月，母牛最显著的特点是流产，流产可发生于任何时期，但多发生于妊娠后 5～8 个月。流产母牛有生殖道发炎的症状，即阴道黏膜发生粟粒大的红色结节，由阴道流出灰白色或灰色黏性分泌液。流产后继续排出污灰色或红色分泌液，有时恶臭，分泌物持续 1～2d 后消失。若牛流产但胎衣不停滞，则病牛很快康复，又能受孕，但以后可能还流产。如果胎衣停滞则可发生慢性子宫内膜炎，引起长期不育。

流产母牛在临床上常发生乳房炎、关节炎、滑液囊炎、腱鞘炎、淋巴结炎等。公牛感染本病后，出现睾丸炎和附睾炎。也可发生关节炎、滑液囊炎。

【病理变化】在子宫绒毛膜间隙有污灰色或黄色胶样渗出物，绒毛膜上有坏死灶和坏死物；胎膜水肿变厚，黄色胶样浸润，表面附有纤维素和脓汁，间或有出血；胎儿皮下及肌间结缔组织出血性浆液浸润；肝、脾和淋巴结不同程度肿大，有时有坏死灶；睾丸和附睾有炎症、坏死灶或化脓灶。

【诊断】根据流行病学资料及临床症状等可做初步诊断。

确诊必须用细菌学、血清学和变态反应等综合性实验室诊断才能得出结果。如血清凝集试验、补体结合试验等。

【防制方法】贯彻以免疫、检疫、淘汰病牛和培育健康牛群为主导的综合性预防措施。在未感染的健康牛群中，应当抓住以下几个环节：

(1) 在购入牛只时必须从非疫区中选择，而且要经过严格的反复检疫，无布鲁氏菌病的健康牛才能购入。购进后经1个月左右的隔离并进行两次检疫，检疫结果为阴性者方可入群，发现疑似牛只时要及时采取措施。

(2) 定期检疫，每年春季或秋季对全群牛进行布鲁氏菌病的实验室检查，检疫密度不得低于90%，在健康牛群中检出的牛应扑杀、深埋或火化。

(3) 对种公牛每年配种前，要进行布鲁氏菌病的检疫，只许健康公牛参加配种。

(4) 经当地兽医行政管理部门认可，犊牛于6月龄注射布鲁氏菌19号苗或内服猪型2号苗之前应作凝集反应试验，阴性者进行免疫接种，并于1个月后检查凝集价，呈阴性者或可疑者，必须进行第二次菌苗接种，直到呈阳性反应为止。

消毒：多次检疫和隔离阳性牛后，必须将病牛污染的环境、分泌物、粪尿、厩舍、用具等用10%～20%石灰乳或3%苛性钠、3%来苏儿溶液等消毒。

病死牛尸体、流产胎儿、胎衣要深埋，粪便发酵处理，乳汁煮沸后深埋废弃。疫区牛的生皮等畜产品及饲草饲料等也应进行消毒或放置两个月以上才允许利用。

第十节 结 核 病

结核病是由结核分枝杆菌引起人、畜、禽和野生动物共患的一种慢性传染病。以渐进性消瘦，在多种组织器官上形成肉芽肿和干酪样、钙化结节病变为特征。

【病原】病原是结核分枝杆菌，革兰氏阳性。用一般染色法较难着色，常用的方法是抗酸染色法。结核分枝杆菌主要分3型，即人型、牛型和禽型。其中以牛型对牛致病力最强，但也有少数报道是因人型结核杆菌感染而引起的。

结核分枝杆菌对外界环境的抵抗力强，较能耐受一般的消毒剂。5%石炭酸、2%来苏儿、4%福尔马林液经12h才可杀死，漂白粉、酒精杀菌作用较好，50%～70%酒精、30%～80%异丙醇，经1～2min即可杀死细菌，其中以70%酒精效果最好。

本菌对磺胺类药物和一般抗生素不敏感，对链霉素、异烟肼、氨基水杨酸和环丝氨酸等药物具有不同程度的敏感性。中草药中的白芨、百部、黄芩等有中度的抑菌作用。

【流行规律】本病可侵害多种动物，易感性因动物种类和个体不同而异。在家畜中牛最易感，特别是奶牛，其次是黄牛、牦牛、水牛。由于本病是典型的慢性疾病，一旦牛群被污染，不容易彻底消灭。结核分枝杆菌感染的途径主要是经呼吸道及经消化道感染，交配感染也可能。一般认为排菌的重症病牛是本病的传染源，在短的时间内就能感染同舍牛。

【临床症状】自然感染病例的潜伏期为16~45d。

本病以肺结核和淋巴结核为最常见，其次是乳房结核，也可发生于其他脏器、骨和关节等。

（1）肺结核。咳嗽，呼吸困难，呼吸次数增多或气喘，鼻有黏液或脓性分泌物。当肺结核病灶扩散到较大范围时，有咳嗽以及可听诊到啰音等异常的肺音，出现体温升高在1℃以上的弛张热型。体表多处淋巴结肿大，有硬结而无热痛。病牛日渐消瘦、贫血，易疲劳。

（2）乳房结核。乳房结核见乳房上淋巴结肿大，乳腺有无热无痛的硬结，泌乳量减少或停止。

（3）肠结核。肠结核则持续性下痢，粪便带血或脓汁。

（4）生殖器官结核。生殖器官结核时，从阴道流出黄白色黏液分泌物，性机能紊乱，发情频繁，但不妊娠或孕牛流产，公牛睾丸或附睾肿大有硬结。

（5）骨和关节结核。局部硬结、变形，有时形成溃疡。

【病理变化】病理特点是在器官组织发生增生性或渗出性炎或两者混合存在。解剖初期感染的病牛，可经常发现在肺、肠及其附属淋巴结上有米粒到豌豆大的、呈局限性白色带有黄灰色的干酪化病灶，这些干酪化病灶呈圆形或椭圆形，也有不规则形状的，陈旧性病灶呈白色化或钙化状态，刀切时有沙砾感。

另外，活动性或开放性的病例，在许多脏器上形成斑点状透明的病变，即所谓的粟粒结核，还可见到尚没有形成包膜又未干酪化的化脓灶。有的坏死组织溶解和软化，排出后形成空洞。胸腔或腹腔浆膜可发生密集的结核结节，一般为粟粒至豌豆大的半透明或不透明的灰白色坚硬结节，即所谓的"珍珠病"（图8-7）。

【诊断】结核病在临床上常取慢性经过，当饲养管理正常，病牛逐渐消瘦、易疲劳、顽固性下痢、肺部异常、咳嗽、体表淋巴结慢性肿胀、产奶量逐渐降低等，可怀疑为本病。但仅仅根据临床症状很难确诊。

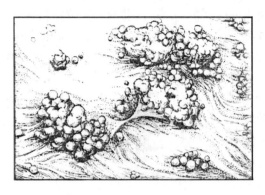

图 8-7 牛结核病：胸膜上的"珍珠样"结节
（蔡宝祥，家畜传染病学，1999）

奶牛场现行诊断结核病的方法为结核菌素变态反应试验。临床上用牛型结核菌素诊断牛结核。应采用结核菌素皮内注射法和点眼法进行检疫，两种方法中任何一种阳性反应者，都可判定为结核菌素阳性牛。

【防制方法】结核病是一种直接或间接传染所引起的慢性传染病。因此，应该建立以预防为主的防疫、消毒、卫生、隔离制度，防止疫病传入，净化污染群，培养健康牛群。

（1）无结核病的健康牛群，每年春季或秋季进行结核检疫。对发现有结核阳性病牛，应立即隔离，并经常作临床检查，发现开放性牛结核病牛时，即予扑杀。

（2）非健康牛群的阳性牛及疑似的阴性牛可隔离分群饲养，逐步淘汰净化。

（3）对结核菌素阳性母牛所产犊牛，出生后只吃三天初乳，以后则由检疫无病的健康母牛供养或吃消毒乳。小牛应在1个月、6个月、7个半月时进行三次检疫，凡阳性牛予以扑杀。如果呈阴性反应，而且无任何可疑临床症状的，可放入假定健康牛群培育。

第十一节 副结核病

副结核病又称副结核性肠炎，是由副结核分枝杆菌引起牛羊的一种慢性接触性传染病。病的特征是长期顽固性腹泻和进行性消瘦，肠黏膜增厚并形成皱褶。

本病分布广泛，大部分养牛地区都存在。

【病原】副结核分枝杆菌，为革兰氏阳性小杆菌，具有抗酸染色特性，与结核杆菌相似，菌体染成红色。不形成芽孢，无荚膜和鞭毛。本菌对外界环境和消毒药有中等抵抗力。2%石炭酸溶液 2h，5%福尔马林溶液 5min，5%烧碱溶液 2h 将其杀死。在湿热灭菌时，63℃经 30min，80℃仅需 1~5min 即可将其杀死。本菌对青霉素有高度抵抗力。

【流行规律】本病主要引起牛（尤为奶牛）发病，幼龄牛最易感，其次是羊和猪。马、鹿和骆驼等也可发病。病牛和带菌牛是本病的主要传染源。通过粪便、尿和乳汁大量排出病原菌，污染牛舍、饲料、饮水和牧场，经消化道感染，也可经子宫内感染。

本病的传播非常缓慢，潜伏期很长，幼年时感染后，多在妊娠、分娩和泌乳时出现临床症状。高产奶牛比低产奶牛严重，母牛比公牛和阉牛发病多。缺乏矿物质、长途运输和饲养管理不当等应激因素可促进本病发生。

【临床症状】潜伏期数月至两年以上。体温无明显变化，病初只表现食欲减退，逐渐消瘦和泌乳减少。经很长时间才出现本病特征性症状。表现反复顽固性下痢，排喷射状稀粥样恶臭粪便，混有气泡、黏液和血液凝块。随着病情发展，病牛高度消瘦和贫血，泌乳停止，眼球下陷，常伏卧，被毛粗乱无光，下颌及垂皮水肿，最后因衰竭死亡。

【病理变化】病理变化主要发生于消化道和肠系膜淋巴结，回肠、空肠和结肠前段，呈慢性卡他性肠炎，回肠黏膜增厚达 3~20 倍，形成明显的皱褶，呈脑回样外观（图 8-8）。黏膜黄白或灰黄色，附混浊黏液，但无结节、坏死和溃疡。浆膜下和肠系膜淋巴管扩张，浆膜和肠系膜显著水肿，肠系膜淋巴结肿大如索状，切面湿润有黄白色病灶，但无干酪样变化。

【诊断】临床上根据流行特点、临床症状和病理变化特点，特别是长期性反复顽固下痢，逐渐消瘦，剖检回肠黏膜增厚，形成明显的皱褶，呈脑回样外观，可作出初步诊断。确诊需进行实验室诊断：

（1）细菌学诊断。采取粪便中的黏液、血凝块或直肠黏膜刮取物，死后可采取肠系膜淋巴结或肠黏膜的病变部等作为病料，制成涂片，经抗酸染色镜检，见到抗酸染色呈阳性的小杆菌，排列成丛，可确诊为副结核分枝杆菌。但应注意每次制片应有 8 个以上，并经多次检查才能作出正确

图 8-8 牛副结核病：肠黏膜增厚形成皱褶
（蔡宝祥，家畜传染病学，1999）

结论。

(2) 变态反应诊断。对隐性感染的牛可用副结核菌素或禽型结核菌素作皮内变态反应检查。如用禽型结核菌素检查，则先用牛结核菌素检查为阴性，才能用于诊断副结核病。

(3) 血清学诊断。补体结合反应最早应用于本病诊断，对症状明显者检出率较高。也可用荧光抗体技术、琼脂扩散试验、酶联免疫吸附试验和对流免疫电泳等进行诊断。

(4) 鉴别诊断。牛肠结核的特点也是长期腹泻，逐渐消瘦，但回肠黏膜上缺乏脑回样外观，多在小肠和盲肠黏膜上形成细小结节、坏死和溃疡，肿大的肠系膜淋巴结切面常有干酪样变化。

【防制方法】本病目前没有有效的免疫和治疗方法。

(1) 预防措施。加强饲养管理，尤其是幼年牛，应给以足够的营养，提高抗病能力。加强防疫，不从疫区引进牛只，引进牛时必须做好检疫和隔离观察，确认健康后方可混群。定期检疫，检出过病牛的假定健康牛群，每年应进行4次变态反应检疫，连续3次阴性时，可视作健康牛群。

(2) 扑灭措施。对有明显临床症状和细菌学检查阳性病牛应及时扑杀。对变态反应阳性牛，进行集中隔离，分批淘汰。对变态反应疑似牛，隔离饲养，定期检疫。病牛所产犊牛，立即与母牛隔离，采用人工哺乳，培育健康犊牛群。病牛污染的栏舍、饲槽、用具和运动场等，用生石灰、漂白粉、烧碱等药液进行经常性消毒。粪便经生物热处理消毒。

第十二节　炭　　疽

炭疽是由炭疽杆菌引起家畜、野生动物和人的一种急性、热性、败血性传染病。临床特征是突然发生高热，可视黏膜发绀，天然孔出血。病理变化特征是呈败血症变化，脾脏显著肿大，皮下和浆膜下结缔组织呈出血性胶样浸润，血液凝固不良。

【病原】病原为炭疽杆菌，本菌是需氧芽孢杆菌，革兰氏阳性。在动物体内呈单个、成对或短链排列，菌体相连处呈直切状或微凹，有荚膜。

本菌繁殖体对环境理化因素抵抗力不强，一般消毒药可将其杀灭。但芽孢则有极强的抵抗力，在干燥的情况下，可存活数十年，在病死牛的皮毛和掩埋尸体的土壤中能保持活力数十年。但芽孢对碘敏感。临床上常用5%碘酊、20%漂白粉、10%氢氧化钠等进行消毒。本菌对青霉素、磺胺类药物敏感。

【流行规律】各种家畜、野生动物和人均有易感性，其中草食动物最易感，包括牛、羊、马、驴、骆驼、鹿和象等，猪感染性低，肉食动物更低，家禽一般不感染；实验动物中小白鼠和豚鼠最易感；人也可感染。病畜和带菌动物是本病的传染源，病原体存在于病畜各组织器官，通过其分泌物、排泄物，特别是天然孔出血，以及病死尸体和内脏等大量散播，污染饲料、饮水、牧地、用具等，经消化道、呼吸道、皮肤黏膜创伤感染，也可经吸血昆虫叮咬感染。当病畜处理不当时，细菌形成芽孢污染土壤、水源、牧地，可成为长久的疫源地。

本病多见于夏秋放牧季节。在吸血昆虫多、雨水泛滥时容易发生流行，一般呈散发性流行，严重时呈地方性流行。

【临床症状】潜伏期为1～5d，最长为14d。

（1）最急性型。发病急剧，多在数分钟至数小时死亡。突然发病，全身发抖，站立不稳，倒地昏迷，呼吸、脉搏加快，结膜发绀，天然孔出血，迅速死亡。

（2）急性型。本型最常见，体温升高达42℃，病初兴奋不安，吼叫乱撞，以后高度沉郁，食欲减退或废绝，反刍泌乳停止，可视黏膜发绀并有出血点，呼吸困难，肌肉震颤，初便秘，后腹泻带血，有时腹痛，有的有血尿。妊娠牛可发生流产。濒死前体温下降，气喘，天然孔出血，痉挛，一般经1～2d死亡。

（3）亚急性型。症状同急性，但病情较缓和。常在喉部、颈部、胸部、胸前、腹下、肩胛或乳房等部皮肤，以及直肠、口腔黏膜等部位发生局限性炎性肿胀，初期硬固有热痛，后期变冷无痛。中央部发生坏死，有时形成溃疡，称为炭疽痈。有时舌肿大呈暗红色，有时发生咽炎，呼吸困难。

【病理变化】炭疽病牛或疑为炭疽病牛禁止解剖，凡急性死亡，原因不明而又疑为炭疽的病牛，必须进行细菌学和血清学诊断。

炭疽病牛死后呈败血症病变，尸僵不全，迅速腐败，膨胀，天然孔出血，血凝不良、呈黑红色，如酱油状。黏膜有出血点，皮下、肌间、浆膜呈黄色出血性胶样浸润。全身淋巴结肿大出血，呈黑色或黑红色。脾脏肿大2～5倍，肝、肾充血肿胀，肺充血水肿。胃肠道呈出血性坏死性炎症。

【诊断】对原因不明而突然死亡或死后天然孔出血，临床诊断发现痈性肿胀、腹痛、高热、病情发展急剧的病牛，应首先怀疑为炭疽。确诊可在严密保护下采取天然孔出血或耳尖、尾尖末梢血液制成涂片做实验室检查。

（1）细菌学诊断。涂片经瑞氏或美蓝染色液染色，镜检发现有单个、成对或链状排列、菌端平直有荚膜的大杆菌，结合临床表现，即可诊断为炭疽。

（2）血清学诊断。常用环状沉淀试验（Ascoli氏反应），此外，荧光抗体法、琼脂扩散试验等也可用于诊断。

(3) 鉴别诊断。本病与牛出血性败血症、气肿疽临床上相似,应以鉴别。

【防制方法】

(1) 防疫。

①常发地区应定期进行炭疽预防接种。炭疽Ⅱ号芽孢苗皮下或肌内注射1mL,无毒炭疽芽孢苗1岁以上皮下注射1mL,1岁以下皮下注射0.5mL。两种疫苗均在14d产生免疫力,免疫期1年。另外,应严格执行兽医卫生防疫制度。

②受威胁地区的牛,每年春秋两季预防接种。

③发生炭疽时,立即上报疫情,并及时采取扑灭措施。封锁发病点,病牛和可疑牛用炭疽免疫血清紧急接种;病牛隔离治疗,严密消毒。尸体和污染物焚烧或深埋2m以上,接触尸体的人、车、用具等要彻底消毒。最后一头病牛死亡或痊愈,经15d无新病例出现,再进行一次终末消毒后,可解除封锁。

④消毒:全场应彻底消毒,病畜躺过的地面,应把表土除去15~20cm,取下的土应与20%漂白粉溶液混合后再行深埋。污染的饲料、垫草、粪便应焚烧。畜舍用20%的漂白粉或10%的烧碱水喷洒3次。每次间隔1h。

(2) 治疗。应及早治疗。

①血清疗法:抗炭疽血清是治疗本病的特效药,病初应用有很好效果,一次剂量为100~300mL,静脉注射,必要时在12h后重复注射一次。

②药物治疗:大剂量应用抗生素和磺胺类药物。一般青霉素和链霉素合并使用,同时注射免疫血清,效果更好。此外,阿莫西林、四环素和金霉素也有良好疗效。

第十三节 巴氏杆菌病

牛巴氏杆菌病又称为牛出血性败血症,简称为"牛出败",是由多杀性巴氏杆菌引起畜、禽和野生动物的一种急性、热性、败血性传染病。急性病例以败血症和炎性出血为特征。

本病波及世界上许多养牛国家和地区,在东南亚各国、非洲部分国家的牛都有发病,且死亡较多,危害极大。我国以散发为主,偶呈小区域性地方性流行。

【病原】病原为多杀性巴氏杆菌,为两端着色的革兰氏阴性小球杆菌,无芽孢,无鞭毛,新分离的强毒有荚膜。据菌落的荧光可将本菌分为Fg、Fo和Nf三型。本菌对多种动物和人均有致病性,家畜中以猪和牛发病较多。

本菌抵抗力较弱，对热、日光敏感，常用消毒药短时间内可将其杀死。

【流行规律】在牛群发生本病时，一般查不出传染源，往往认为牛在发病之前已经带菌。本菌为牛和犊牛上呼吸道的常生菌，在牛饲养管理不当，受冷、拥挤、闷热、圈舍通风不良、营养缺乏、饲料突变、寄生虫病等诱因下，机体抵抗力降低时可发生内源性感染而发病。发病后病原体通过病牛的分泌物、排泄物、污染饲料、饮水、用具和外界环境，经消化道而感染健康牛，或由咳嗽、喷嚏排出病菌，通过飞沫经呼吸道传染。另外，吸血昆虫叮咬和损伤的皮肤黏膜也可发生传染。

本病的发生一般无明显的季节性，但在气候炎热、气候多变、潮湿多雨的6～8月份多见，一般为散发性，有时呈地方性流行。

【临床症状】潜伏期为2～5d，临床症状可分为败血型、浮肿型和肺炎型。

（1）败血型。病初体温升高达41～42℃，精神沉郁，呼吸困难，被毛粗乱，肌肉震颤，皮温不整，结膜潮红，鼻镜干燥，食欲减退或废绝，泌乳下降，反刍停止。随病情发展，病牛表现腹痛，腹泻，粪稀，混有黏液和血液，恶臭，有时尿中也带血。多于一天内死亡。

（2）浮肿型。除呈现出全身症状外，病牛头颈部及胸前部的皮下组织出现炎性水肿，病初热痛而硬，后发凉，疼痛减轻。有时波及舌及周围组织而发生肿胀，舌伸于齿外，呈暗红色，病牛大量流涎，呼吸吞咽困难，黏膜发绀，有的下痢或某一肢体肿胀，往往在1～3d内由于窒息而死亡。

（3）肺炎型。临床症状主要表现为纤维素性胸膜肺炎症状，病牛呼吸困难，干咳痛咳，流泡沫样鼻液，后呈脓性鼻液。听诊有水泡性杂音及胸膜摩擦音，胸部叩诊出现浊音区及疼痛感，病牛初便秘，后下痢，粪便恶臭并混有血液，病程一般3～7d。

【病理变化】心外膜，部分浆膜和黏膜及内脏器官有出血斑点，淋巴结水肿、出血。肝、肾变性。下颌、颈、胸肿胀，切开水肿部位呈胶样浸润，流出多量淡黄色液体。局部淋巴结水肿出血。气管和支气管内有白色至猩红色泡沫。肺部呈大叶性肺炎和纤维素性胸膜肺炎，胸腔内有大量的纤维素性渗出液，心包表面粘有纤维素样渗出物。肺处于不同时期的肝变期，肺小叶间质胶样增宽。纵隔淋巴结肿大，切面有出血点。慢性者，肺内有干酪样坏死灶、支气管扩张、肺肿胀。继发感染不同的疾病，其病变有差异。

【诊断】根据病史调查、流行病学特点，临床症状及病理剖检变化，可对本病作出初步诊断，确诊需进行细菌学检查，取血液或实质器官涂片染色，镜检见有两极浓染的卵圆形小杆菌，接种培养基分离到该菌，可以得出正确诊断，必要时可用小白鼠进行实验感染。

诊断本病时，必须与恶性水肿、炭疽、气肿疽相鉴别。

【防制方法】

（1）预防。总的原则是加强饲养管理，增强机体抵抗力，改善环境卫生，消除各种诱因。在常发区域应定期免疫接种疫苗。疫苗多用牛羊灭活铝胶苗。

畜舍要定期消毒，消毒药液可选用3%氢氧化钠、5%漂白粉或10%石灰乳等。

日粮要平衡，营养要充足，牛舍要通风，做好防寒、保暖、防暑降温工作。

（2）治疗。

①发生本病时，全场消毒。应立即隔离病牛和疑似病牛进行治疗，选用敏感抗菌药物（如青霉素类、链霉素类、四环素类及磺胺类药物）。健康牛要认真做好观察，测温，必要时用高免血清或菌苗进行紧急预防注射。

②对于急性病例，用20%磺胺噻唑钠50～100mL静脉注射，连用3d。或用头孢噻呋每千克体重2.2mg，一次肌内注射，每日2次。或用红霉素每千克体重5.5mg，一次静脉注射，每日2次。

③治疗过程中，在加强护理的同时，还应注意对症治疗。

第十四节 破 伤 风

破伤风又名强直症，俗称"锁口风"，是由破伤风梭菌经伤口感染引起的人畜共患的一种急性、中毒性传染病。临床特征是全身肌肉呈持续性痉挛和对外界刺激反应兴奋性增高。

【病原】 破伤风梭菌又称强直梭菌，多单个存在，能形成芽孢，在菌体一端，似鼓槌状，周鞭毛，能运动，无荚膜，幼龄培养物革兰氏染色阳性，48h后常呈阴性反应。本菌为严格厌氧菌，在厌氧条件下生长，并产生痉挛毒素、溶血毒素和非痉挛毒素。本菌形成芽孢后抵抗力很强，在土壤中能存活数十年。但芽孢对碘敏感。临床上常用10%碘酊、10%漂白粉、10%热氢氧化钠等进行消毒。本菌对青霉素敏感、磺胺类药物有抑菌作用。

【流行规律】 各种家畜均有易感性，人的易感性也很高。破伤风梭菌广泛存在于土壤特别是施肥土壤和腐败淤泥中。主要经皮肤和黏膜的各种创伤感染，如阉割、断角、穿鼻以及各种自然损伤和手术创，厌氧是发病的主要因素，深狭创、污染创对本菌生长有利。

【临床症状】 潜伏期一般为1～2周。病初，头颈部肌肉强直痉挛，采食、咀嚼和吞咽缓慢。随着病情发展，全身肌肉僵直，触之坚硬，牙关紧闭，流涎，瞬膜突出，颈背强直，耳竖立不动，腹部蜷缩，四肢硬直，关节不易屈曲，四肢开张，行走困难。反刍、嗳气停止，并发瘤胃臌气。病牛反射机能亢进，外界轻微刺激，如声音、光线、触摸等均可引起兴奋、惊恐和痉挛加剧。体温正常，濒死前升高。

【诊断】 根据破伤风的临床症状：肌肉呈持续性痉挛，牙关紧闭，瞬膜突出，对外界刺激反应兴奋性增高、体温无变化，结合有创伤史可作出正确诊断。但早期应注意与全身肌肉风湿症相区别。急性肌肉风湿见体温升高 1℃ 以上，有疼痛，无牙关紧闭，瞬膜突出和外界刺激反应兴奋性增高，用水杨酸制剂治疗有效。

【防制方法】

(1) 预防。

①加强饲养管理，防止外伤感染，发生外伤及时按外科常规处理。手术应严格消毒。

②预防接种。常发病的牛场，应定期注射破伤风类毒素；创伤和手术后及时注射破伤风抗毒素。

(2) 治疗。本病必须早发现，早治疗才有希望治愈。

①加强护理：将病牛置于光线较暗，干燥清洁的厩舍中，保持安静，减少各种刺激。要给予易消化的饲料和充足的饮水，不能采食的，用胃管给予半流汁食物。

②消除病原，扩开创口：若感染创中有脓汁、坏死组织、异物等，应进行清创和扩创术，并用 3% 双氧水冲洗，涂擦 5% 碘酊，放入消炎粉，用青霉素、链霉素作封闭疗法和全身疗法。

③中和毒素：早期使用破伤风抗毒素，大牛总用量为 90~120IU，可分为 3 次静脉和肌内注射。静脉注射时可与乌洛托品及硫酸镁合并注射。

④镇静和解痉：成年牛静脉注射 25% 硫酸镁 100mL。咬肌痉挛可用 1% 普鲁卡因于开关、锁口穴注射，每穴 10mL。

⑤对症治疗：强心补液，补糖补碱，调理胃肠机能等。

第十五节 犊牛大肠杆菌病

犊牛大肠杆菌病是初生犊牛的一种急性传染病。常以急性肠毒血症的形式出现。

【病原】 大肠杆菌，是革兰氏阴性、中等大小的杆菌。无芽孢，有鞭毛。本菌对外界不良因素的抵抗力不强，一般消毒剂均易将其杀死。

【流行规律】本病主要发生于 10 日龄以内的犊牛,日龄较大者少见。大群关养的幼犊最常见。病原性大肠杆菌在病犊的肠道内或各组织器官内大量繁殖,随粪、尿等排泄物和分泌物散布于外界。本病感染主要经消化道,也可经子宫内感染和脐带感染。凡引起犊牛抵抗力下降的各种因素均可促使本病发生或使病情加重。如母牛体质不良,饲料中缺乏蛋白质、维生素,乳房部不卫生等。

【临床症状】潜伏期很短,数小时。

(1) 败血型。表现急性败血型经过,发热,精神不振,间有腹泻,常在数小时至一天内死亡。有的未见腹泻即死亡。

(2) 肠毒血型。常突然死亡,若病程稍长,可见典型的中毒性神经症状,先兴奋不安,后沉郁、昏迷,直至死亡。临死前多有腹泻表现。

(3) 肠型。病初体温升高达 40℃,食欲减退或废绝,下痢。粪便初如黄色粥样,后呈灰白色水样,混有未消化的凝乳块、凝血块和泡沫。病后期,病犊肛门失禁,常有腹痛表现。病程长的,可出现肺炎、关节炎。若治疗及时,一般可治愈,但生长发育受影响。

【病理变化】败血症和肠毒血症死亡的犊牛,多无明显的病理变化。腹泻的病犊,真胃有凝乳块、黏膜充血、水肿,有胶样黏液。肠内容物混有血液和气泡,小肠、直肠黏膜充血、出血,部分黏膜脱落,肠系膜淋巴结肿大,肝和肾苍白,有出血点,心内膜有出血点。

【诊断】临床上根据流行特点、症状和病理变化进行综合诊断。确诊需进行实验室诊断,如细菌学诊断。病料可采取败血型的血液、内脏组织,肠毒血症的小肠前部肠黏膜,肠型的采发炎的肠黏膜,然后进行细菌的分离,血清型鉴定。

【防制方法】

(1) 预防。对孕牛加强饲养管理,给予足够的维生素和蛋白质饲料;孕牛要有适当的运动,保持厩舍清洁干燥;分娩时要做好产房和牛体的清洁卫生工作,保持乳房清洁;犊牛产后要尽早哺喂初乳。

(2) 治疗。可用抗生素、磺胺类等抗菌药物治疗,同时辅以对症疗法。如新霉素,每千克体重 60mg,2~3 次/d,氟哌酸 0.5g,口服;助消化可用胃蛋白酶;预防脱水和酸中毒可静脉注射 5% 葡萄糖生理盐水,5% 碳酸氢钠等;同时应加强护理。

第十六节 牛放线菌病

牛放线菌病又称大颌病,是牛、马、猪和人共患的一种多菌性的非接触性慢性传染病。病的特征是头、颈、颌下和舌的放线菌肿。常发生头骨疏松性骨炎。

本病广泛分布于世界各地，我国也有本病的存在。

【病原】牛放线菌是牛的骨骼放线菌病的主要病原。在动物组织中呈现带有辐射状菌丝的颗粒性聚集物——菌芝，外观似硫磺颗粒。林氏放线菌是皮肤和柔软器官放线菌病的主要病原。

【流行规律】本病主要侵害牛，尤以2~5岁的牛最易感染。病原体存在于污染的土壤、饲料和饮水中，并寄生于牛口腔和上呼吸道中。所以放线菌病只要黏膜或皮肤上有破损，便可发病。当给牛饲喂带刺的饲料时，常使口腔黏膜损伤而感染。本病呈散发性发生。

【临床症状】上、下颌肿大（图8-9），界限明显，肿胀发展缓慢，一般经6~18个月才出现一个小而坚实的硬块。有时肿胀发展很快，牵连整个头骨。肿胀部初期疼痛，后期无疼痛。呼吸、吞咽和咀嚼困难，很快消瘦。有时皮肤化脓破溃，脓汁流出，形成瘘管，长久不愈。头、颈、颌部也发生硬结，无热无痛。舌和咽部组织发硬时称为"木舌病"（图8-10），表现流涎，咀嚼困难。乳房发生时，呈弥散性肿大或有局限性硬结，乳汁黏稠，混有脓汁。

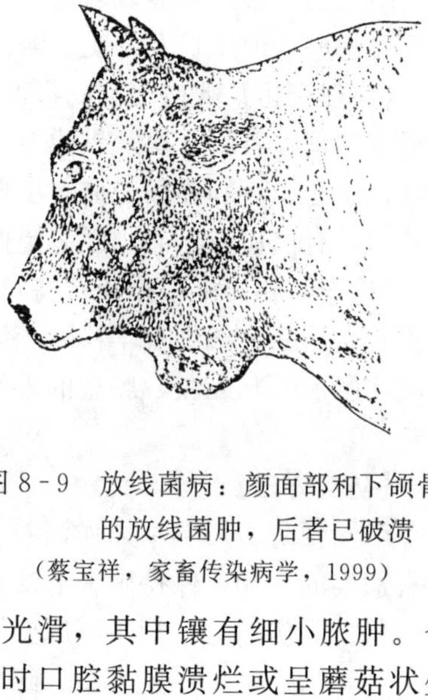

【病理变化】受侵害器官的个别部分，有扁豆粒至豌豆大的结节样生成物，这些小结节集聚形成大结节，最后变成脓肿。脓肿中含有乳黄色脓液，其中有放线菌芝。若病原体侵入骨骼，则骨骼逐渐变大，状似蜂窝。切面呈白色，光滑，其中镶有细小脓肿。也可发现有瘘管通过皮肤或引流至口腔。有时口腔黏膜溃烂或呈蘑菇状生成物，圆形，质地柔软，呈黄褐色。病程长的肿块有钙化。

图8-9　放线菌病：颜面部和下颌骨的放线菌肿，后者已破溃

（蔡宝祥，家畜传染病学，1999）

【诊断】根据临床症状和病理变化即可做出诊断。必要时可采取脓汁少许，用水稀释，找出硫磺颗粒，在水内洗净，置载玻片上加一滴15%氢氧化钾溶液，覆以盖玻片用力挤压，置显微镜下检查。

【防制方法】应加强饲养管理，防止皮肤、黏膜发生损伤；避免在低湿地放牧，舍饲牛最好在饲喂前将干草、谷糠等浸软，避免刺伤口腔黏膜；有伤口要及时处理、治疗。放线菌病的软组织和内脏器官病灶，经不断治疗，可恢

复。对骨质的病灶，则很难治愈。治疗时硬结可用外科手术切除，若有瘘管，应连同瘘管彻底切除。用碘酊消毒。同时内服碘化钾，成年牛 5~10g/d，犊牛 2~4g/d，连用 2~4 周。也可用抗生素，如青霉素、链霉素等。

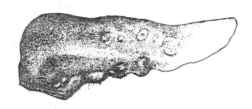

图 8-10 放线菌病：木舌病，舌上的
蘑菇样生长物
（蔡宝祥，家畜传染病学，1999）

第十七节 钩端螺旋体病

钩端螺旋体病又称细螺旋体病，是由钩端螺旋体引起的一种重要的人畜共患传染病和自然疫源性传染病。临诊表现形式多种多样，主要表现有发热、黄疸、血红蛋白尿、流产、皮肤和黏膜坏死和水肿等。

本病在世界各地流行，热带和亚热带地区多发。我国南方部分地区严重。

【病原】钩端螺旋体，个体纤细，柔软呈螺旋状，菌端弯曲呈钩状，能活泼运动，对普通染料不易着色，常用姬姆萨和镀银染色法染色。流行于我国的约有 14 个血清群，56 个血清型。

钩端螺旋体在水田、池塘、沼泽及淤泥中可生存数月或更长。对热、酸和碱非常敏感。常用消毒药很快将其杀死。

【流行规律】本病是自然疫源性疾病，几乎所有的温血动物及某些冷血动物（如蛙等）都可感染。患病动物及带菌动物是本病的传染源。其中鼠类感染后，健康带菌长达 1~2 年甚至终生，是本病最重要的贮藏宿主和传染源。畜禽中以猪、水牛、牛、犬和鸭的感染较为普遍，尤其是猪（带菌群多，数量大）和犬是重要的传染源。动物经尿排菌，污染土壤、水源、饲料、用具等，主要通过皮肤、黏膜，尤其是损伤的皮肤入侵机体引起感染，也可经消化道、交配（鼠类）及吸血昆虫叮咬（动物毒血症时期）引起感染。本病一年四季均可发生，7~9 月份为流行高峰期。以气候温暖、雨量较多的热带和亚热带多发。我国以长江流域及其以南各省区较多见。本病感染率高，发病率低。

【临床症状】潜伏期一般为 2~20d。

急性型突然高热，黏膜发黄，尿色暗，含有大量白蛋白、血红蛋白和胆色素，常见皮肤干裂、坏死和溃疡，病程3~7d，病死率很高。乳牛常为亚急性型。表现轻热、减食、黄疸，产奶量显著下降或停止，乳色变黄并有血凝块，经2周后逐渐好转。孕牛常发生流产，有时兼有急性、亚急性病状。

【病理变化】剖检见皮肤、黏膜和皮下组织黄染，各器官均有出血点，肝、脾等有坏死灶。肝肿大、泛黄。肠系膜淋巴结肿大。

【诊断】本病病状和剖检多无特征性，确诊有赖于实验室诊断。

【防制方法】

（1）预防。预防本病应采取综合措施，即消灭传染源（消除带菌排菌的各种动物）；切断传播途径（消除和清理被污染的水源、污水、淤泥、牧地、饲料、场舍、用具等以防止传染和散布）；加强饲养管理，提高牛群抵抗力。经常发病的地区，牛群应定期用单价或多价苗进行预防接种。

（2）治疗。对带菌动物用青霉素、阿莫西林、链霉素、土霉素、四环素、金霉素等抗生素有一定疗效。同时配合对症治疗。当牛群发生本病时，及时用钩端螺旋体多价苗进行紧急接种，同时实施一般性防疫措施，多数能在两周内控制疫情。

第十八节　附红细胞体病

附红细胞体病是由附红细胞体寄生引起的一种人、畜共患的传染病，其临床特征是病牛发热、贫血、消瘦和黄疸。

【病原】附红细胞体属于支原体目、无浆体科、附红细胞体属的微生物。病原寄生于红细胞表面、血浆和血小板。

病原体对干燥和化学药剂抵抗力弱，但对低温抵抗力强。在迅速冷冻情况下，可保存成活达765d，4℃下保存可存活30d，－78℃保存可达100d以上。

【流行规律】牛附红细胞体病，广泛分布于世界各地。牛附红细胞体可感染牛，对绵羊、山羊、鹿不感染。出生犊牛、年老牛都能感染，无年龄区别；该病发生有明显季节性，多在温暖季节，尤其是吸血昆虫大量繁殖的夏秋季感染。表现隐性经过或散在发生，但在应激因素如长途运输、饲养管理不良、气候恶劣或其他疾病感染等情况下，可使隐性感染发病，症状较为严重，甚至发生大批发病。

传播途径：目前认为有昆虫、子宫内和使用被血污染的器械三种。

昆虫传播：自然感染的媒介有蚊、蠓、蜱等，由于吸吮了病牛或带虫牛的血液，而将其传播。

【临床症状】病初，患牛食欲不振，异食沙石、泥土，喜喝水，随之精神沉郁，食欲剧减至废绝，反刍减少至停止；体温升高达 40~42℃，脉搏加快，腹泻，粪便恶臭，四肢无力，走路摇摆，出汗，可视黏膜黄染，排出红褐色尿，严重者卧地不起，孕牛流产，流涎，流泪，全身肌肉震颤，黄疸严重，热骤退后死亡。

【病理变化】血液稀薄，色淡红，凝固不良，肌肉苍白，淋巴结水肿，肺出血，心肌松弛，肝肿大、出血黄染，胆囊膨胀，胆汁浓稠，脾肿胀、柔软，肾肿大、色淡。

【诊断】根据流行特点、典型临床症状和剖检特征变化，可以做出初步诊断，确诊尚需进行血液学检查。

血涂片检查：取病牛的末梢血涂片，姬姆萨染色，置 1 000 倍镜下检查，可见在红细胞边缘有月牙形、圆形、短杆形虫体，呈淡紫色，且具发亮的光彩。

【防制方法】

（1）预防。加强消灭蚊、蝇、蜱等吸血昆虫，阻断传播媒介。在夏初，牛场内可采用 0.12% 蝇毒磷、0.15% 敌杀磷或 0.5% 马拉硫磷等喷洒牛体。

药物预防：发病牛场，每年在发病季节前（5月份），用贝尼尔每千克体重 3~7mg 进行预防注射，隔 10~15d，再注射 1 次，或用四环素注射，土霉素混饲料喂服，可阻止病原体的感染。

（2）治疗。对病牛应隔离饲养、精心护理。治疗原则是阻止病原体在体内增殖和感染。

全身疗法：

①贝尼尔（血虫净）每千克体重 3~7mg，以生理盐水配成 5% 溶液，分点于深部肌内注射，每日 1 次，连续注射 2 次。

②四环素 300 万~350 万 IU，溶于 5% 葡萄糖生理盐水中，一次静脉注射，每日 2 次，连续注射 3~5d。也可以用长效土霉素、强力霉素等。

对症治疗：治疗中，应注意病牛全身状况，对病情重剧、体质衰弱者，应及时采用静脉注射葡萄糖液、维生素、能量合剂等支持疗法及输血，以增强机体抗病力，促进病牛康复。

第十九节 恶性水肿

恶性水肿是由腐败梭菌引起的一种急性、创伤性、中毒性传染病。其特征为病变组织发生气性水肿，并伴有发热和全身性毒血症。

【病原】病原主要为腐败梭菌，水肿梭菌、魏氏梭菌、溶组织梭菌等也可致病或参与致病。腐败梭菌是两端钝圆、严格厌氧的粗大杆菌,在体内外均易形成芽孢,芽孢在菌体中央,使菌体呈梭形。腐败梭菌在自然界分布极广,其芽孢抵抗力很强,一般消毒药物短期难以奏效,但20%漂白粉、10%氢氧化钠等强力消毒药可于较短时间内杀灭。

【流行规律】在哺乳动物中,牛、绵羊、马发病较多,猪、山羊次之。年龄、性别、品种与发病无关。病畜在本病的传染方面意义不大,但可将病原体散布于外界,不容忽视。

该病传染途径主要是外伤,如去势、断尾、分娩、外科手术、注射等没有严格消毒致本菌芽孢污染而引起感染。本病一般呈散发流行。

【临床症状】潜伏期12~72h。病牛初减食,体温升高,在伤口周围发生炎性水肿,迅速弥散扩大,尤其在皮下疏松结缔组织处更明显。病变部初坚实、灼热、疼痛、后变无热、无痛、手压柔软、有捻发音。切开肿胀部,皮下和肌间结缔组织内有多量淡黄色或红褐色液体浸润并流出,有少数气泡,具有腥臭味。创面呈苍白色,肌肉暗红色。病程发展急剧,高热稽留,呼吸困难,眼结膜充血发绀,偶有腹泻,多在1~3d死亡。母牛若经分娩感染,则在2~5d内阴道流出不洁的红褐色恶臭液体,阴道黏膜潮红增温、会阴水肿,并迅速蔓延至腹下、股部,以致发生运动障碍和前述全身症状。公牛因去势感染时,多在2~5日内,阴囊、腹下发生弥漫性气性炎性水肿、疝痛、腹壁知觉过敏,与此同时也伴有前述全身症状。

【病理变化】病牛尸体腐败很快,故应尽早剖检。剖检时可发现局部组织的弥漫性水肿;皮下有污黄色液体浸润,含有腐败酸臭味的气泡;肌肉呈灰白或暗褐色,多含有气泡;脾、淋巴结肿大,偶有气泡;肝、肾浊肿,有灰黄色病灶;腹腔和心包腔积有多量液体。

【诊断】根据临诊特点,结合外伤情况及病理剖检一般可作出初步诊断。确诊尚需结合动物接种试验、细菌学诊断等。恶性水肿与炭疽及气肿疽在临床上应予以鉴别。

【防制方法】

(1)预防。加强饲养管理,防止发生外伤;发生外伤后严格消毒及正确治疗是防治本病的重要措施。

(2)治疗。原则是抗菌、消炎、防止炎症扩散。用青霉素、链霉素于病灶周围注射;土霉素静脉注射。早期局部治疗可切开肿胀处,清创使病变部分充分通气,再用0.1%高锰酸钾溶液冲洗,后撒入磺胺碘仿合剂等外科防腐消毒药,并施以开放疗法。机体全身可采用强心、补液、解毒等对症疗法。

第二十节 气肿疽

气肿疽又称黑腿病，是由气肿疽梭菌引起牛的一种急性、热性传染病，特征为肌肉丰满部位发生炎性气性肿胀，并出现跛行。

【病原】病原是气肿疽梭菌，革兰氏阳性，在体外可形成芽孢，专性厌氧，芽孢的抵抗力极强，在土壤中可存活3年以上，盐腌肌肉可存活2年以上。

【流行规律】主要侵害黄牛。本病的传染源主要是病牛，传递因素是土壤。病畜体内的病菌进入土壤，以芽孢形式长期生存于土壤，动物采食被这种土壤污染的饲料和饮水，经口腔和咽喉创伤侵入组织而感染。

【临床症状】潜伏期3～5d，最短1～2d，最长7～9d，多为急性经过，体温达41～42℃，早期出现跛行，肌肉丰满处发生肿胀，初期热而痛，后期变冷无痛。患病部皮肤干硬呈暗红色或黑色，有时形成坏疽，触诊有捻发音。切开患部皮肤，从切口流出污红色带泡沫酸臭液体，这种肿胀发生在腿上部、臀部、腰、荐部、颈部及胸部。局部淋巴结肿大。食欲反刍停止，呼吸困难，脉搏快而弱，最后体温下降。一般病程1～3d。发生在舌部时，舌肿大伸出口外。

【病理变化】皮肤部分坏死。皮下组织呈红色或黄色胶样，有的部位有出血或小气泡。胸、腹腔及心包有红色、暗红色渗出液。

【诊断】根据流行特点、临床症状和病理变化可作出初步诊断，确诊需取肿胀部肌肉、肝、脾及水肿液作细菌分离培养和动物试验。

【防制方法】

（1）预防。本病的发生有明显的地区性，有本病发生的地区可用疫苗预防接种，是控制本病的有效措施。病畜隔离治疗，死畜禁止剥皮吃肉，应深埋或焚烧。病畜厩舍围栏、用具或被污染的环境用3%福尔马林或0.2%升汞液消毒，粪便、污染的饲料、垫草均应焚烧。

（2）治疗。早期用气肿疽血清，静脉或腹腔注射，同时用抗生素治疗，效果较好。

第二十一节 传染性角膜结膜炎

传染性角膜结膜炎，又名红眼病。是由牛摩拉氏杆菌引起的一种主要危害牛的急性、接触性传染病，其特征为眼结膜和角膜发生明显的炎性症状。

【病原】 主要病原是牛摩拉氏杆菌,是革兰氏阴性球杆菌。

【流行规律】 任何年龄、性别的牛都易感,两岁以内的犊牛尤为易感。主要发生于夏季的放牧牛,牛与牛之间可以通过直接或密切接触而传染,一旦发病,传播迅速,多呈地方流行性或流行性。

【临床症状】 潜伏期2~7d,病初为一侧眼患病,后为双眼感染。结膜、眼睑和瞬膜呈现明显的肿胀,羞明流泪和疼痛,或在角膜上发生白色或灰色小点。严重者角膜增厚,并发生溃疡,形成角膜瘢痕及角膜翳。多数病牛可自然痊愈,但有的病牛可引起角膜云翳、角膜白斑和失明。

【诊断】 根据病牛眼的临床变化及传播迅速和发病季节,可作出诊断。但要注意与恶性卡他热、眼的外伤、传染性鼻气管炎等病相鉴别。

【防制方法】

(1) 预防。在夏秋季节要搞好灭蛾、蝇及防暑工作,避免强烈阳光的照射。如果发生疫情,应立即划定疫区,隔离病牛,禁止牛只的出入流动,做到早期治疗。彻底清扫、消毒牛舍。

(2) 治疗。病牛首先用2%~4%的硼酸水冲洗患部,拭干后再用2%氢化可的松眼膏注入结合膜囊,每日2~3次,或涂四环素眼膏等。

复习思考题

1. 当牛场发生口蹄疫时,应采取哪些防制措施?
2. 简述牛流行热的预防要点。
3. 简述奶牛场对布鲁氏菌病的防制措施。
4. 简述奶牛场对结核病的防制措施。
5. 简述牛巴氏杆菌病的诊断要点及治疗措施。
6. 简述附红细胞体病的流行病学特点及防制措施。
7. 试述牛场发生炭疽时的防制措施。
8. 如何防治犊牛大肠杆菌病?

第九章

牛常见寄生虫病的防制

第一节 伊氏锥虫病

伊氏锥虫病是由锥虫属的伊氏锥虫寄生于牛的血液、淋巴液和造血器官所引起的疾病，又称苏拉病。临床上以间隙热、贫血、黄疸、结膜炎、四肢和体躯下部水肿、耳和尾部坏死以及神经症状为特征。除牛外，马属动物、骆驼和犬等也可发病。

【病原】伊氏锥虫为单形锥虫，细长柳叶状，虫体前端尖锐，后端稍钝中央部有一椭圆形的细胞核，靠近后端有一小点状的动基体。动基体由两部分组成：前方的小体叫生毛体，后方的小体叫副基体。由生毛体长出一根鞭毛，鞭毛沿着虫体一侧边缘向前伸延，最后由虫体前端伸出体外，成为游离鞭毛。鞭毛与虫体之间由一薄膜相连，鞭毛运动时，薄膜亦随之呈波浪状运动，故称此膜为波动膜（图9-1）。虫体随着游离鞭毛的运动向前方推进。

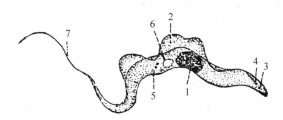

图9-1 锥虫形态模式图
1.核 2.波动膜 3.副基体 4.生毛体
5.颗粒 6.空泡 7.游离鞭毛
（孔繁瑶，家畜寄生虫学，1999）

【发育史】虻及吸血蝇类（螫蝇和虱蝇）是本病的主要传播媒介。伊氏锥虫靠渗透作用直接吸收营养，以纵分裂方式进行繁殖。

【发病规律】本病的传染源是各种带虫动物，包括隐性感染和临床治愈的病畜、虻、螫蝇和虱蝇等吸血昆虫为主要传播者。也能经胎盘感染。此外，消毒不完全的采血器械、注射器也能传播本病。本病流行于热带和亚热带地区，发病季节和流行地区与吸血昆虫的出现时间和活动范围相一致。

【临床症状】 本病黄牛感染率较水牛低，多呈慢性经过或带虫状态，急性经过者较少。病牛体温升高，热型为不定期的间歇热，最高可达41℃以上，持续1~2d后下降。急性病牛的间歇热期为1~2d，慢性阶段的间歇时间可达1~2个月，体温升高与间歇期相间发生。

慢性病牛，逐渐消瘦；精神沉郁，四肢无力，走路摇摆；皮肤水肿，流出黄色或血色液体，然后结成痂皮而脱落；脱毛，出现无毛皮肤，结膜有出血点或出血斑；体表淋巴结肿大，耳、尾干枯，严重时，部分或全部干僵（俗称焦尾症）；病牛流产或死胎，泌乳减少或无乳。犊牛因母乳短缺而发育不良以至死亡；可经胎盘感染，犊牛于产后2~3周死亡。

【病理变化】皮下水肿和胶样浸润是主要病理变化，尤其是胸前和腹下。体表淋巴结肿大充血，切面呈髓样浸润。血液稀薄，凝固不全，胸、腹腔有大量浆液性液体，急性者脾肿大2~3倍，髓质呈软泥样；慢性者脾变硬。肝肿大，硬度增加，显著淤血且质脆。肾混浊肿胀，胃肠出血。

【诊断】在流行地区，根据临床症状和流行病学调查可作出初步诊断。

确诊需要配合实验室检验，在血液中查出病原，主要方法有：

压滴标本检查：采耳静脉血一滴，滴于载玻片上，加倍量的生理盐水混合，覆盖盖玻片镜检有无活泼运动的柳叶型虫体。

涂片检查：采血一滴，涂成直径约1cm的圆形片，自然干燥，然后用2%醋酸缓冲液冲洗，将红细胞全部溶解后经干燥、甲醛固定、姬姆萨染色、水洗，镜检。

此外，也可以用血清学诊断。

【防制方法】

（1）预防。

①定期普查，及时发现病畜。在疫区牛场，每年至少在冬春和夏秋对全群牛进行两次检查。对检出的病牛、可疑病牛应隔离饲养，及时治疗。无病牛场，严禁从疫区引进牛只。在购入奶牛时，要对本病进行检查，阴性牛才能归群混合饲养，严防将病牛引进场内。

②加强灭蚊、蝇工作，消灭传播媒介。做好饲养场的消毒卫生工作：铲除畜舍内的杂草；排除污水；清除粪便、垃圾；填平污水坑；保持牛舍环境卫生，防止蚊、蝇孳生。在夏、秋季节，定期用杀虫药如溴氰菊酯全场喷雾灭蝇，也可喷洒畜体，以消灭蚊蝇。

③药物预防。为了防止本病的传播和蔓延，在病牛场，可在每年流行季节到来之前，对牛进行预防性注射。可用安锥噻预防盐、盐酸锥双净等，注射一次有3个月的有效期。

（2）治疗。本病的治疗应及时，用药量要充足，观察时间要长，并要有对症疗法及加强护理。治疗可选用以下药物：

①萘磺苯酰脲（那加诺，拜耳205，苏拉明）剂量：每千克体重12mg，用灭菌蒸馏水或生理盐水配成10%溶液静脉注射，1周后再注射1次。

②甲基硫酸喹嘧胺（安锥噻）剂量：每千克体重5mg，用灭菌生理盐水配成10%溶液，皮下或肌内注射，隔日1次，连用2~3次。

③贝尼尔（三氮脒、血虫净）剂量：每千克体重4~5mg，配成5%~7%的溶液，深部肌内注射，每天1次，连用3d。

④盐酸锥双净：奶牛每千克体重2mg、水牛每千克体重1.5mg，黄牛每千克体重0.5mg。

第二节 梨形虫病（焦虫病、巴贝斯虫病）

牛梨形虫病是由巴贝斯科和泰勒科的不同梨形虫寄生于牛血液内所引起的寄生虫病的总称。临床上常出现高热、贫血、黄疸、血红蛋白尿、迅速消瘦和产奶量明显降低为特征。因其流行广泛，病情严重，往往能引起大批牛的死亡。

【病原】梨形虫病的病原体主要有双芽巴贝斯焦虫、牛巴贝斯焦虫、环形泰勒虫和瑟氏泰勒虫4种。现以双芽巴贝斯虫为主介绍本病。

双芽巴贝斯焦虫寄生于牛的红细胞内，绝大多数虫体位于红细胞的中部，与牛的其他焦虫相比，为一种大型虫体，其长度大于红细胞半径。有环形、椭圆形、梨形（单个或成对）和变形虫形等不同形状的虫体；在出芽生殖过程中，还可见到三叶形的虫体。取外围血液涂片，用姬姆萨染色，虫体的原生质呈浅蓝色，边缘较深，中部淡染或不着色，呈空泡状的无色区；染色质多为两团，位于虫体边缘部。两个梨子形虫体以其尖端相连成锐角，是本病原体的主要特征。本病由突尾方头蜱及有距方头蜱传播。

【发育史】双芽巴贝斯焦虫在牛红细胞内以"成对出芽"生殖法繁殖。虫体在蜱体内是经卵传递的。双棘吸血蜱吸食牛血时，配子体侵入蜱体内，在吸血蜱的消化道内发育，在蜱肠道内雌性配子体发育成大配子，雄性配子体发育成小配子，大、小配子结合，形成合子，进一步发育成动合子。合子穿过蜱的肠壁后，进入蜱的生殖器官，并侵入蜱的卵内变为成孢子细胞，以后又发育成多核体，多核体又分裂成为多个动孢子。多核体大部分是在卵内发育的幼蜱的唾液腺细胞内形成的。当幼蜱孵出前后动孢子便发育成梨形状的子孢子，幼蜱吸血时子孢子通过蜱的唾液，进入牛的血液而使牛感染。另外若蜱也具有感染能力。

【发病规律】两岁以内的犊牛感染率高，但症状不明显，易耐过。成年牛感染率低，但发病后病情严重，死亡率高，特别是老弱以及劳役过重的牛，病情尤为严重。当地牛的感染性低；种牛和由外地引入的牛感染性高，病情严重，死亡多。

巴贝斯焦虫的宿主特异性很强，一般不感染牛属以外的动物。1~7个月龄的犊牛多呈带虫者。本病多发生于夏秋两季。微小牛蜱是在野外繁殖的，故本病常发生于放牧时期。

【临床症状】本病的潜伏期为8~15d，成年牛多为急性经过。病初出现体温上升至40℃以上，呈稽留热，可持续一周或更长，以后下降多变为间歇热。病牛呼吸心跳加快，肌肉震颤，食欲减退，反刍停止，精神沉郁，产奶量急剧下降。一般在发病3~4d后出现贫血、黄疸，并排红褐色尿液，粪便为黄棕色，此为本病特征。一般认为犊牛对这种原虫感染的抵抗力较强，而成年牛则较弱。被感染病牛迅速消瘦及衰弱，全身无力，起立及行动艰难，不能迈步，有时卧地不起，孕牛大多数流产，严重的在1周内死亡。

发热的初期，外周血液中出现虫体，红细胞染虫率一般为10%~15%，严重病例达65%。

【病理变化】可视黏膜贫血、黄疸；血液稀薄，凝固不全；皮下组织充血、黄染、水肿；脾脏肿大1~4倍，软化；肝肿大，黄棕色。胆囊扩张，胆汁浓稠，色暗；真胃和小肠黏膜水肿，有出血斑；膀胱黏膜充血，有时有点状溢血。浆膜和肌间结缔组织水肿、黄染。

【诊断】根据流行病学的调查、临床症状、病理变化特征，特别是有传播蜱存在的地方，病牛有高热、贫血、血尿时，死后剖检牛的脾脏肿大1~4倍时，就可怀疑为本病。

确诊必须作血液涂片，用姬姆萨液染色检查出虫体才能确定。

病原体检查：在体温升高的头1~2d，采取耳静脉血作涂片，染色镜检，如发现有典型虫体（虫体长度大于红细胞半径，有两个染色质团，成对的梨子形虫体以其尖端相连成锐角），即可确诊。

【防制方法】

(1) 预防。

①灭蜱以阻断传播媒介。

消灭牛体上的幼虫，根据梨形虫病的各种蜱类出没时间和活动规律，及时采用0.05%蝇毒磷水溶液，或0.01%～0.02%蜱虱敌（拜耳9037）喷洒牛体，或涂擦、药浴。每隔5～7d一次。

消灭蜱的孳生地，经常做好圈舍清理工作，铲除场内粪便、褥草；排除积水；定期进行全场消毒；造成不利于蜱的发育繁殖的环境，以达到消灭蜱类的目的。

②控制传染源，隔断与蜱的联系。

a.病牛和带虫牛是主要的传染源，故应集中饲养，注意灭蜱，以防存留牛体内过冬的病原体继续发育、繁殖和传播。

b.严格控制病牛、带虫牛的引入。需要引进时，必需隔离检查，确系阴性者，经杀蜱处理再合群。

③药物预防。可用抗梨形虫的药物（如黄色素）进行预防注射。

（2）治疗。对于贫血严重，极度衰弱的病牛，首先要注射强心剂，同时要进行输液或输血疗法。作为杀虫剂可选用下列药物：

①抗焦虫素（硫酸喹啉脲）注射液：每千克体重1mg，用生理盐水配成1%～2%的溶液作皮下注射。但注射后病牛可出现不安、呼吸加快、脉搏加快、流涎、肌肉震颤、大小便失禁等症状。严重的可以死亡，多数在1～4h内恢复正常。如果配合注射硫酸阿托品，可以预防或减轻副作用。

②血虫净（贝尼尔）：每千克体重5～7mg，以注射用水配成5%～7%溶液，臀部深部肌内注射，隔日1次，连用3次即可。

③黄色素（盐酸吖啶黄）：每千克体重3～4mg（一般每头牛最大剂量不超过2g），以生理盐水稀释成0.5%～1%的溶液静脉注射。必要时可隔1～2d后再注射1次。

④咪唑苯脲：每千克体重2mg，配成10%浓度，肌内注射。

附：泰勒虫病

牛泰勒虫病是由环形泰勒虫和瑟氏泰勒虫寄生于牛网状内皮细胞和红细胞内所引起的寄生虫病的总称。临床上常出现高热、贫血、黄疸、血红蛋白尿、迅速消瘦和产奶量明显降低为特征。多呈急性过程，因其流行广泛，病情严重，往往能引起大批牛的死亡。

【病原】泰勒虫病的病原体主要是环形泰勒虫和瑟氏泰勒虫，二者形态相似，以前者为主。

寄生于红细胞内的虫体又叫血液型虫体，形态多样化，有环形、椭圆形、逗点形、杆形、圆点状等。其中以环形居多，姬姆萨染色后见虫体中央着色淡，呈淡蓝色。

寄生于巨噬细胞和淋巴细胞内的虫体，能分裂形成多核的虫体称为裂殖体，其形似石榴的横切面，称石榴体。姬姆萨染色可见石榴体内有许多着色暗红紫色颗粒状的核。

【发育史】泰勒虫在发育中需要2个宿主，在牛体内进行无性繁殖，在蜱体内进行有性繁殖。

感染泰勒虫的蜱在牛体吸血时，子孢子随蜱的唾液进入牛体内，首先侵入局部淋巴结进行裂殖生殖，形成大裂殖体又破裂为许多大裂殖子，然后侵入其他巨噬细胞和淋巴细胞内，重复上述的裂殖过程。与此同时，部分大裂殖子可随淋巴和血液向动物全身散布，侵入脾、肝、肾等各器官的巨噬细胞和淋巴细胞内进行数代裂殖体增殖，形成的小裂殖体发育成熟后破裂产生许多小裂殖子，进入红细胞变成雌性或雄性配子体。

当蜱在吸取感染牛的血液时，配子体随红细胞进入蜱的消化道，逸出红细胞的配子体发育为雌、雄性配子，两者结合为合子，进一步发育成动合子。移行到蜱的唾液腺细胞内进行孢子生殖，产生许多子孢子，当蜱吸血时子孢子通过蜱的唾液注入牛体内，重新开始在牛体发育和繁殖。

【发病规律】本病以1~3岁的牛感染率高，犊牛和成牛多为带虫者。患病和带虫牛及蜱均为感染来源。本病多发生于5~10月份。

【临床症状】本病的潜伏期为14~20d，多数病例为急性经过。病初体温上升至40~42℃以上，呈稽留热，少数呈弛张热。病牛呼吸加快，食欲减退，精神沉郁，产奶量急剧下降。可视黏膜由潮红变为苍白，并轻度黄染，有时有小出血点。体表淋巴结肿大，坚硬有压痛；便秘或腹泻。3~4d后，病情加重，食欲废绝，反刍停止，体表淋巴结肿痛明显并变软，腹泻并混有黏液或血液。后期肌肉震颤，卧地不起，衰竭死亡，病程1~3周，长者2~3个月。

【病理变化】以全身性出血、第四胃黏膜有溃疡斑和全身性淋巴结肿大为特征。胸前和腹两侧皮下有很多出血斑和黄色胶样浸润；全身淋巴结肿大，外观呈紫红色；脾肿大，为正常的2~3倍，呈紫红色；肝肿大，质脆，呈棕黄色或棕红色。真胃黏膜有出血点、小结节和溃疡，溃疡灶边缘隆起呈红色。肠系膜有不同程度的出血点。

【诊断】根据流行病学的调查、临床症状、病理变化特征和寄生虫学检查确诊。

确诊必须采取体表淋巴结或血液涂片，用姬姆萨染色检查出虫体才能确定。

【防制方法】

（1）预防。①灭蜱以阻断传播媒介（可参考梨形虫病）。②控制传染源，隔断与蜱的联系（可参考梨形虫病）。③药物预防，可用抗泰勒虫的药物进行预防注射。

（2）治疗。没有特效药，对于贫血严重极度衰弱的病牛，首先要注射强心剂，同时要进行输液或输血疗法。作为杀虫剂可选用下列药物：

①血虫净（贝尼尔）：每千克体重7～10mg，以注射用水配成5%～7%溶液，臀部深部肌内注射，隔日1次，连用3次即可。早期应用效果较好。

②磷酸伯胺喹啉：每千克体重1.5～3mg，每天一次口服，连用3d。

③咪唑苯脲：每千克体重2mg，配成10%浓度，肌内注射。

第三节 球虫病

牛球虫病是由艾美耳球虫属引起的出血性肠炎的原虫病。以粪便稀薄含血为特征。

【病原】以邱氏艾美耳球虫和牛艾美耳球虫的致病力最强，而且最为常见。寄生于牛的盲肠、结肠和小肠。

【发育史】艾美耳球虫的生活史属直接发育，不需要中间宿主。球虫寄生于肠道上皮细胞中，在细胞中进行裂殖增殖，分裂的子体再进入新的上皮细胞中寄生，经过若干世代后形成卵囊，而随粪便排出体外。粪便中的卵囊在潮湿温暖的环境中，经过3～4d，其中卵囊即形成孢子，这种孢子形成后的卵囊污染饲料，则在牛采食后感染健康牛。

【发病规律】各品种的牛都有易感性，以2岁内的牛发病率、死亡率最高，老牛多为带虫者。多发生于放牧期，特别是放牧在潮湿、多沼泽的牧场时最易发病。应激因素可促使病的发生。

【临床症状】潜伏期为2～3周，有时达1个月以上。以急性型多见。病初精神沉郁，被毛粗乱，减食，下痢，不久即排黏液性的血便，甚至带有红黑色的血凝块及脱落的肠黏膜，粪便恶臭。尾部、肛门及臀部被污染成褐色。症状进一步发展后，变为黑色，几乎全为血液。病牛弯腰努背，后肢踢腹部，并不断地努责，如果治疗不及时就会因衰弱而死亡。慢性型，一般在发病后3～5d逐渐好转，下痢和贫血症状可持续数日。

【诊断】必须从流行病学、临床症状等方面做综合分析，并用显微镜检查粪便和直肠刮取物，发现卵囊来确诊。但应注意与大肠杆菌病相鉴别，大肠杆菌病的病变特征之一是脾脏肿大，而且多发生于生后数日内的犊牛。而球虫病则多发生于 2 个月以上的犊牛，剖检时见直肠有特殊的出血性炎症和溃疡。通过显微镜检查粪便，发现卵囊，即可确诊。

【防制方法】

（1）预防。本病的预防措施是加强防疫消毒卫生，消灭球虫卵孳生和发育场所；及时治疗病牛，防止球虫卵的扩散和蔓延两个环节。

（2）治疗。

①磺胺二甲氧嘧啶：按每千克体重 0.1g 口服，每日 1 次，可连续应用7～10d，对重症牛特别是犊牛，应当进行输液等对症疗法。

②氨丙啉：用量为每千克体重 20～50mg，每日 1 次口服，连服 5～6d。

③鱼石脂银：剂量为 0.2～1.0g，溶于水中一次灌服，每日 2 次。

④莫能菌素：每吨饲料中加入 16～33g。另外磺胺类和抗生素（金霉素）等都对球虫病有治疗和预防的作用。

为了加强药物的治疗效果，对病牛应加强饲养管理，牛舍应干净、清洁、干燥；粪便应及时清扫，圈舍应定期消毒；并给予营养丰富、适口性好、易消化的饲料。

第四节　肝片形吸虫病

肝片形吸虫病是由肝片形吸虫寄生于肝脏、胆管中引起的一种寄生虫病。本病呈世界性分布，我国分布很广，多呈地方性流行。人也有发病报道。本病能引起急性或慢性肝炎和胆管炎，并发全身性的中毒现象和营养障碍，为害相当严重，尤其是对犊牛。

【病原】病原体是片形科片形属的肝片形吸虫和大片吸虫，后者较为少见。肝片形吸虫呈扁平叶状，外观像柳树叶，新鲜虫体呈棕红色。虫卵呈卵圆形，金黄色，卵壳薄而光滑，镜下多见两层。尖端有一不明显的卵盖，近卵盖处有一大而明显的细胞称胚细胞（图 9-2）。

大片吸虫在形态上与肝片形吸虫相似。虫卵呈长卵圆形，黄褐色。

【发育史】肝片形吸虫寄生在牛肝脏胆管内，成虫产生虫卵随胆汁进入消化道与粪便混合，最后随粪便一起排出牛体外，卵在适宜温度（15～30℃）和足够氧气及光线下，落入水中后经 10～25d 孵化出毛蚴，毛蚴在水中游动，钻入中间宿主椎实螺体内，在椎实螺体内发育成尾蚴。尾蚴离开螺体，游动于水中，附着在水生植物上或浮游在水面下，脱去尾部，形成囊蚴。牛吞食了带有囊蚴的草或饮水后被感染。囊蚴的胞膜在消化道中被溶解，此后幼虫沿胆管或穿过肠壁和肝实质到肝脏胆管内寄生，最后发育为成虫。

肝片形吸虫的主要致病性是刺激胆管、肝细胞或微血管，引起急性肝炎和肝出血，同时虫体分泌一种有毒物质引起肝炎，毒素进入血中可引起红细胞溶解，发生全身中毒、贫血、浮肿、消瘦等症状。此外，虫体由消化道向肝脏转移时，能带入细菌诱发其他疾病。

【发病规律】本病除发生于牛外，羊、鹿、人、猪、马和兔等也有感染。中间宿主是本病流行的主要因素，气候温暖，雨量充足有利于中间宿主和幼虫的发育，促使病的发生。本病呈地方性流行，多发生于低洼和沼泽地带的放牧地区，流行感染季节多在每年的夏秋两季（南方春季也能感染）。

【临床症状】临床表现因感染强度和机体的抵抗力、年龄、饲养管理条件等不同而有差异。牛感染本病后多呈慢性经过，但由于长期侵害，导致牛

图9-2　肝片形吸虫的成虫
（孔繁瑶，家畜寄生虫学，1999）

的抵抗力逐渐降低、体质衰弱、皮毛粗乱易脱落无光泽，产奶量降低。感染严重时，食欲减退、消化紊乱、黏膜苍白、贫血、黄疸、产奶量显著减少。病后期牛下垂部出现水肿，最后极度虚弱死亡。发育期的犊牛严重感染时不但影响其生长发育，而且导致死亡的危险。病牛死后可见肝脏、胆管扩张，胆管壁增厚，其中可见大量寄生的肝片形吸虫。

【诊断】本病无特异性临床症状，只靠症状不易诊断，必须将临床症状与粪便检查结果结合起来，才能确诊。

（1）临床诊断：

①本病多发生于夏、秋季节，沼泽地带和以水生植物为饲料的地区，呈地方性流行。

②特征症状是腹泻、贫血、消瘦和产奶量下降。

③剖检见肝包膜上出血、有暗红色虫道，内有虫体；胆管扩张、增厚、变粗甚至堵塞，似绳索样突出于表面。胆管壁有磷酸钙和磷酸镁盐沉积，刀切有"沙沙声"。

（2）粪便检验：用水洗沉淀法检验虫卵。

【防制方法】

（1）预防。驱虫是最有效的方法。

①驱虫。驱虫不仅是治疗病畜，也是很好的预防措施。驱虫的时间与次数必须与流行地区具体条件相结合。北方地区，每年应有两次定期驱虫：一次在

秋末冬初或由放牧转为舍饲之后；另一次在冬末春初，动物由舍饲改为放牧之前。南方地区终年放牧，每年可进行三次驱虫。牛的粪便应经生物热处理后使用，以便经发酵产热而杀死虫卵。

②消灭中间宿主。灭螺是预防片形吸虫病的重要措施。消灭椎实螺，以切断本虫的传染途径。可用化学药物灭螺，如血防 67 和硫酸铜等。施药方法可分浸杀和喷杀两种。

③饮水和饲草卫生。本病多发生于低洼而潮湿的地区，牛在吃草或饮水时最易吞食附有囊蚴的草料或其他物体，因此应尽可能在高燥地区放牧。牛饮水最好用自来水、井水或流动的河水，并保持水源的清洁，以预防感染。

（2）治疗。驱虫药物很多，现介绍以下几种：

①丙硫苯咪唑（抗蠕敏）：剂量按每千克体重 15mg，一次内服。

②硝氯酚：黄牛按每千克体重 5~7mg，水牛每千克体重 4~6mg，灌服，驱虫率可达 100%。

③硝硫氰醚：3% 油剂，剂量按每千克体重 50~60mg，一次口服，驱虫率达 93%~97.6%。

第五节　前后盘吸虫病

前后盘吸虫病是由前后盘吸虫寄生于牛的瘤胃和胆管壁上所引起的寄生虫病。一般为害不严重，但如果很多成虫寄生在真胃、小肠、胆管和胆囊时，可引起严重的疾病。

本病的分布非常广泛，南方的牛都有不同程度的寄生，感染率和感染强度很高。

【病原】前后盘吸虫的种类多，虫体大小不一。虫体多呈深红色，也有乳白色。体呈圆柱状、梨形、圆锥形等，前后盘属的虫卵呈椭圆形，淡灰色。

【发育史】成虫寄生于瘤胃，产生的虫卵进入肠道随粪便排出体外。虫卵在外界适宜的环境中发育为毛蚴；毛蚴从卵内孵出后，进入水中，遇到中间宿主扁卷螺，即钻入其体内，发育为胞蚴、雷蚴和尾蚴。尾蚴离开螺体后，附着在水草上形成囊蚴。牛吞吃了含有囊蚴的水草而受感染。囊蚴到达肠道后，童虫从囊内游离出来。童虫在附着瘤胃黏膜之前先在小肠、胆管、胆囊和真胃内移行，寄生数十天，最后到达瘤胃发育为成虫。

【发病规律】本病多发生于多雨的夏秋季节，特别是长期在河岸放牧的牛。

【临床症状】童虫移行时，导致小肠和真胃黏膜水肿、出血，发生急性炎症。表现精神沉郁，食欲减退，体温有时升高，顽固性腹泻，排粥样或水样粪便，常有腥臭。病牛消瘦，颌下水肿，严重时发展到整个头部以至全身。成虫吸取宿主营养，病牛逐渐消瘦、贫血，黏膜苍白。后期病牛极度瘦弱，卧地不起，最后因衰竭而死亡。

【诊断】

（1）成虫寄生时，可采取粪便用水洗沉淀法检查虫卵。

（2）童虫引起疾病，其生前诊断主要是根据临床症状，结合流行特点来诊断。也可用诊断性驱虫来诊断，如果在粪中找到相当数量的童虫或症状好转，即可作出诊断。

（3）死后诊断可根据病理变化和大量童虫或成虫的存在。

【防制方法】

（1）预防。应在本病污染区一年春秋两季进行驱虫，对牛的粪便应经堆积发酵后再作肥料。应彻底消灭在水草繁殖地区的扁卷螺，以切断本虫的传染途径，不在潮湿或低洼地带放牧。

（2）治疗。急性病例用氯硝柳胺，每千克体重75～80mg，口服，对童虫效果好；慢性病例用硫双二氯酚，每千克体重50～70mg，口服。

第六节 日本分体吸虫病

日本分体吸虫病是由日本分体吸虫寄生于人和牛、羊、猪等动物的门静脉系统的小血管所引起的一种严重地方性寄生虫病。对牛可引起不同程度的损害和死亡。

【病原】日本分体吸虫为雌雄异体。雄虫乳白色，长10～20mm，宽0.5～0.55mm，有口、腹吸盘各一个。体壁自腹吸盘后方至尾部，两侧向腹面卷起形成抱雌沟；雌虫常居雄虫的抱雌沟内，呈合抱状态。雌虫较雄虫细长，暗褐色，长15～26mm，宽0.3mm（图9-3）。虫卵椭圆形，淡黄色，卵壳较薄（图9-4）。

【发育史】中间宿主是钉螺。

日本分体吸虫的生活史必须通过钉螺为中间宿主，才能继续发育。成虫寄生于人和家畜的肠系膜静脉和门静脉内，一般雌雄合抱，雌虫交配受精后，在血管内产卵，虫卵一部分顺血流到达肝脏，一部分逆血流沉积在肠壁形成结节。虫卵在肠壁或肝脏内逐渐发育成熟，虫卵进入肠腔，随粪便排出体外。虫卵进入水中，在25～30℃下很快孵出毛蚴，毛蚴钻入钉螺体内6～8周，经胞蚴、子胞蚴形成尾蚴。尾蚴当遇到终宿主时即以口、腹吸盘附着，很快钻入宿主皮肤；当牛饮水时，尾蚴也可进入口腔，通过口腔黏膜进入体内。然后脱去尾部成为童虫，经小血管或淋巴管随血流经右心、肺、体循环到达肠系膜静脉内寄生，以血液为食。一般从尾蚴侵入到发育为成虫需 30～50d，成虫生存期 3～5 年以上。

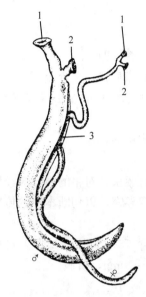

图 9-3 日本分体吸虫-雌雄合抱

1. 口吸盘 2. 腹吸盘 3. 抱雌沟

（孔繁瑶，家畜寄生虫学，1999）

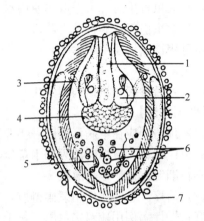

图 9-4 日本分体吸虫虫卵

1. 头腺 2. 穿刺腺 3. 神经突 4. 神经元

5. 焰细胞 6. 胚细胞 7. 卵膜

（孔繁瑶，家畜寄生虫学，1999）

【发病规律】

（1）发生本病的三个条件。病原体（虫卵）从终宿主体内随粪排出，在水中孵化为毛蚴；毛蚴进入中间宿主钉螺体内发育，最后形成尾蚴从钉螺体内逸出；尾蚴穿过动物或其他宿主的皮肤，发育为成虫。

（2）本病的流行与气候、土壤、放牧季节、动植物区系和水源质量的关系。气候温和，雨量充沛，土壤肥沃，有利于中间宿主钉螺的繁殖，因此本病主要发生于长江流域及长江以南平原、湖沼地区。北方没有本病流行的条件。

（3）一般钉螺阳性率高的地区，牛感染率也高；凡有病人及阳性钉螺的地区，则一定有病牛。牛的感染途径是皮肤、口腔黏膜和胎盘。牛的感染与放牧和下田有关。

【临床症状】牛的品种不同，年龄不同和感染强度不同，表现症状有差别。一般地说，黄牛的症状比水牛明显，犊牛的症状比较大的牛明显。

（1）急性型。见于大量感染的犊牛，表现精神不振，体温升高达 40～41℃以上，行动缓慢，食欲减退，腹泻，粪便中混有黏液、血液和脱落的黏膜，严重者出现水样腹泻，排粪失禁，逐渐消瘦、贫血。经 2～3 个月死亡或转为慢性。

（2）慢性型。病牛表现消化不良，发育缓慢，往往成为侏儒牛，食欲不振，间或下痢，粪便中混有黏液、血液，甚至块状的黏膜，有的发生脱肛，肝硬化，腹水。孕牛易流产。

【诊断】根据当地流行情况、临床症状和病原体的检查来确诊。

病原体的检查：采用虫卵毛蚴孵化法检查毛蚴。

免疫学诊断：环卵沉淀试验、间接血细胞凝集试验和酶联免疫吸附试验等，但应结合当地的流行情况和临床症状来综合判断。

【防制方法】

（1）预防。分体吸虫病的预防要采取综合措施，除了积极治疗病牛外，还需要进行粪便管理，用水管理，消灭钉螺，安全放牧，防止病牛调动，注意牛只更新等工作。

①消除传染源。在流行地区每年对人、家畜进行普查，对病人、病牛和带虫者进行治疗以消除传染源。

②粪便处理。人畜粪便经发酵处理后再作肥料。这是切断分体吸虫生活史的主要措施。

③饮水卫生。管好水源，保持清洁，防止污染。

④加强牛群管理。避免在有钉螺孳生地放牧；禁止病牛调动。

⑤消灭钉螺。消灭钉螺就能阻止分体吸虫的发育，切断尾蚴感染人、畜的机会。可用物理、化学和生物等方法灭螺。化学药物可用生石灰、茶子饼、氯硝柳胺等。

（2）治疗。对病牛应根据健康状况给以治疗、缓治或不治。有下列情况者可考虑缓治或不治：患有急性或慢性疾病或有严重心、肺、肝、肾等疾病的牛；重病康复不到一个月的牛；怀孕 6 个月以上或哺乳期的母牛；阉后不到一个月的公牛；配种季节的种公牛，发情期的母牛；老、残病牛或患其他严重疾病久治不愈的病牛。

常用的治疗药物有：

①吡喹酮：成牛每千克体重 30mg，小牛每千克体重 25mg，一次口服。但以 400kg 体重为限，最大剂量为成牛 10g。

②敌百虫：水牛每千克体重 75mg，5 日分服，每日 1 次，口服。

③硝硫氰醚：每千克体重 60～80mg，一次口服，或每千克体重 10～15mg，配成 10％悬液第三胃注射。

④六氯对二甲苯（血防 846）：每千克体重 100mg，内服，每天 1 次，7d 为一疗程。

第七节 东毕吸虫病

东毕吸虫病是由分体科东毕属的吸虫寄生于牛肠系膜静脉血管中引起的疾病。主要感染牛羊等反刍兽，单蹄兽和人也可感染。

【病原】主要是土耳其斯坦东毕吸虫和彭氏东毕吸虫，虫体呈线形，乳白色，雌雄异体，雄性粗，雌性细，常嵌入雄性腹部的凹沟内。虫卵呈椭圆形，无色，无卵盖，两端各有一附属物，一端比较尖，另一端钝圆。

【发育史】中间宿主为椎实螺。

成虫寄生于牛羊的肠系膜静脉和门静脉中，产生的虫卵在肠壁黏膜或随血流到达肝脏内形成虫卵结节，结节破溃后虫卵进入肠腔，后随粪便排出体外。虫卵在适宜的条件下，经10d左右孵出毛蚴，毛蚴在水中进入中间宿主——椎实螺体内发育，经过母胞蚴、子胞蚴形成尾蚴，尾蚴从螺体逸出，在水中遇到牛可经皮肤侵入，移行至肠系膜血管内发育为成虫。在终末宿主体内发育为成虫需2~3个月。

【发病规律】本病主要分布于水源较丰富的地区，常在5~10月感染和流行。

【临床症状】多为慢性经过，表现精神不振，食欲减退，消瘦，贫血，水肿，发育不良，长期腹泻，粪便中混有黏液、黏膜和血丝，严重者可导致死亡。妊娠牛流产，乳牛产乳量下降。剖检见腹腔内有大量积水，肠系膜淋巴结水肿，肝脏表面凹凸不平、有灰白色的虫卵结节，初肿大，后期萎缩、硬化。

【诊断】根据当地流行情况、临床症状和病原体的检查来确诊。

病原体的检查采用毛蚴孵化法检查。

【防制方法】

(1) 预防。同日本分体吸虫病。

(2) 治疗。常用的治疗药物。

①吡喹酮：成牛每千克体重30~40mg，小牛每千克体重25mg，一次口服。但以400kg体重为限，最大剂量为成牛10g。每天1次，2次为一疗程。

②硝硫氰醚：每千克体重60~80mg，一次口服。

③六氯对二甲苯（血防846）：每千克体重350mg，内服，连用3d。

第八节 莫尼茨绦虫病

莫尼茨绦虫病是由裸头科莫尼茨属的绦虫寄生于黄牛、水牛、牦牛等反刍动物的小肠中引起的疾病。世界性分布，我国分布很广，各地均有报道，常呈地方性流行，对犊牛危害严重，可造成成批死亡。

【病原】在我国常见的莫尼茨绦虫有扩展莫尼茨绦虫和贝氏莫尼茨绦虫，后者多寄生于犊牛。两种虫体在外观上很相似，均为乳白色，头节小，圆形，节片宽而短。卵呈三角形、四边形或卵圆形，卵内有一个含有六钩蚴的梨形器。

【发育史】必须要有中间宿主地螨参与。寄生在小肠内的成虫，孕卵节片随牛粪便排出体外，孕卵节片被破坏，虫卵逸出。虫卵被中间宿主——地螨吞食后，六钩蚴钻入其血腔内发育，经26～30d变成有感染性的幼虫——似囊尾蚴。

【发病规律】本病的发生与地螨的分布和生活习性有关。地螨白天躲在深草或腐殖土下，在黄昏或黎明时爬出活动，寻找食物，此时放牧，牛就易吃到带螨的草而感染发病。带螨草中的似囊尾蚴在牛消化道内释放出来，吸附在小肠黏膜上生长发育成为成虫。成虫寿命2～6个月。

【临床症状】轻微感染时常不出现症状或偶有消化不良的表现。严重时病牛表现消化不良，腹泻，有时便秘，粪便中混有绦虫的孕卵节片，慢性臌气，贫血，消瘦，皮毛粗糙无光泽等现象，有时还表现神经症状，肠阻塞，产生腹痛，甚至肠破裂，因腹膜炎而死亡。后期病畜不能站立，经常有咀嚼样动作，口周围有泡沫，精神极度萎靡，反应迟钝，衰竭而死亡。

【诊断】主要依据在犊牛粪便中查见绦虫孕卵节片或其碎片及粪便检查发现虫卵。孕卵节片呈黄白色，多附着于粪表面。尸体剖检在肠道内发现成虫。

【防制方法】

（1）预防。每年进行2～3次的预防性驱虫。经过驱虫的牛不要在原地放牧，及时转移至清净的安全牧场；如能有计划地进行轮牧，可取得良好的预防效果。

消除中间宿主——地螨，可彻底改造牧场，如深翻后改种三叶草等；也可以用农牧轮作法处理，不仅能大量减少地螨，还可以提高牧草质量。

避免在低湿地放牧；尽可能避免在清晨、黄昏和雨天放牧，以减少感染的机会。

（2）治疗。

①吡喹酮：剂量为每千克体重100mg，1次口服。

②丙硫苯咪唑：剂量为每千克体重10～20mg，口服。

③氯硝柳胺：剂量为每千克体重100mg，1次口服。

第九节　牛囊尾蚴病

牛囊尾蚴病是由带科带属的牛带吻绦虫的幼虫——牛囊尾蚴寄生于牛的肌肉引起的一种人畜共患寄生虫病。牛带吻绦虫寄生于人的小肠，牛囊尾蚴寄生于牛的肌肉中。

【病原】牛囊尾蚴，又称牛囊虫。是白色半透明的小囊泡，直径约1cm，囊内充满液体，囊壁一端有一内陷的粟粒大的头节，上有4个吸盘，无顶突和小钩。成虫为牛吻带绦虫，又称无钩绦虫、肥胖带绦虫。为乳白色带状，虫体长5~10m，最长可达25m。孕卵节片窄而长。虫卵呈球形，黄褐色，内含六钩蚴。

【发育史】牛是牛带吻绦虫的中间宿主，人是终末宿主。成虫寄生于人的小肠中，孕卵节片随病人的大便排到外界，被中间宿主牛通过采食被污染的草料或饮水进入消化道，虫卵在胃肠消化液的作用下，卵壳破裂，六钩蚴逸出，钻入肠壁，随血流被带到周身肌肉，主要是咬肌、心肌、舌肌、肩胛外侧肌、臀部肌，经10~12周发育为牛囊尾蚴。当终末宿主人吃了未煮熟的带有囊虫的牛肉时，即遭感染。在人的小肠经2~3个月发育为成虫。成虫寿命可达20~30年或更长。

【发病规律】本病的流行与牛的饲养管理方式，人的粪便管理，人嗜食生牛肉的习惯有密切关系，特别是在食生牛肉习惯和人们不习惯使用厕所的地区流行。

【临床症状】病牛一般不表现症状。囊虫代谢产物对牛体呈现毒害作用，影响牛体生长发育。重症患牛可见其体温升高、咳嗽、腹泻、肌肉震颤、运动障碍等，有时可引起死亡。

【诊断】生前诊断比较困难，可采用血清学方法诊断。但尸体剖检时，在咬肌、心肌、舌肌、膈肌、腰肌或其他脏器内发现牛囊尾蚴可确诊。

【防制方法】治疗牛囊尾蚴病较困难，但预防本病则相对较容易，应做到人粪不能让牛吃到，同时人不生吃牛肉和不熟的牛肉。

（1）讲究卫生，做到人有厕所，防止牛吃人粪而感染牛囊尾蚴病。

（2）加强肉品卫生检验。检出的病牛肉按GB16548—1996的有关规定进行无害化处理。

（3）不食生牛肉或未熟透的牛肉。人患绦虫病时，应进行驱虫治疗，驱出的虫体和粪便必须严格处理，消灭感染源。

（4）口服吡喹酮，每千克体重40mg，每天1次，连服7d，或每千克体重50mg，连服2~3d；芬苯达唑，每千克体重5~7.5mg，连服2~3d。或口服溴羟替苯胺每千克体重65mg。

第十节　消化道线虫病

牛消化道线虫病是指寄生在反刍兽消化道中的毛圆科、钩口科、毛线科和圆形科的多种线虫所引起的寄生虫病。这种虫体寄生在反刍兽的第四胃、小肠和大肠中，在一般情况下多呈混合感染。

【病原】牛消化道线虫种类多，我国约有30种，主要是血矛线虫、仰口线虫（钩虫）、食道口线虫（结节虫）和毛首线虫（鞭虫）等。

（1）血矛线虫主要为捻转血矛线虫。寄生于皱胃和小肠，吸血量大。雌雄异体，雄虫长15～19mm，雌虫长26～30mm。虫卵椭圆形，卵壳薄，光滑，稍带黄色，分两层，几乎为胚细胞充满，但两端常有空隙。

（2）仰口线虫（又称钩虫）。寄生于小肠，长10～30mm，头端向背面弯曲呈钩状，口囊大，内有多个齿。虫卵两端钝圆，形似跑道，胚细胞大而数量少。

（3）食道口线虫。寄生于大肠，幼虫在大肠壁上形成结节，长10～20mm，虫卵较大，胚细胞非常清晰并充满卵壳。

（4）毛首线虫（又称鞭虫）。寄生于大肠，长35～80mm，虫体前部呈毛发状，整个虫体外形像鞭子。虫卵棕黄色，壳厚，形似腰鼓状，两端有卵塞。

【发育史】牛消化道线虫中致病力较强的有捻转血矛线虫、牛仰口线虫、辐射结节虫和毛首线虫。寄生于牛消化道的线虫，从虫卵发育到第三期蚴虫的过程基本上相类似，即虫卵从宿主体内随同粪便一起排到体外，在适宜的条件下，经过第一阶段的发育，孵化为第一期蚴虫，然后经过两次蜕化变为第三期蚴虫，第三期蚴虫被牛吞食或经皮肤感染后，幼虫到达寄生部位后经两次蜕皮，于3～4周发育为成虫。

【发病规律】

（1）虫卵排出量或成虫寄生量1年内出现两次高峰，春季高峰在4～6月份，秋季高峰在8～9月份。犊牛粪便中最早排出虫卵的时间为7月上下旬，全年也只形成一次高峰，高峰期在8～10月份。

（2）第三期蚴虫的特点是虫体很活泼，虽不进食，但在外界可以长时间保持其生活力。第三期蚴虫还能沿着潮湿的草叶向上爬行，它有趋弱光性，对强烈的阳光有畏惧性，因此，在早晨傍晚或阴天时，它能爬上草叶，而在夜间又爬下地面。它对温度敏感，在潮湿环境中比在寒冷时活泼。因此低湿牧地有利于本病传播，早晚放牧露水草和小雨后的阴天放牧最易感染。

【临床症状】各类线虫的共同症状，主要表现精神沉郁，食欲减退，明显的持续性腹泻，并排出带黏液和血的粪便；犊牛发育受阻，进行性贫血，严重消瘦，下颌水肿，还有神经症状，最后虚脱而死亡。

【诊断】根据临床症状，虫卵检查和剖检变化作综合诊断。

临床特征：贫血、瘦弱、腹泻和水肿。

虫卵检查：取粪便应用漂浮法检查虫卵，但粪便中应有足量的寄生虫卵时，才能证实。

病理剖检：从消化道不同节段中采集成虫和幼虫，并要进行鉴定和计数。

类症鉴别：球虫病、副结核病也常见腹泻、消瘦症状，故应予以鉴别。

【防制方法】

(1) 预防。

①犊牛进行驱虫。加强牛舍的清洁卫生，粪便进行发酵处理，母牛、犊牛隔离饲养。

②应避免在低洼潮湿地放牧。避开在早晨傍晚和雨后放牧，防止第三期幼虫的感染。

③每年在12月末至翌年1月上旬，进行一次预防性驱虫。

(2) 治疗。在治疗中，用来治疗牛消化道线虫的药物很多，要根据实际情况使用药物。

①丙硫苯咪唑：剂量为每千克体重10～20mg，混饲喂服。

②伊维菌素：剂量为每千克体重0.2mg，皮下注射，不准肌内注射或静脉注射。

③盐酸左咪唑：剂量为每千克体重4～5mg，一次皮下或肌内注射，或每千克体重6mg，一次口服。

④噻苯咪唑：剂量为每千克体重5～10mg，配成10%水悬液，一次灌服。

⑤哈乐松：剂量为每千克体重30～50mg，配成10%水悬液，一次灌服。

附：犊新蛔虫病

犊新蛔虫病是由牛新蛔虫寄生于犊牛小肠内引起的一种寄生虫病。引起肠炎、腹泻、腹部膨大和腹痛等症状。本病分布广，遍及世界各地。

【病原】牛新蛔虫，虫体粗大，淡黄色，虫卵近似球形。

【发育史】雌虫在小肠产卵，虫卵随粪便排到外界，在外界适宜温度（27℃）和湿度下，经7～9d发育为幼虫，再经13～15d在卵壳内进行一次蜕化，变为第二期幼虫，即感染性虫卵。牛吞食了感染性虫卵后，在小肠中孵化出幼虫，并进入肠壁血管，随血流到肝脏、肾、肺脏等器官组织进行第二次蜕化，变为第三期幼虫，并停留在这些组织器官里。幼虫移行至子宫，进入胎盘羊膜液中，进行第三次蜕皮，变为第四期幼虫，幼虫被胎牛吞入肠中发育。到小牛出生后，幼虫在小肠进行第四次蜕皮后长大，经25～31d变为成虫。或幼虫从胎盘移行到胎儿的肝和肺，再移行转入小肠，引起生前感染。成虫可寄生

2~5个月。

【发病规律】主要发生于5个月以内的犊牛，以南方多见。可经胎盘、哺乳感染。成虫繁殖能力特别强。虫卵对各种环境因素的抵抗力很强，因此对化学药物有特别强的抵抗力，常用消毒药的浓度不能杀死虫卵。在饲养管理不良时易感染。

【临床症状】被感染犊牛在出生2周出现症状，表现为咳嗽，食欲减退和精神沉郁，消化异常，排稀便或血便，腹部膨胀，腹痛。虫体数量多时常聚集成团，堵塞肠道，导致肠破裂。幼虫移行至肺可引起肺炎。临床上出现咳嗽，呼吸困难。口腔内有特殊酸臭味。

【诊断】一方面根据临床症状观察，另一方面进行粪便检查，发现大量虫卵就可确诊。

粪便检查法常采用直接涂片法和连续洗涤法，因为蛔虫卵数量多，如果感染强度较高时，直接涂片法很容易发现虫卵而确诊。

【防制方法】

（1）预防。

①定期驱虫。对患病犊牛及早发现和确诊，最好在15～30日龄进行驱虫。

②保持圈舍清洁卫生，经常打扫，勤换垫草，粪便进行堆积发酵，利用发酵的温度杀死虫卵，同时保持饲料、饮水清洁卫生，减少蛔虫虫卵的污染。

③在流行地区，母牛和犊牛应隔离饲养，以减少感染。

（2）治疗。

①丙硫咪唑（抗蠕敏）：每千克体重5～10mg，配成悬浮液灌服。

②左旋咪唑：每千克体重8～10mg，口服。

第十一节　肺线虫病

肺线虫病是由肺线虫属的网尾线虫寄生于肺部所引起的寄生虫病。以咳嗽，流黏性脓性鼻涕，消瘦为特征。

【病原】胎生网尾线虫，虫体呈丝状，乳白色或黄白色，虫卵呈椭圆形。

【发育史】胎生网尾线虫成虫寄生于支气管和气管等处，产卵，被咳至口腔，吞咽入消化道，第一期幼虫孵出，被排到外界，一周内蜕皮二次变为第三期幼虫（感染性幼虫），牛在吃草或饮水时吞入，第三期幼虫钻进肠系膜淋巴结变为第四期幼虫，沿淋巴、血液循环至肺，到达细支气管和支气管，发育为成虫。

【发病规律】本病主要危害犊牛，常呈暴发性流行，造成大批死亡；春秋是主要感染季节，多发生于潮湿多雨及气候寒冷的地区。

【临床症状】病牛表现咳嗽，初干咳，后变为湿咳，尤其是清晨和夜间明显。常从鼻孔流出黏性脓性分泌物，干涸后在鼻孔周围形成痂皮，常打喷嚏，呼吸加快或呼吸困难。体温有时升高至39.5～40℃，食欲减少或消失，消瘦、贫血，生长发育受阻，严重者死亡。

【诊断】根据流行特点、临床症状结合粪检发现第一期幼虫可确诊。

【防制方法】

（1）预防。

①定期驱虫。放牧前和放牧后各进行1～2次驱虫。粪便用生物热处理，以杀灭虫卵。

②注意放牧和饮水卫生。不要在潮湿的沼泽地区放牧，注意饮水卫生。

③药物预防。在放牧季节每隔一日在饲料中加入硫化二苯胺进行补饲，成牛1g，犊牛0.5g，自由采食。

（2）治疗。

丙硫咪唑：每千克体重5～10mg，口服。

伊维菌素：每千克体重0.2mg，皮下注射。

氰乙酰肼：每千克体重15～17.5mg，口服。

第十二节 螨 病

疥螨病是由疥螨科和痒螨科的螨虫寄生于牛体表或皮肤内所引起的一种慢性、接触传染性寄生虫病。临床上以湿疹性皮炎、脱毛及剧痒为特征。

【病原】疥螨科和痒螨科共六个属，以疥螨属和痒螨属最为重要。疥螨属的疥螨虫体呈龟形，背面粗糙隆起，腹面平滑，四对足，卵呈椭圆形。痒螨属的痒螨虫体呈长椭圆形，背面有细皱纹，腹面平滑，四对足，卵呈椭圆形。

【发育史】疥螨属不完全变态，其发育史包括卵、幼虫、稚虫（若虫）、成虫四个阶段。一生都寄生在动物体上，并能世代相继生活在同一宿主体上。雌雄螨交配后，雄虫不久死亡，雌虫特别活跃，边挖隧道边产卵，其后雌虫死亡。虫卵经3～4d孵出幼虫，幼虫离开原来隧道，另开新道，并在新隧道内蜕皮变为稚虫。稚虫也掘浅窄的隧道，并在其中蜕皮变为成虫。全部发育过程需要15～21d。

【发病规律】此病是通过与患畜或被污染的物体接触而感染。疥螨虫发育的最适宜条件是阳光不足和潮湿，所以牛舍潮湿，饲养密度过大，皮肤卫生状况不良时容易发病。发病季节主要在冬季和秋末、春初，病情严重。秋末以后，毛长而密,阳光直射动物时间减少,皮温恒定,湿度增高,有利于螨虫的生长繁殖。

【临床症状】本病无论是哪种类型与其他皮肤病相比,其皲裂发痒的程度都很剧烈。病初出现粟粒大的丘疹,随着病情的发展,开始出现发痒的症状。由于发痒,病牛不断地在物体上蹭皮肤,而使皮肤增加鳞屑、脱毛,致使皮肤变得又厚又硬。如果不及时治疗,1年内会遍及全身,病牛明显消瘦。

【诊断】根据临床症状和流行特点,可作出初步诊断。确诊应在皮肤病变部位与健康部位交界处,用刀刮取皮屑,置于载玻片上,滴加50%甘油水溶液,显微镜下检查虫体。

沉淀法:将刮取物放入5%~10%氢氧化钠或氢氧化钾溶液中浸泡2h,或煮沸数分钟,离心5min,取沉淀物制成压片,低倍镜下镜检。

漂浮法:按上述处理法进行,离心沉淀5min,弃去上清液,加入60%亚硫酸钠溶液适量,静置10min,螨可漂浮于液面,取表面层液体置于载玻片上,镜检虫体。

【防制方法】

(1) 预防。要改善饲养管理,保持牛舍的通风干燥,保持牛体的卫生;病牛隔离治疗;对已有虫体的牛群,在暖和的季节里,应采取种种预防性治疗措施杀灭虫体,防止入冬后蔓延开来。

(2) 治疗。对牛疥癣治疗方法很多,可选用其药液进行浸洗或喷雾。

①2%石灰硫磺溶液(生石灰5.4kg,硫磺粉10.8kg,水455L)浸洗,每周1次,连用4次。

②蝇毒灵乳剂:配成0.05%水溶液,喷淋或擦洗1次,1周后再治疗1次。

③1%奥佛麦菌素注射液:剂量为每千克体重0.02mL,一次皮下注射。

④溴氢菊酯(倍特):配成0.005%~0.008%水溶液,喷淋或涂擦,1周后再治疗1次。

⑤伊维菌素:每千克体重0.2mg,一次皮下注射,10d后重复注射1次。

第十三节 蜱 病

蜱病是由蜱类寄生于牛体表而引起的一种体外寄生虫病。以吸血和毒素危害牛,同时传播疾病。以瘙痒、渐进性消瘦和贫血为特征。主要有硬蜱和软蜱。

【病原】

(1) 硬蜱。俗称草爬子,虫体背腹扁平,两侧对称,呈长卵圆形,体表有弹性，雄性背面有由角质膜形成的硬壳叫盾板，虫体后缘有方块形的缘垛，雌性盾板只限于体前的1/3，无缘垛。腹面有4对肢，还有肛门、生殖孔、呼吸孔等。卵呈卵圆形，黄褐色，胶着成团。

（2）软蜱。虫体扁平，卵圆形，前端狭窄。与硬蜱的主要区别是背面无盾板，呈皮革样，上有乳头状或颗粒状结构，或具皱纹、盘状凹陷；假头在前部腹面，从背面不易见到，无孔区；须肢较长且游离；口下板不发达；腹面无几丁板。

【发育史】

（1）硬蜱。硬蜱是不完全变态的节肢动物，其发育过程包括卵、幼虫、若虫和成虫四个阶段。

（2）软蜱。软蜱发育过程也包括卵、幼虫、若虫和成虫四个阶段。

【发病规律】 本病的发生与环境卫生有很大关系；蜱的分布与气候、地势、土壤、植被和宿主等有关；硬蜱的活动有明显的季节性，大多数在春季开始活动。

【临床症状】 蜱直接吸食血液，大量寄生时可引起牛贫血，消瘦，发育不良，皮质量降低和产乳量下降等。由于叮咬使牛皮肤水肿、出血和急性炎性反应。蜱的唾液腺能分泌毒素，使牛厌食、体重减轻、代谢障碍和运动神经传导障碍等。

【诊断】 发现牛体上的蜱，结合临床症状可确诊。

【防制方法】

（1）牛体灭蜱。当少量寄生时可人工捕捉，用镊子夹住并使蜱体与皮肤成垂直拔出。当寄生数量多时须用药物灭蜱。冬季和初春，选用粉剂，用纱布袋撒布，药物可用3％马拉硫磷、2％害虫敌等，50～80g/头，每隔10d处理一次；在温暖季节用5％敌百虫、0.2％辛硫磷等乳剂向牛体表喷洒，400～500mL/头，每隔2～3周一次。

（2）牛舍灭蜱。把牛舍内墙抹平，向槽、墙、地面等裂缝撒杀蜱剂，用新鲜石灰、黄泥堵墙壁的缝隙和小洞。舍内经常喷灭蜱剂如溴氰菊酯、石灰粉和敌百虫等。

（3）草场灭蜱。改变有利于蜱生长的环境，翻耕牧地，清除杂草和喷药物等。

第十四节　牛皮蝇蛆病

牛皮蝇蛆病是皮蝇科皮蝇属的幼虫寄生于牛的背部皮下组织所引起的一种慢性寄生虫病。由于皮蝇幼虫的寄生，引起病牛瘙痒，局部疼痛，影响休息和采食，使患牛消瘦，犊牛发育不良，产乳量下降，皮革质量降低，造成巨大经济损失。

【病原】是牛皮蝇和蚊蝇的幼虫，俗称蹦虫，外形像蜜蜂（图9-5）。

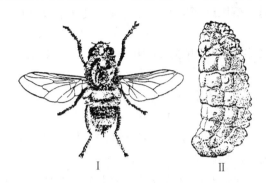

图9-5　牛皮蝇

Ⅰ.成蝇　Ⅱ.第三期幼虫

（孔繁瑶，家畜寄生虫学，1999）

(1) 成虫。牛皮蝇体长约15mm，翅淡黄色透明；纹皮蝇体长约13mm，胸背部有4条黑色条纹，翅褐色。

(2) 幼虫。呈蛆状，第Ⅰ期幼虫呈黄白色，第Ⅲ期幼虫呈棕褐色。粗壮，圆筒形，棕褐色。

(3) 虫卵。淡黄色，长圆形，表面有光泽，后端有长柄附着于牛毛上。

【发育史】包括卵、幼虫、蛹和成虫四个阶段。整个发育期约1年，其中在牛体内为10个月。成蝇在外界交配后，雌性寻找以牛为主的动物产卵，将卵产于四肢、腹部和体侧的被毛上。卵经1周孵出Ⅰ期幼虫，沿被毛即行钻入皮下，开始移行。纹皮蝇Ⅰ期幼虫沿疏松结缔组织走向胸腔、腹腔，在食道内蜕皮为Ⅱ期幼虫，停留5个月，移行到背部蜕皮为Ⅲ期幼虫；牛皮蝇沿外周神经外膜走至椎管硬膜外脂肪组织，蜕皮为Ⅱ期幼虫。幼虫到达背部皮下，Ⅲ期幼虫停留2～2.5月，趋于成熟，由皮孔蹦出，落于松土或厩粪内发育为蛹，经1～2个月化为成蝇。

【发病规律】本病的发生与环境卫生有很大关系。牛感染多发生在夏季炎热，成蝇飞翔的季节。

【临床症状】雌蝇产卵时引起牛恐惧不安，影响采食和休息，日久则消瘦，惊慌奔跑，可引起流产、跌伤、骨折甚至死亡。幼虫钻入皮肤，引起皮肤痛痒，精神不安。幼虫在体内移行时，造成移行部组织损伤，导致局部结缔组织增生和皮下蜂窝织炎，若继发细菌感染可化脓形成瘘管，流出脓液，同时皮革利用价值降低。肉质降低，乳牛产乳量下降。当发生变态反应时，出现流汗、乳房及阴门水肿、气喘、腹泻、口吐白沫等。幼虫进入大脑寄生可出现神经症状，甚至死亡。

【诊断】春季可在牛背上摸到长圆形硬结，以后瘤肿隆起，见有小孔，小孔周围有脓痂，用力挤压可挤出虫体而确诊；夏秋季节可在牛体被毛上查到虫卵确诊。

【防制方法】关键是掌握好驱虫时机，消灭牛体内的幼虫且不能让其发育到第三期幼虫。

(1) 皮蝇磷：每千克体重 100mg，口服。

(2) 伊维菌素：每千克体重 0.2mg，皮下注射。

(3) 驱蝇防扰：成蝇产卵季节每隔半月向牛体喷 2% 敌百虫溶液；对种牛可经常刷拭牛体表，以控制虫卵的孵化。

(4) 不要随意挤压瘤肿，以防虫体破裂引起变态反应。应用注射器吸取敌百虫水等药液直接注入，以杀死或使其蹦出。

复习思考题

1. 简述肝片吸虫的生活史及诊断要点。
2. 简述伊氏锥虫病的诊断要点及治疗措施。
3. 简述牛梨形虫的发育史及防制措施。
4. 简述莫尼茨绦虫发育史及防制措施。
5. 简述牛消化道线虫的发育史，消化道线虫病的诊断方法及防制措施。
6. 简述牛疥螨病临床症状、诊断方法及防制措施。
7. 试述焦虫病的诊断要点及治疗措施。
8. 如何预防蜱病的发生。

第十章

牛常见普通病的防治

第一节 食道阻塞

食道阻塞又叫草噎，是食团或异物阻塞于食道，导致吞咽发生障碍的疾病。临床特征是吞咽障碍、流涎、呃逆和并发瘤胃臌气。

【病因】原发性食道阻塞主要因过度饥饿或互相抢食未切碎的马铃薯、萝卜、甜菜、芜菁、甘薯等，或饲喂未经浸软的豆饼，或采食大量干燥的粒状或粉状饲料，常因采食过急、咀嚼不全或突然受到惊吓而引起。此外，饲料内有铁丝、针等异物刺入食道壁而引起阻塞；使役后，口干舌燥立即饲喂干料；老龄家畜因食道肌肉松弛，蠕动力弱等均可引起阻塞。

继发性食道阻塞常因食道麻痹、食道痉挛、食道狭窄所引起。

【发病机理】在致病因素的作用下，采食的饲料或异物，可阻塞于食管的任何部位。常见于咽后或颈的中部、下部。完全食管阻塞时，病牛采食的食物、饮水和分泌的唾液，都不能通过阻塞部位，不能嗳气和反刍，迅速发生瘤胃臌胀，发生痉挛性收缩。病牛神情烦闷、紧张，疼痛不安。不完全食管阻塞时，采食的食物、饮水和分泌的唾液，尚能通过食管进入胃内，病情较轻。

【临床症状】采食中突然发生退槽、停止采食，患牛神情紧张、骚动不安，表现头颈伸直，流涎，空嚼，惊慌；因食道和颈部肌肉收缩，引起反射性咳嗽；呼吸急促，摇头。颈部食道阻塞时，停止采食，在左侧颈部外方可摸到硬的阻塞物；胸部食道阻塞时，狂躁不安，张口哮喘，瘤胃明显臌胀，在阻塞部上方食道积有多量唾液，插入胃管探察时，在阻塞部受阻。若食道不完全阻塞，流涎不明显，尚能饮水；若完全阻塞时，流涎多，采食、饮水后立即从口腔漏出，瘤胃明显臌胀，呼吸困难，惊恐不安。食道上部发生阻塞，流涎并有大量白色唾液泡沫附着后边和鼻孔周围，吞咽的食物和唾液有时由鼻孔流出。若食道下部发生阻塞时，咽下的唾液先蓄积在上部食道内，颈左侧食道沟呈圆筒状臌起。

【诊断要点】

(1) 病牛突然停止采食，烦躁不安，头颈伸直，口流大量泡沫，也可从鼻孔流出，常继发瘤胃臌气、急性酸中毒。

(2) 阻塞部位如在颈部可在左侧食道沟处摸到硬块。

(3) 胃管探诊可以确认本病并能确定阻塞部位。

【防治措施】

(1) 预防。加强饲料的加工与保管。块根、块茎饲料应粉碎后再喂，饼类饲料应浸软压碎；饲料品种应稳定，突然加喂适口性好的饲料时，应防止贪食。

(2) 治疗。原则是迅速去除阻塞物，疏通食道，解除瘤胃臌气，进行综合治疗。

①解除瘤胃臌气。在左肷部臌胀最明显处做瘤胃穿刺，先剪毛，涂5%碘酊消毒后，用16号注射针头或套管针穿刺放气，放气速度不宜太快，放气后用0.25%普鲁卡因溶液50~100mL稀释青霉素160万IU或松节油40~60mL从穿刺部位注入瘤胃。

②除去阻塞物。这是治疗食道阻塞的关键。阻塞物在咽或咽后不远的食管部，可将牛妥善保定，装上开口器，术者用毛巾将手臂包住，手插入口腔，直接取出。

若阻塞物在颈部食管，多采用肌内注射2%静松灵1~2mL或胃管投入1%普鲁卡因溶液100mL，促使食道扩张并有镇痛作用，然后装上开口器，用手将阻塞物挤压到咽部，经口腔用手指取出。

若在胸部食道阻塞，为了使咽腔和食道润滑，消除食道痉挛，可预先通过胃管灌入5%普鲁卡因20~50mL，石蜡油200~300mL，用粗胃管将阻塞物推送到瘤胃中。对非块根类阻塞，镇痛麻醉后，采用打水法或冲洗法去除阻塞物。打水法是将胃管一头插入食道，一头接上灌肠器，连续往食道内打水，一般一次即通。如未通，可休息一会儿再重复。冲洗法是将胃管一头插入食道，一头接漏斗，将水灌满后去掉漏斗，换上橡皮球反复用力和有节奏地捏压皮球，并逐渐放低胃管，将阻塞物吸入胃管导出，或随水流出，反复多次可消除阻塞物。小牛口腔狭小，可将其保定，固定舌头并用压舌板压舌根，用长把钳子从咽部取出。保守疗法无效时，可行手术方法取出阻塞物。

对阻塞于食道内的金属物体、玻璃碎片等异物，不得采取按摩推送或强行拉出的方法，只宜用外科手术方法除去异物，防止发生食道破裂。

阻塞物解除后，要消炎，强心，利尿，补液，解除酸中毒，进行综合治疗。

第二节 前胃弛缓

前胃弛缓是前胃兴奋性降低、收缩力减弱，致使前胃内容物排出延迟所引起的以前胃运动和消化机能障碍为主要特征的一种常见病。特别是舍饲牛多见。

【病因】前胃弛缓可分为两种类型，即原发性前胃弛缓和继发性前胃弛缓。其病因比较复杂，原发性前胃弛缓都与饲养管理有关。

（1）不按时饲喂或突然改变饲养方式和饲料品种，饲养班次经常改变，由三班制改为两班制；由适口性差的饲料改为适口性好的饲料，致使牛过度贪食引发本病。

（2）为追求产乳量和提高产肉量而大量饲喂精料，特别是蛋白质饲料，致使消化紊乱引发本病。

（3）饲料质量低劣，饲喂冻结的块根和变质的青贮、酒糟或豆渣、粉渣、豆饼、菜籽饼等饲料。

（4）饲料单一，日粮配合不当，矿物质和维生素缺乏；天气寒冷，运动不足，缺乏日光照射，神经反应性降低，消化机能减退导致本病的发生。

继发性前胃弛缓病临床上通常是作为其他疾病的一种临床综合征出现。当牛患某些传染病、寄生虫病、代谢病、乳房炎、创伤性网胃炎等疾病时，临床上都伴有前胃迟缓的症状。

治疗用药不当，长期大量应用磺胺类和抗生素制剂，使瘤胃内微生物区系受到破坏，因而发生消化不良，呈现前胃弛缓。此外，受寒感冒，卫生不良，厩舍阴暗，密集饲喂等也可促使本病发生。

【发病机理】由于饲料、饲养管理以及自然条件和环境的变化等因素影响，导致中枢神经系统和植物神经机能紊乱，血钙水平降低，迷走神经末梢突触内的神经介质——乙酰胆碱释放减少、神经体液调节功能减退，从而导致前胃弛缓发生。瘤胃收缩力减弱，瘤胃内容物异常分解，产生大量有机酸，pH下降，其中菌群共生关系遭到破坏，纤毛虫的活力减弱或消失。毒性强的微生物异常增殖，产生多量的有毒物质和毒素，消化道反射性活动受到抑制，食欲、反刍减少或停止。前胃内容物不能正常运转与排除。瓣胃内容物停滞，伴发瓣胃阻塞，消化机能更趋紊乱，并因蛋白质腐败分解，形成酰胺、胺（包括组胺）等有毒物质，导致前胃变应性反应而陷于弛缓状态。

【临床症状】

（1）急性原发性前胃迟缓。病畜食欲减退或消失，反刍减少或停止，只吃一些干草而不吃精料；精神委顿，不愿站立；体温、呼吸、脉搏及全身机能状态明显异常。瘤胃收缩力减弱，蠕动次数减少或正常，瓣胃蠕动音低沉，奶牛泌乳量下降，时而嗳气，有酸臭味，便秘，粪便干硬、呈深褐色。触诊瘤胃表现松软，张力下降，内容物硬或呈粥状；由品质不好的饲料所引起的弛缓常伴有腹泻现象，粪便呈泥状或半液体状或呈水样，恶臭。如因变质饲料引起的，瘤胃收缩力消失，轻度或中度臌胀、下痢；由应激因素引起的，瘤胃内容物硬，无膨胀现象。如果伴发前胃炎或酸中毒，病情加剧恶化，呻吟，食欲、反刍废绝，排出大量棕褐色糊状粪便、具有恶臭；精神高度沉郁，体温下降；鼻镜干燥，眼球下陷，黏膜发绀，发生脱水现象。

(2) 慢性前胃迟缓。多因继发性因素所引起，或由急性转变而来，病情顽固，多数病例食欲时好时坏，反刍不规则，发生异嗜，被毛粗乱；便秘，粪球干硬，呈暗褐色、附着黏液；有时下痢，或下痢与便秘互相交替；瘤胃周期性或慢性臌气；眼球下陷，消瘦，严重者脱水和酸中毒。卧地不起，泌乳停止，结膜发绀，全身衰竭。

【诊断要点】

(1) 采食草料突然减少或废绝，有的出现异嗜，反刍减少或完全停止，粪干色深并附有黏液，病畜拱背磨牙。瘤胃兴奋性降低、收缩力减弱，瘤胃内容物不能正常蠕动。

(2) 瘤胃时有间歇性臌气，触诊瘤胃松软，蠕动力量减弱，次数减少，持续时间短，甚至蠕动消失。

前胃疾病临床发生较多，故应与类症相区别：

①与瘤胃积食的区别。积食发病突然，瘤胃扩大，触压硬固似捏粉，疼痛不安，全身症状明显，伸颈展头，呼吸困难。

②与瘤胃膨胀的区别。膨胀突然发生，瘤胃过度充盈气体，肚腹胀大，左肷部显著隆起，触诊瘤胃紧张而有弹性，叩诊多呈鼓音。

③与创伤性网胃炎的区别。创伤网胃炎病牛特征是肘头外展，肘震颤，空嚼磨牙，粪干、少、黑，外附黏液和血丝，疼痛而不愿走动。

④与胃肠炎的区别。胃肠炎病牛体温升高，剧烈持续性腹泻，疼痛不安，严重脱水和酸中毒，全身症状重剧，往往衰竭而死。

【防治措施】

(1) 预防。预防的关键是加强饲养管理。日粮应根据生理状况和生产性能的不同而合理配给，要注意精粗比、钙磷比，以保证机体获得必要的营养物质，防止单纯追求产奶量而片面追加精料的现象；要坚持合理的饲养管理制度，不突然变更饲料；不随意改换饲养班次，加强饲料保管，严禁饲喂发霉变质饲料；正确诊断疾病，对继发性前胃弛缓的病牛，一定要及时、正确地治疗原发性疾病。

（2）治疗。治疗的原则是消除病因，加强瘤胃兴奋和收缩力，健胃制酵，防止机体酸中毒，恢复正常消化机能。

①去除病因，加强护理。原发性前胃弛缓，病初禁食1～2d后，饲喂适量富有营养、容易消化的优质干草或放牧，迅速改善饲养管理。

②加强瘤胃运动，应用瘤胃兴奋药。在病的初期，宜用硫酸钠或硫酸镁300～500g、鱼石脂10～20g、温水600～1 000mL，一次内服；或用液体石蜡1 000mL、苦味酊20～30mL，一次内服，以促进瘤胃内容物运转与排除，或用10%比塞可灵5～10mL或新斯的明10～20mg，或毛果芸香碱30～50mg，皮下注射。但对病情危急、心脏衰弱、妊娠母牛，则须禁止应用。应用促反刍液，通常应用10%氯化钠溶液100mL、5%氯化钙溶液200mL、20%安钠咖溶液10mL，静脉注射，可促进前胃蠕动。硫酸镁500～1 000g，加水配成10%溶液，一次内服，效果良好。对初发性前胃弛缓及伴瘤胃臌气者，可用10%氯化钙200mL、10%氯化钠500mL、20%安钠咖10mL，灭菌后一次静脉注射，或用中草药健胃，如龙胆酊、大黄苏打片、牛健胃舒、促反刍散等。

③调节瘤胃pH，恢复瘤胃微生物的正常区系。投服碱性药物，可将人工盐250～300 g与碳酸氢钠100g加水混合一次灌服，或静脉注射3%～5%的碳酸氢钠300～500mL；灌服健康牛的瘤胃内容物，瘤胃内容物可从刚屠宰的健康牛或用抽吸法从健康牛瘤胃中得到。

④糖钙疗法。由于食欲和胃肠功能减退以及泌乳，常导致低血钙。因此，对每天产奶量20kg以上前胃弛缓的病牛，可用5%葡萄糖生理盐水1 000mL、25%葡萄糖液500mL、10%的葡萄糖酸钙500～1 000mL、5%碳酸氢钠500mL，一次静脉注射。每天1～2次，可收到满意的效果。

⑤防止脱水和自体中毒。可用25%葡萄糖溶液500～1 000mL，静脉注射；或用5%葡萄糖生理盐水1 000～2 000mL、40%乌洛托品溶液20～40mL、20%安钠咖注射液10～20mL，静脉注射。并配合胰岛素100～200IU，皮下注射。

第三节　瘤胃积食

瘤胃积食也叫瘤胃滞症，中兽医称为宿草不转，是指瘤胃内充盈过量的食物，引起急性瘤胃扩张，致使瘤胃运动及消化功能紊乱的一种疾病。本病是牛常见的多发病之一，特别是舍饲的牛更为常见。

【病因】瘤胃积食的病因，主要有以下几方面。

（1）喂精料及糟粕类饲料过多，粗饲料过少，片面地追求产奶量，给牛偏喂粉渣、糖渣。

（2）突然变更饲料，特别是将品质低劣、适口性较差的饲料换成品质好、适口性好的饲料时，牛过度贪食造成。

（3）饲料保管不严，牛从牛栏内跑出，偷吃过多的精料，而饮水不足。

（4）采食塑料薄膜、长绳、聚丙烯包装袋等，也能成为积食的原因。

（5）饥饱无常、饱食后立即使役及过劳；在前胃弛缓、创伤性网胃腹膜炎、瓣胃秘结以及皱胃阻塞等病程中，也常常继发本病。

【发病机理】当瘤胃充满过量饲料时，由于胃壁受到压迫和刺激，反射地使植物神经机能发生紊乱。初期副交感神经兴奋，瘤胃蠕动加强，随后转为抑制，瘤胃蠕动减弱甚至消失，陷于弛缓、扩张乃至麻痹。瘤胃体积增大，压迫邻近器官，同时使膈前移。影响心、肺活动及静脉回流。以致呼吸、循环紊乱。积聚在瘤胃内的食物，因腐败分解和发酵，产生大量气体和有毒物质而导致自体中毒。

【临床症状】病情发展迅速，通常在采食后数小时内发病，患牛临床表现症状明显。

病初神情不安，回头顾腹，上槽时步行缓慢，鼻镜干燥，弓腰，四肢缩于腹下，后肢频频移动，时见后肢踢其腹部，空嚼磨牙，呻吟。眼结膜充血、发绀。腹围增大。触诊瘤胃，病畜不安，内容物黏硬，用拳按压，遗留压痕。有的病畜瘤胃内容物坚硬如石。腹部臌胀，左肷部隆起，中下部向外突出。嗳气、流涎、食欲、反刍消失，听诊时，瘤胃蠕动音微弱或消失。叩诊呈浊音。直肠检查，可见瘤胃体积增大，移位于骨盆腔入口处，并可以触摸到。体温正常、也有升高者（39.5℃）。瘤胃积食严重时，呼吸急促，脉搏加快。

如果治疗失误和病程加长，奶牛泌乳量减少或停止。呼吸促迫而困难，皮温不整，四肢、角根和耳冰凉；随之全身中毒加剧，站立不稳，步态蹒跚，肌肉震颤，全身战栗，眼窝下陷，黏膜发绀，心律不齐，心音微弱，全身衰竭，卧地不起，陷于昏迷状态。

【诊断要点】本病根据其发生原因，采食过多后发病，腹围增大，左侧瘤胃上部饱满，中下部向外突出，按压瘤胃，内容物充满、坚硬，甚至不易压下，拳压留有压痕，食欲、反刍停止等病征即可确诊。

【防治措施】

（1）预防。

①严格执行饲喂制度，精料、糟粕类饲料的喂量要根据牛的不同生理状况、生产性能而定，不可偏喂多添，随意增量。

②做好饲料保管工作，加固牛栏防止牛跑出来偷吃过多精料。

③患畜前胃弛缓症状消除痊愈后，喂料应逐渐增多，多喂一些干草，以避免积食复发。

（2）治疗。治疗原则是恢复前胃运动机能，促进瘤胃内容物运转，消食化积，防止脱水与自体中毒。

①灌服泻剂，促进瘤胃内容物的排空。用硫酸镁或硫酸钠 500～1 000g、小苏打 100～200g，加足够的水，一次灌服，或液体石蜡或植物油 500～1 000mL、鱼石脂 15～20g、75％酒精 50～100mL、常水 6 000～10 000mL，一次内服。

②加强瘤胃收缩机能，解除自体中毒。用 10％比塞可灵 5～10mL，或新斯的明 0.01～0.02g，皮下注射，但心脏功能不全与孕牛忌用。5％葡萄糖生理盐水 2 000～4 000mL、25％葡萄糖液 500mL，安钠咖 2g，5％碳酸氢钠液 500～1 000mL，1 次静脉注射。

③洗胃疗法。即用胃导管灌入食盐水后，再将瘤胃内容物从导管内导出。当机体全身症状缓解后，可用 10％氯化钠液 300mL，20％安钠咖 10～20mL，1 次静脉注射。

如果积食严重，药物治疗效果不佳者，可采取瘤胃切开术取出过多内容物。

第四节　瘤胃臌气

瘤胃臌气是指患牛采食了大量容易发酵的饲料，在瘤胃和网胃因发酵产生大量气体，且气体不能以嗳气排出而蓄积于胃内，致使瘤胃体积增大而引起的瘤胃消化机能紊乱的疾病。本病的特征是病牛左肷窝部高度膨隆，瘤胃叩诊呈鼓音。

【病因】按病因可分为原发性与继发性两种类型。

（1）原发性瘤胃臌气。大量饲喂或偷食未经处理的大豆、豆饼以及苜蓿、甘薯秧和生长迅速而未成熟的豆科牧草、幼嫩的小麦、青草等可引起发病。

（2）继发性瘤胃臌气。主要见于前胃弛缓、创伤性网胃——腹膜炎、网胃或食道沟因异物导致的炎症、食道梗塞以及食道狭窄等情况下，都能引起排气障碍，致使瘤胃发生臌气。继发性瘤胃臌气多发于 6 个月龄前后的犊牛和圈养的育成牛。

【发病机理】在正常情况下，瘤胃内发酵所产生的气体（主要是二氧化碳、甲烷、硫化氢等）能通过嗳气排出，也有一部分被胃肠吸收，因而使产气和排气之间保持相对平衡，而不发生臌气。如果瘤胃内迅速产生大量气体，超过了正常的排气机能，既不能通过嗳气排出，又不能通过胃肠吸收，因而导致瘤胃急剧积气而扩张、膨胀。特别是采食了大量含有植物蛋白、皂苷和黏性物质的饲料或粉状饲料（如豆科植物中的紫云英或小麦麸、玉米麸、粉状谷物等）时，产生的气泡与食糜混合，不易上升而形成大量的泡沫，阻塞贲门，妨碍嗳气，迅速地导致泡沫性臌气的发生和发展，病情急剧，最为危险。

由于瘤胃过度膨胀，膈向胸腔前移，使胸腔变小，心、肺受到压迫，因而导致呼吸及循环障碍而呈现呼吸困难，心跳加快，进而引起窒息或心脏麻痹而导致死亡。

【临床症状】

（1）急性瘤胃臌气。通常在采食大量发酵性饲料后迅速发病，肚腹胀大，左肷部显著隆突为其特征。触诊腹壁紧张而有弹力，叩诊有鼓音，有时带金属音。听诊瘤胃蠕动音初期强，后转弱到完全消失，但可听到气体发生音。患牛垂头弓背，四肢缩于腹下，呆立，紧张不安，食欲与反刍停止；呼吸困难，呼吸数增至 60 次/min 以上；脉搏微弱急速，心动亢进，可达 100~120 次/min 以上。心音高朗，颈静脉怒张，眼结膜暗紫色。眼球突出，全身出汗，张口呼吸，口内流出泡沫状唾液。瘤胃穿刺时，只能断断续续地排出少量气体。瘤胃液随着瘤胃紧张收缩向上涌出，阻塞穿刺针孔，排气困难。

（2）慢性瘤胃臌气。多为继发性因素引起，病情弛张，瘤胃中度臌胀，时而消长，常在采食或饮水后反复发生，通常为非泡沫性臌气。

【诊断要点】

（1）急性瘤胃臌气。根据采食大量易发酵性饲料发病，腹部臌胀，左肷部凸出。触诊有弹性，叩诊呈鼓音，有时带金属音，可作出诊断。

（2）慢性瘤胃臌气。瘤胃反复产生气体，通过分析原发病因也能确诊。

【防治措施】

（1）预防。本病的预防着重加强饲养管理。不过多饲喂多汁幼嫩饲料；在饲喂多汁饲料时应配合干草；幼嫩牧草，饱食后易发酵，应晒干后掺杂干草饲喂，喂量应有所限制；不喂披霜带露的、堆积发热的和腐败变质的饲草、饲料；加强饲料的加工调制和日粮配合。在放牧或改喂青绿饲料前一周，先混合饲喂青干草和秸秆，然后放牧或青饲，以免饲料骤变发生过食；放牧还应注意茂盛牧区和贫瘠草场进行轮牧，避免过食。注意饲料保管，防止霉败变质；注意精粗比和矿物质的供给，以防止继发性臌气的发生。

（2）治疗。本病的病情发展急剧，抢救病畜，重在及时。采取有效的紧急措施，排气消胀，才能挽救病畜。因此，治疗原则着重于排除气体，消沫止酵，健胃消导，强心补液。

对急重症病例发生窒息危象时，应立即采取瘤胃穿刺术，放气进行急救。但放气不能过快，以免病牛因大脑贫血而昏迷。放气后用0.25%普鲁卡因溶液50～100mL，青霉素100万IU，由套管针注入瘤胃，效果更佳。

病初症状较轻者，用松节油40mL、鱼石脂25g、酒精50mL加水稀释，一次灌服。泡沫性臌气，可用植物油300mL，加水500mL用套管针注入瘤胃，或用液体石蜡800mL，松节油40mL加温水内服；非泡沫性臌气，可用鱼石脂30g，酒精100～150mL用套管针注入瘤胃内。或用生石灰200～250g，豆油250g，加水3 000mL灌服；另外，为了防止臌气症状复发，促使舌头不断运动而利于嗳气，可用一根长30～40cm的光滑圆木棒，上面涂上鱼石脂嚼在病牛口中，然后将两端用细绳系在牛头角根后固定，实践证明此方法即简便又有效。

若用药无效时，应立即采取瘤胃切开术，取出其中内容物。

对伴有低血钙或低血糖的病牛，应补糖、补钙、补碱。如50%葡萄糖液500mL，10%葡萄糖酸钙液500mL，5%碳酸氢钠液500mL，安钠咖20mL，一次静脉注射，每天1次。

接种瘤胃液，采用健康牛瘤胃液3～6L。并加入青霉素适量，灌入瘤胃内，提高防治效果。

第五节　瓣胃阻塞

瓣胃阻塞又称百叶干，是由于采食不易消化的饲料，瓣胃收缩力减弱，大量干涸的内容物蓄积于瓣胃，以粪便干燥、鼻镜龟裂、瓣胃肌麻痹和胃小叶压迫性坏死为特征的一种严重疾病。常呈慢性发展，一般原发性少见，继发性较多。

【病因】

（1）原发性瓣胃阻塞主要是由于长期饲喂细碎坚实的饲料或麸糠、菜籽饼、酒糟等混有泥沙的饲草，或久喂坚韧而难以消化的饲料而饮水不足引起的。

（2）继发性者见于前胃弛缓、瘤胃积食、瓣胃炎、网胃与膈肌粘连、真胃变位、血原虫病及其他热性病。

【临床症状】病初食欲、反刍减少，空嚼磨牙，鼻镜干燥，口腔潮红，精神沉郁，体温正常。严重时食欲废绝，鼻镜龟裂，眼凹陷，呻吟，磨牙。粪便逐渐减少，后呈顽固性便秘，粪便干燥呈算盘珠状，外面带有大量黏液。在右侧第7~9肋间，肩胛关节水平线上听诊瓣胃，蠕动音由弱到停止，触诊和叩诊有痛感。后期体温升高，呼吸和脉搏加快。若治疗不当，病畜多因脱水、衰竭卧地而亡。

【诊断要点】根据瓣胃蠕动音低沉或消失，触诊瓣胃有痛感；叩诊浊音区扩大，鼻镜干燥，粪便干硬呈算盘珠状，外裹有大量黏液，可做出诊断。但在临床上极易与前胃弛缓、瘤胃积食、创伤性网胃炎和肠便秘相混淆，故应予以区别。

【防治措施】

（1）预防。加强饲养管理，对粗硬不易消化的饲料要进行加工处理，铡草不宜过短，增加青绿多汁饲料，给予充足饮水。

（2）治疗。以增强前胃运动机能和通便为原则，灌服泻剂，补充电解质溶液、防止脱水。

①内服泻剂。石蜡油1 000~2 000mL，硫酸镁（或硫酸钠）300~500g，番木鳖酊10~20mL，龙胆酊30~50mL，加水2 000~3 000mL，一次内服。或用硫酸镁500~1 000g，配制成8％溶液，一次灌服。用液体石蜡1 000mL，灌服。为了恢复瓣胃机能，可用10％氯化钠溶液300~500mL、20％安钠咖10~20mL，一次静脉注射。

②瓣胃注射。在右侧第10肋骨末端上方3~4指宽处，用10cm长的针头，经肋骨间隙，略向下刺入瓣胃，用注射器抽取胃内容物，如抽到食物污染的液体，证明已刺入瓣胃内，然后向内注入10％硫酸镁（钠）溶液500~1 000mL，石蜡油300~500mL，也可同时加入普鲁卡因2g，盐酸土霉素3~5g，混合一次瓣胃内注入。

第六节　瘤胃酸中毒

瘤胃酸中毒是由于牛采食过量的精料（豆类和谷物）或长期饲喂酸度过高的青贮饲料而使瘤胃内乳酸产生过多引起的全身性代谢性酸中毒。高产奶牛发病率较高。

【病因】主要是因过食或偷食大量含碳水化合物的饲料如小麦、玉米、水稻、高粱、马铃薯及其副产品等所引起；国外尚有因过食苹果、葡萄、面包屑、糖渣、醋渣、啤酒精等所引起乳酸中毒的报道。在国内许多地方尤其是农村养殖户为了追求奶牛高产，在临产奶牛入产房后不限制精饲料喂量或者添料不均，偏饲高产牛而导致发病。

另外，临产牛、高产牛抵抗力低、寒冷、气候骤变、分娩等应激因素，都可引起本病发生。

【发病机理】过食精料后 2～6h 瘤胃的微生物群体出现明显变化，瘤胃中的牛乳酸链球菌、乳酸杆菌、溶淀粉链球菌等迅速繁殖，它们利用碳水化合物而产生大量乳酸、挥发性脂肪酸和氨等，使瘤胃的 pH 降至 5 以下，此时溶解纤维素的细菌和原虫被抑制。瘤胃内正常微生物区系遭到严重破坏，乳酸增多，能提高瘤胃的渗透压，并使水从全身循环进入瘤胃，引起血液浓缩、脱水，瘤胃积液。同时，瘤胃的缓冲剂可缓冲一些乳酸，但是大量的乳酸通过胃壁吸收，造成酸中毒。

【临床症状】过食粒状谷物 24h 内不出现任何症状，食入过多者有轻度瘤胃积食（15kg 以上）。24h 后，不食、不反刍，胃肠弛缓，并有脱水现象。48h 后出现胃肠炎，排出稀而恶臭的粪便。少数是进行性脱水，并伴有心率过速。过食粉状谷物如小麦粉、大麦粉在 36h 后发生泡沫状臌气，并有胃肠炎。

过食豆类饲料，包括黄豆、豆饼，基本症状与过食谷粒相同。但神经症状明显，俗称"豆疯"，食入豆饼后发病更快，12h 后立即出现双眼睁大，头抵墙、转圈、盲目行走，甚至失明、角弓反张。过食黄豆者发病较慢，一般食后 24～48h，出现上述症状，兴奋后即转入抑制，动物卧地不起，双目呆滞，牙关紧闭，食欲废绝，反刍停止。粪先干后软，内有膨胀的豆粒，并有腐臭味，后期对外反射消失，陷于昏迷，肢端发凉，体温下降至 35℃ 以下。心音亢进或低沉。第二心音消失。胃肠蠕动完全停止，常在昏迷中死去。

【诊断要点】

（1）有过食豆、谷等精饲料的病史。

（2）发病迅速、病程短急，一般在过食 8～12h 内发病，最急的食后 3～5h 突然死亡。

食欲废绝，反刍停止，瘤胃胀满，瘤胃蠕动音消失，触诊有波动感，冲击或触诊有震水音；视觉障碍，中枢神经兴奋，脱水，酸中毒，腹泻，瘫痪、休克、无尿或少尿。

（3）血液酸度增高，血浆二氧化碳结合力降低，尿 pH 降低，瘤胃液酸臭。

【防治措施】

（1）预防。主要加强饲养管理，防止过食，高产奶牛应适当控制精料供给量，保持精、粗料比平衡，并逐步过渡。

（2）治疗。治疗原则是矫正瘤胃和全身性酸中毒，防止乳酸的进一步产生；恢复损失的体液和电解质，并维持循环血量；恢复前胃和肠管运动。

在治疗过程中，先禁食 1～2d，而后饲喂优质干草。瘤胃酸中毒病畜，因瘤胃积液，渴而饮欲增加，要限制饮水，如饮水过量，易促进死亡。

①缓解酸中毒。静脉注射5％碳酸氢钠1 000～1 500mL，每日1～2次，并内服苏打粉100～200g；也可静脉注射硫代硫酸钠5～20g，或28.75％谷氨酸钠40～80mL；或输给5％葡萄糖氯化钠溶液1 500～2 500mL，内加5％碳酸氢钠或11.2％乳酸钠200～500mL；或将200～300g椰子渣的活性炭混入水中灌入胃中，效果十分显著。为促进乳酸代谢，可肌内注射维生素B_1 0.2～0.4g，并内服酵母片。瘤胃注入碳酸钠或碳酸氢钠，切断酸形成，有利于纠正酸中毒，将350g碳酸氢钠溶解在5 000mL水中，另加石蜡油1 000mL，灌服，可以缓解瘤胃内容物的酸度；投以油类泻剂或盐类泻剂，芒硝用量最大为1 500g，石蜡油1 000mL，对过食谷物牛有一定效果、但对过食豆类牛收效不明显。

②补充水及电解质。促进血液循环和毒素的排出。常用生理盐水、糖盐水、复合生理盐水、低分子右旋糖酐各500～1 000mL，混合静脉注射。

补液、补碱的量以牛的精神状态和是否有尿液排出而定。当精神状况明显改善，有清亮尿液排出，尿液pH＞6.6时，说明酸中毒已暂时缓解，停几小时后还可继续补给，同时给予维生素E、维生素B_{12}及氢化可的松等对症措施。

③兴奋瘤胃可用新斯的明皮下注射。

④出现神经症状时，可肌内注射静松灵1～2mL。

对泡沫性臌气的牛，可灌服鱼石脂酒精或松节油，洗胃后再灌服碳酸氢钠；当瘤胃内环境改善后可灌服瘤胃液，以接种纤毛虫和瘤胃微生物。

第七节　创伤性网胃炎——心包炎

创伤性网胃心包炎是由于异物刺入网胃壁，进而穿过网胃壁、膈肌刺入心包引起的网胃和心包的炎症，以肘肌震颤、下坡和左转弯困难为特征。主要发生于舍饲的奶牛。

【病因】在饲料加工过程中，由于对铁丝、铁钉、缝针、发卡、注射针头等各种尖锐异物处理不当，致使混入饲料中。而牛采食迅速，并不咀嚼，以唾液裹合成团，囫囵吞咽，往往将随同饲料的金属异物吞咽落进网胃，在瘤胃积食或臌胀、妊娠、分娩、重剧劳役以及奔跑、跳沟、滑倒、手术保定等过程中，腹内压升高，从而促使本病的发生和发展。

矿物质、维生素饲料缺乏时，牛产生异食癖，而吞进尖硬异物。

【发病机理】牛有采食迅速，咀嚼不充分，又有舔食异物的习性，在饲养管理不注意的情况下，往往将金属异物随同食物咽下。落入网胃的金属异物，即使短小，也容易刺进胃壁，并以胃壁成为金属异物的支点，向前可刺损膈、心、肺，向后则刺损肝、脾、瓣胃、肠和腹膜等（图 10-1）。

图 10-1 网胃内异物造成损伤模式
1. 食道 2. 网胃 3. 真胃 4. 肠 5. 肝 6. 肺 7. 心包
（李国江，动物普通病，2001）

创伤性心包炎时，由于胃内的化脓菌或腐败菌随同异物感染心包、邻近组织如胸膜、心肌的炎症蔓延至心包也能发生。病初心包充血、渗出，上皮肿胀变性、剥脱，随后大量含纤维蛋白的浆液渗出，充满于心包腔内，往往引起腐败和化脓过程，最后导致全身性脓毒症或败血症，往往预后不良。

【临床症状】单纯性网胃炎即尚未刺伤其他组织时，全身反应不明显。体温、呼吸和脉搏正常，仅有少数病牛初期体温升高（39.5～40℃），排粪正常；后期见粪干、少、黑，外附黏液或血液。病程较长者，反复出现前胃弛缓，有的反复发生瘤胃臌胀，转为慢性过程，精神萎靡，消化不良，病情时而好转，时而恶化，逐渐消瘦，产奶量持续减少。

发生创伤性心包炎时，病牛精神痛苦，食欲、反刍停止，瘤胃蠕动音消失，站立时弓背，不愿行走，下坡和左转弯困难；有斜坡时，前肢往往爱站在高坡处。产奶量下降或无奶。粪便干、小呈黑色，并有的排出黑色稀粪——败血性腹泻，被毛粗乱，无光泽且逆立。肘头外展、肘肌震颤、空嚼磨牙。颈静脉怒张，粗硬成条索状，波动明显。体温升高达 40～41℃。心跳增加，每分钟达 100～130 次。第一、二心音模糊不清，初期可听到拍水音、摩擦音，后期心包增厚，摩擦音消失。心包体积增大时，叩诊浊音界扩大。

随着病程延长，可见胸、下颌水肿。

【诊断要点】本病诊断时一定要注意食欲变化、粪便颜色、心跳体温变化、独特姿势及药物治疗效果，并查证饲料加工过程中有无消除尖锐异物的设施等。

（1）对突然不食、排粪干固、色暗的病例，使用大量泻剂无泻下作用且仍无食欲者，多与创伤性网胃炎有关。

（2）如产奶量在 20kg 以上的牛，凡突然不食，产奶量下降或无乳，主要呈瘤胃弛缓或瘤胃臌胀，而心跳体温正常，使用糖钙疗法（25％葡萄糖溶液和 20％葡萄糖酸钙各 500mL，1 次静脉注射）治疗 2～3d，症状和食欲仍未好者可疑为本病。

（3）分娩前后的母牛，食欲减退或废绝，体温、心跳正常，主要呈前胃弛缓症状，用糖钙疗法无效者，可疑为本病。

创伤性心包炎依据临床特征，可以初步确诊，最后的确诊可抽取心包液检查。先在左侧第 4～6 肋间，肘关节水平线上剪毛，用 10％碘酒消毒。然后用带胶管的穿刺针直刺到心包内（进针深 4～5cm），用注射器抽取心包液。病牛的心包液呈淡黄色、深黄色、暗褐色、灰白色，有腐臭味，见空气易凝固。

创伤性网胃炎是创伤性心包炎的前期阶段，后者是前者的继续恶化与发展。故症状有很多相似之处。只是前者尚未侵害心包，故心包无拍水音、摩擦音，胸、颌下无水肿。

【防治措施】创伤性网胃炎——心包炎的防治关键在于预防。

（1）预防。要加强对饲草、饲料的加工与管理，建立完善的消除饲料中金属异物的设施，减少被牛吞食的机会。用磁铁吸引器定期从网胃中吸取金属异物；除去饲料、饲草中的异物，以防该病的发生。在牛场建设时，应选择偏僻的地方；场内维修车间应远离饲料存放地点；要宣传金属异物对牛健康的危害性，让人们养成自觉清除各种金属异物的习惯，不随意携带金属异物进入牛棚。发现有铁丝、铁钉及时捡取。

对已确诊为创伤性网胃炎的病牛，视情况或淘汰或做手术，取出异物，避免耽误，使病情恶化，刺伤心包。

（2）治疗。创伤性网胃炎，在早期如无继发病，采取手术疗法，施行瘤胃切开术，从网胃壁上摘除金属异物，同时加强护理措施。

病初为了减轻网胃的压力，让病牛站在前方稍高于后方的牛床上，保持前高后低的姿势，促使异物退出网胃壁。同时应用青霉素 300 万 IU 与链霉素 3g，分别肌内注射，连续用药 3d；或用特制磁铁取铁器经口投入网胃中，吸取胃中金属异物，同时应用青霉素和链霉素，肌内注射，治愈率约达 50％，但有少数病例复发。

在临床治疗效果不理想时，应采用瘤胃切开术，通过瘤胃的瘤网口进入网胃探寻并取出金属异物，如无并发症，手术后再加强饲养护理，治愈率在 90％以上。

创伤性心包炎药物治疗基本无效，手术治疗费用大，即使成活，护理期长，其空怀天数延长，饲养费开支增加，所以一旦确诊，应尽早淘汰。

第八节 胃肠炎

胃肠炎是指皱胃与肠道黏膜及其深层组织的炎症。其临床特征是体温升高、腹泻、腹痛、脱水和酸中毒。本病是奶牛和犊牛的常发病。

【病因】可分为原发性和继发性两种。

（1）原发性胃肠炎。主要是饲养管理不当造成的。如奶牛食入了霉败、变质、冰冻不洁或混有泥沙、有毒物质的饲草和饮水、营养不良、长途运输、胃肠机能障碍等使机体抵抗力降低，导致肠道中大肠杆菌大量繁殖而发病；或者由于滥用抗生素，一方面使细菌产生抗药性，另一方面在用药过程中造成肠道的菌群失调引起的二重感染问题，也易致病。

（2）继发性胃肠炎。多见于某些传染病，常见于大肠杆菌病、沙门氏杆菌病、牛巴氏杆菌病、传染性病毒性腹泻、副结核、恶性卡他热、犊牛球虫病等，都伴有胃肠炎的出现。也可继发于前胃弛缓、创伤性网胃炎、败血性乳房炎和子宫炎等。

【发病机理】胃肠黏膜在致病因素炎性产物的刺激下，黏液分泌增多、肠蠕动增强引起腹泻；黏液包裹食糜，阻碍食糜颗粒与消化酶类接触，从而加重消化障碍，为肠道内的大肠杆菌，腐败梭菌以及沙门氏杆菌等的发育繁殖，提供良好的环境条件，使肠道菌群的比例发生急剧改变。大肠杆菌等革兰氏阴性杆菌过度繁殖，其菌体大量崩解，释放出大量内毒素，吸收入血，则可发生内毒素血症，甚至引起休克。随着炎症的进一步发展，消化不全产物、炎性产物、腐败产物和细菌毒素等有毒物质不断积聚，对胃肠黏膜的刺激增强。使黏膜坏死、剥脱，甚至侵害到黏膜下的深层组织使之发生出血、坏死，不仅使肠壁的防御机能更加破坏，而且使选择性吸收功能丧失，肠道内的有毒物质，更易吸收入血，迅速弥散。尤其是炎症主要侵害胃和小肠时，由于肠道蠕动减弱，排粪迟缓，其自体中毒发展更快、更严重，全身性反应（体温升高，呼吸、脉搏加快，精神沉郁等）更显著。

重剧的腹泻使大量体液、电解质（主要 Na^+、K^+）碱性物质（主要是 HCO_3^-）随腹泻丢失，引起水盐代谢紊乱和酸碱平衡失调，发生不同程度的脱水和酸中毒。最终引起心力衰竭，如不早期进行治疗，多于短时间内死亡。

【临床症状】奶牛发生剧烈而持续的腹泻是本病的主要特征。粪便呈水样，混有黏液、血液、黏膜、组织碎片，有时有脓液和恶臭，肠蠕动音增强，后期肠音减弱或消失，肛门松弛，排粪失禁，病牛呈现里急后重现象，肛门周围及尾部沾有污秽的粪便。病牛精神沉郁，食欲与反刍减少或消失，伴发不同程度的腹痛症状,全身消瘦、衰弱但渴欲增加,结膜充血,多伴有黄疸,体温升高至40~41℃,心跳和呼吸增数且减弱,泌乳减少或停止,鼻镜干燥,皮温不整,眼球下陷,常伴有口炎。病程长者卧地,呻吟,磨牙,四肢末端发凉,全身症状明显,严重时死亡。

【诊断要点】首先应根据全身症状,食欲紊乱,以及粪便中含有病理性产物等,多不难作出正确诊断。进行流行病学调查,血、粪、尿的化验,对单纯性胃肠炎、传染病、寄生虫病的继发性胃肠炎可进行鉴别诊断。怀疑中毒时,应检查饲料和其他可疑物质。

【防治措施】

(1) 预防。以"预防为主"为原则,着重改善饲养管理,适当运动,合理利用,保证健康。

(2) 治疗。治疗的原则是清理胃肠,保护胃肠黏膜,制止胃肠内容物的腐败发酵,维护心脏机能,消除中毒,预防脱水和体内离子失衡,加强护理。

①根据病畜腹泻剧烈,粪便混有黏液、脓汁、恶臭时,应使用缓泻药物和防腐剂。常用硫酸镁500g,鱼石脂20g,加水一次灌服;或用植物油500mL或液体石蜡油1 000mL,鱼石脂20g,混合温水内服。也可以用硫酸钠200~300g或人工盐200~400g配成6%~8%溶液,另加酒精50mL,鱼石脂10~30g调匀内服。当粪便稀薄如水,臭味不浓时应及时止泻。可用药用炭100~200g加适量常水一次内服。投服次硝酸铋、药用炭悬浮液等保护胃肠黏膜。

②消除炎症,防止败血症,是治疗胃肠炎的根本措施,应用于整个病程。但口服抗生素可造成瘤胃微生物区系失调。因此,在选用抗生素时,最好送检患畜粪便,做药物敏感试验,为选用或调整药物作参考。常用磺胺脒30~50g,一次内服,每天3次;黄连素2~4g,一次内服,每天3次;诺氟沙星、环丙沙星、氧氟沙星等对重剧胃肠炎可收到较好的效果。

③为解除脱水和酸中毒,维护心脏功能,应尽早进行补液。采用5%葡萄糖生理盐水2 500~4 000mL、盐酸四环素200万~250万IU、25%葡萄糖注射液1 000mL、20%苯甲酸钠咖啡因10~20mL、5%碳酸氢钠液500mL,维生素C 1~2g,一次静脉注射,每天2次。患牛尿液的pH已呈碱性时,可停止注射5%碳酸氢钠溶液。

第九节 感　　冒

感冒是由于气候的骤变,牛受寒冷的影响,机体的防御机能降低,引起以上呼吸道感染为主的以鼻流清涕、羞明流泪、咳嗽、呼吸增数、皮温不均为特征的一种急性热性病。一年四季均可发生。尤以春、秋气候多变时多见，不同年龄的牛均可发生。

【病因】本病主要是由于受寒冷的突然袭击所致，如舍饲的牛突然在寒冷的气候条件下露宿；圈舍条件差，受贼风吹袭；使役出汗后被雨淋风吹等。寒冷因素作用于全身时，牛体防御机能降低，上呼吸道黏膜的血管收缩，分泌减少，气管黏膜上皮纤毛运动减弱，致使呼吸道常在菌大量繁殖。由于细菌产物的刺激，引起上呼吸道黏膜的炎症，因而出现咳嗽、流鼻涕，甚至体温升高等现象。

【发病机理】由于呼吸道常在细菌和病毒的大量繁殖，产生毒素，刺激黏膜充血、肿胀、渗出、而引起呼吸道黏膜发炎，黏膜敏感，出现呼吸不畅、咳嗽、喷鼻、流鼻液等现象。

细菌毒素及炎性产物被机体吸收后，作用于体温中枢，使体温上升，初皮温不均，不久皮温升高。由于温热的作用，眼结膜充血、呼吸心跳加快、尿量减少，胃肠蠕动减弱。出现因体温上升而引起的如结膜潮红，呼吸、脉搏增快、肠音低沉稀少、粪便干燥、尿量减少、食欲不振、精神沉郁等一系列症状。

【临床症状】病牛食欲减退，体温升高，结膜充血，甚至羞明流泪，眼睑轻度浮肿，精神沉郁，畏寒、耳尖、鼻端发凉，皮温不整。鼻黏膜充血，鼻塞不通。初流水样鼻液，随后转为黏液或黏液脓性、咳嗽、呼吸加快。并发支气管炎时，则出现干、湿性啰音；心跳加快，口黏膜干燥，舌苔薄白；牛鼻镜干燥，并出现反刍减弱，瘤胃蠕动减弱，如不及时治疗，易继发支气管炎，特别是犊牛。

【诊断要点】根据鼻流清涕、羞明流泪、咳嗽、呼吸增数、皮温不均等特征可确诊。但应与流行性感冒相区别。流行性感冒为流行性感冒病毒引起，传播迅速。有明显的流行性，往往大批发生，依此可与感冒鉴别。

【防治措施】

（1）预防。除加强饲养管理，增强机体耐寒性锻炼外，主要应防止牛突然受寒。如防止贼风吹袭，使役出汗时不要把牛拴在阴凉潮湿的地方，冬季气候突然变化时注意采取防寒措施等。

（2）治疗。本病治疗应以解热镇痛，抗菌消炎为主，可肌内注射复方氨基比林20~40mL。或30%安乃近20~40mL，1~2次/d。或畜毒清10~20mL，肌内注射。若为风热感冒，可用银翘解毒丸或羚翘解毒丸15个（犊牛减半），捣碎用水冲服，2次/d。

为预防继发感染，在使用解热镇痛剂后，体温仍不下降或症状没有减轻时，可适当使用磺胺类药物或抗生素。

第十节 肺 炎

肺炎是一种卡他性肺炎，有时为卡他性纤维素性肺炎，单纯纤维素性肺炎不常见。是犊牛常见病之一，多见于春、秋气候多变季节。

【病因】犊牛受寒感冒，或机械、化学因素的刺激，如犊牛舍寒冷和潮湿、或日光照射不足、通风不良、经常蓄积有害的气体（如氨等）、密集管理、犊牛舍过热，运动不足以及受贼风侵袭，雨雪浇淋；母牛营养不良，奶的质量差，缺乏维生素A、维生素D及矿物质等易使犊牛发生肺炎；当犊牛抵抗力降低，肺炎球菌及各种病原微生物乘虚而入迅速繁殖，细菌毒力增强而使犊牛发生肺炎。

此外，本病继发于某些微生物的感染，如副伤寒杆菌、副流感病毒、腺病毒、大肠杆菌、双球菌等的感染。

【发病机理】在致病因素的作用下，机体抵抗力下降，病原微生物经支气管、血液循环或淋巴循环，到达肺组织，迅速繁殖引起炎症反应。细菌毒素和炎症组织的分解产物被吸收后，又引起动物机体的全身性反应，如高热、血液循环障碍等。

【临床症状】犊牛肺炎有急性型和慢性型两种。急性型多见于1～3月龄的犊牛。精神萎靡，食欲减退或废绝。结膜充血，以后发绀。体温升高达40℃，心跳次数增加，重症时心音微弱，心律不齐。呼吸困难，浅表频数，多呈腹式呼吸，甚至头颈伸张、咳嗽。开始干而痛，后变为湿性。犊牛于每次咳嗽之后，常伴有吞咽动作，时而发生喷鼻声。同时出现鼻液，初为浆液性，后为黏稠脓性。

胸部叩诊呈现浊音。听诊时干性或湿性啰音，在病灶部肺泡呼吸音减弱或消失，可能出现捻发音。

慢性型多发生于3～6月龄的犊牛。病初为间断性的咳嗽。呼吸加速而困难，听诊有湿性和干性啰音，间或有支气管呼吸音。体温略有升高，病程较慢，发育迟滞，日渐消瘦。

本病常因肺炎及肺气肿，心力衰竭和败血症而死。不死者，转为慢性咳嗽，被毛粗乱消瘦、下痢、贫血、生长缓慢。

X射线检查，一般在肺的心叶有许多散在灶状阴影。

【诊断要点】本病可根据病史如环境条件；临床症状如咳嗽、肺部变化和X射线检查心叶的灶状阴影等而确诊。病原诊断须排除特异性微生物感染，如犊牛病毒性肺炎、出血性败血症、犊牛网尾线虫等。

【防治措施】

(1) 预防。加强妊娠母牛的饲养管理，给予富有营养的饲料，特别是蛋白质、维生素、微量元素和矿物盐，并进行适当的室外运动，获得体质健壮的犊牛。犊牛出生后要及时喂给充足的初乳；犊牛舍应保持清洁干燥，通风良好，定期消毒。不可密集，严防感冒，发现犊牛有病及时治疗。

(2) 治疗。治疗原则主要是加强护理，抑菌消炎和祛痰止咳，以及对症治疗。

①加强护理。厩舍内要保持清洁，通风良好。天暖时要使犊牛随母牛在附近牧地放牧，或行适当运动，并给予哺乳母牛和犊牛以营养丰富的饲料。

②抑菌消炎。主要采用抗生素或磺胺类药物，亦可加用磺胺增效剂。

为了促使炎症消散，可用青霉素或链霉素，溶于 5mL 注射用水内，向气管内缓缓注入，1 次/d，连用 5～9 次为一疗程。或用青霉素 1.3 万～1.4 万 IU/kg，链霉素 3 万～3.5 万 IU/kg，加适量注射用水肌内注射，2～3 次/d，连用 5～7d；病重者，可用磺胺二甲基嘧啶 70mg/kg、维生素 C 10mg/kg、维生素 B 族 30～50mg、5％葡萄糖生理盐水 50～1 500mL、安钠咖 3～5mL，一次静脉注射。

③祛痰止咳。咳嗽频繁而重剧的，可用止咳祛痰药，如氯化铵、复方樟脑酊、复方甘草合剂或远志酊等内服。

④对症治疗。为了防止渗出，可早期用钙制剂，心脏衰弱的可用强心剂。

第十一节 中 暑

中暑又称日射病及热射病。烈日暴晒头部，或湿热环境下散热障碍，造成体温过高，导致严重的中枢神经和心血管、呼吸系统功能紊乱。本病为南方地区牛在夏季的常见病。

【病因】 由于烈日暴晒头部或在烈日暴晒环境下重劳役或拥挤在通风不良温度过高的牛舍内，引起脑膜充血，体温升高，全身大汗，呼吸急促。最后引起呼吸中枢、血管运动中枢麻痹，血压下降，呼吸循环衰竭，导致牛死亡。

【发病机理】

(1) 日射病。头部在强烈日光照射下，红外线和紫外线透过颅骨，作用于脑膜及脑组织分别发生不同的作用，红外线可使脑及脑膜过热，血管扩张，引起脑及脑膜充血，紫外线依其光化作用，可引起脑组织发生炎性反应，脑脊液增量，颅内压升高，对脑机能发生严重影响。

(2) 热射病。由于周围环境潮湿闷热，影响体热散发，产热与散热不能保持相对的统一与平衡，导致体内积热，反射地引起大出汗，快呼吸，促进热的放散与蒸发，使机体大量失水，而引起脱水。因体热蓄积，体温升高，并发代谢旺盛，产生过多的氧化不全的中间代谢产物，蓄积体内，引起酸中毒。迅速发生呼吸、心力衰竭、全身淤血，黏膜发绀，最后死于窒息和心脏麻痹。

【临床症状】病牛突然发病，精神沉郁，站立不稳，行走时体躯摇摆呈醉酒样，有时兴奋不安。体温升高，大汗烦渴。呼吸急促，可视黏膜紫红色，肺区听诊常有湿啰音。常突然卧地呈昏迷状态，流粉红色泡沫状的鼻液，严重者昏迷、抽搐而死。

【诊断要点】

(1) 气温在30℃以上，有太阳暴晒病史。

(2) 病牛有神经症状，发病急，死亡快。

(3) 剖检见脑膜充血、出血、肺水肿，其他脏器无明显变化。

【防治措施】

(1) 预防。炎热夏季使役不能过重，时间不能过长，防止日光直射头部，最好安排早上或下午3时以后使役。运输时不能过度拥挤，牛舍要通风良好，随时供给清凉饮水。

(2) 治疗。先将病牛移到阴凉的地方，并用大量冷水泼头部和身体，灌服大量冷盐水或冷水灌肠，然后给予药物治疗。

①强心补液，降低颅内压，减轻肺水肿。颈静脉放血1 000~2 000mL，然后用维生素C 2g，葡萄糖氯化钠注射液1 000~2 000mL，20%安钠咖注射液10mL混合静脉注射。出现酸中毒时，加用5%碳酸氢钠500~1 000mL。

②兴奋呼吸中枢。如果病牛昏迷，可用25%尼可刹米10~20mL或20%安钠咖10mL交替注射。

第十二节 酮 病

奶牛酮病是牛体内碳水化合物和挥发性脂肪酸代谢紊乱，引起酮尿症、酮乳症、酮血症及低糖血症的一种代谢性疾病。高产奶牛（尤其在舍饲条件下）发病率最高，尤其在产后6周内多见，其中亚临床发病率最高，可占到产后牛群的10%~30%。

【病因】反刍动物的能量和葡萄糖，主要来自瘤胃微生物酵解大量纤维素生成的挥发性脂肪酸（主要是丙酸）经糖异生途径转化为葡萄糖，凡是引起瘤胃内丙酸生成减少的因素，都可诱发奶牛酮病生成。母牛产后的早期泌乳阶段，泌乳高峰出现最快，约在产犊后 40d 达到高峰，对能量和葡萄糖的需求量增加。但产前、产后因各种原因引起产后消化机能下降、采食量减少，同时饲料中碳水化合物供给不足，或精料过多，粗纤维不足而导致酮病，称原发性酮病。创伤性网胃炎、前胃弛缓、真胃溃疡、子宫内膜炎、胎衣滞留、产后瘫痪及饲料中毒等，均可导致消化机能减退，是酮病的诱发原因。

另外，因丙酸经糖异生合成葡萄糖必须有维生素 B_{12} 参与，当动物缺盐时直接影响瘤胃微生物的生长繁殖，不仅影响维生素 B_{12} 的合成，也可影响前胃消化功能，导致酮病产生。肝脏是反刍动物糖异生的主要场所，肝脏原发性或继发性疾病，都可能影响糖异生作用而诱发酮病。

【发病机理】通常情况下，体内生成少量酮体，可被肝外组织如骨骼肌、心肌所利用，亦可在皮下合成脂肪或在乳腺内生成乳脂。体内糖消耗过多、消耗速度过快，引起糖供给和糖消耗间不平衡。一方面，瘤胃微生物发酵所产生的丙酸用于生糖增多，使乙酸和丁酸被利用为能量受阻，转为生酮途径。另一方面，当糖供给不能满足糖需求时，引起血糖浓度下降，于是迅速动员体脂肪和体蛋白加速糖原异生，同时也加速了酮体的生成。而组织利用酮体时需消耗草酰乙酸，在草酰乙酸先质丙酸缺乏的情况下，酮体利用率降低，最后出现低血糖症和高酮血症。

激素调节在这一过程中起重要作用。血糖浓度下降，引起胰高血糖素分泌增多，胰岛素分泌减少，垂体内葡萄糖受体兴奋，促使肾上腺髓质分泌肾上腺素。在三种激素共同作用下，肝糖原分解增多，脂肪水解为甘油和游离脂肪酸速度加快，酮体生成增多。激素还可刺激肌肉蛋白分解，其中生酮氨基酸在酮病生成中又起作用。此外，肾上腺皮质激素分泌不足，甲状腺功能低下等与酮病生成亦有密切关系。

病初因采食减少，而泌乳仍增加，使病畜在一定程度上体重减轻。若病程延长，瘤胃微生物群落的变化难以恢复，可引起严重消瘦和持久性消化不良。酮体本身毒性作用较小，有利尿作用，因失水而常常粪便干燥，但高浓度的酮体对中枢神经有抑制作用，同时低血糖使脑组织缺糖可使牛嗜睡。当丙酮还原或 β-羟丁酸脱羧生成异丙醇，可使病牛兴奋不安。

【临床症状】临床型症状多在产后几天至几周出现。以消化紊乱和神经症状为主。

(1) 神经症状。病初兴奋不安，盲目徘徊或冲撞障碍物，对外界刺激反应过敏。后期精神沉郁，凝视，反应迟钝，步态不稳，后肢轻瘫，往往不能站立，头颈向侧后弯曲，呈昏睡状态。体重显著下降、产乳量也降低，但为低乳而非无乳，乳汁形成泡沫；尿显淡黄色，易形成泡沫。大型乳牛场常呈群发，乳产量急剧降低，常伴有子宫内膜炎，使休情期延长，繁殖机能减退。

(2) 消化障碍。消化不良，食欲减退，不愿吃精料而喜舔食垫草和污物，喜食粗料，很快消瘦，排粪迟滞，粪便干燥，表面被覆黏液。

(3) 特征症状。皮肤、呼出气、尿液、乳汁有烂苹果味（酮味）。

亚临床型（隐性型）无明显上述症状，但呼出气体有酮味，且临床中多见，应予注意。临床病理检查，以低糖血症、酮血症、酮尿症和酮乳症为特征。病牛血糖浓度从正常时 2 800μmol/L 降至 1 120～2 240μmol/L，继发性病牛血糖浓度下降不明显。母牛血液中酮体浓度从 0～1 720μmol/L 升高到 1 720～17 200μmol/L，继发性酮病牛血酮浓度多在 8 600μmol/L 以下。尿液酮体浓度因病牛饮水量而有较大波动，但多在 13 760～223 600μmol/L，明显高于正常。乳酮浓度可从正常时 516μmol/L 升高到 6 880μmol/L，肝糖原浓度下降，葡萄糖耐量曲线正常。瘤胃液中丁酸浓度大大升高。血中 β-羟丁酸浓度大大升高，血液 pH 从正常时的 7.43±0.01 降为 7.38±0.02。呈代谢性酸中毒。嗜酸性白细胞增多，淋巴细胞比例可达 60%～80%，嗜中性粒细胞减少至 10%。有时血清谷草转氨酶或谷丙转氨酶活性升高。

【诊断要点】

(1) 本病根据临床症状并结合病史可做出初步诊断：一是发生于营养良好的高产奶牛；二是皮肤、呼出气体、尿液、乳汁有酮味。

(2) 血酮、乳酮及尿酮含量的变化有可靠诊断意义。当血清酮体含量在 1 700～3 400μmol/L 时为亚临床酮病的指标。在 3 400μmol/L 以上时为临床酮病指标。乳酮超过 516μmol/L，应注意有患酮症可能。

注意与产后瘫痪的区别。产后瘫痪多发于产后 1～3d，皮肤、呼出气体、尿液、乳汁中无特异性气味，尿、乳酮体检验呈阴性。

【防治措施】

(1) 预防。为防止酮病，在妊娠期，尤其是妊娠后期增加能量供给，但又不致使母牛过肥。在催乳期间，或产前 4～5 周应逐步增加能量供给，并维持到产犊和泌乳高峰期，这期间不能轻易更换配方。随产乳量增加，应逐渐供给生产性日粮，并保持粗粮与精料有一定比例，其中蛋白质含量不超过 16%～18%，碳水化合物应供给碎玉米最好，这样可避开瘤胃的消化发酵和产酸过程，在真胃、肠内可供给葡萄糖。当饲喂大量青贮时，利用干草代替部分青贮有好处。此外，还可饲喂丙酸钠（120g，2 次/d，口服，连续 10d）。注意及时治疗前胃疾病和子宫疾病等。

(2) 治疗。多数病例经合理治疗是可以痊愈的，但对有些牛效果不明显甚至无效。治疗原则是以解除酸中毒、补充体内葡萄糖不足及提高酮体利用率为主。配合调整瘤胃机能。继发性酮病以根治原发病为主。

①补糖。以静脉滴注25％葡萄糖注射液500～1 000mL，2次/d；静脉注射50％葡萄糖溶液，对多数患牛是有效的，但维持时间较短，2h后血糖又恢复到较低水平。或以20％葡萄糖腹腔注射，可延长血糖保持在正常浓度的时间。口服丙酸钠250～500g/d，分2次给予，连用10d。蔗糖、麦芽糖灌服效果不理想，过量还可导致酸中毒和食欲下降，甚至可致继发性酮病。饲料中拌入丙二醇或甘油，2次/d、225g/次、连用2d，随后为110g/d，1次/d，连用2d，口服并同时结合静脉注射葡萄糖效果更明显。

②补充生糖物质。丙酸钠与乳酸盐是生糖物质，内服丙酸钠100～200g，2次/d，连用5～7d；或乳酸钠、乳酸钙首次用量1 000g/d，随后为500g/d，连用7d；乳酸铵200g/d，连用5d，也有显著疗效。

③促进糖原生成。对于体质较好的病牛，促肾上腺皮质激素（ACTH）200～600IU肌内注射，方便易行，不需预先给予生糖先质。因为糖皮质激素可促进三羧酸循环，刺激糖异生，抑制泌乳，所以增加糖生成，减少糖消耗，改善体内糖平衡。其缺点是，它可增加体脂分解，理论上有使酮体增多的作用。

④解除酸中毒。静脉注射5％碳酸氢钠溶液300～500mL，1～2次/d；或内服碳酸氢钠50～100g，1次/4h。

⑤调整瘤胃机能。内服健康牛新鲜胃液3 000～5 000mL，2～3次/d；或内服脱脂乳2 000mL，葡萄糖500～1 000mL（加水），1次/d，连用3d。

⑥其他治疗。水合氯醛口服，首次剂量为30g，加水服用，继之再给予7g，2次/d，连续几天；若首次剂量较大（50g），通常用胶囊剂投服，继之剂量较小，放在糖蜜或水中灌服。水合氯醛的作用在于能破坏瘤胃中的淀粉及刺激葡萄糖的产生和吸收。同时通过瘤胃的发酵作用而提高丙酸的产生。维生素B_{12}（1mg，静脉注射）和钴（硫酸钴100mg/d，放在水中和饲料中，口服）有时用于治疗酮病。由于在牛的酮病中，怀疑辅酶A缺乏，因此有人提出可试用辅酶A的一种先质半胱氨酸（盐酸半胱氨酸0.75g的500mL溶液，静脉注射，每3d重复1次）治疗酮病，且认为效果尚好。

第十三节 酒精阳性乳

酒精阳性乳是指用68％或70％酒精与等量的牛奶混合而产生的微细颗粒或絮状凝块的牛乳。其色泽、气味与正常奶没有差别，营养成分与正常乳也没有明显差别。在加热130℃后凝结,无法通过板式热交换器,给乳制品生产带来不利影响,同时不易保存。

【病因】影响因素较多,尚不明确。日粮不平衡和气候炎热是主要诱发因素。

(1) 生理机能的影响。乳腺的发育、乳汁的生成受各种内分泌的机能所支配。内分泌中特别是发情激素、甲状腺素、副肾皮质素等与酒精阳性乳的产生都有关系。酒精阳性乳也与肝脏机能障碍、乳房炎、骨软症、酮体过剩等并发。

(2) 环境的影响。各种不良因素作用于牛体都可能成为酒精阳性乳发生的诱因。一般来说,春季发生较多,到采食青草时自然治愈。开始舍饲的初冬,气温剧烈变化,或者夏季盛暑期也易发生。卫生管理越差,过度疲劳,牛棚阴暗、潮湿、通风不良,刺激性气体(氨气),杂音,车辆或运输等各种应激因素对牛只刺激,引起内分泌系统失去平衡,使乳腺组织乳汁分泌异常,其乳腺对外界刺激也更为敏感,易分泌酒精阳性乳。研究表明,气象因子(气温、降水量、湿度)与酒精阳性乳的发生有一定关系。

(3) 疾病的并发。各种潜在性疾病诱发低酸度酒精阳性乳已有很多报道。据王玉田调查,在20头发生酒精阳性乳的乳牛,其中有76%的牛的白细胞超过50万个以上,故认为它是非特异性或慢性乳房炎。

(4) 牛乳的收藏与运输不当。牛乳在收藏、运输等过程中,由卫生不良和消毒不严,未及时冷却,乳中微生物迅速繁殖,乳糖分解为乳酸,致使酸度增高所致而引起,此为高酸度酒精阳性乳。

【发病机理】

(1) 产犊胎次。1~6胎均可发生,但约有68%集中于1~3胎。说明胎次低的牛所产的乳中酒精阳性乳出现率较高。

(2) 泌乳时期。各泌乳月均可发生。在泌乳初期,牛乳对酒精很不稳定,泌乳后期对酒精的稳定性又进一步降低。

(3) 产奶量。酒精阳性乳在低产期、产乳高峰期都可出现。

(4) 日粮分析。发生酒精阳性乳的牛场,日粮中可消化粗蛋白、钙、磷的供应都高于营养供应量。

(5) 发病季节。春季发生较多,到采食青草自然治愈。开始舍饲的冬季和盛夏期也易发生。

【临床症状】低酸度酒精阳性乳的酸度、蛋白质(酪蛋白)、乳酸、无机磷酸、透析性磷酸等的数量较正常乳低,乳清蛋白、钠离子、氯离子、钙离子、胶体磷酸钙等较正常乳高;另外,分泌阳性乳的乳牛外观并无异样,但其血液中钙、无机磷和钾的含量降低,有机磷和钠离子增加,血液和乳中镁的含量低。总的来看,盐类含量不正常及其与蛋白质之间不平衡,容易产生低酸度酒精阳性乳。

【诊断要点】根据发病原因和临床症状表现,结合酒精与牛奶混合而产生的微细颗粒或絮状凝块等现象来综合诊断。

【防治措施】
(1) 预防。采取综合性措施防制。

①加强饲养管理,改善饲养管理方法和改善各种不良环境条件,应根据奶牛不同生理阶段的营养需要合理供应日粮,精料特别是蛋白质饲料的喂饲量不应过高或不足,保证优质干草如苜蓿的足够进食量;减少各种应激因素对奶牛的刺激,严禁饲喂发霉、变质、腐败饲料;不能突然改变饲料;注意日粮中Ca、P、Mg、Na的供应量和比例;加强挤乳卫生,提供良好的环境,炎热季节作好防暑降温,如安装排风扇,冬季应作好防寒保暖工作。可大大减少酒精阳性乳发生率。

②精料中按1.5%掺入碳酸氢钠或精料中按0.5%添加赖氨酸可有效降低酒精阳性乳发生率。

(2) 治疗。药物治疗的目的是调整机体全身代谢、解毒保肝、改善乳腺机能。治疗方法:

①取10%氯化钠40mL,5%碳酸氢钠液400mL,5%～10%葡萄糖液400mL依次一次静脉注射,低酸度酒精阳性乳很快转为阴性。或柠檬酸钠150g,分两次内服,连服7d。单用碳酸氢钠纠酸,治愈后复发,必须同时应用浓盐水和碳酸氢钠。加些钙、维生素A、维生素D、维生素E效果更佳。

②10%柠檬酸钠150mL,每天2次皮下注射。

③磷酸二氢钠40~70g,每天1次内服,连服1周;与维生素B_1合用效果更好。

④2%甲硫基脲嘧啶20mL,一次肌内注射。

⑤2%丙酸钠150mL,每天1次内服,连服1周。

⑥肌内注射维生素C,调节乳腺毛细血管通透性。

第十四节　尿素中毒

尿素是牛常用的蛋白质代用品。当牛采食较大剂量尿素后,由于瘤胃微生物利用氨合成微生物蛋白质的能力有限,来不及利用所有的氨,导致氨通过瘤胃上皮被吸收进入血液,造成牛发生尿素中毒。临床上以神经症状和呼吸困难为特征，常见于肉牛和奶牛。

【病因】　日粮中一次添加量过大，或喂饲时尿素与饲料混合搅拌不均匀；尿素添加时间太集中；喂尿素后马上饮水；误把化肥当食盐喂饲给牛；牛偷食尿素或因过度口渴，偷饮氨水或尿液等，都会导致中毒。

【发病机理】尿素在瘤胃中脲酶（瘤胃细菌产生）的作用下，水解为 CO_2 和氨。当瘤胃内容物 pH 在 8.0 左右时，脲酶的活力最旺盛，可使多量尿素迅速分解，而产生大量的氨，氨通过瘤胃壁被吸收，并进入血液和肝脏。氨对机体是一种有毒物质，尤其是对神经系统毒性猛烈。一旦中毒，即可呈现以神经系统机能为主的临床症状。

【临床症状】牛过量采食后 30～60min、每 100mL 瘤胃液的氨浓度达到 80mg 或每 100mL 血液的氨浓度达到 1mg 就会使牛发生氨中毒。

氨中毒的主要症状是：兴奋不安、挣扎脱缰，肌肉震颤，共济失调，角弓反张，尖叫，眼球震颤，倒地后四肢划动，死亡快。流涎吐沫，瘤胃臌气，腹痛不安，回视腹部、踢腹、肛门松弛，胃肠蠕动音减弱或消失。严重的呼吸困难，张口喘气，有吭哧音，肺部听诊有湿啰音，鼻孔周围常有泡沫状液体。心搏动亢进，100 次/min 以上，出汗、瞳孔散大。如果是偷饮氨水引起的中毒，还伴有口、唇、舌、咽部炎症和水肿的症状。

【诊断要点】
（1）有采食尿素史。
（2）有神经症状和呼吸困难症状。

【防治措施】
（1）预防。加强化肥保管，防止误食、误用。尿素的饲喂量不能太高，应该根据瘤胃能氮平衡的原理对牛日粮进行评定后，再决定尿素的饲喂量。尿素氮一般可占日粮总氮量的 20%～30%或占精料的 3%。饲喂尿素时，应掌握少添勤喂的原则，防止尿素在瘤胃中分解过快造成氨的积累。尿素舔砖或氨化饲料是很好的饲喂尿素的方式。饲喂尿素时，还应该注意饲喂容易发酵的碳水化合物饲料，例如玉米和大麦等谷物，以便与尿素所产生的氨匹配。

（2）治疗。立即停止饲喂尿素或氨化饲料。

①减少氨的生成。为牛灌服 20 000～40 000mL 凉水以降低瘤胃温度，抑制尿素的分解；或灌服 4 000mL 稀释的乙酸或食醋以缓解瘤胃内容物的 pH。或 1%醋酸溶液 1 000mL；白糖 500～1 000g，加温水适量内服，可抑制脲酶活性，减少氨的形成。

②解毒。10%硫代硫酸钠 100～200mL；25%葡萄糖 1 000～2 000mL，静脉注射。

③对症治疗。用高渗剂、利尿剂制止渗出，减轻肺水肿，用静松灵镇静，瘤胃臌气时要放气，有继发感染时，用抗生素治疗。

第十五节 有机磷中毒

有机磷中毒是牛接触、吸入或误食有机磷农药污染的植物引起的一种中毒病。特征为体内胆碱酯酶钝化、乙酰胆碱积聚和神经生理机能紊乱。

【病因】采食、误食或偷食施过农药不久的农作物、牧草、蔬菜等；误食拌过农药的种子；在防治寄生虫时用药浓度过高，涂布面积过大等；在池塘、水渠等饮水处配制农药、洗涤喷药用具和工作服的水被牛饮用或在同一库房贮存农药和饲料，或在饲料间内配制农药和拌种而污染饲料等所致。

【发病机理】有机磷农药，经胃肠、皮肤吸收后，随血液和淋巴循环分布到全身各组织器官，抑制胆碱酯酶的活性，使其丧失水解乙酰胆碱的能力，致使胆碱能神经末梢释放的传递神经冲动的乙酰胆碱发生蓄积，使副交感神经的节前、节后纤维和分布于腺体的交感神经的节后纤维所支配的一些组织、器官的功能异常，呈现心血管活动受抑制、平滑肌兴奋、腺体分泌亢进、瞳孔缩小等变化。

【临床症状】病初精神兴奋，狂躁不安，以后沉郁或昏睡。眼球震颤，瞳孔缩小，可视黏膜发绀，脉细弱无力，肌肉震颤，胸前、肘后、阴囊周围及会阴部出汗，甚至全身出汗，呼吸困难。流涎，口吐白沫。腹痛，腹泻，粪中混有黏液或血液。神经症状：先兴奋后抑制，全身肌肉痉挛，角弓反张，运动障碍，站立不稳，倒地后四肢呈游泳状划动，迅速死亡。

【诊断要点】有接触有机磷农药的病史；有肌肉痉挛、出汗、口吐白沫、瞳孔缩小等典型的临床症状。

【防治措施】

（1）预防。健全农药保管制度。喷洒过农药的地方，1个月内禁止放牧或割草；用药驱虫后禁止牛舔食。

（2）治疗。病牛立即使用特效解毒剂解磷定或氯磷定。用法为每千克体重15~30mg，用生理盐水配成2.5%~5%溶液，缓慢静脉注射，以后每隔2~3h注射1次，剂量减半，根据症状缓解情况，可在48h内重复注射。如与阿托品合用效果更好，阿托品用量为每千克体重0.25mg，皮下或肌内注射。也可用双复磷每千克体重10~15mg，用法同上。

为除去尚未吸收的毒物，经皮肤沾染中毒的，可用5%石灰水、0.5%氢氧化钠液或肥皂水洗刷皮肤；经消化道中毒的，可用2%~3%碳酸氢钠液或食盐水洗胃，并灌服活性炭。但如敌百虫中毒，不能用碱水洗胃或洗皮肤，因为敌百虫在碱性环境下可转变成毒性更强的敌敌畏。

解毒的同时，根据病情进行对症治疗。肺水肿时，应用高渗剂减轻肺水肿，并同时应用兴奋呼吸中枢的药物。有胃肠炎时应抗菌消炎，保护胃肠黏膜。兴奋不安时，用溴剂等镇静剂。

第十六节　流　　产

流产是指妊娠期间，由于母体和胎儿之间的正常生理关系受到破坏而发生妊娠中断，胚胎在子宫内被吸收或排出死亡的胎儿，称为流产。分为传染性流产和非传染性流产。

【病因】流产的原因很复杂，大致可分为非传染性的和传染性的（如布鲁氏菌病、寄生虫病）两大类。非传染性流产的原因主要有以下方面。

（1）胎儿及胎膜异常。包括胎儿畸形或胎儿器官发生异常，胎膜水肿，胎水过多或过少，胎盘炎，胎盘畸形或发育不全，以及脐带水肿等。

（2）母牛的疾病。包括重剧的肝、肾、心、肺、胃肠和神经系统疾病，大失血或贫血，生殖器官疾病或异常（子宫内膜炎、子宫发育不全、子宫颈炎、阴道炎、黄体发育不良）等。

（3）饲养管理不当。由于饲料品质不良，饲料单纯而缺乏某些维生素和无机盐，以及饲养管理失误，包括母牛长期饲料不足而过度瘦弱，饲料腐败或霉败；大量饮用冷水或带有冰碴的水，吞食多量的雪，饲喂不定时而母牛贪食过多等而引起。

（4）机械性损伤。如冲撞、拥挤、乱踢、剧烈的运动，闪伤以及粗暴的直肠检查、阴道检查等引起子宫收缩。

（5）药物使用不当。母牛在怀孕时使用大量的泻剂、利尿剂或麻醉剂、驱虫剂、误服子宫收缩药物，催情药和妊娠禁忌的其他药物引起子宫收缩。

（6）习惯性流产。有的母牛妊娠至一定时期就发生流产。这种习惯性流产多半是由于子宫内膜变性、硬结及伤痕，子宫发育不全，近亲繁殖或卵巢机能障碍所引起。

（7）继发于某些疾病。继发于子宫阴道疾病、胃肠炎、疝痛病、热性病及胎儿发育异常等。

【发病机理】在致病因素的作用下，导致胎儿与母体关系受到破坏，胎儿不能适应母体的环境而被淘汰；或因子宫收缩过强而娩出胎儿。

【临床症状】

(1) 胚胎消失。即胚胎在子宫内被吸收称为隐性流产。无临床症状，只是配种后，经检查已怀孕，但过一段时间后又再次发情，从阴门中流出较多的分泌物。

(2) 早产。流产征兆和过程与正常分娩类似，排出不足月的活的胎儿，称为早产。一般在流产发生前 2～3d，乳房肿胀，阴唇肿胀，乳房可挤出清亮的液体。腹痛、努责、从阴门流出分泌物或血液。

(3) 先兆流产。出现先兆流产的母牛，阴道有少量出血，阴道检查子宫口开张，直肠检查胎动频繁，母子胎盘可能是已经开始剥离，有时出现不太明显的腹痛症状，若采取治疗措施及时，不一定造成流产。

(4) 小产。排出死亡的胎儿，是最常见的一种流产。

(5) 胎儿浸溶。也称死胎停滞。胎儿死亡后长久不排出。死胎在子宫内变成干尸或软组织被分解液化。早期不易被发现，但母畜怀孕现象不见进展，而逐渐消退，不发情，有时从子宫内排出污秽不洁的恶臭液体，并含有胎儿组织碎片及骨片。

【诊断要点】

(1) 母畜配种后已确认怀孕，但过一段时间再次发情。

(2) 腹痛、拱腰、努责，从阴门流出分泌物或血液，进而排出死胎儿或不足月的胎儿。

(3) 怀孕后一段时间腹围不再增大而逐渐变小，有时从阴门排出污秽恶臭的液体，并含有胎儿组织碎片。

【防治措施】

(1) 预防。主要在于加强饲养管理，防止意外伤害及合理使役。怀孕后饲喂品质良好及富含维生素的饲料。发现有流产预兆时，应及时采取保胎措施。搞好传染病的预防工作。

(2) 治疗。首先确定属于何种流产，以及怀孕能否继续进行，然后再确定治疗原则。

对先兆流产的母牛，即母牛出现腹痛，起卧不安，呼吸脉搏加快，但子宫颈还未开张，胎儿仍活着，可肌内注射孕酮 50～100mg，每天 1 次或隔天 1 次，连用几次，或肌内注射 1%硫酸阿托品 1～3mL，皮下注射。

对习惯性流产的孕牛，可在配种后立即注射黄体酮 200～400IU，隔天 1 次，连用 2～3 次，如子宫内有干尸化胎儿或浸溶分解的胎儿骨骼，可注射己烯雌酚 20～30mg，每天 1 次，连用 2～3 次，促使子宫颈开张，以利于宫内物自然排出，或在用药后 2～4d 人工开张子宫颈口，向子宫内注入 1%盐水或石蜡油，再进行人工流产，用手或器械拉出胎儿、干尸或骨片。取出后用消毒液或 5%～10%盐水冲洗子宫，并注射子宫收缩药，如催产素 30～100IU，使液体排出。对严重病例，在子宫内注入抗生素，并注意全身治疗。

对有传染性及寄生性流产的可疑病例，可对胎儿进行实验室检查，给予掩埋，将病牛隔离、淘汰，对流产污染的地方进行消毒。

第十七节 难　　产

在分娩过程中，由于母体或胎儿异常，使母牛不能顺利地产出胎儿称为难产。母体异常主要包括产力和产道异常，胎儿异常包括胎势、胎位、胎向及胎儿自身大小异常，诸因素中，有任何一个发生都可能导致难产。难产若处理不及时或不当，可能造成胎儿及母畜死亡，即使母牛存活下来，也常常发生生殖器官疾病，导致不育。

一、母畜异常引起的难产

（一）阵缩及努责微弱

分娩时子宫肌及腹肌收缩力弱和时间短，以致不能排出胎儿时叫做阵缩及努责微弱。

【病因】原发性的多由于母牛年老体弱、饲料不足或品质不良，缺乏运动等所引起。此外，子宫内胎水过多、双胎妊娠及子宫发育不全等，使子宫紧张性降低，也可发生本病。

【诊断要点】母牛已到分娩期，并且有分娩前的表现，但阵缩及努责弱而短，分娩时间延长而排不出胎儿，有时分娩现象很不明显。检查阴道时子宫颈完全开张，子宫颈黏液栓塞已软化，在子宫颈前即可摸到胎儿。继发性病例，是已出现正常分娩的阵缩及努责，但未排出胎儿，以后阵缩及努责变为微弱而出现难产。

【助产】原发性的病例，如果子宫颈完全开张，应按助产的一般方法，缓慢地拉出胎儿。如果欲促其自行排出胎儿，可用子宫收缩剂，肌内注射垂体后叶素或麦角新碱注射液 3～10mL。必须注意，麦角新碱制剂只限于子宫颈口完全开张，胎势、胎向及胎位正常时使用，否则易引起子宫破裂。当子宫收缩剂无效，子宫颈开张不全，无法拉出胎儿时，应施行剖宫产术。

继发性病例，如果是发生在难产之后，即按难产的助产原则，除去病因和拉出胎儿。

（二）阵缩及努责过强

阵缩及努责过强是指子宫及腹肌收缩时间长，力量强，但间歇短的情况。

【病因】应用麦角类子宫收缩剂、乙酰胆碱分泌过多及破水过早等，可引起阵缩及努责过强。由于胎势、胎向及胎位不正，胎头过大或产道狭窄等也可引起此病。

【诊断要点】分娩时母牛努责强烈，有时过早排出胎水。胎儿无异常时可被迅速排出，但往往发生子宫脱出。在胎势、胎向及胎位不正、胎儿过大或产道狭窄时，由于阵缩及努责过强，不仅胎儿易发生窒息，而且易造成子宫或阴道破裂。

【助产】为了减弱和制止阵缩及努责，简单的方法是缓慢牵遛 15min 左右，或用指端掐其背部皮肤，可收到暂时的效果。母牛卧地时宜垫高后躯，必要时也可应用镇静剂，如口服白酒 800~1 000mL。阵缩和努责减弱或停止后，如果因胎儿异常或产道狭窄造成难产的，宜进行助产。

（三）阴门及阴道狭窄

阴门或阴道的狭窄，都可妨碍胎儿正常娩出。

【病因】多半是由于初产母牛阵缩过早，产道组织浆液浸润不足所引起的阴门及阴道壁弹性不够。助产时在产道内操作过久，造成阴道壁高度水肿，也是阴道狭窄的原因。此外，阴道及阴门狭窄还可由于瘢痕收缩及肿瘤而引起。

【诊断要点】

（1）阴门狭窄。分娩时阴门扩张不大，在强烈努责时，胎儿唇部和蹄尖出现在阴门处而不能通过，外阴部被顶出，但在努责的间歇期外阴部又恢复原状。由于努责过强会引起会阴破裂。

（2）阴道狭窄。阵缩及努责正常，但胎儿久不露出产道，阴道检查可发现狭窄部位及其原因，在其前部可摸到胎儿。

【助产】

（1）试行拉出胎儿。首先向阴门黏膜上涂布或向阴道内灌注润滑油或温肥皂液，然后应用产科绳缓慢牵拉胎头及前肢。此时助产者尽量用手扩张阴道，如果有肿瘤时，要用手将它推开。

（2）切开狭窄部。如果试拉胎儿无效时，应切开阴道狭窄部的阴道黏膜，拉出胎儿后，立即缝合。对于阴门或阴道内的较大肿瘤，如果妨碍胎儿产出时，必须切除或者施行截胎术。

二、胎儿异常引起的难产

难产通常是由于胎儿或母畜异常，造成胎儿和母畜产道不相适应，但常见的难产主要是胎儿本身异常所引起的。对这种难产的处置方法是：

1. 推进胎儿 推进是为了更好地拉出。为了便于推进胎儿，必须向子宫内灌注多量的温肥皂液，然后用手或产科桯抵住胎儿的适当部位，趁母牛不努责时，用力推回胎儿。如果努责过强无法推回时，根据情况可行腰荐间隙硬膜外腔麻醉后再将胎儿推回子宫内处理。

2. 拉出胎儿 当胎儿已成正常姿势、胎向或胎位时，或者异常部位的程度较轻时，就可用手握住蹄部，必要时可用产科绳拴上，同时用手拉住胎头，随着母畜的努责把胎儿拉出来。对于胎儿过大、双胎难产、胎儿发育异常及畸形胎的助产，除按上述方法进行相应的助产外，如仍不能达到目的，可考虑施行截胎术或剖腹产术。

3. 矫正胎儿 一般情况下，主要是设法矫正胎儿异常部位。方法是用手推进胎儿的同时，立即拉正异常部位，或设法将产科绳套在胎儿的异常部位，在助产者推进胎儿的同时，由助手拉绳纠正它（图10-2、图10-3、图10-4、图10-5、图10-6、图10-7）。

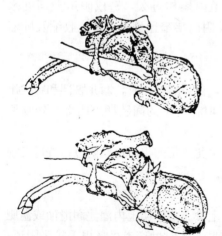

图10-2 徒手矫正胎头侧转
（李国江，动物普通病，2001）

图10-3 用双孔桯矫正胎头侧转
（李国江，动物普通病，2001）

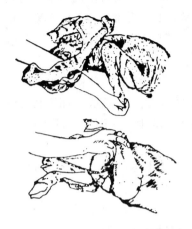

图 10-4　腕关节屈曲徒手矫正法

（李国江,动物普通病,2001）

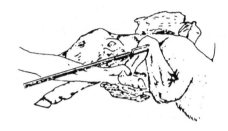

图 10-5　腕关节屈曲用产科绳矫正法

（李国江,动物普通病,2001）

图 10-6　跗关节屈曲整复法

（李国江,动物普通病,2001）

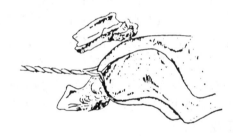

图 10-7　髋关节屈曲整复法

（李国江,动物普通病,2001）

第十八节　产后瘫痪

产后瘫痪又叫生产瘫痪，也称为乳热症，是奶牛产后突然发生的急性低血钙为主要特征的一种代谢病。此病的特征是知觉减退或消失，肌肉松弛，四肢麻痹，瘫痪卧地。本病多发生于高产奶牛，乳产量越高，发病越多。

【病因】

（1）第一次挤奶就将奶全挤干净，钙从乳中大量排出，使血钙急剧降低，引起低血钙（3.9～6.9mg/100mL）、低血磷（1.0～2.7mg/100mL）。

（2）母牛在干奶期日粮中钙含量过高。

（3）日粮中磷不足及钙磷比例不当。

（4）维生素D不足或合成障碍。

此外,低钙血症,也可在非分娩前后发生。如过食容易发酵的碳水化合物饲料的早期和中期,静脉注射氨基糖苷类抗生素,如新霉素、双氢链霉素、庆大霉素,也可引起血清钙离子浓度下降。并产生与乳热症类似的症状。因此,在治疗生产瘫痪的过程中,使用这类药物要慎重。

【发病机理】主要是由于甲状旁腺机能减退,引起血钙调节机能失调。在高钙条件下,甲状旁腺机能减退,分娩后骤然泌乳,钙大量流失,而甲状旁腺又不能充分分泌,使骨钙动员迟缓,肠道对钙吸收减少,从而导致低血钙症,引起发病。

【临床症状】牛发生生产瘫痪时,表现出的症状不尽相同,可分为典型性和非典型性两种。

(1) 典型性生产瘫痪。多发生在产后12~72h,病初呈现短暂的不安,继而精神沉郁,有的一开始精神就高度沉郁。肌肉震颤,站立不稳,口流清涎,头颈下垂,运步失调,体躯摇晃。多数于1~2h就伏卧而不能站立,发生头颈弯向胸腹壁的一侧,强行拉直,松手后又弯向原侧的示病症状。有的也可侧卧于地,四肢伸直,呈现抽搐现象。不久,病牛昏迷,意识和知觉丧失。体温降低也是产后瘫痪的特有症状之一,有的病牛体温可降至36℃或35℃。

(2) 非典型性生产瘫痪。多发生于产前或分娩后数日以至数周。病牛轻度不安,全身无力,步行不稳。精神沉郁,食欲不振或废绝,反刍和泌乳下降或停止。病牛伏卧时,颈部呈现一种不自然的姿势,即S状弯曲。体温在正常下限或稍低。

【诊断要点】

(1) 高产奶牛第3~6胎产后3d内发生。

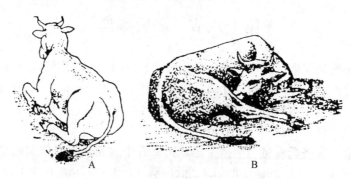

图10-8 生产瘫痪姿势

A. 非典型生产瘫痪姿势 B. 典型生产瘫痪姿势

(李国江,动物普通病,2001)

（2）神经机能障碍，精神沉郁—昏睡—知觉消失，四肢瘫痪。

（3）特殊的卧姿，头颈侧弯或呈S状弯曲。

【防治措施】

（1）预防。加强干乳期母牛的饲养管理，提高母牛的抗病能力。对产前1个月的奶牛采取调整日粮中钙、磷比例，将钙、磷比例由2∶1调整为1.5∶1；对产前1周的奶牛每天肌内注射维生素D_3或维丁胶性钙20mL，直至分娩。

（2）治疗。当母牛出现生产瘫痪症状后，病程进展很快，应立即治疗，治疗越早（特别是前驱症状期），疗效也越高；如治疗不及时，常导致局部肌肉缺血性坏死，并发展为母牛躺卧综合征，使治疗更为困难，50％～60％的病畜在12～48h以内死亡；如果治疗及时而正确，90％以上的病牛可以痊愈或好转。因此，治疗越早痊愈越快。

①钙疗法。静脉注射钙剂是治疗本病的标准方法，约有80％的病牛在1次静脉注射8～10g钙后可即刻恢复。常用5％葡萄糖酸钙溶液500mL静脉注射。注射后6～12h病牛如无反应，可重复注射，最多不能超过3次。第二次治疗时可同时注入50％葡萄糖溶液500mL、15％磷酸钠溶液200mL及15％硫酸镁溶液200mL。或用10％的葡萄糖酸钙溶液400～600mL，5～10min内注完。或10％葡萄糖酸钙800～1 400mL，或5％的葡萄糖氯化钙800～1 500mL。但根据不同个体确定钙的最佳剂量至关重要。钙剂量不足，病牛不能站起或治好后易复发，从而继发母牛倒地不起综合症等；钙剂量过大，则心率加快，心律不齐，甚至造成死亡。因而在注射钙剂的过程中，应监听心脏，特别是在注射最后1/3剂量时。通常在注射到一定剂量时，心跳次数开始减少，可由100～120次/min降至70～90次/min。其后又逐渐回升到原来的速率，此时表明用量最佳，应停止注射。对原来心率改变不大的病牛，注射中如发现心率突然加快，心搏动有力且节律不齐时，应停止注射。在有条件时最好监测血钙浓度。实践中亦可采用静脉注射总量的一半，皮下注射另一半，效果甚佳。

注射钙剂后良好的反应是，嗳气，肌肉震颤，特别是肋部，并扩展至全身，脉搏减慢，心音增强，鼻镜湿润，排干硬粪便，表面被覆黏液或少量血液，多数病牛在注射后4h内即可站起。

多次使用钙剂效果仍不明显时，可用15％～20％磷酸二氢钠200～400mL静脉注射，或者与钙剂交替使用。也可使用50％葡萄糖400mL，15％的磷酸二氢钠200mL，15％的硫酸镁200～400mL，首次合用；特别是当患有生产瘫痪并伴有其他代谢病如青草抽搐、骨软症等情况时，用此类复合剂效果较好。

②乳房送风疗法。即用乳房送风器或连续注射器，通过插入的乳头导管将

空气打入每个乳房；输入量以乳房的皮肤紧张、乳腺基部的边缘清楚并且变厚，轻敲乳房时产生鼓音为准。输入后可用手指轻轻捻转乳头肌，并用纱布条扎住乳头，以防溢出，过1~2h后解除。大多数病例，注入空气约30min后即能痊愈。

③对症治疗。瘤胃臌气时进行瘤胃穿刺，并注入制酵剂。

第十九节 胎衣不下

胎衣不下又称胎盘停滞。一般牛分娩后，胎衣多经4~8h自行排出，有时经2~3h即能排出。牛分娩后超过12h尚未排出胎衣者，称为胎衣不下。胎衣不下多发于流产之后，夏季较冬季发病率高。

【病因】引起胎衣不下的原因很多，除由于胎盘的特殊构造而较其他家畜多发之外，直接的原因有以下两种：

(1) 产后子宫收缩无力。奶牛在妊娠后期劳役过度，或后期运动不足、饲料单纯、品质差、缺乏钙盐、矿物质、维生素、微量元素等，年老体弱、过于肥胖或过于瘦弱以及胎水过多、多胎、胎儿过大、难产或早产等，均可引起子宫收缩乏力，引起胎衣不下。酷热、低气压、高温度等气候因素，也可造成本病的发生。

(2) 胎盘的炎症。当母牛患子宫内膜炎、慢性饲料中毒，均可引起子宫黏膜及绒毛膜的炎症，使母体胎盘和胎儿胎盘粘连，导致胎衣不下。

此外，患布鲁氏菌病、结核等疾病的过程中，往往引起胎衣不下。

【发病机理】主要是由于怀孕期间胎盘发生炎症导致粘连；饲养管理不当，导致机体衰弱，继发产后子宫收缩无力等也可引起胎衣不下。

【临床症状】牛胎衣不下根据胎衣有无悬垂于阴门外，可分为全部不下和部分不下两种。

(1) 胎衣全部不下。是指整个胎衣停滞于子宫内或很少部分胎膜悬垂于阴门外，只有在阴道检查时才被发现。病牛表现拱背，频频努责。滞留的胎衣经24~48h发生腐败，腐败的胎衣碎片随恶露排出，腐败分解产物经子宫吸收后可发生全身中毒症状，即食欲及反刍减退或停止，体温升高，奶量剧减，瘤胃弛缓。

(2) 部分胎衣不下。是指大部分胎衣是垂于阴门外，有小部分粘连在子宫母体胎盘上，或仅有孕角顶端极小部分粘连在子宫母体胎盘上。露垂于阴门外的胎衣初为浅灰红色，此后由于污染而开始腐败，变为松软带有不洁的浅灰色，并很快蔓延到子宫内的胎衣，引起阴道内流出恶臭的褐色分泌物。

部分胎衣不下的病例，可并发子宫内膜炎或败血症。

【诊断要点】

（1）部分胎衣脱出于阴门外。

（2）病畜拱腰、频频努责，从阴门排出带有胎衣碎片的恶露。

【防治措施】

（1）预防。加强饲养管理，增加怀孕后期的运动和光照，给予富含蛋白质、矿物质、维生素的饲料，增强家畜体质。要定期进行布鲁氏菌病、结核病的检疫，搞好预防注射以减少本病的发生。

（2）治疗。胎衣不下须及时治疗。治疗的方法大致有两种，一种是药物治疗，另一种是手术剥离治疗。一般来说早期手术剥离较为安全可靠。

①药物疗法。其目的在于促进子宫收缩、使胎儿的胎盘与母体胎盘分离，促进胎衣排出。

a. 产后24h内可肌内注射垂体后叶素50～80IU，2h后重复注射一次；或麦角新碱2～5mg；或催产素50～100IU；静脉注射10%氯化钠溶液250～300mL，20%安钠咖10～12mL，1次/d。

b. 肌内注射新斯的明30～37mg/次，重复注射用量为20mg/次。

c. 25%葡萄糖溶液和10%葡萄糖酸钙溶液各500mL，产后即可静脉注射。

d. 牛灌服羊水300mL，也可促进子宫收缩，灌服后经4～6h胎衣即可排出，否则重复灌服一次。

e. 为了促使胎儿胎盘与母体胎盘分离，可向子宫黏膜与胎膜之间注入10%氯化钠溶液1 500～2 000mL，胰蛋白酶5～10g，洗必泰2～3g。

f. 为预防胎盘腐败及感染，及早用消毒药液如0.1%雷佛尔或0.1%高锰酸钾冲洗子宫，每日冲洗1～2次直至胎盘碎片完全排出。再向子宫内注入抗生素类药物，以防子宫内感染。

g. 中草药。益母草500g、车前子200g、白酒100mL，灌服。

②手术剥离。

a. 术前准备病畜取前高后低站立保定，尾巴缠尾绷带拉向一侧，用0.1%新洁尔灭溶液洗涤外阴部及露在外面的胎膜。向子宫内注入5%～10%的氯化钠溶液2 000～3 000mL，如果努责剧烈可行腰荐间隙硬膜外腔麻醉。术者按常规准备，戴长臂手套并涂灭菌润滑剂。

b. 操作方法。用药物后48～72h，胎衣仍未排出时，则应手术剥离（图10-9）。根据牛的胎盘构造特点，先用左手握住外露的胎衣并轻轻向外拉紧，右手沿胎膜表面伸入子宫内，探查胎衣与子宫壁结合的状态，而后由近及远逐渐螺旋前进，分离母子胎盘。剥离时用中指和食指夹住子叶基部，用拇指推压子叶顶部，将胎儿胎盘与母体胎盘分离开来。剥离子宫角尖端的胎盘比较困难，这时可轻拉胎衣，再将手伸向前方迅速抓住尚未脱离的胎盘，即可较顺利的剥离。

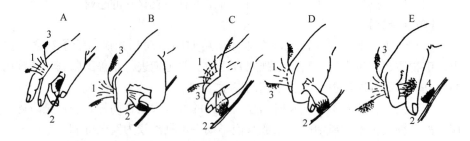

图 10-9　牛胎衣剥离术式
1. 绒毛膜　2. 子宫壁　3. 已剥离的胎儿胎盘　4. 宫阜　A～E. 表示胎衣剥离术式的顺序
(李国江，动物普通病，2001)

在剥离时，切勿用力牵拉子叶，否则会将子叶拉断，造成子宫壁损伤，引起出血，而危及母畜生命安全。胎衣剥完之后，如胎衣发生腐败。可用0.1%高锰酸钾溶液或0.1%雷佛奴尔溶液冲洗子宫。剥衣完毕后，可用0.1%高锰酸钾溶液冲洗并注入华神康普灵20～30mL，以防子宫感染。必要时每天1次，连用3d。

第二十节　产后感染

产后感染是发生在产后期，由于产道严重感染而继发的全身性疾病。病程发展迅速，如不及时治疗，患畜常在2～7d死亡。本病主要是由微生物及其毒素侵入血液循环而引起的。

【病因】
（1）产后软产道受损伤感染引起。
（2）继发于子宫内膜炎、子宫颈炎及阴道炎。
（3）化脓性、坏死性乳房炎也可继发本病。
致病菌主要是溶血性链球菌、葡萄球菌、化脓棒状杆菌及大肠杆菌等，而且多为混合感染。

【发病机理】在致病因素作用下，当机体抵抗力下降时病原微生物大量繁殖从而引起感染发病。

【临床症状】牛多为亚急性经过。本病发生后，除产道、子宫的局部炎症外，主要表现严重的全身症状。体温升高40～41℃，呈稽留热。精神沉郁，食欲废绝，但喜饮水。脉搏快而弱，呼吸浅表，反刍停止，泌乳骤减或停止。

病牛常表现腹膜炎症状，腹壁收缩，触诊敏感，排粪苦闷，随着病情的发展，出现腹泻，粪便常有腥味。

如产道内有化脓性腐败性病变，则从阴门流出带褐色、恶臭的分泌物并含有组织碎片。

【防治措施】

(1) 预防。产前要准备好产房，栏内要清扫消毒垫上清洁干草，寒冷天气要注意保温，避免贼风侵袭。助产时术者应严格消毒，操作谨慎，以免损伤子宫和产道。

(2) 治疗。治疗原则是及时治疗原发病，消灭和抑制感染源，增强机体抵抗力，进行对症治疗。

①局部疗法。可分别按子宫内膜炎及产道损伤的治疗方法治疗原发病。但禁止冲洗子宫，尽量减少对子宫和产道的刺激，以免感染扩散，病情恶化。为了排除子宫内的炎性产物，可肌内注射麦角制剂和催产素，向子宫内注入青霉素和链霉素。

②全身疗法。早期宜大剂量应用抗生素类药物，按规定使用，直至体温恢复正常。可肌内注射青霉素 160 万～240 万 IU 和链霉素 2～4g，必要时可采用抗生素与磺胺类药物联合应用，以增强疗效。

为了促进血液中有毒物质的排除和维持体液电解质平衡，静脉注射 5％葡萄糖生理盐水，同时使用大剂量的维生素 B 族和维生素 C。

为了加强肝脏的解毒功能，防止酸中毒，可静脉注射高渗葡萄糖溶液 500～1 000mL，5％碳酸氢钠溶液 300～500mL，每日 1 次。另外静脉注射 10％氯化钙注射液 150mL，或 10％葡萄糖酸钙溶液 200～300mL，对本病也有一定的辅助作用。

③对症治疗。根据病情积极采取强心、利尿、止泻等对症治疗。

第二十一节　阴道脱及子宫脱

阴道脱是阴道壁一部分形成皱襞，突出于阴门外，或者整个阴道翻转脱垂于阴门之外。子宫脱是指子宫的部分或全部脱出于阴门之外。一般见于年龄较大的母牛，有时也发生于产后。

【病因】

(1) 阴道脱。主要由于固定阴道的组织弛缓，腹内压增高及强烈努责而引起。

①母牛老龄经产、营养不良、缺乏运动等易使固定阴道的组织松弛而

发病。

②孕牛长期卧于前高后低的地面上或怀双胎，使腹内压升高，子宫及内脏压迫阴道而引起阴道脱。

③严重便秘或腹泻，引起母牛强烈努责时，也可发病。

（2）子宫脱。

①常由于怀孕母牛运动不足，劳役过度，营养不良等，使骨盆韧带及会阴部结缔组织弛缓无力。

②由于胎儿过大，胎水过多，造成韧带持续伸张而发生子宫脱出。

③怀孕末期或产后家畜处于前高后低的厩床，努责过强，使腹压增大亦可引起。

④在难产、助产失误以及胎衣不下剥离时强力牵拉，或在露出的胎衣上系上过重之物等。

【临床症状】

（1）阴道脱。根据脱出的程度不同，分为部分脱出和全部脱出。

（2）部分阴道脱。病初仅在母牛卧下时，可见从阴门或阴门外突出一红色球状物，站立后又能自行缩回。如长期反复脱出，阴道壁组织充血肿胀，逐渐松弛，表面干燥，站立后也难回缩。

（3）完全阴道脱。多由部分脱发展而成，脱出的阴道呈红色排球大的球状物，表面光滑，病畜站立也不能缩回，脱出部分的末端可见到子宫颈外口。脱出部分黏膜呈红色，时间较长者，脱出部淤血变紫红色，并发生水肿，进而表面干裂或糜烂，渗出血水。黏膜上附有粪土、草末等污物。

（4）子宫脱。子宫完全脱出后，子宫内膜翻转在外，黏膜显粉红色、深红色到紫红色不等。可见到脱出的子宫上有许多子叶（图10-10）。子宫脱出后血液循环受阻，子宫黏膜发生水肿和淤血，黏膜变脆，极易损伤，有时发生高度水肿，子宫黏膜常被粪土草渣污染。病畜表现不安、拱腰、努责、排尿淋漓或排尿困难，一般不表现全身症状。脱出时间久之，黏膜发生干燥、龟裂乃至坏死。如肠管进入脱出的子宫腔内，则出现疝痛症状。子宫脱出时如卵巢系膜及子宫阔韧带被扯破，血管断裂，则表现贫血现象。

图10-10 牛子宫脱

（李国江，动物普通病，2001）

【诊断要点】

（1）阴道脱。阴门外有红色表面光滑的球状脱出物。

(2) 子宫脱。阴门外脱垂一很大的囊状物。

【防治措施】

(1) 预防。对妊娠母牛要改善饲养管理，合理运动，如放牧，以提高全身组织的紧张性，产前 1~2 个月停止使役。妊娠母牛，产前截瘫不能站立时，应加强护理，适当垫高其后躯。助产时要操作规范化，牵拉胎儿不要过猛过快。胎衣不要系过重物体。

(2) 治疗。

①阴道脱。

Ⅰ．对脱出部分较小，站立后能自行缩回的患牛改善饲养管理，补喂矿物质及维生素，适当运动，防止卧地过久。保持体躯处于前低后高的位置，以减轻腹内压。内服补中益气散。

Ⅱ．脱出严重不能自行缩回者，必须加以整复和固定。

a. 保定。前低后高站立保定。

b. 麻醉。用 2％普鲁卡因 10mL 进行腰荐间隙硬膜外腔麻醉。

c. 清洗和消毒脱出部分。用温 0.1％高锰酸钾液或 0.1％新洁尔灭溶液等，彻底清洗消毒，若水肿严重，应先用 2％明矾水冷敷或穿刺水肿黏膜，挤出水肿液，有较大伤口者进行缝合。除去坏死组织，并涂以碘甘油或抗生素软膏。

d. 整复。用消毒湿纱布或涂有抗菌素药物的油纱布包盖脱出部分并托起，趁母牛不努责时、用手掌将脱出部分向阴门内推进，待全部送入阴门后，取出纱布，再用拳头将阴道顶回原位，并轻轻揉压，使其充分复位。

e. 固定。为防止再脱出，整复后令患畜于前低后高的厩床上，阴门作几针纽孔状缝合。为减轻努责，可于腰荐间隙硬膜外腔麻醉。

②子宫脱。子宫脱出后应及时整复，越早越好。否则，子宫肿胀，损伤污染严重，造成整复困难而预后不佳。治疗主要是手术复位。操作过程同于阴道脱的复位过程。整复后，向子宫内注入抗生素。为防止再脱出，置患牛于前低后高的厩床上。

第二十二节　子宫内膜炎及子宫蓄脓症

子宫内膜炎是子宫黏膜的黏液性或化脓性炎症，在子宫内蓄积大量脓汁即子宫蓄脓症。子宫内膜炎及子宫蓄脓症是奶牛的常发病，是引起奶牛不孕症发生的主要原因之一。

【病因】

(1) 微生物感染。主要是自然环境中常在的非特异性细菌引起的，其中有大肠杆菌、链球菌、葡萄球菌、棒状杆菌、变形杆菌和嗜血杆菌等。此外，某些特异性病原微生物如结核杆菌、布鲁氏菌、沙门氏菌、牛胎儿弧菌、牛鼻气管炎病毒、牛腹泻病毒等可引起本病。

(2) 助产不当，产道受损伤；产后子宫弛缓，恶露蓄积；胎衣不下，子宫脱、阴道和子宫颈炎症等处理不当，治疗不及时，消毒不严而使子宫受细菌感染，引起内膜炎。

(3) 配种时不严格执行操作规程，不坚持消毒，如输精器、牛外阴部、人的手臂消毒不严，输精时器械的损伤，输精次数频繁等。

(4) 继发性感染，如布鲁氏菌病、结核病等。

【临床症状】

(1) 急性化脓子宫内膜炎。此病是病牛从阴道排出脓样不洁分泌物，所以是很容易被发现的一种疾病。一般在分娩后胎衣不下、难产、死产时，由于子宫收缩无力，不能排出恶露，子宫恢复很慢，造成细菌大量繁殖，脓样分泌物在子宫内积留而成为子宫蓄脓症。病牛表现为拱腰努责、体温升高、精神沉郁，食欲、奶量明显降低，反刍减弱或停止。

(2) 脓性子宫内膜炎。病牛临床表现为排出少量白色混浊的黏液或黏稠脓样分泌物，排出物可污染尾根和后躯，表现出体温略升高、食欲减退、精神沉郁、逐渐消瘦等全身轻微症状，阴道检查外子宫颈口呈肿胀和充血状态，直肠检查子宫壁呈增厚状态。本病往往并发卵巢囊肿。

(3) 隐性子宫内膜炎。病牛临床上不表现任何异常，发情期正常，但屡配不孕，发情时分泌的黏液稍有混浊或混有很小的脓片，由于子宫轻度感染，所以往往成为受精卵和胚胎发生死亡的原因。

(4) 慢性子宫内膜炎。可常见到从病牛阴门中排出脓性分泌物，尤其是在卧下时排出特别多，排出的脓性分泌物常常粘在尾根部和后躯，形成干痂，病牛有时伴有贫血和消瘦症状，且精神沉郁。

【诊断要点】母牛性周期不正常，屡配不孕；从阴门流出黏液性或脓性分泌物；阴道检查及直肠检查可确诊。

【防治措施】

(1) 预防。加强饲养管理，合理配合饲料，对怀孕母畜应给予营养丰富的饲料，特别注意矿物质、维生素饲料的供应，以减少胎衣不下的发生；助产时应按规范化进行，在实施人工授精、分娩、助产及产道检查时，牛的阴门及其周围、人的手臂及助产器械等应严格消毒，操作要仔细；乳牛产后瘫痪、酮尿症、乳房炎等，都可能引起子宫内膜炎的发生，故应及时治疗；对流产病畜应及时隔离观察，并作细菌学检查，以确定病性，及时采取措施，防止疾病的流行；母牛分娩后厩舍要保持清洁、干燥，预防子宫内膜炎的发生。

（2）治疗。消除炎症，防止扩散，促进子宫机能恢复。

①子宫内灌注药物。

a. 油剂青霉素 300 万 IU，隔天 1 次，连用 3 次；对隐性子宫内膜炎，输精前 4h 子宫内灌注青霉素 160 万 IU 或庆大霉素 24 万 IU，或青霉素 200 万 IU，溶于蒸馏水 250～300mL，一次注入子宫，隔天 1 次，直至分泌物清亮为止，有良好效果。

b. 0.1% 碘溶液 20～50mL，隔天 1 次，或 5% 碘溶液 20mL，加蒸馏水 500～600mL，1 次注入子宫内。碘溶液有较强的杀菌力，其刺激作用还可活化子宫；适用于卡他性、脓性子宫内膜炎。

c. 7% 鱼石脂溶液 20～50mL，隔天 1 次。鱼石脂对子宫黏膜有微弱的刺激，可调节神经，改善子宫局部血液循环，且能抑菌，对顽固性炎症有一定作用。适用于卡他性、脓性子宫内膜炎。

d. 可采用 0.1% 高锰酸钾溶液或 0.1% 新洁尔灭溶液冲洗子宫，而后注入青霉素 160 万～200 万 IU,或 0.1% 雷佛奴尔溶液 20～50mL,每天或隔天 1 次。雷佛奴尔有较强的抑菌作用和穿透力，对组织无刺激性，对脓性子宫内膜炎较好。

e. 宫得康（北京市兽药厂生产）每次 1～2 支，7d 一次。对各类子宫炎症均有较好的疗效。

②为增强子宫机能，可用苯甲酸雌二醇 6～10mg，肌内注射，但不可反复或大剂量使用。用雌激素后可肌内注射缩宫素 50～80IU。或一次肌内注射乙烯雌酚 15～25mL；适用于脓性子宫内膜炎和子宫积脓。

③肌内注射维生素 A、维生素 E，对本病的恢复及受胎有良好的辅助作用。

④中药。行气活血汤 当归 60g、赤芍 50g、桃仁 40g、红花 30g、香附 40g、益母草 90g、青皮 30g，煎汤，奶牛一次灌服。

⑤其他疗法。

a. 按摩子宫法，将手伸入直肠，隔肠按摩子宫，每天 1 次，每次 10～15min，有利于子宫收缩。

b. 全身治疗，根据全身状况，可补糖、补盐、补碱。并使用抗生素和磺胺类药物。

第二十三节 卵巢囊肿

卵巢囊肿分为卵泡囊肿和黄体囊肿。由于未排卵的卵泡其上皮变形，卵泡壁结缔组织增生，卵细胞死亡，卵泡液不被吸收或增多而使卵巢形成囊肿叫卵泡囊肿；由于未排卵的卵泡壁上皮黄体化形成的囊肿，或者是正常排卵后，由于某些原因，如黄体化不足，在黄体内形成空腔而使卵巢形成囊肿叫黄体囊肿。卵巢囊肿主要发生于奶牛，产后1.5个月多发。

【病因】

（1）卵泡囊肿。主要是由于垂体前叶分泌的促卵泡素分泌过多，而促黄体生成素不足，使卵泡过度增大，不能正常排卵而成为囊肿。在饲养管理方面，发生于奶牛日粮中的精料、粗料比例过高，特别是以精料为主的日粮中缺乏维生素A，或有较多的糟粕、饼渣，其中酸度较高；运动和光照少；母牛产奶量较高，过度肥胖等原因而造成卵泡囊肿；胎衣不下、子宫内膜炎等引起卵巢炎，也可伴发卵巢囊肿；由于细菌感染，造成卵子死亡而形成囊肿；也可能与遗传基因有关。长期发情不予以配种，或在卵泡发育过程中外界温度突然改变等均可引起卵巢囊肿。注射大剂量的孕马血清或其他雌激素引起卵泡滞留，而发生囊肿。

（2）黄体囊肿。是由于未排卵的卵泡壁上皮黄体化或者是正常排卵后，由于某些原因，如黄体化不足，在黄体内形成空腔。

【发病机理】在卵巢的卵泡发育期给以不良条件（如严寒、酷热和长途运输等）的刺激，促使肾上腺皮质分泌孕酮，孕酮作用于丘脑下部，抑制LHRH（促黄体激素释放激素）的分泌，进而抑制垂体LH（促黄体素）的释放。如果在周期的适当时间注射LH、HCG（绒毛膜促性腺激素）或LHRH，会引起正常排卵而不形成囊肿，由此可知，形成卵巢囊肿的关键问题是LH分泌不足，以致不能正常排卵。

PGF（前列腺素F）是排卵时卵泡破裂所必需的激素。当LH分泌后，卵泡壁上不产生PGF，以致不能排卵而形成囊肿。自发性囊肿到一定程度时也能生成孕酮，发生恶性循环，使囊肿持续存在下去。

由此可见，当子宫内膜患病时，也可能影响PGF的分泌而导致黄体囊肿的形成。

【临床症状】

（1）卵泡囊肿。多数牛体膘过肥，毛质粗硬；母牛发情反常，发情周期短，发情期延长，性欲旺盛，长时期的有时呈不间断地发生性欲，呈慕雄狂现象，表现高度性兴奋，经常发出如公牛的吼叫声，并经常爬跨其他母牛，引起运动场上其他牛乱跑而不得安宁，性欲特别旺盛，阴户经常流出黏液。久而久之食欲减退，逐渐消瘦；荐坐韧带松弛，在尾根与坐骨结节之间出现一个凹陷，臀部肌肉塌陷。直肠检查卵巢上有1个或数个大而波动的卵泡，直径可达

3～7cm，大的如鸡蛋。卵泡囊肿有时两侧卵巢上卵泡交替发生，当一侧卵泡挤破或促排后，过几天另一侧卵巢上卵泡又开始囊肿。

(2) 黄体囊肿。发生黄体囊肿时，母牛不发情，骨盆及外阴部无变化。直肠检查发现卵巢体积增大，多为1个囊肿，大小与卵泡囊肿差不多，但壁较厚而软，不那么紧张。母牛血液中血浆孕酮浓度可高达3 800ng以上，比一般母牛正常发情后黄体高峰期还要高，促黄体素浓度一般都比正常的母牛高。

【诊断要点】发情异常，无规律地频繁而持久地发情，性欲旺盛，呈慕雄狂现象；直肠检查可发现卵巢增大，上有一个至数个有波动的卵囊；或母牛长时间不发情，直肠检查发现卵巢体积增大，壁较厚而软，血液测定血浆孕酮浓度可高达3 800ng以上可作出诊断。

【防治措施】消除致病因素，改善饲养管理和使役条件，针对发病原因，增喂所需饲料，特别是维生素类饲料。

(1) 激素疗法。

①卵泡囊肿可肌内注射促黄体激素100～200IU/次，连用1～3次。或绒毛膜促性腺激素静脉注射1 000IU或肌内注射2 000IU，同时肌内注射黄体酮10mg/次，连用14d。如症状减轻或有效果，可继续用药，直至好转为止。

②黄体酮肌内注射50～100mg，每日或隔日1次，连用2～7次。促性腺激素释放激素肌内注射0.5～1mg。治疗后产生效果的母牛大多数在13～23d发情，基本上起到调整母牛发情周期的效果。

③黄体囊肿可用15-甲基前列腺素4mg肌内注射，或加20mL灭菌注射用水，直接灌注患侧子宫角。

(2) 手术疗法。挤破或刺破囊肿，将手伸入直肠，用中指和食指夹住卵巢系膜，固定住卵巢后，再用拇指压迫囊肿，将其挤破并按压5～10min，待囊肿局部形成深的凹陷，即达止血目的。

第二十四节　持久黄体

分娩或排卵（未受精）之后，卵巢上黄体超过120d以上不消退者，称为持久黄体。持久黄体分泌助孕素，抑制卵泡发育，使发情周期停止，本病多见于乳牛。

【病因】由于饲养管理失调，饲料单一，营养不平衡，缺乏维生素及矿物质，缺少运动和光照；高产牛摄取的营养和消耗不平衡；脑下垂体前叶分泌促卵泡素不足，而促黄体生成素过多，使黄体持续存在，产生孕酮而维持乏情状态；继发于子宫疾病，如子宫内膜炎、子宫积脓等，都可导致持久黄体。

【发病机理】在正常情况下，周期黄体功能的维持依靠垂体 LH，妊娠黄体功能的维持有赖于孕体分泌的抗黄体溶解素和垂体及胎盘分泌的 PRL（促乳素，有抗溶黄体作用）。黄体的退化是由于子宫黏膜能产生 $PGF_{2\alpha}$。因此，任何促进 LH 及 PRL 分泌和干扰 $PGF_{2\alpha}$ 产生及释放的因素，都可以引起持久黄体的发生。

【临床症状】性周期停止，个别母牛出现暗发情，但不排卵，不爬跨，不易被发觉。营养状况、毛色、泌乳等无明显异常。外阴户收缩呈三角形，有皱纹，阴蒂、阴道壁、阴唇内膜苍白、干涩，母牛安静。直肠检查卵巢质地较硬，可发现一侧或两侧卵巢增大，黄体突出于卵巢表面，有肉质感，如蘑菇状，有的黄体中间凹陷成火山口状，由于持久黄体的存在，即使在同侧或对侧卵巢可出现一个或数个如绿豆或豌豆大小的发育卵泡，但都处于静止或萎缩状态，间隔一段时间反复检查，该黄体的位置、大小及形状不变。子宫多数位于骨盆腔和腹腔交界处，子宫角不对称，子宫松软下垂，触诊无收缩反应。

【诊断要点】产后 120d 以上不发情，直肠检查卵巢上有黄体存在。

【防治措施】消除病因，改善饲养管理，增加运动，增加维生素及矿物质饲料，减少挤乳量，促使黄体退化。

（1）促卵泡素 100～200IU，溶于 5～10mL 生理盐水中肌内注射，经 7～10d 做直肠检查，如不消失可再进行 1 次，持久黄体消失后，可注射小剂量绒毛膜促性腺激素，促使卵泡成熟和排卵。因为黄体消失后，卵泡就会发育。

（2）前列腺素 4mg，肌内注射，或加入 10mL 灭菌注射用水后，注入持久黄体侧子宫角，效果显著。用药后 1 周内可出现发情，但用后超过 1 周发情的母牛，受胎率很低。

（3）注射促黄体释放激素类似物 400IU，隔天肌内注射或注射 2 次，经 10d 左右作直肠检查，如有持久黄体可再进行 1 个疗程。

（4）孕马血清皮下或肌内注射 1 000～2 000IU。

（5）黄体酮和雌激素配合应用，可注射黄体酮 3 次，1 次/d，每次 100mg，第 2 次及第 3 次注射时，同时注射己烯雌酚 10～20mg 或促卵泡生成素 100IU。

（6）氯前列烯醇，1 次肌内注射 0.2～0.4mg，隔 7～10d 作直肠检查，如无效果可再注射 1 次。

（7）用 $PGF_{2\alpha}$ 6mg 在有黄体存在的卵巢一侧的阴唇黏膜下注射，治愈率高，试验证明，总治愈率 80%，总有效率 100%。

（8）每 2h 肌内注射 100IU 催产素，连续注射 4 次，治愈率达 60%，总有效率90%。

第二十五节 乳 房 炎

乳房炎是由病原菌感染引起的乳腺炎症。以乳房肿大、疼痛、泌乳减少或停止和乳汁变性为特征。是奶牛最常见的一种疾病,也是对奶牛生产危害性最大的一种疾病。

【病因】

(1) 细菌感染。病原微生物通过乳头管侵入乳房而发生感染,是引起乳房炎的主要原因。引起乳房炎的病原微生物比较复杂,包括细菌、真菌、支原体、病毒等可达80多种。在一般情况下,葡萄球菌、链球菌和大肠杆菌在临床型乳房炎中占70%以上,其次是化脓性棒状杆菌、绿脓杆菌、坏死杆菌、诺卡氏菌、克雷伯氏菌等。无症状的隐性乳房炎高于临床型乳房炎,其发病率约占整个牛群的50%。隐性乳房炎约90%是由链球菌和葡萄球菌引起的。

(2) 饲养管理不当。如奶牛场环境卫生差,运动场潮湿泥泞,垫草不及时更换,挤乳前未清洗乳房或挤奶员手不干净以及其他污物污染乳头;挤乳技术不够熟练,突然更换挤奶员,造成乳头管黏膜损伤;不严格执行挤乳操作规程,挤乳时过度挤压乳头;挤奶机器不配套,洗乳房水更换不及时等引起。

(3) 机械损伤。乳房遭受打击、冲捻、挤压、蹴踢等机械的作用,或幼畜咬伤乳头等,也是引起本病的诱因。

(4) 继发于某些疾病。如饲料中毒、胃肠疾病、生殖器官的炎症及子宫疾病时毒素的吸收。

【发病机理】乳房炎的发病包括侵入、感染和发炎3个阶段。

各种不良的致病因素,促使细菌微生物经乳头口侵入乳头管。由于受奶牛体质、细菌的数量和毒力,乳头内抗菌物质等影响,病原微生物呈现出不同的致病作用,奶牛表现出不同的症候。轻度的炎症,受害乳区的血管损伤较轻,血液成分渗出较少,仅见有白细胞的不同程度在乳中增加,而临床症状不明显,此时,呈隐性感染,即称隐性乳房炎。

随着机体抵抗力的降低,病原微生物在乳房内继续生长、繁殖,或细菌继续侵入而发生重复感染,细菌数量增多,毒力增强,乳房组织对细菌敏感性增高,则引起乳房组织炎症过程的加剧,血管渗透性增高,血管内大量的有形成分进入腺泡内,致使乳房明显肿胀,乳汁变性;当腺泡破坏严重时,泌乳停止，临床上可见明显症状，即称临床型乳房炎。除了乳房变化外，当细菌毒素及其分解产物吸收入血，对全身呈现毒性作用，则奶牛全身反应明显，表现出体温升高，食欲废绝。

轻微炎症缓解后，受损伤的乳区奶产量将逐渐恢复；中度感染，受损伤的乳区恢复时间较长；严重损伤者，损伤的腺泡将形成瘢痕组织，以致发生纤维化、萎缩，泌乳能力消失。

【临床症状】根据临床表现可分为临床型和隐性乳房炎。

（1）临床型乳房炎。为乳房间质、实质或间质实质组织的炎症。其特征是乳汁变性、乳房组织不同程度地呈现肿胀、温热和疼痛。根据病程长短和病情严重程度不同，可分为最急性、急性、亚急性和慢性乳房炎。

①最急性乳房炎。发病突然，发展迅速，多发生于1个乳区，患乳区乳房明显肿大，坚硬如石，皮肤发紫，龟裂，疼痛明显，健乳区奶产量剧减，患乳区仅能挤出1～2把黄水或淡的血水。全身症状显著，食欲废绝，体温升高至41.5～42℃，呈稽留热型，心跳增速达110～130次/min，呼吸增数，精神沉郁，粪便黑干，肌肉软弱无力，不愿走动，喜卧，迅速消瘦。

②急性乳房炎。病情较最急性缓和，发病后，乳房肿大，皮肤发红，疼痛明显，质度硬，乳房内可摸到硬块，有避躲和踢人表现，全身症状较轻，精神尚好，体温正常或稍升高，食欲减退，奶量下降为正常时的1/3～1/2，有的仅有几把奶，乳汁呈灰白色，内混有大小不等的奶块、絮状物。

③亚急性乳房炎。发病缓和，患乳区红、肿、热、痛不明显；食欲、体温、脉搏等全身反应均正常；乳汁稍稀薄，色呈灰白色，常于最初几把乳内含絮状物或乳凝块。体细胞数增加，pH偏高，氯化钠含量增加。

④慢性乳房炎。由急性转变而来，病反复发生，病程长，发作又转入正常。乳产量下降，药物反应差，疗效低。头几把乳汁有块状物，以后又无，肉眼观察正常；重者乳异常，放置后见能分出乳清或内含脓汁；乳房有大小不等的硬结。由于反复经乳头管内注射药物，乳头管呈一条绳索样的硬条，挤乳困难。乳头变小，乳区下部有硬区。

（2）隐性乳房炎。又称亚临床型乳房炎。为无临床症状表现的一种乳房炎。其特征是乳房和乳汁无肉眼可见的异常变化，然而乳汁在理化性质、细菌学上已发生变化。具体表现pH7.0以上，呈偏碱性；氯化钠含量在0.14%以上，细胞数在50万个/mL以上，细菌数和导电值增高。

【诊断要点】

（1）临床型乳房炎。以乳房红、肿、热、痛，泌乳减少及乳汁的性状异常即可确诊。

(2) 隐性乳房炎。根据乳汁在理化性质、细菌学上发生的变化可确诊。

【防治措施】

(1) 预防。

①严格执行消毒措施，以防止细菌感染。

a. 挤奶前用 50~60℃ 的温水清洗乳房及乳头，或用 1∶4000 的漂白粉液、0.1% 的新洁而灭、0.1% 高锰酸钾液洗乳房。

b. 用 3% 次氯酸钠液、0.3% 的洗必泰或 70% 的酒精浸泡乳头。

c. 挤奶机在每次挤完奶后应彻底消毒，夏天每天要用 1% 的碱水清刷 1 次，内胎可在 85℃ 热水中浸泡。

d. 患牛的奶应集中处理，不可乱倒。

②严格执行挤奶操作制度。

a. 手工挤奶应采取拳握式，乳头过短时可用滑下法，挤奶时应按慢—快—慢的原则。

b. 用机器挤奶时，应在洗好乳房后及时装上乳杯，以防空挤。真空泵度以 47~50kPa，频率在 60~80 次/min 为宜。

③加强对干奶期的防治。停奶时，应向乳头内注射青霉素，每个乳区用 20 万~40 万 IU，或用氨苄青霉素 40 万 IU、链霉素 40 万 IU 和植物油 20mL，作混悬液注入。

④及时治疗、淘汰病牛。

(2) 治疗。临床型乳房炎的治疗如下：

①治疗要求。对乳房炎的治疗应越早越好，过晚治疗效果不佳。加强管理，病牛应置于清洁、温暖、安静、干燥的环境中，减轻乳房负担。如是继发病，则应对原发病进行治疗。

②治疗原则。消灭病原微生物，抑制和控制炎症过程，改善奶牛全身状况，防止败血症。

③治疗具体方法。

Ⅰ. 乳房内注入药物。是治疗乳房炎常用、简便、有效的方法。为保证药效，在进行乳房注射时，应注意：a. 乳导管、乳头、术者手均要严格消毒。b. 乳房内的乳、残留物应挤净。如有脓汁不易挤出时，可先用 2%~3% 的苏打水使其"水"化，再挤。c. 抗生素的使用，宜选用经药敏试验后的有效药物，在不能作药敏试验的牛场，要随时注意药物的疗效，要注意耐药性，效果不好者，应适时更换。d. 每挤完一次乳后立即注射药物一次，注药后，可轻轻捏一下乳头，防止漏出。

Ⅱ. 肌内或静脉注射抗生素。主要用于全身症状明显或急性乳房炎的病牛。临床上常用的是青霉素 350 万 IU 或阿莫西林 200 万～300 万 IU，链霉素 4g，一次肌内注射，每日两次。四环素按每日每千克体重 5～10mg，分两次静脉注射，严重者可加至 2～3 倍量，效果更好。

Ⅲ. 静脉注射普鲁卡因液。用 0.25%～0.5% 的普鲁卡因液 400～500mL，一次静脉注射，可减少全身对疼痛的敏感性，缓解病区疼痛，加速病区的新陈代谢，称血管感受器封闭疗法。除此，也可用青霉素、链霉素各 100 万～300 万 IU，加 3% 普鲁卡因 10～20mL、生理盐水 40～60mL，进行会阴静脉和外阴动脉注射，效果较好。

Ⅳ. 封闭疗法。常用的有乳房基底封闭、会阴神经封闭、腰间隙乳房神经干封闭。

a. 乳房基底封闭。前叶发炎时，在乳房前腹壁与乳房基部之间，将针头向对侧膝关节方向刺入 8～10mL，注入药液；后叶发炎时，术者位于牛的后方，在左右乳房中线离开 2cm 乳房基部后缘，针头对侧腕关节方向刺入，注入普鲁卡因溶液 150～200mL。

b. 会阴神经封闭。在坐骨切迹处，针头刺入 1.52cm，注入 3% 普鲁卡因溶液 20mL。

c. 腰椎乳房神经封闭。在 3～4 腰椎横突处与母体纵轴呈水平垂直作一直线，在背最长肌距中线 6～7cm 处与母体纵轴作平行线，两线交点处，针向下刺入 5～10cm 注药。

Ⅴ. 中药疗法。

a. 常用的中成药。

乳炎消油剂：乳房注射将此药加热至体温，每日 2 次，每次 15～20mL，3 次为一疗程。用药前须将患病乳区内的奶全部挤出。

消炎膏：外用，每日早晚各一次，80～100g/次，须用手搽遍患病乳区，按摩 1～2min，让药充分吸收；3 次为一疗程。

乳房外用消肿散：用熬开的猪油 100～150g 将一袋药（50g）搅拌均匀待凉后，放入 3 个鸡蛋清，搅匀后涂于肿胀部，每天 4～5 次。注意，皮肤局部有外伤者禁用。

b. 中药疗法。

方一：当归、蒲公英、紫花地丁、连苕、大黄、鱼腥草、荆芥、川芎、薄荷、大盐、红花、苍术、通草、木通、甘草、大茴香各 50g，加水，每次加醋 1 000g，煎汤至 800mL，局部温敷。一剂煎 6 次，每次 30～40min。

方二：金银花 80g、蒲公英 90g、连苕 60g、紫花地丁 80g、陈皮 40g、青皮 40g、生甘草 30g，加白酒适量，水煎去渣，取汁内服，每天一剂。重病牛每天服两剂。

Ⅵ. 对症疗法。根据病情，可注射10%～25%葡萄糖液500～1 000mL，5%碳酸氢钠液500～1 000mL，10%～20%葡萄糖酸钙500～1 000mL。

隐性乳房炎的控制：目前，国内外对隐性乳房炎都不用抗生素治疗，而是提倡综合预防，降低其阳性率。在加强管理，重视环境卫生和挤奶卫生的情况下隐性乳房炎尚有自行痊愈的可能。此外，可采取一些提高机体防御能力的措施，以控制其阳性率增加。

第二十六节　蜂窝织炎

蜂窝织炎是发生在皮下、筋膜下及肌肉间的疏松结缔组织内的急性、弥漫性、化脓性炎症。

【病因】主要是细菌，特别是溶血性链球菌通过伤口感染引起，有时腐败菌也可致病。

【临床症状】病程发展快，迅速呈现局部和全身的明显症状。

（1）局部症状。较短时间局部出现大面积肿胀。浅表的病灶起初按压时有压痕，化脓后，肿胀部位有较明显的波动感。常发生多处皮肤破溃，排出脓汁后症状减轻。深在的病灶呈硬实的肿胀，界线不清，局部增温，剧痛，化脓形成脓汁后，导致肿胀部内压增高，使患部皮肤、筋膜及肌肉高度紧张。皮肤不易破溃。

（2）全身症状。精神沉郁，食欲下降或废绝，呼吸、脉搏增数，体温升高到40℃以上。深部的蜂窝织炎病情严重，往往继发败血症。

【诊断要点】

（1）局部肿胀、疼痛、增温，有时可见多处皮肤破溃流脓。

（2）全身症状严重。

【防治措施】治疗原则是局部与全身治疗相结合。

（1）局部治疗。发病2d内用10%鱼石脂酒精、90%酒精、复方醋酸铅冷敷，青霉素普鲁卡因溶液病灶周围进行封闭。发病3～4d以后改用温热疗法，将上述药液改为温敷。

（2）手术治疗。经局部治疗，症状仍不减轻时，为了排出炎性渗出物，减轻组织内压，应尽早地切开患部。切口要有足够的长度及深度，可作几个平行切口或反对口。用3%过氧化氢溶液或0.1%新洁尔灭溶液、0.1%高锰酸钾溶液冲洗创腔，用纱布吸净创腔药液。最后用中性盐高渗溶液，如50%硫酸镁溶液纱布条引流，按时更换。

(3) 全身疗法。尽早应用大剂量抗生素或磺胺类药物治疗。为了提高机体抵抗力，预防败血症，静脉注射 5％碳酸氢钠注射液，或 40％乌洛托品注射液、葡萄糖注射液。

第二十七节 结 膜 炎

结膜炎是眼睑结膜和眼球结膜的表层或深层炎症。临床上呈急性或慢性经过。

【病因】

(1) 风沙、灰尘、芒刺、谷壳、草屑以及刺激性化学药品等，进入结膜囊内而引起发病。

(2) 鞭打、笼头压迫和摩擦等也常引发本病。

(3) 药物反应，如静脉注射碘化钙、溴化钙等或寄生虫病如牛眼虫病等也可引起。

【临床症状】根据病程经过，临床上分为急性结膜炎和慢性结膜炎。

(1) 急性结膜炎。初期结膜潮红，羞明流泪，随病情的发展，眼睑肿胀，重者眼睑闭合，结膜表面有出血斑，有多量黏液或脓性分泌物。

(2) 慢性结膜炎。一般症状较轻，不呈现羞明，分泌物浓稠，结膜暗红，由于分泌物的经常刺激、眼内角下方皮肤常发生湿疹、脱毛并发痒。

【诊断要点】

(1) 结膜潮红，羞明流泪，疼痛，眼睑肿胀。

(2) 眼内有多量黏液性或脓性分泌物。

【防治措施】消除病因，消炎镇痛，控制光线刺激。

(1) 使用 2％～3％硼酸溶液、0.1％新洁尔灭溶液等无刺激性的药液冲洗患眼，清除异物及分泌物。

(2) 消炎镇痛，用纱布浸上述药液敷在患眼上，装着眼绷带，每日更换 3 次。也可用青霉素、四环素或可的松点眼。肿胀疼痛较重者可用 1％～2％盐酸普鲁卡因溶液点眼。

(3) 分泌物过多可用 0.3％硫酸锌溶液或 1％～2％明矾溶液、1％硫酸铜溶液冲洗患眼。

(4) 慢性结膜炎可用 0.5％～1％硝酸银溶液点眼或用硫酸铜棒涂擦眼结膜表面，然后立即用生理盐水冲洗再行温敷。对慢性顽固性的病例，可用组织疗法或自家血液疗法。

第二十八节 角 膜 炎

角膜炎是角膜上皮的炎症。临床上分为表在性角膜炎和化脓性角膜炎。当转为慢性经过时，则形成角膜翳。

【病因】

(1) 由于外伤，如鞭打、笼头压迫、摩擦及倒睫、异物进入等所引起。

(2) 化学药品的刺激而致病。

(3) 在某些疾病的过程中继发或并发角膜炎，如流感、牛恶性卡他热、结膜炎、周期性眼炎及维生素 A 缺乏症等。

【临床症状】 角膜炎在急性期往往呈现羞明流泪。疼痛、眼睑闭合、结膜潮红、肿胀等一般眼病的症状。

(1) 表在性角膜炎。角膜表层损伤，侧面可见角膜表层上皮脱落及伤痕。当炎症侵害角膜表层时，则角膜表面粗糙，侧面观之无镜状光泽，变为灰白色混浊，有时在眼角膜周围增生很多血管，呈枝状侵入角膜表面，形成所谓血管性角膜炎。

(2) 深在性角膜炎。一般症状与表在性角膜炎基本相同，其主要区别是角膜表面不粗糙，仍有镜状光泽，其混浊的部位在角膜深部。呈点状、棒状及云雾状，其色彩有灰白色、乳白色、黄红色和绿色等。角膜周围及边缘血管充血，出现明显的血管增生，有时与虹膜发生粘连。

(3) 化脓性角膜炎。初期角膜周围充血、羞明流泪、疼痛剧烈，继而浸润形成脓肿，角膜上出现数目不定的、粟粒大至豌豆大的黄色局限性混浊。在混浊的周围生出灰白色的晕圈，轻者向外方破溃，流出脓液形成溃疡，重者向内方穿孔，形成眼前房蓄脓，此时往往继发化脓性全眼球炎。

当炎症消失转为慢性时，在角膜面上仅留有白斑及色素斑，其形状呈点状或线状，也有呈云雾状者，混浊程度不等，称此种为角膜翳。根据其大小和部位的不同，呈现不同程度的视力障碍。

【诊断要点】

(1) 羞明流泪，疼痛，眼睑闭合、肿胀。

(2) 角膜周围血管增生、充血，角膜出现不同程度混浊。

【防治措施】 本病的治疗原则是消除炎症，促进混浊的吸收和消散。

(1) 先用消毒药液冲洗（同结膜炎）然后用醋酸可的松或抗生素眼膏治疗，每天 2~3 次。

(2) 施行温敷促进混浊消散，用甘汞与蔗糖等量混合粉吹入眼内。或用

2%黄降汞软膏点眼，每日2次。也可用10%敌百虫眼膏点眼。

为加速吸收可于眼睑皮下注射自家血液每次2～3mL，隔1～2d注射1次。或于眼球结膜下注射氢化可的松与1%普鲁卡因等量混合液0.1～0.3mL。

（3）继发虹膜炎可用0.5%～1%阿托品点眼。当感染化脓时，用生理盐水冲洗后涂抗生素眼膏，同时配合抗生素或磺胺类药物治疗。

（4）急性角膜炎可采取眼球后封闭疗法，用0.5%～1%普鲁卡因10～15mL加入青霉素20万～40万IU，在眼窝后缘向面嵴延长线作垂直线，其交点即注射部位。注射时，局部消毒后，用10cm长左右的针头，避开皮下的面横动脉，垂直刺入皮肤，直达眼窝底部，深7～8cm，缓慢注入药液，每周2次，有较好的消炎镇痛作用。

第二十九节 蹄 变 形

蹄变形又称变形蹄。是指蹄的形状发生外观改变而不同于正常蹄形。奶牛蹄病在肢蹄病中占有很大比例，变形蹄又占蹄病的1/5～1/4，甚至高达55.05%。此病是奶牛的一种常见病。高产牛、年老牛多发，后蹄多于前蹄。

由于蹄变形后，所呈现的形状不同，临床上可分为长蹄、宽蹄、翻卷蹄。

【病因】

（1）日粮配合不平衡，矿物质饲料钙、磷供应不足或比例不当，导致牛群出现代谢疾病，以骨质疏松症为主。

（2）管理不当。厩舍阴暗、潮湿、运动场泥泞。粪尿不及时清扫，牛蹄长期于粪尿、泥水中浸渍，致使蹄角质变软。

（3）为了追求奶产量，饲料中过量增加精饲料喂量，粗饲料品质差，进食量少，粗精料比例不当，致使牛长期处于酸中毒引起牛蹄叶炎，导致蹄变形。

（4）不重视保护牛蹄，不定期修整牛蹄。

（5）与遗传有关。公牛蹄变形能影响后代，易引起后代蹄变形。

【临床症状】精神、食欲正常。由于蹄变形后，所呈现的形状不同，临床症状也不相同。

（1）长蹄。即延蹄，指蹄的两侧支超过了正常蹄支的长度，蹄角质向前过度伸延，外观呈长形。

（2）宽蹄。蹄的两侧支长度和宽度都超过了正常蹄支，外观大而宽，故又称为"大脚板"。此类蹄角质部较薄，蹄踵部较低，在站立时和运步中，蹄的前缘负重不实，向上稍翻，反回不易。

（3）翻卷蹄。蹄的内侧支或外侧支跨底翻卷。从正面看，翻卷蹄支变得窄小,呈翻卷状,蹄尖部细长而向上翻卷;从蹄底面看,外侧缘过度磨损,蹄背部翻卷已变为跨底,靠蹄叉部角质增厚,磨灭不正,蹄底负重不均,往往见后肢跗关节以下向外倾斜,呈 X 状。严重者,两后肢向后方伸延,病牛弓背、运步困难,是拖拽式,称之为"翻蹄亮掌、拉拉胯"。常见蹄糜烂、冠关节炎、球关节化脓等,奶牛食欲减退,产乳量下降,卧地不起。

【防治措施】

(1) 预防。杜绝本病的关键可以从以下几方面着手:

①加强饲养管理,饲料品质要好,搭配合理。

②运动场应保持清洁干燥,及时清除粪便。

③严禁单纯为追求高产而片面加喂精料的现象,对已有蹄变形的高产奶牛,日粮中可添加钙粉 50g,长期饲喂,同时肌内注射维生素 D_3 10 000IU。每日 1 次,连注 7~10d。

④加强选育,对公牛后代蹄形要普查,凡蹄变形的公牛或后代蹄变形多的公牛,可不用其精液。

⑤严格执行蹄卫生保健制度,定期修蹄,防止蹄变形加重。

(2) 治疗。根据实践经验,对已发蹄变形的牛只进行药物治疗是无法使蹄恢复正常的。临床上常根据不同类型的变形蹄进行相应的修整,轻者经 1~2 次可以完全矫正,对严重病例则只能减轻症状和部分恢复。

第三十节 腐 蹄 病

腐蹄病指蹄间隙皮肤和邻近软组织的急性和慢性坏死性感染称为腐蹄病。此病在出现跛行的蹄病中占 40%~60%,以后蹄多发,成年奶牛发病率最高,雨季最为流行。

【病因】

(1) 坏死杆菌是本病的病原,此外还有链球菌、化脓性棒状杆菌、结节状梭菌等。

(2) 饲养管理不当,如日粮中的钙、磷缺乏和比例不当;运动场泥泞、潮湿,蹄长期浸泡于污秽的泥坑、粪尿之中;石子、铁片等异物引起蹄的外伤等。都可导致细菌感染。

【临床症状】病初奶牛常常表现在喂料时不想吃东西,喜卧地,站立时间短。这是常见的一种现象,站立时患蹄不愿完全着地,走路跛行,有痛感。急性症状可见频频提举病肢,患蹄刨地、踢腹、跛行、喜卧,体温升高达 40~41℃。蹄部检查可见趾间皮肤红肿和敏感,系部直立或下沉,蹄部呈红色、微蓝色，温热。前蹄发病，患蹄向前伸出。多数病例呈慢性症状，病程长，随着蹄部较深组织的感染而形成化脓灶，有的形成窦道。坏死组织与健康组织界限明显。严重病例可侵及腱、趾间韧带、冠关节或蹄关节。后者可形成腐败性关节炎，从而使全身症状加重，体温再度上升，严重跛行，疼痛异常，有恶臭的脓性分泌物。

【防治措施】

(1) 预防。本病应加强预防。

①牛棚、运动场应及时清扫，保持牛栏清洁、干燥和防止外伤发生。

②加强饲养，日粮要平衡，充分重视矿物质钙、磷的供应和比例，防止骨质疏松症的发生。

③定期用4％硫酸铜溶液喷洒牛蹄，及时修蹄，保证蹄部健康。

(2) 治疗。

①急性腐蹄病。应使病牛休息，全身应用抗生素疗法常能获得满意的效果。可静脉注射33％磺胺二甲基嘧啶0.08g/kg体重或肌内注射青霉素，但链霉素无效。

②慢性腐蹄病。应将病牛从牛群中挑选出来，单独隔离饲养。用磺胺药治疗，需长期保持血药浓度水平。除选药物治疗外，同时还需做局部处理。先将蹄部修理平整，找出腐败化脓灶，合理扩创，排出渗出液及脓汁，洗净后涂以鱼石脂软膏、松馏油或消炎粉，外加蹄绷带，3~5d更换1次，数次即见效。当炎症侵害到2个蹄趾、系关节时，可采用热敷或采取消炎措施，或浸于温热防腐液中，以减轻感染或使其局限于组织中。发生坏死时，可将坏死灶剔除，并用防腐剂。

第三十一节 蹄叶炎

蹄叶炎又称蹄壁真皮炎，是蹄壁真皮的局限性或弥漫性的无菌性炎症。牛多见于两后蹄。

【病因】

(1) 饲养失宜。过多的给予精料和育肥用配合饲料，饲料突变或偷吃精料等引起瘤胃酸中毒引起大量的乳酸和组织胺形成。这些乳酸和组织胺作用于分布在蹄组织上的毛细血管，引起淤血和炎症，刺激局部的神经而产生剧烈的疼痛。当缺乏运动时，可引起消化障碍，产生有毒物质吸收后造成血液循环紊乱，蹄真皮淤血发炎。

(2) 管理不当。如在硬地或不平道路上重度使役或持续使役久不休息；长期休闲突然服重役及坚硬的牛床上长时间的起卧等,蹄底受到剧烈的机械性的损伤均可使组织中产生大量乳酸与 CO_2,吸收后导致末梢血管淤血,引起蹄真皮的炎症。

(3) 蹄形不正。如高蹄或低蹄,狭窄蹄或过长蹄等,影响蹄部血液循环而发病。

(4) 继发引起。如由于预防注射,患全身性的光线过敏症、化脓性疾患及多发性关节炎、中毒、感冒、难产及分娩后 1 周以内胎衣不下、子宫内膜炎引起蛋白质异常分解产生的以组织胺为主的炎性产物被吸收,引起蹄真皮的炎症。

【发病机理】关于本病的发生有负重性、变态反应等认识,但目前普遍认为瘤胃酸中毒是蹄叶炎的主要病因。由于瘤胃乳酸蓄积,pH 下降,微生物区系改变,毒素(如组织胺)吸收入血,毒物作用于蹄真皮毛细血管壁,使之充血,血管壁通透性增强,并伴有血液或体液从血管中渗出,炎性渗出物积于真皮小叶与角质小叶之间压迫真皮而引起剧痛、水肿和奶牛跛行;炎症继续发展,渗出液大量积聚压迫蹄骨,破坏真皮小叶与角质小叶的结合,造成蹄骨变位下沉乃至蹄底多孔,积聚在真皮层的液体被吸收,蹄前壁凹陷致蹄轮密集,真皮疤痕形成而使蹄壳变形、蹄尖翘起,变形而呈芜蹄(图 10-11)。

图 10-11 芜 蹄
(李国江,动物普通病,2001)

【临床症状】

(1) 急性蹄叶炎。发病突然。站立时,若两前蹄患病,则两前肢前伸,蹄道负重,蹄尖翘起,头高抬,两后肢伸入腹下,呈蹲坐姿势。站立过久时,常想卧地;若两后蹄患病,则头颈低下,两前肢后踏,两后肢诸关节屈曲稍前伸以蹄踵负重,腹部蜷缩;若四蹄同时患病,初期四肢前伸,而后四肢频频交换负重,肢势常不一定,终因站立困难而卧倒,强迫运动时,均呈急速短促的紧张步样。蹄温增高,敲打或钳压蹄壁,有明显疼痛反应,尤以蹄尖壁的疼痛更为显著。

由于剧烈疼痛,常引起肌肉颤抖、出汗、体温升高、心音亢进、脉搏增数、呼吸迫促、食欲减退、反刍停止、乳量下降等全身症状。继发者尚有原发病症状。

(2) 慢性蹄叶炎。病蹄热痛症状减轻,呈轻度跛行。病久呈芜蹄,患牛消瘦,生产性能下降。

【诊断要点】

（1）急性蹄叶炎时，患蹄壁增温、疼痛，站立时蹄踵负重，蹄尖翘起，行走时呈紧张步样。

（2）慢性蹄叶炎时，热痛不明显，轻度跛行，病久呈芜蹄。

【防治措施】

（1）预防。首先应加强饲养管理，合理喂饲和使役，避免突然多给精饲料，饲料的变换要在10～14d逐渐进行；育肥的饲料中的全纤维量至少也要14％以上，乳牛至少18％以上，防止瘤胃酸中毒。长期休闲者应减料，长途运输或使役时，途中要适当休息，并进行冷蹄浴，日常要注意护蹄。

（2）治疗。原则是除去病因、消炎镇痛、促进吸收，防止蹄变形。对急性蹄叶炎治疗方法有：

①放血疗法。为改善血液循环，在发病后36～48h，可颈静脉放血1 000～2 000mL（体弱者禁用），然后静脉注入5％葡萄糖生理盐水1 000～2 000mL，内加0.1％盐酸肾上腺素溶液1～2mL或10％氯化钙注射液100～150mL。

②冷敷及温敷疗法。病初2～3d，可进行冷敷、冷蹄浴或浇注冷水，每日2～3次，每次30～60min。以后改为温敷或温蹄浴。

③封闭疗法。可用0.5％盐酸普鲁卡因溶液30～60mL，分别注射于系部皮下指（趾）深屈肌腱内外侧，隔日1次，连用3～4次。静脉或患肢上方穴位封闭亦可。

④脱敏疗法。病初可试用抗组织胺药物。内服盐酸苯海拉明0.5～1g，每日1～2次；或用10％氯化钙注射液100～150mL。10％维生素C注射液10～20mL分别静脉注射，或皮下注射0.1％盐酸肾上腺素溶液3～5mL，每日1次。或肌内注射醋酸可的松0.5g，或静脉注射氢化可的松300～500mg。

⑤用1％的高锰酸钾溶液清洗患处，整修蹄底，将腐烂的腔洞扩创成反漏斗形，以高锰酸钾填塞创口止血。将血竭研末倒入腔洞内，再用烧红的斧形烙铁烙之。以绷带包扎固定，隔5～7d检查一次，如绷带未落无需处理，否则再补一次，一般1～3次即可痊愈。如病变处脓血分泌物较多，则常规处理后，待病灶处脱水再生阶段，再用血竭封闭。

⑥为清理肠道和排出毒物，可应用缓下剂，静脉注射乳酸钠、碳酸氢钠，亦可获得满意效果。

⑦慢性蹄叶炎的治疗。除上述疗法外，应重视蹄的温浴，注意修蹄、削蹄，预防形成芜蹄。出现蹄踵狭窄或蹄冠狭窄时，可锉薄狭窄的蹄壁角质，缓解压迫，并配合装蹄疗法，对芜蹄可作矫形。

复习思考题

1. 瘤胃积食、瘤胃臌气、胎衣不下如何治疗？
2. 如何进行瘤胃酸中毒、生产瘫痪、尿素中毒、有机磷中毒的诊断和治疗？
3. 子宫内膜炎、卵巢囊肿、持久黄体、流产如何诊治？难产如何救助？
4. 牛酮病、乳房炎、酒精阳性乳如何诊断？牛酮病和乳房炎如何治疗？
5. 子宫和阴道脱、结膜炎、角膜炎、产后感染、蜂窝织炎如何治疗？
6. 蹄变形、腐蹄病、蹄叶炎如何防治？
7. 感冒、肺炎、胃肠炎如何治疗？

实训指导

实训一 牛的体尺测量与年龄鉴定

【目的要求】熟练掌握牛的主要体尺测量部位和测量方法；能按照牛门齿的变化与年龄之间规律，熟练掌握牛的年龄鉴定方法。

【实训内容】

1. 牛的体尺测量 测杖、圆形触测器的正确使用；主要体尺测量部位识别；主要体尺测量；结果分析与判断。

2. 牛的年龄鉴定 正确接近牛只、抓牛看牙；准确区别乳齿与永久齿；门齿磨面形状的观察与判断；珠点（齿星）识别；根据牛门齿的情况判断年龄；角轮识别，角轮与年龄的关系。

【实训条件】不同年龄牛只若干头；测杖、圆形触测器、卷尺、体尺测量统计表；牛门齿标本；牛的年龄鉴别报告表。

【操作方法】

1. 牛的体尺测量 熟悉测杖、圆形触测器的结构、读数及使用方法。

进行测量时，对被测牛只要求端正站立于宽敞平坦的场地上，四肢直立，头自然前伸，姿势正常。

按各主要部位的指标分别进行测量，每项测量 2 次，取其平均值，作好记载。测量应准确，操作宜迅速。

用测杖测量体高、荐高、十字部高、体直长、体斜长。

用圆形触测器测量胸宽、胸深、腰角宽、坐骨宽、髋宽、尻长。

用卷尺测量胸围、管围、腹围、腿围。

测量部位的数目，依测量的目的而不同。奶牛可测量体高、体斜长、胸围、荐高和管围；肉牛测量体高、体直长、胸围、腿围和管围；役牛测量体高、体斜长、胸围和管围。

2. 牛的年龄鉴定 观察牛门齿标本，区别乳齿和永久齿，判断门齿磨面形状，认识珠点（齿星）；根据牛门齿的情况判断年龄。

观察牛的外貌，结合体型、被毛、精神状况等大致判断牛的年龄。

观察牛只两角长度、质地及角轮变化，根据角轮数与年龄的关系（牛的年龄＝角轮数＋2）判断牛的年龄。

根据牙齿鉴定牛的年龄。鉴定人员从牛右侧前方慢慢接近牛只。左手托住牛的下颌，右手迅速捏住牛鼻中隔最薄处，并顺势抬起牛头，使其呈水平状态，然后左手四指并拢并略向里倾斜，通过无齿区插入牛的右侧口角，压住牛舌，待牛舌伸到适当位置时，将牛舌抓住，顺手一扭，用拇指尖顶住牛的上额（或轻轻将牛舌拉向口角外边），然后观察牛门齿更换及磨损情况，按标准判定牛的年龄。

将结果填入表中，并分析根据角轮和牙齿鉴定年龄出现误差的原因。

【实训作业】完成表实-1和表实-2的内容。

表实-1　牛体尺测量统计表

牛号	品种	年龄	性别	体高	荐高	十字部高	体斜长	体直长	胸深	胸宽	腰角宽	髋宽	胸围	腹围	腿围	管围	坐骨宽	尻长	备注

实习报告空白表格（1）　　鉴定员：

表实-2　牛的年龄鉴定报告表

品种	性别	牛号	门齿更换及磨蚀情况	角轮情况	鉴别年龄	实际年龄	误差原因

实习报告空白表格（2）　　鉴定员：

实训二　高产奶牛的外貌选择（线性评定法）

【目的要求】熟练掌握奶牛体型性状的线性评定方法。掌握高产奶牛的选择要求和外貌特征。评定其种用价值和经济价值。

【实训内容】

1.15个主要性状的识别与判断。

2.线性分与功能分的转换。

3.整体评分及特征性状的构成。

4.母牛的等级评定。

【实训条件】1～4胎、第2～5泌乳月龄泌乳母牛若干头；奶牛体型性状的线性评分标准；测仗、卷尺等。

【操作方法】先由教师现场示范鉴定，然后同学分组，逐头进行鉴定。在鉴定过程中,每一细目的给分均应使全组人员知晓,组员可随时发表自己的意见。实习结束,指导老师对学生鉴定过程中的问题进行总结。

1. 将母牛的场属、牛号、年龄、胎次、泌乳月及父号、母号、外祖父号填入奶牛体型鉴定记录卡。

2. 令牛端正站立,鉴定人员对照奶牛体型性状的线性评分标准,将15项主要体型性状进行线形评分,然后把线性分转换成功能分,并填入鉴定记录卡。

3. 用评分的合成方法,进行特征性状的综合评定,计算出体躯容积、乳用特征、一般外貌、泌乳系统的评分,并将计算结果填入鉴定记录卡。

4. 应用整体评分合成比例,对奶牛进行整体体型的综合评定,计算出奶牛的整体评分,定出等级。

【实训作业】填写表实-3的奶牛体型鉴定记录卡。

表实-3 奶牛体型鉴定记录卡

牛 场		父 号		外祖父号		产犊时间		年 月	
牛 号		母 号		年 龄		泌乳期			
品 种		胎 次		出生年月		鉴定时间		年 月 日	

	体型性状	体高	胸宽	体深	尻宽				合计
体躯容积评分	权重	20	30	30	20				100
	功能分								
	加权后分值								
	体型性状	棱角性	尻宽	尻角度	后肢侧视	蹄角度			合计
乳用特征评分	权重	60	10	10	10	10			100
	功能分								
	加权后分值								
	体型性状	体高	胸宽	体深	尻角度	尻宽	后肢侧视	蹄角度	合计
一般外貌评分	权重	15	10	10	15	10	20	20	100
	功能分								
	加权后分值								
	体型性状	前房附着	后房高度	后房宽度	悬韧带	乳房深度	乳头位置	乳头长度	合计
泌乳系统评分	权重	20	15	10	15	25	7.5	7.5	100
	功能分								
	加权后分值								
	特征性状	体躯容积	乳用特征	一般外貌	泌乳系统	合计		等级	
整体评分	权重	15	15	30	40	100			
	评分								
	加权后分值								

实习报告空白表格(3)   鉴定人:

实训三　牛的发情鉴定与输精

【目的要求】掌握母牛的发情鉴定和人工授精方法。

【实训内容】发情鉴定（外部观察法、阴道检查法、直肠检查法）、直肠把握输精法。

【实训条件】母牛（含发情与未发情的母牛）若干头、2%来苏儿溶液、0.1%～0.2%高锰酸钾溶液、开膣器、手电筒、肥皂、毛巾、瓷盆、2.9%柠檬酸钠溶液、酒精棉球、75%酒精、0.9%氯化钠溶液（生理盐水）、蒸馏水、润滑剂（凡士林或液体石蜡）、精液（液态、颗粒冻精、细管冻精）、水浴锅、长柄镊子、吸管、小试管、输精器等。

【操作方法】

1. 发情鉴定

（1）外部观察法。将发情母牛及未发情母牛若干头放入运动场上观察（或组织学生到较大型牛场实习），主要依据发情期即发情初期、发情盛期、发情末期的各种外部表现加以判断。各个时期虽然都有着独特的征候，但却很难截然分开。因此，鉴定时需细致观察，综合判断。

边观察边做记录，分析表现状态，判断发情时期。

（2）阴道检查法。

①将被检母牛保定。

②用2%的来苏儿溶液或0.1%～0.2%高锰酸钾溶液消毒外阴部，再用温开水冲洗附着的药液之后，用灭菌布巾擦干。

③将开膣器先用2%的来苏儿溶液浸泡消毒，用时再用温开水冲去药液，也可用酒精棉彻底擦拭消毒或酒精火焰消毒。

④检查人员洗手消毒后，用拇指及食指翻开阴唇，观察阴道是否充血肿胀、湿润，是否有黏液。

⑤将消毒的开膣器，涂上灭菌的润滑剂后慢慢的插入阴道内，使阴道开张。

⑥借助手电筒仔细观察、判断。

⑦将开膣器恢复如送入时状态（不要完全关闭，以防损伤阴道黏膜），慢慢抽出，同时注意观察是否有黏液流出，仔细观察黏液量、牵丝状和颜色等。

⑧检查结束，将开膣器消毒，待用。

⑨注意问题。开膣器的温度不要过冷或过热；检查时间不宜过长，更不宜频繁插入和取出，以免物理刺激而影响观察效果；严格遵守消毒制度，每检查

一头母牛，对开腔器要重新消毒一次，以防感染生殖道疾病及其他传染病。

(3) 直肠检查法。

①检查前的准备。将被检母牛保定好，尾部拉向一侧，使肛门充分露出，用温水将肛门及其附近擦洗干净。检查者将指甲剪短、磨光，穿好工作服，洗净手臂并消毒（尤其是再检查其他母牛时，更应如此），涂以润滑剂。

②检查方法。检查人员站在被检母牛的后面。先用手抚摸肛门，然后将手指并拢成锥形，以缓慢的旋转动作伸入肛门，掏出宿粪。如宿粪较多，可用手指扩张肛门，放入空气，并用手轻推粪便加以刺激，使粪便自行排出。也可将伸入直肠的臂部上抬，手心向下，用手轻轻外扒粪便，使之排出，如果粪便少不影响操作，可不必排出。

排出粪便后，首先就要找到卵巢。将伸向直肠的手掌展平，掌心向下，手稍下弯，在骨盆腔底部下压，并稍向前后、左右活动摸找，可摸到一个长圆形质地较硬的棒状物，即为子宫颈（长 6～10 cm）。再向前摸，在正上方可摸到一个浅沟，即为角间沟，沟的两旁为向前下弯曲的两侧子宫角，摸起来较子宫颈软些。沿着子宫角向下稍向外侧，可摸到卵巢。这时可将卵巢捏在手指肚内，用手指肚仔细触诊卵巢大小、质地、形状和卵泡发育情况。摸完一侧卵巢后，不要放过子宫角，将手向相反方向移至子宫角交叉处，并以同样顺序触摸另一侧子宫角和卵巢。

根据卵巢上卵泡的发育程度及排卵状况加以判断。

2. 牛的输精

(1) 输精准备。

①牛体清洗与消毒。将母牛保定在输精架内，尾巴拉向一侧，阴户用温肥皂水充分洗涤，除去污垢并用 0.1% 的高锰酸钾消毒，然后用温开水冲洗，用消毒抹布擦干。

②器械清洗与消毒。要使用经过消毒了的器械。如果连续输精，每输完一头牛要重新换一支输精器，不要连续使用。如果连续使用，输精器要重新洗净并消毒。消毒方法：先用 2.9% 柠檬酸钠溶液将输精管内部冲洗 3～4 次，再用生理盐水棉球擦净输精器外面的污物，然后用 75% 酒精棉球擦拭消毒，待酒精挥发后，用 2.9% 柠檬酸钠溶液棉球再擦一次，方可给其他牛输精。

③精液的准备。使用低温保存的液态精液时，要使温度升到 35℃ 左右时方可使用。夏天可采取自然升温法，将精液瓶置于室温内 20～30min 即可；冬天采取添加温水的方法，先用冷水浸泡精液瓶，然后逐次添加温水，使温度慢慢升至 35℃；外出输精，可将精液瓶放入贴胸口袋内，利用体温使精液升温。

使用冷冻精液需解冻。细管冻精，可直接投入 38～40℃ 的温水中浸泡解冻，见管内精液颜色改变，立即取出。颗粒冻精需用解冻液解冻，用吸管吸取 2.9% 柠檬酸钠解冻液 1mL 置于小试管中，再将小试管置于 38～40℃ 的水浴锅内，再用长柄镊子（先预冷片刻）迅速从液氮罐中取出 1～2 粒冻精，投入小试管中，并轻轻摇动小试管，使其溶解混匀。

精液升温或解冻后，要做活力镜检，以确定能否使用。液态精液镜检活力不应低于 0.5，冻精活力应不低于 0.3，否则不能使用。

精液解冻后应立即输精，以免影响受胎率。

④输精员手臂的消毒。输精员要将指甲剪短磨光，手臂先用 2% 来苏儿溶液消毒，用温水冲去药液，以消毒毛巾擦干，再用 75% 的酒精棉球擦拭。待酒精挥发后，再涂以润滑剂（凡士林、液体石蜡、植物油等）。如果输精员戴胶皮手套操作，也同样要消毒并涂上润滑剂。

（2）输精操作。将一只手徐徐伸入直肠，慢慢掏出宿粪。掏出后五指并拢，掌心向下，寻找并握住子宫颈。抓住子宫颈的一端，并充分拉向腹腔的方向，以便伸直阴道皱褶。与此同时，手臂往下压，使阴道张开，另一只手持吸有精液的输精器或装有细管精液的输精枪，自阴门插入。插入时，先向上倾斜插一段，以避开尿道口，再平插至子宫颈口，继而插入子宫颈内。当输精器前端通过子宫颈内较硬的两皱褶后，握住子宫颈的手可向外拉子宫颈，使输精器顺利地插到子宫颈深部（图实-1），随即将精液注入，然后抽出输精器。总的要领是：适深、慢插、轻注、缓出、防止逆流。

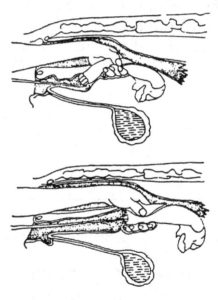

图实-1　直肠把握输精法
上：把握子宫颈的错误方法
下：把握子宫颈的正确方法

（3）输精结束后消毒器械。输精结束后要立即清洗和消毒输精器。方法是：先将输精器外部的污物用生理盐水棉球擦掉，再用 75% 酒精棉球擦净消毒；然后，将输精器的管内用蒸馏水冲洗 3～4 次，再吸入 75% 酒精消毒；最后，把输精器放入盛有蒸馏水的容器内煮沸消毒 10min，冷却后取出晾干，用清洁白纸包好，待用。

(4) 输精时应注意的问题。

①吸取精液或注入精液时动作要慢,以减少对精子的机械性刺激。

②输精时,精液的温度应保持在 28～36℃,接触精液的输精器应与精液的温度相等或接近。寒冷季节,在吸取精液前,要先用温的解冻液加温输精器,然后用一只手掰开阴门,另一只手持输精器缓慢插入阴道,使精液免受冷气袭击。

③在输精过程中,如母牛努责,应暂停操作,绝不能强行输精,可让助手拍打或捏压牛背腰部,以缓解直肠紧张。

④输精过程中,输精员应随牛的左右摆动而摆动,以防折断输精器。

⑤对某些子宫颈比较细的处女母牛,在探寻子宫颈时,应注意在肛门近处摸索;而对某些老母牛,子宫可能会沉入腹腔,要通过直肠狭窄部向前探寻。

⑥输精完毕,手不能松开后端活塞或小橡皮球,待输精器拔出后才能松手,以防逆流,发现大量逆流,应重新输精。

【实训作业】

1. 将观察及检查的发情现象和鉴定结果填于表实-4。
2. 写出直肠把握法输精的过程和体会。

表实-4 母牛发情鉴定观察结果记录表

母牛号	征 状 表 现						鉴 定 结 果
	爬跨表现	外阴部变化	精神变化	阴道黏膜色泽	子宫颈口开张程度	卵泡发育程度	

实训四 牛的妊娠诊断与接产

【目的要求】掌握牛的早期妊娠诊断方法,学会给牛接产。

【实训内容】妊娠诊断(阴道检查法、直肠检查法)、接产。

【实训条件】配种后 20d 以上的母牛、临产母牛、开膣器、2%来苏儿溶液、0.1%～0.2%高锰酸钾溶液、手电筒、肥皂、毛巾、瓷盆、润滑剂(凡士林或液体石蜡)、5%碘酒溶液、剪刀、助产绳等。

【操作方法】

1. 妊娠检查

(1) 阴道检查法。选妊娠 30d 或未妊娠的母牛若干头,将牛保定好,进行外阴部洗涤与消毒后,将消毒的开膣器插入阴道,并将开膣器打开,借助手电筒观察妊娠与否（外阴部洗涤与消毒、开膣器的消毒可以参照发情鉴定的阴道检查法，见本书实训三）。

（2）直肠检查法。选配种后30~90d母牛若干头。将手伸进直肠，通过触摸卵巢与子宫角的变化来判断母牛妊娠与否（检查前的准备、排宿粪、寻找子宫和卵巢的方法可以参照发情直检法，见本书实训三）。

2. 接产 组织学生到大型牛场观摩学习，或在实习教师及现场接产人员的配合下完成。

【实训作业】

1. 将检查结果填于表实-5，判断母牛是否妊娠。
2. 总结接产的全过程，并找出差距，提出改进意见。

表实-5　早期妊娠诊断结果记录表

母牛号	征状表现		诊断结果
	阴道检查法	直肠检查法	

实训五　牛的日粮配合与评价

【目的要求】熟悉牛饲养标准，明确配合日粮的依据与原则，学会牛日粮配方的设计。

【实训内容】产奶母牛的日粮配合。

【实训条件】奶牛饲养标准、常用饲料营养成分表、计算器或计算机、饲料配方软件。

【操作方法】

1. 查奶牛饲养标准，根据奶牛的体重、产奶量和乳脂率确定日粮营养含量。
2. 确定日粮的组成原料，查出所含营养成分并核实价格。
3. 如手工配制，可先确定粗饲料给量，并计算出营养含量与营养标准比较，然后用所选精料补足能量和蛋白质不足，用矿物质补充钙、磷和食盐，最后补加微量元素和维生素添加剂。

如用计算机配制，则需确定出约束条件（可由教师按生产经验定出原料用量的上、下限），连同营养指标、饲料营养成分、价格等一起输入计算机运行，求解。

4. 验算、调整，最后确定各饲料用量，用表格列出日粮组成与营养含量。

例：某场奶牛平均体重 600kg，日平均产奶 20kg，乳脂率 3.5%。试配合其日粮。

第一步，查奶牛饲养标准，营养需要见表实-6。

表实-6　营养需要

项目	日粮干物质（kg）	奶牛能量单位（NND）	可消化粗蛋白质（g）	钙（g）	磷（g）
600kg 体重维持需要	7.52	13.73	364	36	27
20kg 乳脂率为 3.5% 的乳需要	7.4～8.2	18.6	1 060	84	56
合　计	14.92～15.73	32.33	1 424	120	83

第二步，根据各地饲料营养成分含量列出所用饲料的营养成分（表实-7）。

表实-7　饲料营养成分表（每千克饲料含量）

饲料种类	干物质（kg）	奶牛能量单位（NND）	可消化粗蛋白质（g）	钙（g）	磷（g）
苜蓿干草	0.884	1.58	93	11.0	2.2
羊　草	0.883	1.15	19	2.5	1.8
玉米青贮	0.227	0.36	10	1.0	0.6
玉　米	0.884	2.28	56	0.8	2.1
麸　皮	0.886	1.91	86	1.8	7.8
豆　饼	0.906	2.64	280	3.2	5.0
菜籽饼	0.922	2.33	222	7.3	9.5
磷酸钙				279.1	143.8

第三步，确定粗饲料用量并计算含量。按体重的 1.5% 确定干草，需 9kg。现用苜蓿干草 2.5kg，羊草 1.5kg，玉米青贮 18kg（约 3.5kg 青贮折合 1kg 干草），营养含量见表实-8。

表实-8　进食粗饲料营养

饲料种类	数量（kg）	干物质（kg）	奶牛能量单位（NND）	可消化粗蛋白质（g）	钙（g）	磷（g）
苜蓿干草	2.5	2.21	3.95	232.5	27.5	5.5
羊　草	1.5	1.32	1.725	28.5	3.75	2.7
玉米青贮	18	4.09	6.48	180	18.0	10.8
合　计	22	7.62	12.155	441	49.25	19.0
与需要相差		7.3～8.11	20.175	983	70.75	64

第四步，用精料满足不足营养。拟用 65% 玉米、25% 麸皮、10% 菜籽饼组成混合精料，则每千克含 NND 2.2 个，满足能量需要需补充混合精料量为 20.75÷2.2=9.17kg，其中玉米为 9.17×65%=6kg，麸皮为 9.17×25%=

2.3kg，菜籽饼为 9.17×10%=0.9kg。混合精料营养含量见表实-9。

表实-9 混合精料提供的营养

饲料种类	数量(kg)	干物质(kg)	奶牛能量单位(NND)	可消化粗蛋白质(g)	钙(g)	磷(g)
玉 米	5.9	5.22	13.45	330.4	4.72	12.39
麸 皮	2.3	2.03	4.93	197.8	4.14	17.94
菜籽饼	0.9	0.83	2.10	199.8	6.57	8.55
合 计	9.2	8.08	20.48	728	15.43	38.88

从表实-9可见，能量已满足需要，但可消化粗蛋白质、钙和磷分别缺少225g、55.32g 和 25.12g。

第五步，补充可消化粗蛋白质。用豆饼代替部分玉米。因为每千克豆饼与玉米可消化粗蛋白质之差为 280－56=224g，则豆饼代替玉米的量为 255÷224=1.1kg。这样，精料所提供的可消化粗蛋白质、钙、磷分别为 974.4g、17.71g 和 42.07g。蛋白质也已满足，尚缺钙 53.04g 和磷 21.93g。

第六步，补充钙、磷和食盐。钙、磷可用磷酸钙 53.04÷279.1=0.9kg 补充。食盐按饲养标准规定，每 100kg 体重 3g，每 1kg 标准乳 1.2g，共计 40.2g(20kg 含脂率 3.5%的乳折合成标准乳为 18.5kg)。最后的日粮组成见表实-10。

表实-10 该奶牛群日粮组成及营养含量

饲料种类	进食量(kg)	干物质(kg)	奶牛能量单位(NND)	可消化粗蛋白质(g)	钙(g)	磷(g)	占进食量(%)
苜蓿干草	2.5	2.21	3.95	232.5	27.5	5.5	7.98
羊 草	1.5	1.32	1.725	28.5	3.75	2.7	4.79
玉米青贮	18	4.09	6.48	180	18.0	10.8	57.45
玉 米	4.8	4.24	10.944	268.8	3.48	10.08	15.32
麸 皮	2.3	2.03	4.93	197.8	4.14	17.94	7.34
菜籽饼	0.9	0.83	2.10	199.8	6.57	8.55	2.87
豆 饼	1.1	0.99	2.904	308	3.52	5.5	3.51
磷酸钙	0.19	0.18			53.03	27.32	0.61
食 盐	0.04	0.04					0.13
合 计	31.33	15.93	33.033	1 415.4	119.99	88.39	100

实际饲喂时，为考虑损耗，粗饲料可增加 8%～10%。

【实训作业】为体重 600kg，产奶量 25kg，乳脂率 3.5%的成年母牛设计日粮配方并进行评价。

实训六 挤奶技术

【目的要求】了解奶牛机械挤奶的基本原理，熟悉挤奶机的结构，掌握机械挤奶和手工挤奶的操作方法，为挤奶的规范操作打下良好基础。

【实训内容】

1. 机械挤奶

（1）机械挤奶原理。机械挤奶工作原理是模仿犊牛哺乳时的吸乳、咽乳和停歇三个动作设计制造的。据测定，犊牛吸乳时口腔内的真空度为13~31 kPa，吸乳的频率为45~70次/min。乳房中的乳在内外压力差的作用下流入犊牛口中，咽乳时犊牛口腔对乳头进行自然压挤，牛乳停止流入犊牛口腔，咽乳后稍作停歇，再重新吸乳。即形成吮吸节拍—挤压节拍—停歇节拍。目前扩挤乳机多数省掉了停歇节拍为两节拍。把真空泵产生真空，当乳杯的乳头室和壁间室都处在设定的真空度下，乳头室内形成真空负压，与乳头内的压力一起迫使乳头括约肌松开，牛乳即从乳头管中吸出，形成吮吸节拍。当乳头室处于真空状态，壁间室进入大气，橡胶的壁被压缩，挤压了乳头，迫使乳头括约肌闭合，牛乳即停止吸出，称其为挤压节拍。

（2）挤奶机的结构。目前各国生产的挤乳机和国内使用的挤乳设备主要由两部分组成，即由真空装置和若干套挤乳器具组成。

①真空装置。真空装置包括真空泵、真空罐、空气滤清器、真空表、真空调节器、真空管道、气阀、润滑循环装置与全分离罐等组成。

真空泵要求抽气速率（排气量）与挤乳的乳杯组数匹配。为了稳定挤奶时的真空波动，真空罐的容量、真空管道的内径都有配置规定，对真空调节器要求性能优良稳定。真空度过高对乳头有损伤，真空度过低则乳杯易脱落。现设计有双真空，低真空（42 kPa）用于吮吸按摩乳头和挤乳，高真空（60 kPa）用于输乳，使挤出的乳能迅速流走，保持乳管畅通。同时高真空配有冲浪发生器，在清洗挤乳机及管道时形成一股冲击力强大的水柱，清洗效果更好。

②挤乳器具。挤乳器由乳杯、集乳器、脉动器、橡胶软管、计量器、牛乳收集和清洗配置设施等组成。先进的挤乳器配置电子感应式变频真空的前后交替脉动、吮吸节拍和挤压节拍比可调的、具有刺激按摩乳头和乳杯自动脱落的脉动器，电子计量、乳房炎检测、牛号识别、发情鉴定等功能，与电脑联网，实现对奶牛的自动化管理。

（3）挤奶机保养。真空泵、管道、贮气罐及真空调节阀等应定期检修保养，真空泵的润机油定时检查油位及时添加，污染的机油应更换新油；贮气罐、真空管道应定期清洗，发现有牛乳吸入要及时用碱水冲洗，真空阀、空气滤清器、排污阀也须定期检修、保养、清洗、疏通。挤乳机的乳杯内衬、输乳软管等橡胶制件易于老化，积乳垢，是细菌良好的栖生地，橡胶件连续使用还会发生变形，造成乳衬松张力不均，缩短使用寿命。所以对已老化的橡胶配件要及时调换。

2. 手工挤奶 手工挤乳是一种古老方法,在我国小奶牛场(户)和广大牧区仍广泛采用。手工挤奶虽然比较原始,但仍是不可缺少的一种挤奶方法,即使在采用机器挤奶的牛场,有些患乳房炎牛不适于机器挤奶,必须改为手工挤奶。所以挤奶员除掌握机器挤奶外,必须熟练掌握手工挤奶技术。

手工挤奶一般采用拳握式,又称为压榨法,即用拇指和食指紧压乳头基部,其余各指依次捏挤乳头,形如握拳。乳头过小的奶牛允许用滑动法,即乳头在拇指和食指间滑动。

【实训条件】泌乳母牛若干头、机械挤奶机(形式不限)、奶桶、毛巾、水盆或水桶、温水、药浴液、纸巾、小板凳、台秤等。

【操作方法】

1. 机械挤奶操作程序

(1) 保持舒适卫生环境。对牛要亲和,使牛舒适安静。保持挤奶场所及挤奶人员手的清洁卫生,应备有效浓度洗手消毒液,防止交叉污染。

(2) 调整挤奶设备及检查奶牛乳房健康。高位管道式挤奶器的真空读数调整为48～50kPa,低位管道的管道式挤奶器的真空读数调整为42kPa。将脉动器频率调到40～69次/min。检查奶牛乳房外表是否有红、肿、热、痛症状或创伤,如果有乳房炎或创伤应进行手工挤奶。患乳房炎的牛奶另作处理。

(3) 擦洗和按摩乳房。挤奶前,用消毒过的毛巾(最好专用)擦洗和按摩乳房,并用一次性干净纸巾擦干。淋洗面积不可太大,以免脏物随水流下增加乳头污染机会。这一过程要快,最好在15～25s内完成。

(4) 检验头两把奶有无异常。如果有异常,改为手工挤奶;无异常,立即药浴,等待30s后用纸巾擦干。常用药液有碘甘油(0.3%～0.5%碘加3%甘油)、0.3%新洁尔灭或2%～3%次氯酸钠。

(5) 套奶杯。套奶杯时开动气阀,接通真空,一手握住集乳器上的4根管和输奶管,另一只手用拇指和中指拿着乳杯,用食指接触乳头,依次把乳杯迅速套入4乳头上,并注意不要有漏气现象,防止空气中灰尘、病原菌等吸入奶源中。这一过程应在45s内完成。

(6) 挤奶。充分利用奶牛排乳的生理特性进行挤奶,大多数奶牛在5～7min内完成排乳。挤奶器应保持适当位置,避免过度挤奶造成乳房疲劳,影响以后的排乳速度。通过挤奶器上的玻璃管观察乳流的情况,如无乳汁通过立即关闭真空导管上的开关,挤奶完毕。

(7) 卸杯。关闭真空导管上的开关2～3s后,让空气进入乳头和挤奶杯内套之间,再卸下奶杯。避免在真空状态下卸奶杯,否则易使乳头损伤,并导致乳房炎。

（8）乳头药浴。挤奶结束后必须马上用药液浸乳头，因为在挤奶后 15～20min 乳头括约肌才能完全闭合，阻止细菌的侵入。用药液浸乳头是降低乳腺炎的关键步骤之一。

乳头浸液，现配现用。用药液浸乳头 30s 后，再用一次性干净纸巾或消毒过的毛巾擦净。每天对药液杯进行一次清洗消毒。

（9）清洗器具。每次挤完奶后清洗厅内卫生，做到挤奶台上、台下清洁干净；管道、机具立即用温水漂洗，然后用热水和去污剂清洗，再进行消毒，最后凉水漂洗。至少每周清洗脉动器一次，挤奶器、输乳管道冬季每周拆洗一次，其他季节每周拆洗两次。凡接触牛乳的器具和部件先用温水预洗，然后浸泡在 0.5% 纯碱水中进行刷洗。乳杯、集乳器、橡胶管道都应拆卸刷洗，然后用清水冲洗，用 1% 漂白粉液浸泡 10～15 min 后晾干后再用。

（10）特殊处理。在挤瞎奶头的牛时，须用假奶头填充奶杯。假奶头在待用时须浸没在有效浓度的消毒液中。计划干奶的牛，挤净最后一次乳，应及时灌注停乳药物。

2. 手工挤奶操作程序　手工挤奶程序与机器挤奶基本相同，挤乳员和挤乳方法不宜经常更换。挤奶员一般坐于牛的左侧，坐姿端正，精神集中，两腿夹桶，两臂向左右开张，保持近于水平姿势，实行拳握式挤乳。也可两人同时挤一头牛。

【实训作业】写出手工挤奶及机械挤奶程序和体会。

实训七　犊牛早期断奶方案的制定

【目的要求】掌握犊牛早期断奶方案的拟定方法。

【实训内容】

1. 根据所给的犊牛初生重和要求的日增重，完成一号犊牛早期断奶饲养方案。

2. 制定人工乳的配方。

3. 制定犊牛料的配方。

4. 确定全乳和人工乳每天的哺喂量，补饲犊牛料和干草的时间及每天补饲量。

【实训条件】

1. 一号犊牛初生重 46kg。

2. 要求犊牛 50 d 断奶，平均日增重 0.70kg。

3. 哺喂全乳 150 kg，人工乳 50 kg，犊牛料 300 kg，干草不限。

4. 犊牛早期断奶方案表格。

【操作方法】

1. 参照第四章第二节的犊牛早期断奶，拟定一号犊牛 50 d 的每天全乳的哺喂量。

2. 根据犊牛的营养需要，制订人工乳、犊牛料配方后，确定补饲量。

3. 确定干草的补饲量。

【实训作业】拟订一号犊牛早期断奶方案一份，其表格如表实-11。

表实-11 一号犊牛早期断奶饲养方案 [kg/（头·d）]

日　龄	喂奶量	人工乳	犊牛料	粗　料
1～10				
11～20				
21～30				
31～40				
41～50				
51～60				
61～180				
全期总计				

实训八　奶牛的护蹄与修蹄

【目的要求】了解奶牛护蹄和修蹄的重要意义，熟悉修蹄的工具，掌握奶牛修蹄和蹄浴的方法。

【实训内容】

1. 蹄浴　护蹄是对奶牛的肢蹄进行健康管理，蹄病的发生有多种因素，如遗传、营养、环境、管理等，给蹄药浴是预防腐蹄病的有效方法。一般用 3% 甲醛溶液或 10% 硫酸铜溶液，可达到消毒作用，并使牛蹄角质和皮肤坚硬，达到防止趾间皮炎及变形蹄的目的。

2. 修蹄　在正常的情况下，牛蹄外侧趾负重比内侧趾大，角质生长也快。逐渐变大、变厚的外侧趾负重更加增大，过度的异常压力，压迫真皮层极易受损，外侧趾比内侧趾的蹄底损伤发病率高。如发生蹄变形、蹄叶炎或趾间皮炎，牛蹄脚趾生长异常，蹄底负重不平衡，更易造成真皮层损伤。所以一年定期春秋两次修蹄对防止蹄病十分重要，对已患蹄病奶牛必须及时整修和治疗。

【实训条件】蹄浴药液、修建药浴池。修蹄工具有蹄铲刀、镰式蹄刀、直蹄刀、剪蹄钳子、錾子、木槌、蹄锉、烙铁、手把移动砂轮、果树剪、蹄凳、保定架及奶牛等。

【操作方法】

1. 蹄浴 拴系饲养的奶牛清除趾间污物,将药液直接喷雾到趾间隙和蹄壁。散养奶牛在挤奶厅出口处修建药浴池(长×宽×深=5 m×0.75 m×0.15 m),池地注意防滑。

药液:3~5 L 福尔马林+100L 水或 10% 硫酸铜溶液。一池药液用 2~5 d。每月药浴一周,当奶牛走过药浴池遗留粪便时应及时更换药液。

2. 修蹄 将要修蹄的奶牛牵入保定架,拴好。起举肢蹄时人应尽量支撑着牛体,注意保持牛背线平直,肢蹄举成水平,放在蹄凳上保定系部和前后部位,使蹄底面朝上。牛胆小,操作时不可粗暴,可让牛吃点草,使其安静。先切削蹄底部,由蹄踵到蹄底,再到蹄尖。削到蹄底与地面平行为止。削时注意用手指按蹄底要有硬度,特别注意蹄底出现粉红色就应停止削蹄。切削蹄要一小片一小片地削,不削大削深,以免伤蹄。切削蹄尖时,蹄底及蹄负面容易削过头。要注意削变形蹄、长蹄,修蹄可分两三次进行。切削完毕后,将蹄缘锉齐,再将内外蹄的蹄尖磨圆、锉齐。免得伤到乳房、乳头。

【实训作业】谈谈修蹄步骤和体会。

实训九　肉牛膘情评定

【目的要求】掌握评定肉牛膘情的主要部位和评定要领,会初步评定肉牛的膘情。

【实训内容】检查肉牛各部位发育情况,确定肉牛膘情等级。

【实训条件】肥育度不同的牛若干头,肥育度评定标准。

【操作方法】

1. 目测 绕牛一圈,仔细观察牛体各部位的发育情况。重点是体躯的宽窄深浅,腹部状态及尻部、大腿等处的肥满情况。

2. 触摸 结合目测,用手探侧颈、垂肉、下肋、肩、背、腰、肋、臀、耳根、尾根和阉牛的阴囊等部位的肉层厚薄,脂肪蓄积的程度。具体方法是:

(1)检查下肋。以拇指插入下肋内壁,余四指并拢,抚于肋外壁,虎口紧贴下肋边缘,掐捏其厚度与弹性,确定其肥育水平,特别是脂肪沉积水平。

(2)检查颈部。评定者站于牛体左侧颈部附近,以左手牵住牛缰绳,令牛头向左转,随后右手抓摸颈部。肥育牛肉层充实、肥满;瘦牛肌肉不发达,抓起有两层皮之感。

（3）检查垂肉及肩、背、臀部。用手掌触摸各部位，并微微移动手掌。然后对各部位进行按压，按压时由轻到重，反复数次，以检查其肥育水平，肥者肉层厚，有充实感，瘦者骨棱明显。

（4）检查腰部。用拇指和食指掐捏腰椎横突，并以手心触摸腰角。如肌肉丰满，检查时不易触觉到骨骼，否则，可以明显地触摸到皮下的骨棱。只有高度肥育状态下，腰角处才覆有较多脂肪。

（5）检查肋部。用拇指和食指掐捏肋骨，检查肋间肌肉的发育程度。肥育良好的牛，不易掐住肋骨。

（6）检查耳根、尾根。用手握耳根，高度肥育的牛有充实感；尾根两侧的凹陷很小，甚至接近水平，用手触摸坐骨结节，有丰满之感。

（7）检查阴囊。高度肥育的阉牛，用手捏摸阴囊，充实而有弹性，内部充满脂肪。如阴囊松弛，证明肥育尚未达到理想水平。

3. 评定等级 结合目测与触摸，按表5-2标准评定等级。

【实训作业】记载所评定肉牛各主要部位特征和膘情等级填于表实-12。

表实-12 肉牛膘情等级评定

牛号	各主要部位特征	等级

实训十 肉牛的屠宰测定及屠体分割

【目的要求】掌握胴体分割的主要肉块名称和部位，初步学会屠宰测定的操作技术。

【实训内容】牛的屠宰，胴体测定，屠体分割，肉用性能统计。

【实训条件】试验牛，屠宰用具（宰牛刀、剥皮刀、砍刀、电锯），测量用具（测杖、圆形触测器、卡尺、皮尺、钢卷尺、钩秤、磅秤），盛装容器（盆、桶、瓷盘），吊钩，保定绳，肉案，硫酸纸，求积仪，记录表格等。

【操作方法】

1. 绝食、绝饮 试牛屠宰前24h停食，每隔6h饮水一次，宰前8h停止饮水。

2. 活体称测 进行活体测量（测体高、体斜长、胸围、管围、腿围）、称重。

3. 击晕、缚牢 将牛用电击晕、缚牢。

4. 放血 用刀割断颈静脉和颈动脉,将血盛入盆内,直到放尽为止。

5. 称取血重和宰后重 屠宰后立即称取。

6. 宰割

(1) 剥皮。先沿腹部中线切开,然后切开四肢内侧,挑开四肢及胸腹皮肤后依次将腹壁、颈、背等部位的皮剥离。注意割开尾皮,在第一尾椎骨处取下尾骨称重;用卡尺量取右背测双层皮厚,再除以2;称取皮重。

(2) 去头、蹄。自第一颈椎处将头割下,自腕关节、跗关节处将四蹄割下,分别称重。

(3) 内脏剥离。用砍刀沿胸骨的剑状软骨纵向砍开胸腔、腹腔和骨盆腔,取出全部内脏(留下肾脏及附近脂肪)及食管、气管、生殖器官及周围脂肪(母牛取下乳房)。剥离各内脏并分别称重。

(4) 分割胴体。用电锯沿椎骨中央将胴体分割为左右各半片(称二分体)。无电锯时,沿椎体左侧椎骨端由前而后劈开,分软硬两半(左侧为软半,右侧为硬半)。称取胴体重。

7. 测量胴体 胴体冷却4~6h(0~4℃,以完全冷却为止,防止冻结)后,用吊钩挂牢胴体跟腱部,将半片胴体倒吊,按图5-1测量、记录。

8. 测定眼肌面积 先用电锯沿12胸椎后缘锯开,然后用利刀沿第12肋骨后缘切开,用硫酸纸在12胸椎后缘将眼肌面积画出,用求积仪求其面积。

9. 剔骨 对胴体进行骨肉分离。要求将骨上肉剔除干净,分别称取骨重和净肉重。

10. 分割胴体肉块并称重 胴体肉块共分为13块,分别为里脊、外脊、眼肉、上脑、胸肉、嫩肩肉、腰肉、臀肉、膝圆、大米龙、小米龙、腹肉、腱子肉。

(1) 里脊。也称牛柳,解剖学名为腰大肌。从腰内侧割下的带里脊头的完整净肉。分割时先割去肾脂肪,再沿耻骨前下方把里脊剔出,然后由里脊头向里脊尾,逐个剥离腰椎横突,取下完整的里脊。

(2) 外脊。亦称西冷或腰部肉。外肌主要为背最长肌,从第5~6腰椎处切断,沿腰背侧肌下端割下的净肉。分割时沿最后腰椎切下,再沿眼肌腹侧壁(离眼肌5~8cm)切下,在第12~13胸肋处切断胸椎。逐个剥离胸、腰椎。

(3) 眼肉。为背部肉的后半部,包括颈背棘肌、半棘肌和背最长肌,沿脊椎骨背两侧5~6胸椎后部割下的净肉。分割时先剥离胸椎,抽出筋腱,在眼肌腹侧8~10cm处切下。

(4) 上脑。为背部肉的前半部,主要包括背最长肌、斜方肌等,为沿脊椎骨背两侧5~6胸椎前部割下的净肉。分割时剥离胸椎,去除筋腱,在眼肌腹侧距离为6~8cm处切下。

(5) 胸肉。亦称胸部肉或牛胸，主要包括胸横肌。分割时在剑状软骨处，随胸肉的自然走向剥离，修去部分脂肪即成完整的胸肉。

(6) 嫩肩肉。主要是三角肌。分割时循眼肉横切面的前端继续向前分割，得一圆锥形肉块。即为嫩肩肉。

(7) 腱子肉。亦称牛展，主要是前肢肉和后肢肉，分前牛腱和后牛腱两部分。前牛腱从尺骨端下刀，剥离骨头；后牛腱从胫骨上端下刀，剥离骨头取下肉。

(8) 小米龙。主要是半腱肌。分割时取下牛后腱子，小米龙肉块处于明显位置，按自然走向剥离。

(9) 大米龙。主要是股二头肌。分割时剥离小米龙后，即可完全暴露大米龙，顺肉块自然走向剥离，便可得到一块四方形肉块。

(10) 臀肉。亦称臀部肉，主要包括半膜肌、内收肌和骨薄肌等。分割时把大米龙、小米龙剥离后便可见到一块肉，沿其边缘分割即可得到臀肉。也可沿着被切开的盆骨外缘，再沿本肉块边缘分割。

(11) 膝圆。亦称和尚头。主要为股四头肌，沿股四头肌与半腱肌连接处割下的股四头肌净肉。当大米龙、小米龙、臀肉取下后，见到一长方形肉块，沿此肉块周边的自然走向分割，即可得到一块完整的膝圆肉。

(12) 腰肉。主要包括臀中肌、臀深肌、股阔筋膜张肌。取出臀肉、大米龙、小米龙、膝圆后，剩下的一块肉便是腰肉。

(13) 腹肉。亦称肋排、肋条肉，主要包括肋间内肌、肋间外肌等。可分为无骨肋排和带骨肋排，一般包括4~7根肋骨。

【实训作业】填写屠宰记录，进行肉用性能统计分析（表实-13至表实-17）。

表实-13　活体测量记录表（kg、cm）

牛号	品种	性别	屠宰日期	宰前评膘	体高	体斜长	胸围	腿围	管围	体重	备注

表实-14　屠体测定记录表（kg、cm）

牛号	宰前重	血重	宰后重	皮重	前蹄重	后蹄重	头重	消化器官重					其他器官重			
								食道	胃	小肠	大肠	直肠	心	肝	肺	脾
肾	胰	横膈膜	胆囊	膀胱	胴体脂肪重					非胴体脂肪重				生殖器官重	尾重	皮厚
					肾脂肪	盆腔脂肪	腹膜脂肪	胸膜脂肪	网膜脂肪	肠系膜脂肪	胸腔脂肪	生殖器官脂肪				

表实-15　胴体测定记录表（kg、cm）

牛号	胴体重	胴体长	胴体深	胴体胸深	胴体后腿围	胴体后腿长	胴体后腿宽	大腿肌肉厚	背脂厚	腰脂厚	眼肌面积（cm²）

表实-16　胴体切块重量记录表（kg）

牛号	里脊重	外脊重	眼肉重	上脑重	胸肉重	嫩肩肉重	腰肉重	臀肉重	膝圆重	大米龙重	小米龙重	腹肉重	腱子肉重

表实-17　肉用性能统计表（kg、%）

牛号	宰前活重	屠宰率	净肉重	净肉率	胴体产肉率	骨重	骨肉比	皮重	鲜皮率

实训十一　奶牛场的规划与牛舍建筑设计

【目的要求】通过参观介绍及实际设计，掌握奶牛场的总体规划及牛舍建筑设计。

【实训内容】奶牛场的规划设计与牛舍建筑设计。

【实训条件】中小型奶牛场平面图、绘画纸、碳素笔、2B铅笔、圆规及三角板等。

【操作方法】

1. 参观中小型奶牛场以了解奶牛场的规划布局以及了解奶牛舍的建筑设计要求。

2. 由指导教师和技术员介绍牛场的场址选择、场区规划和平面布局的要求，不同类型牛舍的建筑特点、规格、内部设施和牛舍建筑的基本技术要求。

3. 然后由学生分组讨论并根据给出的条件设计一个奶牛场，包括奶牛场的规划布局和牛舍的建筑结构及牛场的附属设施等。

【实训作业】设计一个年饲养300～500头的奶牛场。要求设计科学，布局适宜，结构合理，经济耐用，具有推广使用的价值。

实训十二　牛场生产计划的制定

【目的要求】根据实习牛场的实际情况，制定配种产犊计划及饲料计划。

【实训内容】配种产犊计划、饲料计划。

【实训条件】规模化奶牛场、上年度母牛分娩记录、上年度母牛配种记录、上年度所生育成母牛的出生日期记录、牛群周转计划、牛群生产记录、各类牛群饲料定额等资料。

【操作方法】在现场管理人员、技术人员及实习指导老师的指导下，根据现场实际合理制定配种产犊计划、饲料计划。

【实训作业】填制配种产犊计划、饲料计划表。

实训十三　牛场防疫制度和防疫计划的编制

【目的要求】熟悉养牛场防疫制度和防疫计划的编制内容，能根据实际情况，掌握牛场防疫制度和防疫计划的编制技能。

【实训内容】牛场防疫制度和防疫计划的编制。

【实训条件】

1. 流行病学调查资料。

2. 预防接种计划表、检疫计划表、生物制剂、抗生素及贵重药品计划表、普通药械计划表、牛免疫程序和药物预防计划表。

【操作方法】

1. 牛场防疫制度的制定

（1）防疫制度编写的内容。

①场址选择及场内布局。

②饲养管理。饲料、饮水符合卫生标准和营养标准。

③检疫。产地检疫、牛群进场前的隔离检疫、牛群在饲养过程中的定期检疫。

④消毒。消毒池的设置、消毒药品采购、保管和使用；生产区环境消毒；牛圈舍消毒和牛体消毒，产房的消毒；粪便清理和消毒；人员、车辆、用具的消毒。

⑤预防接种和驱除牛只体内、外寄生虫。疫苗和驱虫药的采购、保管、使用；强制性免疫的动物疫病的免疫程序，免疫监测；免疫执照的管理；舍饲、放牧牛只的驱虫时间、驱虫效果。

⑥实验室工作。

⑦疫情报告。

⑧染疫动物及其排泄物、病死或死因不明的动物尸体处理。

⑨灭鼠、灭虫，禁止养犬、猫。

⑩谢绝参观和禁止外人进入。

(2) 防疫制度编制注意事项。

①防疫制度的内容要具体、明了，用词准确。"如牛场入口处设立消毒池"、"场内禁止喂养狗、猫"、"利用食堂、饭店等餐饮单位的泔水作饲料必须事先煮沸"、"购买饲料、饲草必须在非疫区"。

②防疫制度要贯彻国家有关法律、法规。如动物防疫法中规定实施强制免疫的动物疫病、疫情报告、染疫动物及其排泄物、病死或死因不明动物尸体的处理必须列入制度内。

③根据生产实际编制防疫制度。大型牛场应当制定本场综合性的防疫制度，规范全场防疫工作。场内各部门可根据部门工作性质，编写出符合部门实际的防疫制度，如化验室防疫制度、饲料库房防疫制度、诊疗室防疫制度等。制度形成颁布后，必须严格执行。

2. 牛场防疫计划的编制

(1) 防疫计划的编制内容。

①基本情况。简述该场与流行病学有关的自然因素和社会因素。动物种类、数量，饲料生产及来源，水源、水质、饲养管理方式。防疫基本情况，包括防疫人员、防疫设备、是否开展防疫工作等。本牛场及其周围地带目前和最近两三年的疫情，对来年疫情防疫的估计等。

②预防接种计划。应根据牛养殖场及其周围地带的基本情况来制订，对国家规定或本地规定的强制性免疫的动物疫病，必须列在预防接种计划内。预防接种计划表见表实-18。

③诊断性检疫计划表。其格式见表实-19。

④兽医监督和兽医卫生措施计划。包括消灭现有疫病和预防出现新疫病的各种措施的实施计划，如改良牛舍的计划；建立隔离室、产房、消毒池、药浴池、贮粪池等的计划；加强对牛群饲养全程的防疫监督，加强对养殖人员的防疫宣传教育工作。

⑤生物制剂和抗生素计划表。其格式见表实-20。

表实-18　20___年预防接种计划表

单位名称　　　　　　　　　　　　　　　　　　　　　　　　第　页

接种名称	畜别	应接种的头数	计划接种的牛头数				
			第一季	第二季	第三季	第四季	合计

⑥普通药械计划表。其格式见表实-21。
⑦防疫人员培训计划。培训的时间、人数、地点、内容等。
⑧经费预算。也可按开支项目分季列表表示。

表实-19 20___年检疫计划表

单位名称   第   页

检疫名称	畜别	应检疫的头数	计划检疫的头数				
			第一季	第二季	第三季	第四季	合计

表实-20 20___年生物制剂、抗生素及贵重药品计划表

单位名称   第   页

药剂名称	计算单位	全年需用量					库存情况		需要补充量					备注
		第一季	第二季	第三季	第四季	合计	数量	失效期	第一季	第二季	第三季	第四季	合计	

表实-21 20___年普通药械计划表

单位名称   第   页

药械	用途	单位	现有数	需补充数	要求规格	代用规格	需用时间	备注

（2）防疫计划编制注意事项。

①编好"基本情况"。要求编制者不仅熟悉本场一切情况，包括现在和今后发展情况。如养殖规模扩大等，更要了解养殖场所在区域与流行病学有关的自然因素和社会因素，特别要明确区域内疫情和本场应采取的对策。

②防疫人员的素质。根据实际需要对防疫人员进行防疫知识、技术和法律、法规培训，以提高动物防疫人员的素质。条件具备的养殖场，可利用计算机等现代设备，模拟各种情况下的防疫演习，特别是发生疫情时的扑灭疫情演

习，使防疫人员能掌握各环节的要领和要求。防疫人员的培训应纳入防疫计划中。

③要符合经济原则。制定防疫计划，要考虑养殖场经济实力，避免浪费，如药品器械计划，对一些用量较大的、市场供应紧缺、生产检验周期长以及有效期长的药品和使用率高的器械，适当多做计划，尽量避免使用贵重药械。

④要有重点。根据养殖场的技术力量、设备等条件，结合防疫要求，将有把握实施的措施和国家重点防制的疫病作为重点列入当年计划，次要的可以结合平时工作来实施。

⑤应用新成果。制定计划要考虑科研新成果的应用，但不能盲目。市场上新型广谱消毒药、抗寄生虫药种类繁多，对那些效果良好又符合经济原则的，应体现在计划中。

⑥时间安排恰当。平时的预防必须考虑到季节性和生产活动和疫病的特性，既避免防疫和生产冲突，也要把握灭病的最佳时期。如预防牛、羊肝片吸虫病，在牧区，每年春季先驱虫，再放牧，既起到防治作用，又便于处理粪便；防止粪中的虫卵污染草地，扩散病原。秋收后再驱虫，保证牛、羊安全过冬。

【实训作业】根据疫情调查结果有针对性地写出奶牛场疫病预防计划。

实训十四　布鲁氏菌病的检疫

【目的要求】了解布鲁氏菌病的临诊检疫方法，掌握实验室检疫技术，学会试管与平板凝集反应、全乳环状试验的操作方法及判定标准。

【实训内容】布鲁氏菌病临诊检查和实验室检疫。

【实训条件】灭菌试管、青霉素瓶等，采血针头，5％碘酊棉球，70％酒精棉球，来苏儿或新洁尔灭，毛巾，脸盆，工作服，灭菌小试管，小试管架，清洁灭菌吸管（0.2mL、1mL、5mL、10mL），平板凝集试验箱，清洁玻板（20cm×25cm），酒精灯，牙签或火柴，0.5％石炭酸生理盐水，布鲁氏菌试管凝集抗原及平板凝集抗原，玻璃笔。

【操作方法】

(一) 临诊检查

1. 流行病学调查　了解畜群免疫接种、疫病流行的品种、数量及饲养管理等情况。

2. 临诊检疫　根据已学的布鲁氏菌的症状进行仔细观察，特别注意家畜生殖系统变化及母畜是否有流产症状。

3. 病理变化　对流产胎儿及胎衣仔细观察，结合学过知识注意观察特征性的病理变化。

（二）实验室检疫

1. 试管凝集反应

（1）操作方法。取反应管 6 支，立于试管架上，用玻璃笔在每支试管上标明血清号和试管号；用 5mL 吸管吸取 0.5％石炭酸生理盐水于血清稀释管内加入 2.3mL，以后四管均各加入 0.5mL；取被检血清 0.2mL 加入第一管混匀后，吸取 1.5mL 弃于消毒缸内，再吸 0.5mL 于第二管混匀，再从第二管吸 0.5mL 于第三管，如此类推，到最后一管混匀后吸 0.5mL 弃去；然后每管加入抗原（1∶20 石炭酸生理盐水稀释）0.5mL 摇匀；如此，每管血清稀释倍数依次为 1∶25、1∶50、1∶100、1∶200、1∶400，置于 37℃经 4～10h，再置室温 18～24h，观察记录结果。与此同时，每批凝集试验应有阳性血清（1∶25）、阴性血清（1∶25）对照，方法与被检血清相同。抗原对照是抗原 0.5mL 加盐水 0.5mL。具体操作见表实-22。

表实-22　牛布鲁氏菌病试管凝集试验操作（mL）

试管序号	1	2	3	4	5	6	7	8
血清稀释倍数	1∶25	1∶50	1∶100	1∶200	1∶400	抗原对照	阳性对照	阴性对照
0.5％石炭酸生理盐水被检血清	2.3 0.2 弃去 1.5	0.5 0.5	0.5 0.5	0.5 0.5	0.5 0.5	0.5 — 弃去 0.5	1∶25 阳性对照 0.5	1∶25 阴性对照 0.5
1∶20 抗原（8 亿菌体/mL）	0.5	0.5	0.5	0.5	0.5	0.5	0.5	0.5

（2）记录反应。抗原完全凝集而沉淀，液体完全透明，以＋＋＋＋表示；75％抗原凝集而沉淀，液体浮悬 25％抗原而稍有混浊，以＋＋＋表示；50％抗原凝集而沉淀，液体浮悬 50％抗原而半透明，以＋＋表示；25％抗原被凝集而沉淀，液体浮悬 75％抗原而较混浊，以＋表示；抗原完全不凝集，以－表示。

出现 50％以上的凝集的最高血清稀释度，就是这份血清的凝集价，应制备一支 50％比浊管。方法是取 0.25mL 已稀释抗原于小试管内，加所用盐水 0.75mL 混合均匀。

（3）判定标准。牛 1∶100 以上为阳性；1∶50 为可疑。可疑反应家畜，再过半个月后重检。重检如仍为可疑可依据畜群具体情况判定，即畜群中留有其他阳性病畜则该可疑性畜判为阳性，若畜群中从无阳性畜，则判为阴性。

2. 平板凝集反应

（1）操作方法。取清净玻璃划分 4cm 方格若干。试验前，将试验箱电灯打开，使玻板微温，血清与抗原的温度应提高到与室温近似。用 0.2mL 吸管将血清以 0.08mL、0.04mL、0.02mL 及 0.01mL 的剂量，分别加于一排 4 个方格内，吸管须稍斜并接触玻板，然后每格血清上垂直滴加抗原 0.03mL，以细牙签将血清抗原混合摊开，摊开时一根牙签只用于一份血清，并依次向前搅拌混合。拿起玻板轻摇，使充分混合，防止水分蒸发。5～8min 后读记结果。

（2）记录反应。100%抗原被凝集，出现大凝集片和小的粒状物，物体完全透明，记录符号为＋＋＋＋；75%抗原被凝集，有明显凝集片和颗粒，液体几乎完全透明，记录符号为＋＋＋；50%抗原被凝集，有可见凝集片和颗粒，液体不甚透明，记录符号为＋＋；25%抗原被凝集，仅仅可见颗粒，液体混浊，记录符号为＋；无凝集现象，记录符号为－。

（3）判定标准。平板凝集试验的血清量 0.08mL、0.04mL、0.02mL 和 0.01mL 加入抗原后，其效价相当于试管凝集价的 1∶25、1∶50、1∶100 和 1∶200，判定标准也与试管凝集试验相同。

3. 全乳环状试验　本法是用于监视无布鲁氏菌病乳牛群有无布鲁氏菌感染的适宜方法。全乳环状试验抗原用苏木紫染成蓝色，或用四氮唑染成红色。

（1）操作方法。取新鲜全脂乳 1mL 于试管内，加入抗原 1 滴约 0.05mL，旋转试管数次，混合均匀，放入 37℃温箱中 1h，取出判定结果。

（2）判定标准。

阳性反应（＋）：上层乳脂环着色明显（蓝或红），乳脂层下的乳柱为白色或着色轻微。

阴性反应（－）：乳脂层白色或轻微着色，乳柱显著着色。

可疑反应（±）：乳脂环与乳柱的颜色相似。

【实训作业】写出布鲁氏菌病试管凝集反应的操作方法与步骤。

实训十五　牛结核病的检疫

【目的要求】熟悉牛结核病的检疫内容和要点，掌握变态反应检疫的操作方法步骤、结果判定及注意事项，能正确完成牛结核病检疫。

【实训内容】牛结核病的临诊检疫和变态反应检疫。

【实训条件】待检牛，鼻钳，毛剪，镊子，游标卡尺，皮内注射器和针头（可用 1mL 蓝心注射器和 12 号 10mm 长针头代替），煮沸消毒锅，酒精，脱脂棉，纱布，牛型提纯结核菌素（PPD），记录表，来苏儿，线手套，工作服，工作帽，口罩，胶靴，毛巾，肥皂，牛结核病料，酒精灯，石蜡，火柴等。

【操作方法】

（一）牛结核病的临诊检疫

1. 流行病学调查 询问牛的引进及饲养管理情况，发病数量及病程长短。

2. 临诊症状 针对学过的牛结核病的临诊主要诊断依据仔细观察，特别要注意营养状况、呼吸道症状和消化道症状。

3. 病理剖检 对疑为结核病牛尸体解剖时，结合学过的知识注意观察特征的病理变化。

（二）牛结核病的变态反应检疫

牛型提纯结核菌素（PPD）检疫牛结核病的操作方法及结果判定标准。

1. 操作方法

（1）注射部位及术前处理。将牛编号后在颈侧中部上1/3处剪毛（或提前1d剃毛），三个月以内的犊牛，也可在肩胛部进行，直径约10cm，用游标卡尺测量术部中央皮厚度，作好记录。如术部有变化时，应另选部位或在对侧进行。

（2）注射剂量。不论大小牛，一律皮内注射10 000IU。即将牛型提纯结核菌素（PPD）稀释成每毫升100 000IU后，皮内注射0.1mL。冻干菌素稀释后应当天用完。

（3）注射方法。先用75%的酒精消毒术部，然后皮内注入定量的牛型提纯结核菌素，注射后局部应出现小泡，如注射有疑问时，应另选15cm以外的部位或对侧重做。

（4）注射次数和观察反应。皮内注射后经72h判定，仔细观察局部有无热痛、肿胀等炎性反应，并以游标卡尺测量皮皱厚度，作好详细记录。对疑似反应牛应即在另一侧以同一批结核菌素同一剂量进行第二回皮内注射，再经72h观察。

如有可能，对阴性和疑似反应牛，于注射后96h和120h再分别观察一次，以防个别牛出现较晚的迟发型变态反应。

2. 结果判定

（1）阳性反应。局部有明显的炎性反应，皮厚差等于或大于4mm者，其记录符号为（＋）。对进口牛的检疫，凡皮厚差大于2mm者，均判为阳性。

（2）疑似反应。局部炎性反应不明显，皮厚差在2.1～3.9mm，其记录符号为（±）。

（3）阴性反应。无炎性反应。皮厚差在2mm以下，其记录符号为（－）。

(4) 凡判定为疑似反应的牛只，于第一次检疫30d后进行复检，其结果仍为疑似反应时，经30~45d后再复检，如仍为疑似反应，应判为阳性。

表实-23　牛结核病检疫记录表

单位：＿＿＿＿＿＿　　　　　　　年　月　日　　　　　　　　检疫员：＿＿＿＿

牛号	年龄	提纯结核菌素皮内注射反应							
		次数		注射时间	部位	原皮厚	72h	96h	120h	判定
		第次	一回							
			二回							
		第次	一回							
			二回							
		第次	一回							
			二回							

受检头数＿＿＿＿　阳性头数＿＿＿＿　疑似头数＿＿＿＿　阴性头数＿＿＿＿

【实训作业】观察记录皮内变态反应的结果并进行判定。

实训十六　牛全身性寄生虫检疫技术

【目的要求】掌握牛蠕虫病、锥虫病、梨形虫病和螨病的实验室检验技术和血片制片技术。

【实训内容】牛蠕虫病、锥虫病、梨形虫病和螨病的实验室检验技术。

【实训条件】待检阳性粪便，各种蠕虫虫卵标本片，患螨病的牛或保存良好的含螨病料，螨虫形态构造图，锥虫、梨形虫标本片，待检血清，10%氢氧化钠，煤油，50%甘油水，5%碘酒，70%酒精，蒸馏水，饱和盐水，中性蒸馏水，瑞特氏染色液，生理盐水，缓冲液，三角瓶，脸盆，方盘，小吸管，吸管，采血针头，载玻片，平皿，试管，试管架，手术刀片，镊子，温度计，烧杯，金属筛（6.2×10^4 孔/m^2），玻璃棒，纱布，离心机，青霉素瓶，显微镜。

【操作方法】

(一) 蠕虫病粪便检查法

粪便的采集、保存和寄送方法：被检粪便应新鲜未被污染，最好从直肠采取。采取自然排出的粪便，要采取粪堆的上部未被污染的部分。将采取的粪便装入清洁的容器内。采取的粪便应尽快检查，否则应放在冷暗处或冰箱中保存。保存时间较长时，可将粪便浸入加温至50~60℃的5%~10%的福尔马林液中保存。

1. 虫体肉眼检查法 该法多用于绦虫病的诊断,也可用于某些胃肠道寄生虫的驱虫诊断。先检查粪便的表面,然后将粪便仔细捣碎,认真进行检查。为了发现较小的虫体,将粪便置于较大的容器中,加入5~10倍的水,彻底搅拌后静置10min,然后倾去上面粪液,再重新加水搅匀静置,如此反复多次,直至上层液体透明为止。最后倾去上层透明液,将少量沉淀物放在黑色浅盘中检查,发现虫体用针取出以便进行鉴定。

2. 尼龙筛淘洗法 该法迅速、简单,适用于体积较大的虫卵(如片形吸虫虫卵)的检查。取5~10g粪便置于烧杯中,加入10倍量的水后用金属筛(6.2×10^4 孔/m^2)滤入另一杯中,将粪液全部倒入尼龙网依次浸入2只盛水的器皿内。并反复用光滑的圆头玻璃棒轻轻搅拌网内粪渣,直至粪渣中杂质全部洗净为止。最后用少量清水淋洗筛壁四周与玻璃棒,使粪渣集于网底,用吸管吸取粪渣,滴于载玻片上,加盖玻片镜检。

3. 彻底洗净法 适用于吸虫病的诊断。取5~10g粪便置于烧杯中,加入10~20倍量的水充分搅拌后用金属筛或纱布滤入另一杯中,静置20min,然后倾去上层液,再重新加水搅匀静置,如此反复多次,直至上层液体透明为止。最后倾去上层透明液,用吸管吸取沉淀物,滴于载玻片上,加盖玻片镜检。

4. 离心机沉淀法 适用于吸虫病的诊断。取5g粪便置于烧杯中,加入10~15倍量的水充分搅拌后用金属筛或纱布滤入离心管中,以2 000~2 500r/min离心3min,取出倾去上层液,再加水搅和,离心沉淀,如此反复2~3次,最后倾去上层液,用吸管吸取沉淀物,滴于载玻片上,加盖玻片镜检。

5. 饱和盐水漂浮法 适用于某些线虫卵、绦虫卵和球虫卵囊的诊断。取5~10g粪便于100~200mL烧杯中,加入少量漂浮液搅拌混合后,继续加入约20倍量的漂浮液,然后将粪液用金属筛或纱布滤入另一杯中,舍去粪渣,静置40min,用直径1cm的金属圈平着接触滤液面,提起后将粘着在金属圈上的液膜抖落于载玻片上,如此多次蘸取不同部位的液面后,加盖玻片镜检。

(二) 锥虫病的检验

血液涂片检验法:颈静脉采血抹片,干燥,用姬姆萨染色,镜验。锥虫的胞浆呈淡天蓝色;细胞核、动基体和鞭毛呈淡红紫色。

(三) 梨形虫病的诊断

1. 血片的涂制 涂片采用耳静脉血,耳尖剪毛,用70%酒精消毒,待皮肤干燥后用消毒过的针头刺出第一滴血液,滴在载玻片一端距端线约1cm

处的中央。然后迅速取第二张载玻片（其一端的角已切去），或用盖玻片放在血滴的内缘，使血液均匀地散布在该片与第一片接触处，将第二片在第一片上以30°～40°角，平稳地向另一端推进，推力要均匀，使血液在玻片上成一薄层，再将玻片放平晾干。

2. 血片的染色 血片立即染色，以保证获得满意结果。可用瑞特氏染色法。滴加瑞特氏染色液1～2滴于干燥的血片上，1min后加等量的中性蒸馏水与染色液混合，经5min用中性蒸馏水冲洗，干燥后镜检。

（四）螨病的实验室诊断法

1. 采集病料 采集部位应该是皮肤病变部位与健康部位交界处，用经过火焰灭菌并蘸有50%甘油水的钝刀片，垂直单向用力刮取皮屑，直至轻度出血为止，将刮取的病料置于平皿中。刮取病料处用碘酊消毒。

2. 皮屑溶解法 将病料浸入盛有5%～10%氢氧化钠或氢氧化钾溶液的试管中浸泡2h，弃去上层液后，用吸管吸取沉淀物制成压片，低倍镜下镜检。

3. 煤油浸泡法 将病料置于载玻片上，滴煤油数滴，加盖另一张盖玻片，用手来回搓几下，将皮屑粉碎，然后在显微镜下观察。

【实训作业】

1. 记录牛各种蠕虫病的实验室检验方法及结果。
2. 记录牛锥虫病的实验室检验方法及结果。

实训十七　牛酮病的检验

【目的要求】学会牛酮病的检验技术。

【实训内容】

1. 尿的物理性质检查。
2. 尿的酸碱度（pH）检查。
3. 尿中酮体的检验。

【实训条件】盆、酮尿，pH试纸、石蕊试纸，冰醋酸，亚硝基铁氰化钠，浓氨水（28%）。

【操作方法】

1. 尿的物理性质检查 盛被检尿于容器中，用手扇气嗅闻。牛患酮血病时，尿呈丙酸酮臭味。

2. 尿的酸碱度（pH）检查

（1）pH试纸法。取pH试纸一小片，将一端浸入被检尿中，浸湿后取出，与标准色板进行比色，与此相同的颜色，就是该尿的pH。

(2) 石蕊试纸法。用清洁镊子夹一小片红或蓝色石蕊试纸，浸入被检尿中，浸湿后取出观察。如红色试纸变蓝则为碱性反应；蓝色试纸变红色则为酸性反应；红、蓝试纸都不变色则为中性。

牛尿液的 pH 为：7.7～8.7；犊牛尿液的 pH 为：7.0～8.3。

3. 尿中酮体的检验

酮体是 β-羟丁酸、乙酰乙酸和丙酸的总称。它们都是脂肪代谢的中间产物，当大量脂肪分解而导致这些物质氧化不全时，可使血中浓度增高而由尿排出，称为酮尿。

(1) 郎（Lange）氏法。

①原理：丙酮或乙酰乙酸与亚硝基铁氰化钠作用后，再与氨液接触可产生紫红色化合物。冰醋酸可抑制肌酐产生类似的反应。又叫接触环法。

②试剂：亚硝基铁氰化钠、冰醋酸、浓氨水（28%）。

③方法：取被检尿约 2mL 于小试管内，加入亚硝基铁氰化钠结晶数小粒，振荡使其溶解，再加冰醋酸 0.2mL（3～4 滴），混匀后，将试管倾斜，沿管壁缓缓加入浓氨水 0.5～1mL，在两液交界处呈现紫红色环即为阳性。根据颜色产生的时间，可作粗略判断：立即出现深紫红色环（＋＋＋）、逐渐出现紫红色环（＋＋）、10min 内出现淡紫色环（＋）、10min 后不显色（－）。

(2) 改良罗特拉（Rothera）氏法。

①原理：丙酮和乙酰乙酸在一定的 pH 环境中，与亚硝基铁氰化钠及硫酸铵作用，形成紫色化合物。

②试剂：亚硝基铁氰化钠 0.5g，无水碳酸钠 10g，硫酸铵 20g。

将上述 3 种药物研磨均匀（不宜太细），贮于棕色瓶中备用。若放置过久变黄，说明失效。

③方法：取粉剂约 0.1g 于载玻片上或反应盘内，加新鲜尿 2～3 滴使粉剂完全被尿液浸透。

④结果判定：粉剂呈紫红色为阳性反应。5min 后仍不显色者为阴性。根据显色快慢与色泽深浅亦可用（＋→＋＋＋）号表示。

【实训作业】对 3～5 头分娩母牛进行尿液的气味、pH 和采用郎（Lange）氏法或改良罗特拉（Rothera）氏法测定尿酮，记录操作过程和结果。

实训十八　酒精阳性乳的检验

【目的要求】学会奶牛酒精阳性乳的检验技术。

【实训内容】用 68% 或 72% 酒精检验奶牛酒精阳性乳。

【实训条件】待检乳汁、试管、68％或72％酒精。

【操作方法】

1. 原理 通过酒精的脱水作用，确定酪蛋白的稳定性。新鲜牛乳对酒精的作用表现出相对稳定；而不新鲜的牛乳，其中蛋白质胶粒已呈不稳定状态，当受到酒精的脱水作用时，则加速其聚沉。此法可验出鲜乳的酸度，以及盐类平衡不良乳、初乳、末乳及细菌作用产生凝乳酶的乳和乳房炎乳等。

2. 试剂 68％或72％酒精。

3. 操作方法 在试管中加入等量的酒精和待检乳汁混合，摇匀，以是否出现微细颗粒或絮状凝乳块为标准。正常牛乳的滴定酸度不高于18°T，不会出现凝乳块。若混合液中不出现凝乳块，则为正常乳；若出现凝乳块，则为酒精阳性乳。

酒精试验过程中，两种液体必须等量混合，混合时化合热会使温度升高5～8℃，会使检验的误差明显增大。因此，两种液体的温度应保持在10℃以下。

【实训作业】检验至少10头牛乳，记录酒精阳性乳的检验过程及结果。

实训十九　隐性乳房炎的检验技术

【目的要求】学会隐性乳房炎的检验技术。

【实训内容】用C. M. T法（加州乳房炎试验）检验奶牛隐性乳房炎。

【实训条件】待检乳汁、诊断盘、诊断液、胶头滴管。

【操作方法】C. M. T法（加州乳房炎试验）。

1. 原理 烷基丙烯基磺（硫）酸盐为表面活性剂，具有使各种白细胞膨胀的作用，苛性钠能加速细胞电荷的改变。这样，在白细胞之间的间隙，及其电荷发生改变的情况下，变性细胞彼此出现凝结。

2. 试剂 NaOH 15g，烷基丙烯基磺酸钠（钾）30～50g，溴甲酚紫0.1g，蒸馏水1 000mL，混合待用。

3. 诊断盘 用一块乳白色塑料盘，其上置有4个深约1.5cm，直径为5cm的圆形小室。

4. 操作 将被检牛的4个乳区的乳，分别挤在诊断盘的4个小室内，倾斜诊断盘，倒出多余的乳，使每个小室内保留乳汁2mL，分别加入2mL试剂于小室内，呈同心圆摇动诊断盘，最后判定。判定标准如表实-24。

【实训作业】检验至少10个乳区的牛乳，记录隐性乳房炎检验方法及结果。

表实-24　C.M.T反应判定标准

反应	符号	乳汁反应	总细胞数（万个/mL）	嗜中性粒细胞的比例（%）
阴性	－	液状，无沉淀物	0～2	0～25
可疑	±	微量极细颗粒，不久即消失	15～50	30～40
弱阳性	＋	有部分沉淀物	40～150	40～60
阳性	＋＋	凝结物呈胶状，摇动时呈中心集聚，停止摇动时，沉淀物呈凹凸状附着于盘底	80～500	60～70
强阳性	＋＋＋	凝结物呈胶状，表面突出，摇动时向中心集中，凸起，黏稠度大，停止摇动，凝结物仍黏附于盘底，不消失	500以上	70～80
碱性乳	P	呈深紫色（pH7以上）	—	—
酸性乳	Y	呈黄色（pH5.2以下）	—	—

参 考 文 献

蔡宝祥.1999.家畜传染病学.北京：中国农业出版社.
崔中林，张彦明.2001.现代实用动物疾病防治大全.北京：中国农业出版社.
刁其玉.2003.奶牛规模养殖技术.北京：中国农业科学技术出版社.
丁洪涛.2001.畜禽生产.北京：中国农业出版社.
黄应祥等.1998.图说养牛新技术.北京：科学出版社.
靳胜福.2001.畜牧业经济与管理.北京：中国农业出版社.
孔繁瑶.1999.家畜寄生虫学.北京：中国农业出版社.
辽宁省锦州畜牧兽医学校.2000.畜牧各论.北京：中国农业出版社.
梁学武.2002.现代奶牛生产.北京：中国农业出版社.
李国江.2001.动物普通病.北京：中国农业出版社.
李建国，冀一伦.1997.养牛手册.石家庄：河北科学技术出版社.
李培合.2002.农村养牛实用新技术.北京：中国农业出版社.
孟庆翔.2002.奶牛营养需要（第七次修订）.北京：中国农业大学出版社.
莫放.2003.养牛生产学.北京：中国农业出版社.
欧共体奶类项目技术援助专家组、农业部奶类项目办公室编译.1993.奶牛生产学.北京：
  北京农业大学出版社.
祁茂彬.2002.奶牛腐蹄病的病因及防治措施.黑龙江动物繁殖（4）.
秦志锐.2003.奶牛高效益饲养技术（修订版）.北京：金盾出版社.
邱怀.2002.现代乳牛学.北京：中国农业出版社.
茹宝瑞，樊丽，宋洛文.2001.高产奶牛生产大全.北京：中国农业出版社.
覃国森.2005.养牛与牛病防治.南宁：广西科学技术出版社.
王福兆.2004.乳牛学（第三版）.北京：科学技术文献出版社.
王根林.2000.养牛学.北京：中国农业出版社.
王俊东，刘岐.2003.奶牛无公害饲养技术.北京：中国农业出版社.
王思珍等.2001.日光暖棚牛舍设计.中国奶牛（6）.
王贞照等.2003.乳牛高产技术.上海：上海科学出版社.
吴木清.2003.应用信息技术提升传统的奶牛业.中国奶牛（3）.
肖定汉.2001.奶牛饲养与疾病防治.北京：中国农业大学出版社.
肖定汉.2002.奶牛病学.北京：中国农业大学出版社.
徐照学.2000.奶牛饲养技术手册.北京：中国农业出版社.
闫明伟.2004.奶牛规模化生产.长春：吉林文史出版社，2004.
杨和平.2001.牛羊生产.北京：中国农业出版社，2001.

冀一伦.2001.实用养牛学.北京：中国农业出版社.
岳文斌，杨国义等.2003.动物繁殖新技术.北京：中国农业出版社.
昝林森.1999.牛生产学.北京：中国农业出版社.
张宏伟.2001.动物疫病.北京：中国农业出版社.
张兰威.2003.无公害乳制品加工综合技术.北京：中国农业出版社.
张申贵.2001.牛的生产与经营.北京：中国农业出版社.
赵广永.2003.肉牛规模养殖技术.北京：中国农业科技出版社.
中国农业大学.2000.家畜繁殖学.三版.北京：中国农业出版社.
周贵等.2003.牛生产学.长春：吉林技术出版社.